信息技术和电气工程学科国际知名教材中译本系列

Convex Optimization Theory

凸优化理论

[美] Dimitri P. Bertsekas 著

赵千川 王梦迪 译

U0285996

清华大学出版社
北京

北京市版权局著作权合同登记号　图字：01-2009-6309

Authorized translation from the English language edition, entitled Convex Optimization Theory.
ISBN 978-1886529311 by Dimitri P. Bertsekas, published by Athena Scientific, copyright ©2009.

图书在版编目(CIP)数据

凸优化理论/(美)博塞克斯(Bertsekas, D.P.)著；赵千川，王梦迪译. --北京：清华大学出版社，2015 (2024.12重印)
信息技术和电气工程学科国际知名教材中译本系列
ISBN 978-7-302-39956-8

Ⅰ. ①凸… Ⅱ. ①博… ②赵… ③王… Ⅲ. ①凸分析 Ⅳ. ①O174.13

中国版本图书馆 CIP 数据核字(2015)第 086761 号

责任编辑：王一玲
封面设计：常雪影
责任校对：焦丽丽
责任印制：杨　艳

出版发行：清华大学出版社
　　　　　网　　址：https://www.tup.com.cn，https://www.wqxuetang.com
　　　　　地　　址：北京清华大学学研大厦 A 座　　　邮　　编：100084
　　　　　社 总 机：010-83470000　　　　　　　　　邮　　购：010-62786544
　　　　　投稿与读者服务：010-62776969，c-service@tup.tsinghua.edu.cn
　　　　　质量反馈：010-62772015，zhiliang@tup.tsinghua.edu.cn
　　　　　课件下载：https://www.tup.com.cn，010-83470236
印 装 者：三河市人民印务有限公司
经　　销：全国新华书店
开　　本：153mm×234mm　　　印　　张：15.5　　　字　　数：283千字
版　　次：2015 年 9 月第 1 版　　　印　　次：2024 年12月第12次印刷
定　　价：59.00 元

产品编号：035002-02

《信息技术和电气工程学科国际知名教材中译本系列》

出 版 说 明

三年多以前，2000 年 10 月，为了系统地参考和借鉴国外知名相关大学教材，推进我国大学的课程改革和我国大学教学的国际化进程，清华大学出版社策划、出版了《国际知名大学原版教材 —— 信息技术学科与电气工程学科系列》，至今已经出版了 30 多种，深受高等院校信息技术与电气工程及相关学科师生和其他科技人员的欢迎和好评，在学术界和教育界产生了积极的影响. 现在这个系列中的大部分教材都已经重印，并曾获得《2001 年引进版优秀畅销丛书奖》. 在此期间，我们曾收到来自各地高校师生的很多反映，期望我们选择这个系列中的一些较为基础性和较为前沿性的教材译成中译本出版，以为更广大的院校师生和科技人员所选用. 正是基于这种背景和考虑，清华大学出版社决定进一步推出《信息技术和电气工程学科国际知名教材中译本系列》.

这套国际知名教材中译本系列所选书目的范围，限于信息技术和电气工程学科所属各专业的技术基础课和主要专业课. 教材原版本除了选自《国际知名大学原版教材 —— 信息技术学科与电气工程学科系列》外，还将精选其他具有较大影响的国外知名的相关领域教材或教学参考书. 教材内容适于作为我国普通高等院校相应课程的教材或主要教学参考书.

本国际知名教材中译本系列按分期分批的方式组织出版. 为了便于使用这套国际知名教材中译本教材系列的相关师生和科技人员从学科和教学的角度对其在体系和内容上的特点和特色有所了解，在每种中译本教材中都附有我们约请的相关领域资深教授撰写的推荐说明，其中的一些直接取自于《国际知名大学原版教材 —— 信息技术学科与电气工程学科系列》中的影印版序.

本国际知名教材中译本系列的读者对象为信息技术和电气工程学科所属各专业的本科生或研究生，同时兼顾其他工程学科专业的本科生或研究生. 既可采用作为相应课程的教材，也可作为相应课程的教学参考书. 此外，本国际知名教材中译本系列也可提供作为工作于各个技术领域的工程师和技术人员的自学读物.

感谢使用本国际知名教材中译本系列的广大师生和科技人员的支持. 期望广大读者提出意见和建议.

郑大钟　教授

清华大学信息科学技术学院

2003 年 12 月

致中国读者

    欣闻本人的著作被译成中文和读者见面了. 在过去的几年间, 我有幸几次造访中国, 因此也和非常活跃的中国学术界熟悉起来, 结交了不少在中国的大学里教书的朋友.

    中国年轻学生的禀赋和进取心的确令人印象深刻. 他们当中有几位成为我的博士生和研究伙伴是我的运气. 因此我高兴中国学者现在可以用自己的母语来阅读我的著作《凸优化理论》了. 在此向译者表示由衷的感谢. 做个小广告, 我的其他几本著作《非线性规划》、《网络优化》和《概率导论》也已经有中译本了.

Dimitri P. Bertsekas

2015.5.12

作者简介

Dimitri P. Bertsekas 毕业于希腊雅典国立技术大学，主修机械与电气工程专业，在麻省理工学院系统科学专业获得博士学位. 他曾经在斯坦福大学工程与经济系统系、伊利诺伊大学香槟分校电气工程系任教. 从 1979 年起，他在麻省理工学院电气工程与计算机科学系任教，目前是 McAfee 工程讲座教授.

他的教学科研领域包括：确定性优化、动态规划与随机控制、大规模及分布式计算以及数据通信网络. 他发表和合著了大量研究论文，出版专著 14 本，其中部分专著被麻省理工学院作为教材使用，包括《非线性规划》、《动态规划与最优控制》、《数据网络》、《概率论入门》以及本书. 他经常为企业进行咨询，并为若干学术期刊做编辑工作.

由于在他的著作《神经元动态规划》(与 John Tsitsiklis 合著) 中反映出的在运筹学与计算机科学结合方面的出色研究成果，Bertsekas 教授获得了1997 年的 INFORMS 奖. 他还因运筹学研究获得过 2000 年度希腊国家奖章和 2001 年 ACC John R. Ragazzini 教育奖. 2001 年，他当选为美国工程院院士.

译 者 序

凸优化理论是非线性规划研究领域的核心成果,也是研究一般非线性规划问题的理论基础.

本书力图以简洁的篇幅,介绍凸优化的一个完整理论分析框架. 凸优化理论的基石在于对偶. 优化问题的对偶有多种形式,而对偶的本质在于闭的凸集有两种等价的描述方式:用该集合包含的所有点的并集来描述,或用超平面描述,也即凸闭集等于所有包含它的闭半空间的交集. 作者选取了最小公共点/最大相交点的几何框架 (简称为 MC/MC 框架) 作为凸优化问题的对偶性分析的基础框架. 相比于基于函数共轭性的代数框架,MC/MC 框架更适用于直观地分析和理解各种重要的优化问题,也更适合初学者学习和理解凸优化理论.

本书的主要内容包括:凸分析的基本概念、多面体凸性、凸优化的基本概念、对偶原理的几何框架、对偶性在优化中的运用等.

与凸优化相关的国内外许多其他的优秀教材相比,本书的一个突出特色在于:以低维空间的例子贯穿全书,直观地解释对偶性等抽象的概念. 这在启发读者开展更深入的理论研究方面,有独特的价值.

本书可以作为高年级本科生、研究生“运筹学优化类”课程的教材或相关研究人员的参考书.

原著作者美国工程院院士 Dimitri P. Bertsekas 教授,有极高的学术造诣和学术声誉,在学术专著和教材的写作方面取得了公认的成就. 限于译者水平,中译本错误纰漏之处还恳请读者指评指正.

译 者
2015 年 1 月

前　　言

本书的目标是给出以下两个主题的易懂、简洁和直观的展示.

(a) 凸分析, 特别是与优化的联系.

(b) 优化与最小最大问题的对偶理论, 特别是在凸性框架中的情形.
它们是在广泛的实际应用中相关的两个主题.

优化的重点在于推导出约束问题存在原始和对偶最优解的条件. 约束问题的例子是

$$\text{minimize} \quad f(x)$$
$$\text{subject to} \quad x \in X, \qquad g_j(x) \leqslant 0, \quad j = 1, \cdots, r.$$

其他类型的优化问题, 包括从 Fenchel 对偶性产生的问题, 也属于我们考虑的范围. 最小最大问题的重点是推导保证等式

$$\inf_{x \in X} \sup_{z \in Z} \phi(x, z) = \sup_{z \in Z} \inf_{x \in X} \phi(x, z)$$

成立, 以及下确界 "inf" 和上确界 "sup" 可取到的条件.

凸性的理论内容介绍得比较详细. 囊括了这个领域几乎所有重要的方面, 对于凸优化中核心的分析问题的展开是足够了. 数学预备知识是线性代数和实分析的入门知识. 附录中包含了用到的有关知识的总结. 除了这些少量背景外, 本书的内容是自足的, 严格的证明会贯穿全书. 线性和非线性优化理论的先修知识不是必需的, 尽管作为背景知识无疑它们是有帮助的.

我们的目标是尽量发挥凸性理论在以一种统一的方式建立最强的对偶性方面的作用. 为此, 我们的分析常会偏离 Rockafellar 1970 年的经典著作的思路, 而是遵从 Fenchel/Rockafellar 的框架. 例如, 我们采用不同的方式来处理闭集相交理论和线性变换下闭包的保持 (1.4.2 和 1.4.3 节); 我们用约束优化情形下的对偶性来发展次微分运算 (5.4.2 节); 此外, 我们没有

使用下确界卷积 (infimal convolution)、函数图像 (image)、极性集合和函数 (polar sets and functions)、双函数 (bifunctions) 和共轭鞍点函数 (conjugate saddle functions) 等概念. 类似于 Fenchel/Rockafellar, 我们的理论体系是基于 Legendre/Fenchel 共轭的思想, 不过相比之下, 在几何和可视化方面要来得直观得多.

我们的对偶框架是基于两个简单的几何问题: 最小公共点问题 (min common point problem) 和最大相交点问题 (max crossing point problem). 最小公共点/最大相交点 (MC/MC) 框架的突出优点在于其几何上的直观性. 借助这个框架, 对偶性理论的核心问题都变得显然, 并且可以采用统一的方法处理. 我们的方法是先在 MC/MC 框架里得到许多广泛可用的定理, 然后把它们用于解决特定问题 (约束优化、Fenchel 对偶性、最小最大问题等) 上. 我们处理所有对偶性问题 (对偶间隙的存在性、对偶最优解的存在性、对偶最优解集合的结构) 和其他问题 (次微分理论、择一定理、对偶间隙估计) 都按照这样的思路.

从根本上说, MC/MC 框架与共轭性框架存在着密切的联系. 也正因为如此, MC/MC 框架在理论上很有用也有一般性. 不过, 这两个框架在分析对偶性和提供几何解释上扮演者互补的角色: 共轭性强调函数/代数描述, 而 MC/MC 强调集合/上图描述. MC/MC 框架更简单, 而且看起来更适合可视化和研究强对偶性和对偶最优解的存在性问题. 共轭性框架, 由于强调函数的描述, 更适合凸函数的数学运算比较复杂, 而且共轭函数的计算可以用于分析和计算.

本书源自作者早期的著作 [BNO03](与 A. Nedić 和 A. Ozdaglar 合著), 但具有不同的特点. 2003 年的书内容很多, 从结构上更像是学术专著, 目标是利用非光滑分析的概念建立凸的和非凸的优化问题之间的联系. 本书的组织与此不同, 本书集中于介绍凸优化问题. 尽管有这些区别, 两本书在写作风格、数学基础和某些内容上还是有共同之处.

本书各章的内容如下:

第 1 章: 本章给出后续各章描述对偶性理论所需的全部凸分析工具. 会介绍基本的代数概念, 如凸锥、超平面、拓扑概念, 如相对内点、闭包、线性变换下闭性的保持, 超平面分离. 另外, 本章还会给出与对偶和优化相关的特定概念, 如回收锥和共轭函数.

第 2 章: 本章介绍多面体凸性概念: 顶点、Farkas 和 Minkowski-Weyl 定理及其在线性规划中的应用. 在后续章节中不会用到, 首次阅读时可以跳过.

第 3 章: 本章集中在优化的基本概念上:极小值的类型、解的存在性和对偶理论专题,如部分最小化和最小最大理论.

第 4 章: 本章介绍 MC/MC 对偶框架. 我们会讨论它和共轭理论之间的联系,及在约束优化和最小最大问题上的应用. 本章最后给出与强对偶性和对偶最优解存在性有关的应用广泛的定理.

第 5 章: 本章把第 4 章的对偶定理应用到线性规划、凸规划和最小最大理论等专题上. 我们还应用这些定理作为进一步发展凸分析工具的辅助. 这些工具包括强有力的 Farkas 引理的非线性版本、次微分理论、择一定理. 最后一节主要侧重于可分问题,给出非凸问题和对偶间隙的估计.

为了简洁起见,我们略去了教师们可能会感兴趣的一些话题. 例如把理论应用到特定结构的问题; Boyd 和 Vanderbergue 的著作 [BoV04],以及我和 John Tsitsiklis 合著的关于并行与分布式计算的著作 [BeT89] 包含了这方面的许多材料 (这两本书都可在线访问).

另外一个忽略的重要部分是计算方法. 不过,我补充了一个很长的第 6 章 (超过 100 页),其中有最常见的凸优化算法 (和一些新算法),并且可以从本书的网站下载 (http://www.athenasc.com/convexduality.html).

本章和更全面的凸分析、优化、对偶性以及算法等内容一起,将成为作者正在编著的教材的一部分. 到那时,本章将在对偶性之外,为教师们提供凸优化算法内容 (如作者在麻省理工学院所做的). 本章是一个定期更新的 "活" 的章节. 它的当前内容是: **算法方面的第 6 章:** 6.1. 问题结构与计算方法; 6.2. 算法中的递减性; 6.3. 次梯度法; 6.4. 多面体近似方法; 6.5. 邻近性和 Bundle 方法; 6.6. 对偶邻近点算法; 6.7. 内点法; 6.8. 近似次梯度法; 6.9. 最优算法和复杂性.

虽然作者没有在书中提供习题,但是在本书的网站上提供了大量的习题 (并附有详细的解答). 读者/教师也可以使用 [BNO03] 中给出的章节后习题 (共 175 道). 这些习题的风格和符号与本书类似. 习题解答在本书的网站可以下载,也可以在线获取 (http://www.athenasc.com/convexity.html).

本书可以作为凸优化理论课程的教材,作者在过去十年在麻省理工学院和其他场所教授过类似课程. 本书也可以作为非线性规划课程的补充材料,或者作为凸优化模型 (而不是理论) 方面课程的理论基础.

本书的组织使得读者/教师可以选择性地使用其中的内容. 例如,第 2 章多面体凸性的材料完全可以略去,因为第 3~5 章完全不涉及这部分内容. 类似地,最小最大理论 (3.4,4.2.5 和 5.5 节) 可以被略去;并且如果是这样, 那么 3.3 和 5.3.4 节这些使用部分最小化工具的内容也可以略去. 另外, 5.4~5.7 节处在 "末端", 都可以略去而不会影响其他章节. 如作者在麻省理工学院的 "非线性规划" 课程 (加上网站上补充的关于算法的第 6 章) 上所做的, 一种 "最小的" 选项包含以下内容:

- 第 1 章, 除去 1.3.3 和 1.4.1 节.
- 第 3.1 节.
- 第 4 章, 除去 4.2.5 节.
- 第 5 章, 除去 5.2, 5.3.4 和 5.5~5.7 节.

这种组合侧重于非线性凸优化, 而完全不涉及多面体凸性和最小最大理论.

作者感谢同事们对本书的贡献. 作者与 Angelia Nedić 和 Asuman Ozdaglar 在他们的 2003 年的著作上的合作为本书打下了基础. Huizhen (Janey) Yu 仔细阅读了本书部分内容的早期书稿, 并给出了一些很有启发的建议. Paul Tseng 通过与作者在集合相交理论方面的合作研究, 对本书做出了实质性的贡献. 部分体现在 1.4.2 节 (这项研究受到与 Angelia Nedić 的早期合作的启发). 非常感谢 Dimitris Bisias, Vivek Borkar, John Tsitsiklis, Mengdi Wang 和 Yunjian Xu 等学生和同事提供的反馈信息. 最后, 作者希望感谢课堂上的许多优秀学生所不断提供的动力和灵感.

目　　录

第 1 章　凸分析的基本概念

凸集和凸函数在优化模型中非常有用，是一种便于分析和算法设计的内涵丰富的结构. 这个结构的主体可以归结为几条基本性质. 例如，每个闭的凸集合都可以被支撑该集合的超平面所描述；凸集边界上的每个点都可以通过该集合的相对内点集来逼近，以及包含于闭凸集的每条半直线当被平移到该集合中的任意一个点发出的时候仍然包含于该集合.

不过，尽管有这些好的性质，凸集及其分析并非完全没有理论和应用上难以处理的异常和例外情况. 例如，不同于仿射的紧集，像线性变换和向量和这样的某些基本运算并不保持闭凸集的闭性不变. 这会使得某些优化问题的处理，包括最优解的存在性和对偶性，变得复杂起来.

因此，有必要认真对待凸集的理论和应用的学习. 第 1 章的目标是建立凸集学习的基础，特别是要强调与优化有关的问题.

1.1　凸集与凸函数

本章将介绍凸集合与凸函数相关的基本概念，这些内容将贯穿本书所有的后续章节. 附录 A 列举了本书将用到的线性代数和实分析的定义、符号和性质. 首先我们给出凸集合的定义如下 (见图 1.1.1).

定义 1.1.1　$\Re^n$ 的子集 C 被称为**凸集**，如果其满足

$$\alpha x + (1-\alpha)y \in C, \qquad \forall\, x,y \in C,\ \forall\, \alpha \in [0,1]$$

依惯例我们认为空集是凸的. 通常根据问题的背景，我们可容易地判定某特定凸集是否为非空. 然而多数情况下，我们会尽量说明集合是否为非空，从而降低模糊性. 命题 1.1.1 给出了一些保持集合凸性不变的集合变换.

命题 1.1.1　(a) 任意多个凸集 $\{C_i \mid i \in I\}$ 的交集 $\cap_{i \in I} C_i$ 是凸集.

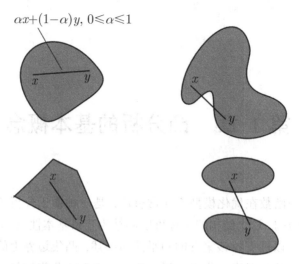

图 1.1.1　凸集的定义. 凸集中任意两点的连线线段都包含在集合内部, 因此左图中的集合是凸集, 而右图中的不是.

(b) 任意两个凸集 C_1 与 C_2 的向量和 $C_1 + C_2$ 是凸集.

(c) 对任意凸集 C 和标量 λ, 集合 λC 是凸集. 另外, 如 λ_1, λ_2 为正标量, 则以下集合是凸的,

$$(\lambda_1 + \lambda_2)C = \lambda_1 C + \lambda_2 C.$$

(d) 凸集的闭包 (closure) 与内点集 (interior) 是凸集.

(e) 凸集在仿射函数下的象和原象是凸集.

证明　证明的思路是直接利用凸集的定义. 在 (a) 中, 我们在交集 $\cap_{i \in I} C_i$ 中任取两点 x, y. 由于每个 C_i 都是凸集, x 和 y 间的线段被每个 C_i 所包含, 因而也属于它们的交集.

类似地在 (b) 中, 任取 $C_1 + C_2$ 中的两点, 可以用 $x_1 + x_2$ 和 $y_1 + y_2$ 表示, 其中 $x_1, y_1 \in C_1$ 且 $x_2, y_2 \in C_2$. 对任意 $\alpha \in [0,1]$ 有如下关系

$$\alpha(x_1 + x_2) + (1 - \alpha)(y_1 + y_2) = \big(\alpha x_1 + (1 - \alpha)y_1\big) + \big(\alpha x_2 + (1 - \alpha)y_2\big).$$

由于 C_1 和 C_2 分别是凸集, 上式右侧中两个小括号代表的向量分别属于 C_1 和 C_2, 而它们的向量和属于 $C_1 + C_2$. 因此根据定义 $C_1 + C_2$ 是凸集. 对 (c) 的证明留给读者作为练习. 对 (e) 可用类似 (b) 的方法来证明.

为证明 (d), 考虑某凸集合 C, 以及 C 的闭包中任取的两点 x 与 y. 根据闭包的性质可得, 在 C 中存在序列 $\{x_k\} \subset C$ 和 $\{y_k\} \subset C$ 分别收敛

到 x 与 y, 即 $x_k \to x$ 且 $y_k \to y$. 对任意 $\alpha \in [0,1]$, 我们构造一收敛到 $\alpha x + (1-\alpha)y$ 的序列 $\{\alpha x_k + (1-\alpha)y_k\}$, 由于 C 是凸集, 则该序列被包含在 C 内. 我们可得到 $\alpha x + (1-\alpha)y$ 属于 C 的闭包, 因此凸集 C 的闭包也是凸集. 类似地, 在 C 的内点集中任取两点 x 与 y 并构造分别以 x, y 为中心且半径 r 足够小的开球, 使得它们都被包含在 C 内. 对任意 $\alpha \in [0,1]$, 构造以 $\alpha x + (1-\alpha)y$ 为中心 r 为半径的开球. 则该球内的任意点都可表示为 C 中向量 $x+z$ 和 $y+z$ 的凸组合 $\alpha(x+z) + (1-\alpha)(y+z)$, 其中 $\|z\| < r$. 因此该开球属于 C, 即凸组合 $\alpha(x+z) + (1-\alpha)(y+z)$ 属于 C 的内点集. 因此集合 C 的内点都可表示为内点的凸组合 $\alpha x + (1-\alpha)y$, 即 C 的内点集是凸集. $\qquad\square$

几个特殊的凸集

我们现在来介绍常用的特殊凸集. **超平面 (hyperplane)** 是由一个线性等式定义的集合, 形式为 $\{x \mid a'x = b\}$, 其中 a 为非零向量而 b 为标量. **半空间 (half space)** 是由一个线性不等式定义的集合, 可写为 $\{x \mid a'x \leqslant b\}$, 其中 a 为非零向量而 b 为标量. 易验证超平面和半空间都是凸闭集. **多面体 (polyhedral)** 是有限个半空间的非空交集, 可写为如下形式

$$\{x \mid a_j'x \leqslant b_j, \ j = 1, \cdots, r\},$$

其中 $a_1, \cdots, a_r$ 和 $b_1, \cdots, b_r$ 分别为 $\Re^n$ 中的一组向量和一组标量. 作为有限个半空间的交集, 多面体也是凸闭集 [见命题 1.1.1(a)].

称集合 C 为 **锥体 (cone)** 如果对所有 $x \in C$ 和常数 $\lambda > 0$ 都满足 $\lambda x \in C$. 通常锥体并不一定是凸集, 也不一定包含原点, 但任何非空锥体的闭包必然包含原点 (见图 1.1.2). **多面体锥 (polyhedral cone)** 是可写作如下形式的集合

$$C = \{x \mid a_j'x \leqslant 0, \ j = 1, \cdots, r\},$$

其中 $a_1, \cdots, a_r$ 为 $\Re^n$ 中的一组向量. 线性代数中介绍的子空间则是多面体锥的一种特例, 同时多面体锥则是多面体的一种特例.

1.1.1 凸函数

现在我们给出实值凸函数的定义 (见图 1.1.3).

定义 1.1.2 令 C 为 $\Re^n$ 的凸集, 则称函数 $f : C \mapsto \Re$ 为凸函数 (convex

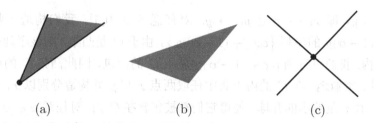

图 1.1.2　凸锥体和非凸锥体. 图 (a) 和 (b) 中的锥体是凸集, 而 (c) 中的锥体由两条过原点的直线组成, 是非凸的. 图 (a) 中的锥体是多面体. 图 (b) 中的锥体不包含原点.

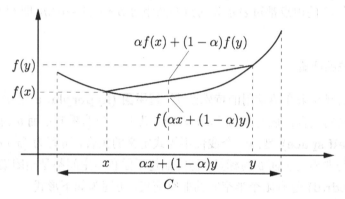

图 1.1.3　凸函数 $f: C \mapsto \Re$ 的定义. 任意两个函数点的线性插值 $\alpha f(x) + (1-\alpha)f(y)$ 大于或等于实际的函数值 $f(\alpha x + (1-\alpha)y)$, 其中 α 可在 $[0,1]$ 中任意取值.

function) 如果

$$f(\alpha x + (1-\alpha)y) \leqslant \alpha f(x) + (1-\alpha)f(y), \quad \forall\, x, y \in C, \,\forall\, \alpha \in [0,1] \quad (1.1)$$

注意在我们的定义中, 定义域 C 为凸集是函数 $f: C \mapsto \Re$ 为凸函数的先决条件. 因此当称某函数为凸函数时, 通常默认其定义域为凸集.

现在我们介绍凸函数的几种拓展定义. 函数 $f: C \mapsto \Re$ 被称为**严格凸函数 (strictly convex)**, 如果其满足式 (1.1) 且不等式处处被严格满足, 即式 (1.1) 对所有满足 $x \neq y$ 的向量 $x, y \in C$ 及所有 $\alpha \in (0,1)$ 都取不等号. 函数 $f: C \mapsto \Re$ 被称为**凹的 (concave)** 如果 $(-f)$ 为凸函数, 注意先决条件是 C 为凸集.

一个凸函数的典型例子是**仿射函数 (affine function)**, 这类函数形如 $f(x) = a'x + b$, 其中 $a \in \Re^n$ 而 $b \in \Re$; 其凸性可用凸函数的定义直接验证. 另一个典型例子是范数函数 $\|\cdot\|$. 对任意 $x, y \in \Re^n$ 及 $\alpha \in [0,1]$, 通过三角

形不等式我们可得到

$$\|\alpha x + (1 - \alpha)y\| \leqslant \|\alpha x\| + \|(1 - \alpha)y\| = \alpha\|x\| + (1 - \alpha)\|y\|,$$

因此 $\|\cdot\|$ 是凸函数.

令 $f : C \mapsto \Re$ 为任一函数, 而 γ 为标量, 则集合 $\{x \in C \mid f(x) \leqslant \gamma\}$ 与集合 $\{x \in C \mid f(x) < \gamma\}$ 被称为 f 的**水平集 (level sets)**. 如果 f 是凸函数, 则其水平集都为凸集. 为验证这一事实, 我们观察到如果两点 $x, y \in C$ 满足 $f(x) \leqslant \gamma$ 且 $f(y) \leqslant \gamma$, 由于 C 是凸集, 则任意 $\alpha \in [0, 1]$ 都使得 $\alpha x + (1 - \alpha)y \in C$. 由于 f 又是凸函数, 我们可推出

$$f\big(\alpha x + (1 - \alpha)y\big) \leqslant \alpha f(x) + (1 - \alpha)f(y) \leqslant \gamma,$$

即函数的水平集 $\{x \in C \mid f(x) \leqslant \gamma\}$ 是凸集. 类似地可证出如 f 为凸函数, 则其水平集 $\{x \in C \mid f(x) < \gamma\}$ 亦为凸集. 值得注意的是, 由函数水平集是凸集并不能推出函数是凸函数; 例如, 函数 $f(x) = \sqrt{|x|}$ 的所有水平集为凸集, 但 f 并非凸函数.

扩充实值凸函数

为便捷起见, 我们往往希望所考虑的凸函数定义在整个 $\Re^n$ 空间上 (而非仅仅定义在某一凸子集上) 并且处处取有限实值, 因为从数学的角度讲这类函数更简单. 然而在很多优化问题和对偶问题的实际情况中, 某些操作常使对象函数取到无限值, 从而失去良好的性质. 例如下列函数

$$f(x) = \sup_{i \in I} f_i(x),$$

其中 I 为一个无限序数集合, 即使 f_i 都是实函数, f 仍可能在某些点取值 ∞; 另一例子则为, 实函数的共轭函数常常会在某些点取到无限值 (见 1.6 节).

此外, 我们还会遇到一些凸函数 f 仅仅定义在某凸子集上, 却无法将其拓展为全空间上的实凸函数 [例如, 函数 $f : (0, \infty) \mapsto \Re$ 可定义为 $f(x) = 1/x$ 便无法拓展]. 在这种情况下, 相对于把 f 局限在 C 上, 更方便的做法是把定义域拓展到整个 $\Re^n$ 空间并允许 f 在某些点取值无限.

基于上述原因, 我们将引入**扩充实值 (extended real-valued)**函数的概念, 即定义在全空间 $\Re^n$ 上且可在一些点上取值 $-\infty$ 或 ∞ 的函数. 为了刻画这样的函数, 我们先来介绍上图 (epigraph) 的概念.

考虑定义域为某子集 $X \subset \Re^n$ 的函数 $f : X \mapsto [-\infty, \infty]$, 则其上图是 $\Re^{n+1}$ 的子集, 定义如下

$$\mathrm{epi}(f) = \big\{ (x, w) \mid x \in X, w \in \Re, f(x) \leqslant w \big\}.$$

函数 f 的**有效定义域 (effective domain)** 则定义为如下集合

$$\mathrm{dom}(f) = \big\{ x \in X \mid f(x) < \infty \big\}$$

(见图 1.1.4). 我们易得出

$$\mathrm{dom}(f) = \big\{ x \mid 存在 w \in \Re 使得 (x, w) \in \mathrm{epi}(f) \big\},$$

即 $\mathrm{dom}(f)$ 为 $\mathrm{epi}(f)$ 在 $\Re^n$ (自变量 x 的空间) 上的投影. 如果把 f 的定义域限制为其有效定义域, 函数的上图不变. 类似地, 如果扩展 f 的定义域到 $\Re^n$ 并对任意 $x \notin X$ 定义函数值为 $f(x) = \infty$, 新函数的上图和有效定义域亦不变.

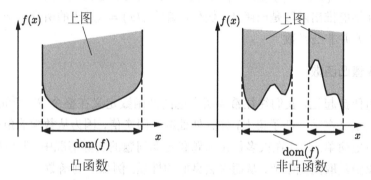

图 1.1.4 扩充实值的凸函数和非凸函数, 及其分别的上图和有效定义域.

有两种特殊情况我们必须首先排除在外, 即当 f 处处为 ∞ 的情况 [当且仅当 $\mathrm{epi}(f)$ 为空], 以及当函数在某些点取值 $-\infty$ 的情况 [当且仅当 $\mathrm{epi}(f)$ 包含竖直直线]. 如果存在 $x \in X$ 使得 $f(x) < \infty$ 且对任意 $x \in X$ 满足 $f(x) > -\infty$, 我们称 f 为**真的 (proper)**, 反之我们则称函数 f 为**非真的 (improper)**. 简而言之, 函数 f 为真当且仅当其上图为非空且不包含任何竖直直线.

我们试图为扩充实值函数定义凸性, 传统对实凸函数的定义方法会遇到这样的困难, 若 f 既能取值 $-\infty$ 也能取值 ∞, 则插值项 $\alpha f(x) + (1-\alpha)f(y)$ 变成了不可求和的 $-\infty + \infty$ (该情况仅在 f 非真时发生, 但是这种函数却在证明和其他分析中常常出现, 因此我们并不希望事先排除它们的存在), 引入上图的概念恰可有效地回避这个难题, 其引申出的凸函数定义如下.

定义 1.1.3　令 C 为 $\Re^n$ 的凸子集，则扩充实值函数 $f : C \mapsto [-\infty, \infty]$ 为**凸函数** 当 epi(f) 是 $\Re^{n+1}$ 的凸子集.

依定义 1.1.3 我们容易证出，凸函数 f 的有效定义域 dom(f)，水平集 $\{x \in C \mid f(x) \leqslant \gamma\}$ 和 $\{x \in C \mid f(x) < \gamma\}$ 都是凸集，其中 γ 可取任意标量值. 更进一步，如果 f 处处满足 $f(x) < \infty$ 或处处满足 $f(x) > -\infty$，则

$$f\big(\alpha x + (1-\alpha)y\big) \leqslant \alpha f(x) + (1-\alpha)f(y), \quad \forall\, x, y \in C, \quad \forall \alpha \in [0,1], \ (1.2)$$

因此针对扩充实值函数的定义 1.1.3 和之前针对实凸函数的定义 1.1.2 是一致的.

我们已建立了扩充实值函数的凸性与其上图的凸性的等价关系，因而很多针对凸集的结论都可应用于凸函数 (如证明函数的凸性等). 反向也是可行的，我们可以用分析凸函数的方法来分析集合的相关性质，如对集合 $X \subset \Re^n$ 可定义其**示性函数 (indicator function)**$\delta : \Re^n \mapsto (-\infty, \infty]$ 为

$$\delta(x \mid X) = \begin{cases} 0, & x \in X, \\ \infty, & \text{其他.} \end{cases}$$

具体道来，一集合为凸集当且仅当其示性函数为凸函数，而且集合非空当且仅当其示性函数为真.

凸函数 $f : C \mapsto (-\infty, \infty]$ 被称为**严格凸函数 (strictly convex)**，如果不等式 (1.2) 对任意满足 $x \neq y$ 的 $x, y \in$ dom(f) 及任意 $\alpha \in (0, 1)$ 都严格成立，即取不等号. 函数 $f : C \mapsto [-\infty, \infty]$ 被称为**凹函数** 当函数 $(-f) : C \mapsto [-\infty, \infty]$ 为凸函数，其中 C 为凸子集.

有时我们会遇到定义域 C 非凸的函数，但是若限制定义域为 C 的凸子集，得到的新函数是凸函数. 我们对这种特例给出如下的严格定义.

定义 1.1.4　令 C 和 X 为 n 维欧氏空间 $\Re^n$ 的子集，其中 C 为 X 的非空凸子集，即 $C \subset X$. 则称扩充实值函数 $f : X \mapsto [-\infty, \infty]$ 为**在 C 上的凸函数 (convex over C)**，如果把 f 的定义域限制在 C 后得到的新函数是凸的，也即，函数 $\tilde{f} : C \mapsto [-\infty, \infty]$ 是凸函数，其中对所有 $x \in C$ 函数值 $\tilde{f}$ 定义为 $\tilde{f}(x) = f(x)$.

当把扩充实值真凸函数的定义域替换为其有效定义域，原函数就变成了实凸函数. 这样一来，对新函数可直接应用针对实凸函数的结论和性质，同时也避免了涉及 ∞ 的运算. 因此，即使不引入扩充实值函数，我们依然可

以推导出几乎所有凸函数的理论. 反之, 我们也可以把扩充实值函数当作规范, 在其框架下推演凸函数的理论, Rockafellar [Roc70] 使用的就是这种规范. 后续章节中我们将采用更灵活的方式, 根据具体背景决定考虑采用实值函数或是扩充实值函数, 以方便分析具体的问题.

1.1.2　函数的闭性与半连续性

如果某个函数 $f : X \mapsto [-\infty, \infty]$ 的上图是闭集, 我们称 f 为**闭函数**. 闭性与经典的下半连续性的概念有关. 回顾一下, 函数 f 是在向量 $x \in X$ 处**下半连续的**, 如果

$$f(x) \leqslant \liminf_{k \to \infty} f(x_k)$$

对于每个满足 $x_k \to x$ 的点列 $\{x_k\} \subset X$ 成立. 我们称 f **是下半连续的 (lower semicontinuous)**, 如果它在定义域 X 的每一点 x 处都是下半连续的. 我们称 f **是上半连续的 (upper semicountinous)**, 如果 $-f$ 是下半连续的. 这些定义与针对实函数的相应定义是一致的 [参见定义 A.2.4(c)].

以下命题将函数的闭性、下半连续性和函数水平集的闭性联系起来. 见图 1.1.5.

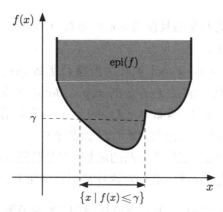

图 1.1.5　函数上图和它的水平集关系的示意图. 易见水平集 $\{x \mid f(x) \leqslant \gamma\}$ 经过平移后等同于 epi(f) 和 "切片" $\{(x, \gamma) \mid x \in \Re^n\}$ 的交集. 这表明 epi(f) 为闭当且仅当所有的水平集为闭.

命题 1.1.2　对于函数 $f : \Re^n \mapsto [-\infty, \infty]$, 以下各款等价:

(i) 水平集 $V_\gamma = \{x \mid f(x) \leqslant \gamma\}$ 对每个标量 γ 均为闭.

(ii) 函数 f 为下半连续的.

(iii) 集合 epi(f) 为闭.

证明 如果 $f(x) = \infty$ 对所有 x 成立，那么结果是平凡的，显然成立. 我们假定 $f(x) < \infty$ 对至少一个 $x \in \Re^n$ 成立. 这样 epi(f) 就是非空的，且 f 至少有一个非空的水平集.

先来证明 (i) 蕴含 (ii). 假定水平集 V_γ 对于每个标量 γ 都是闭的. 反设

$$f(\overline{x}) > \liminf_{k \to \infty} f(x_k)$$

对某个 $\overline{x}$ 和收敛到 $\overline{x}$ 的点列 $\{x_k\}$ 成立，并且令 γ 为满足

$$f(\overline{x}) > \gamma > \liminf_{k \to \infty} f(x_k)$$

的标量. 那么必存在子列 $\{x_k\}_\mathcal{K}$ 使得 $f(x_k) \leqslant \gamma$ 对所有 $k \in \mathcal{K}$ 成立. 于是 $\{x_k\}_\mathcal{K} \subset V_\gamma$ 成立. 由于 V_γ 是闭的，$\overline{x}$ 必然也属于 V_γ，于是 $f(\overline{x}) \leqslant \gamma$，从而导出矛盾.

下面证明 (ii) 蕴含 (iii). 假定 f 在 $\Re^n$ 上为下半连续，并令 $(\overline{x}, \overline{w})$ 为点列

$$\big\{(x_k, w_k)\big\} \subset \text{epi}(f)$$

的极限. 于是我们有 $f(x_k) \leqslant w_k$，进而令 $k \to \infty$，由 f 在 $\overline{x}$ 处的下半连续性，我们得到

$$f(\overline{x}) \leqslant \liminf_{k \to \infty} f(x_k) \leqslant \overline{w}$$

于是, $(\overline{x}, \overline{w}) \in \text{epi}(f)$，故 epi($f$) 为闭.

最后证明 (iii) 蕴含 (i). 假定 epi(f) 为闭，且令 $\{x_k\}$ 为点列，它收敛到某个 $\overline{x}$ 且属于对应于某个标量 γ 的水平集 V_γ. 于是 $(x_k, \gamma) \in \text{epi}(f)$ 对于所有的 k 成立，并且 $(x_k, \gamma) \to (\overline{x}, \gamma)$，因而由于 epi($f$) 为闭，我们有 $(\overline{x}, \gamma) \in \text{epi}(f)$. 故 $\overline{x}$ 属于 V_γ. 这意味着这个集合是闭的. $\qquad\square$

在大部分推导中，我们倾向于采用闭性的概念，而较少用到下半连续性. 其中的一个原因是，不同于闭性，下半连续性是一个与定义域有关的性质. 例如，由

$$f(x) = \begin{cases} 0, & x \in (0,1); \\ \infty, & x \notin (0,1). \end{cases}$$

定义的函数 $f : \Re \mapsto (-\infty, \infty]$ 既不是闭的也不是下半连续的；但如果把它的定义域限制到 $(0,1)$ 上，就变成为下半连续.

另一方面，如果函数 $f : X \mapsto [-\infty, \infty]$ 具有闭的有效定义域 dom(f) 且在每个 $x \in \text{dom}(f)$ 处均为下半连续，那么 f 必然是闭的. 我们把这个结论叙述为一个命题. 其证明可以据命题 1.1.2 证明 (ii) 蕴含 (iii) 的过程给出.

命题 1.1.3 令 $f : X \mapsto [-\infty, \infty]$ 为一函数. 如果它的有效定义域 $\mathrm{dom}(f)$ 是闭的, 且 f 在每个 $x \in \mathrm{dom}(f)$ 处均是下半连续的, 那么函数 f 是闭的.

举例来说, 集合 X 的示性函数为闭当且仅当 X 是闭的 ("当"的部分可以根据上述命题得出, 而"仅当"的部分可以用上图的定义导出). 更一般地, 如果 f_X 是形如

$$f_X(x) = \begin{cases} f(x), & x \in X \\ \infty, & 其他 \end{cases}$$

的函数, 其中 $f : \Re^n \mapsto \Re$ 为连续函数, 那么可以证明 f_X 是闭的当且仅当 X 是闭的.

最后需要指出非真的闭凸函数非常特殊: 它不能在任何点上取有限值, 因此它具有如下形式

$$f(x) = \begin{cases} -\infty, & x \in \mathrm{dom}(f), \\ \infty, & x \notin \mathrm{dom}(f). \end{cases}$$

为明白其中的原因, 让我们来考虑非真的闭凸函数 $f : \Re^n \mapsto [-\infty, \infty]$, 并假定存在着某个 x 使得 $f(x)$ 为有限. 令 $\overline{x}$ 满足 $f(\overline{x}) = -\infty$ (这样的点必然存在, 因为 f 是非真的并且 f 不恒等于 ∞). 因为 f 是凸的, 可知每个点

$$x_k = \frac{k-1}{k}x + \frac{1}{k}\overline{x}, \qquad \forall\, k = 1, 2, \cdots$$

都满足 $f(x_k) = -\infty$, 同时有 $x_k \to x$. 因为 f 是闭的, 这意味着 $f(x) = -\infty$, 从而导出矛盾. 总之, **非真的闭凸函数在任何点都不能取有限值**.

1.1.3 凸函数的运算

我们可以通过几种途径来验证函数的凸性. 像仿射函数 (affine functions) 和范数 (模, norms) 这样的一些常见函数是凸的. **多面体函数 (polyhedral function)** 是一类重要的凸函数, 根据定义是真凸函数, 且其上图是多面体 (polyhedral set). 从已知的凸函数出发, 可以通过保持凸性的运算来生成其他凸函数. 保持凸性的主要运算如下:

(a) 与线性变换做复合运算.

(b) 与非负标量相加或相乘.

(c) 取上确界.

(d) 部分最小化. 即对关于两个向量 x 和 z 为 (联合) 凸的函数 f 的部分变量 z 取最小.

如下三个命题是关于前三种情况的, 第四种情况留到 3.3 节处理.

命题 1.1.4 令 $f : \Re^m \mapsto (-\infty, \infty]$ 为某个给定的函数. 令 A 为 $m \times n$ 的矩阵, 且令 $F : \Re^n \mapsto (-\infty, \infty]$ 为形如

$$F(x) = f(Ax), \qquad x \in \Re^n$$

的函数. 如果 f 是凸的, 那么 F 也是凸的, 同时如果 f 是闭的, 那么 F 也是闭的.

证明 令 f 为凸. 利用凸性的定义, 我们可以写出

$$
\begin{aligned}
F\big(\alpha x + (1-\alpha)y\big) &= f\big(\alpha Ax + (1-\alpha)Ay\big) \\
&\leqslant \alpha f(Ax) + (1-\alpha)f(Ay) \\
&= \alpha F(x) + (1-\alpha)F(y).
\end{aligned}
$$

对任意的 $x, y \in \Re^n$ 和 $\alpha \in [0,1]$. 因此 F 是凸的.

令 f 为闭, 则 f 在每个 $x \in \Re^n$ 处为下半连续 (参见命题 1.1.2), 因此对于收敛到 x 的点列 $\{x_k\}$, 我们有

$$f(Ax) \leqslant \liminf_{k \to \infty} f(Ax_k)$$

或

$$F(x) \leqslant \liminf_{k \to \infty} F(x_k)$$

对所有的 k 成立. 于是 F 在每个 $x \in \Re^n$ 处均为下半连续, 进而由命题 1.1.2, 它是闭的.　　　　　　□

下一个命题处理的是函数的求和. 值得指出的是这种情况可以视为前一个处理线性变换的命题的特殊情况. 原因是我们可以把求和 $F = f_1 + \cdots + f_m$ 写成 $F(x) = f(Ax)$ 的形式, 其中 A 是由 $Ax = (x, \cdots, x)$ 定义的矩阵, 而 $f : \Re^{mn} \mapsto (-\infty, \infty]$ 是由

$$f(x_1, \cdots, x_m) = f_1(x_1) + \cdots + f_m(x_m)$$

给出的函数.

命题 1.1.5 令 $f_i : \Re^n \mapsto (-\infty, \infty]$, $i = 1, \cdots, m$, 为给定的一组函数，令 $\gamma_1, \cdots, \gamma_m$ 为正的标量，令 $F : \Re^n \mapsto (-\infty, \infty]$ 为函数

$$F(x) = \gamma_1 f_1(x) + \cdots + \gamma_m f_m(x), \qquad x \in \Re^n.$$

如果 $f_1, \cdots, f_m$ 都是凸的，那么 F 也是凸的，同时，如果 $f_1, \cdots, f_m$ 都是闭的，那么 F 也是闭的.

证明 可以直接从命题 1.1.4 推出. $\qquad\qquad\square$

命题 1.1.6 令 $f_i : \Re^n \mapsto (-\infty, \infty]$, $i \in I$, 为一组给定的函数，其中 I 为任意指标集，且令 $f : \Re^n \mapsto (-\infty, \infty]$ 为由

$$f(x) = \sup_{i \in I} f_i(x)$$

给出的函数. 如果 f_i, $i \in I$, 都是凸的，那么 f 也是凸的，同时如果 f_i, $i \in I$, 都是闭的，那么 f 也是闭的.

证明 (x, w) 属于 $\mathrm{epi}(f)$ 当且仅当 $f(x) \leqslant w$. 而这种情况成立当且仅当 $f_i(x) \leqslant w$ 对于任意 $i \in I$ 成立，或等价地，$(x, w) \in \cap_{i \in I} \mathrm{epi}(f_i)$ 成立. 因此，

$$\mathrm{epi}(f) = \cap_{i \in I} \mathrm{epi}(f_i).$$

如果函数 f_i 均为凸，那么上图 $\mathrm{epi}(f_i)$ 都是凸的，于是 $\mathrm{epi}(f)$ 是凸的，且 f 为凸. 如果函数 f_i 是闭的，那么上图 $\mathrm{epi}(f_i)$ 是闭的，于是 $\mathrm{epi}(f)$ 为闭，且 f 为闭. $\qquad\square$

1.1.4 可微凸函数的性质

如果函数是一阶或二阶可微的，那么验证凸性还可以用这里将要讨论的额外判据. 下面的命题和图 1.1.6 给出可微函数凸性的额外判据.

命题 1.1.7 令 C 为 n 维欧氏空间 $\Re^n$ 的非空凸子集，且令函数 $f : \Re^n \mapsto \Re$ 在包含 C 的开集上可微.

(a) 函数 f 在 C 上为凸当且仅当

$$f(z) \geqslant f(x) + \nabla f(x)'(z - x), \qquad \forall\, x, z \in C. \tag{1.3}$$

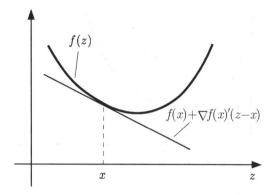

图 1.1.6　凸性在一阶导数上表现出的特征. 条件 $f(z) \geqslant f(x) + \nabla f(x)'(z-x)$ 指出: 基于梯度的线性近似低估了凸函数.

(b) 函数 f 在 C 上为严格凸当且仅当上述不等式只要 $x \neq z$ 就严格成立.

证明　证明的思路如图 1.1.7 所示. 我们同时证明 (a) 和 (b). 假定不等式 (1.3) 成立. 任取 $x, y \in C$ 和 $\alpha \in [0, 1]$, 并令 $z = \alpha x + (1-\alpha)y$. 通过两次应用不等式 (1.3), 我们得到

$$f(x) \geqslant f(z) + \nabla f(z)'(x-z),$$

$$f(y) \geqslant f(z) + \nabla f(z)'(y-z).$$

第一个不等式乘以 α, 第二个不等式乘以 $(1-\alpha)$, 并相加得到

$$\alpha f(x) + (1-\alpha)f(y) \geqslant f(z) + \nabla f(z)'\big(\alpha x + (1-\alpha)y - z\big) = f(z),$$

即证明 f 为凸. 如果不等式 (1.3) 是 (b) 的严格成立情况, 那么如果在上面取 $x \neq y$ 以及 $\alpha \in (0, 1)$, 前面的三个不等式都会变成为严格成立, 因此证明 f 的严格凸性.

反过来, 假定 f 是凸的, 令 x 和 z 为 C 中任意的满足 $x \neq z$ 的向量, 我们考虑如下给出的函数 $g: (0, 1] \mapsto \Re$.

$$g(\alpha) = \frac{f\big(x + \alpha(z-x)\big) - f(x)}{\alpha}, \qquad \alpha \in (0, 1]$$

我们要证明 $g(\alpha)$ 关于 α 是单调增的, 并且当 f 为严格凸时, 是严格单调增的. 这将意味着

$$\nabla f(x)'(z-x) = \lim_{\alpha \downarrow 0} g(\alpha) \leqslant g(1) = f(z) - f(x),$$

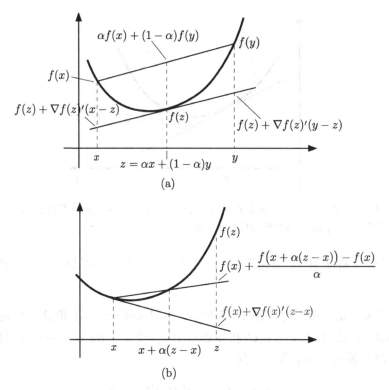

图 1.1.7 命题 1.1.7 的证明思路. 图 (a) 中, 我们在 $z = \alpha x + (1 - \alpha)y$ 处对 f 做线性近似. 不等式 (1.3) 蕴含 $f(x) \geqslant f(z) + \nabla f(z)'(x - z)$, $f(y) \geqslant f(z) + \nabla f(z)'(y - z)$. 如图所示, 可知 $\alpha f(x) + (1 - \alpha)f(y)$ 处于 $f(z)$ 上方, 因此 f 是凸的. 在图 (b) 中, 我们假定 f 是凸的. 从图上可以看出 $f(x) + \frac{f(x + \alpha(z - x)) - f(x)}{\alpha}$ 处于 $f(z)$ 的下方. 当 $\alpha \downarrow 0$ 时, 它是单调非增的, 并且收敛到 $f(x) + \nabla f(x)'(z - x)$. 于是 $f(z) \geqslant f(x) + \nabla f(x)'(z - x)$.

且当 g 为严格增时, 不等式严格成立. 这就可以证明期望的不等式 (1.3) 成立, 且在 f 为严格凸时, 严格成立. 事实上, 考虑满足 $0 < \alpha_1 < \alpha_2 < 1$ 的任意 α_1, α_2, 且令

$$\overline{\alpha} = \frac{\alpha_1}{\alpha_2}, \qquad \overline{z} = x + \alpha_2(z - x). \tag{1.4}$$

我们有

$$f\big(x + \overline{\alpha}(\overline{z} - x)\big) \leqslant \overline{\alpha}f(\overline{z}) + (1 - \overline{\alpha})f(x)$$

或

$$\frac{f\big(x + \overline{\alpha}(\overline{z} - x)\big) - f(x)}{\overline{\alpha}} \leqslant f(\overline{z}) - f(x), \tag{1.5}$$

并且以上不等式在 f 为严格凸时是严格的. 把定义式 (1.4) 代入到式 (1.5) 中, 经过直接计算可得

$$\frac{f\big(x+\alpha_1(z-x)\big)-f(x)}{\alpha_1}\leqslant\frac{f\big(x+\alpha_2(z-x)\big)-f(x)}{\alpha_2}$$

或

$$g(\alpha_1)\leqslant g(\alpha_2),$$

并且不等式在 f 为严格凸时是严格的. 因此 g 关于 α 为单调增, 且在 f 为严格凸时是严格单调增的. $\qquad\square$

注意命题 1.1.7(a) 有一个简单的结论: 如果 $f:\Re^n\mapsto\Re$ 是可微凸函数, 且 $\nabla f(x^*)=0$, 那么 x^* 使 f 在 $\Re^n$ 上取最小. 这是无约束最优性的经典充分条件之一. 它最早由费马 (Fermat) 在 1637 年提出 (一维形式). 类似地, 从命题 1.1.7(a), 可知

$$\nabla f(x^*)'(z-x^*)\geqslant 0,\quad\forall\,z\in C.$$

这意味着 x^* 使可微凸函数 f 在凸集 C 上取最小. 该最优性的充分条件也是必要的. 为明白这一点, 反设 x^* 在 C 上使 f 取最小, 而 $\nabla f(x^*)'(z-x^*)<0$ 对某个 $z\in C$ 成立. 由可微性, 我们有

$$\lim_{\alpha\downarrow 0}\frac{f\big(x^*+\alpha(z-x^*)\big)-f(x^*)}{\alpha}=\nabla f(x^*)'(z-x^*)<0,$$

于是 $f\big(x^*+\alpha(z-x^*)\big)$ 对充分小的 $\alpha>0$ 是严格递减的, 从而与 x^* 的最优性矛盾. 我们把结论叙述为一个命题.

命题 1.1.8 令 C 为 n 维欧氏空间 $\Re^n$ 的非空子集且令函数 $f:\Re^n\mapsto\Re$ 在包含 C 的开集上可微. 则向量 $x^*\in C$ 在 C 上使得 f 取最小当且仅当

$$\nabla f(x^*)'(z-x^*)\geqslant 0,\quad\forall\,z\in C.$$

让我们用上述最优性条件来证明分析与优化理论中的一条基本定理.

命题 1.1.9 (投影定理 Projection Theorem) 令 C 为 n 维欧氏空间 $\Re^n$ 的非空闭凸子集, 并令 z 为 $\Re^n$ 中的一个向量, 则在 $x\in C$ 上存在唯一的向量使得 $\|z-x\|$ 取最小. 这个向量称为 z 在 C 上的投影. 进而向量 x^* 是 z 在 C 上的投影当且仅当

$$(z-x^*)'(x-x^*)\leqslant 0,\quad\forall\,x\in C.\tag{1.6}$$

证明 使 $\|z - x\|$ 最小化等价于使得

$$f(x) = \frac{1}{2} \|z - x\|^2$$

最小化. 由命题 1.1.8，x^* 使得 f 在 C 上取最小当且仅当

$$\nabla f(x^*)'(x - x^*) \geqslant 0, \qquad \forall\, x \in C.$$

由于 $\nabla f(x^*) = x^* - z$，该条件等价于式 (1.6).

使得 f 在 C 上取最小等价于使 f 在紧集 $C \cap \{ \|z - x\| \leqslant \|z - w\| \}$ 上取最小，其中 w 是 C 中任意向量. 根据 Weierstrass 定理 (命题 A.2.7) 可知最小化向量是存在的. 为证唯一性，令 x_1^* 和 x_2^* 是两个最小化向量. 于是由式 (1.6)，我们有

$$(z - x_1^*)'(x_2^* - x_1^*) \leqslant 0, \qquad (z - x_2^*)'(x_1^* - x_2^*) \leqslant 0.$$

两不等式相加，可得

$$(x_2^* - x_1^*)'(x_2^* - x_1^*) = \|x_2^* - x_1^*\|^2 \leqslant 0,$$

于是 $x_2^* = x_1^*$. $\qquad\square$

二阶可微凸函数还有如下命题给出的另一凸性特征.

命题 1.1.10 C 为 n 维欧氏空间 $\Re^n$ 的非空闭凸子集，并令函数 $f : \Re^n \mapsto \Re$ 在包含 C 的开集上两次连续可微.

(a) 如果 $\nabla^2 f(x)$ 对于所有的 $x \in C$ 均为半正定，那么函数 f 在 C 上为凸.

(b) 如果 $\nabla^2 f(x)$ 对于所有的 $x \in C$ 均为正定，那么函数 f 在 C 上为严格凸.

(c) 如果 C 为开，且函数 f 在 C 上为凸，那么 $\nabla^2 f(x)$ 对于所有的 $x \in C$ 为半正定.

证明 (a) 由均值定理 (命题 A.3.1)，对所有的 $x, y \in C$ 我们有

$$f(y) = f(x) + \nabla f(x)'(y - x) + \frac{1}{2}(y - x)'\nabla^2 f\big(x + \alpha(y - x)\big)(y - x)$$

对某个 $\alpha \in [0, 1]$ 成立. 因此，利用 $\nabla^2 f$ 的半正定性，我们得到

$$f(y) \geqslant f(x) + \nabla f(x)'(y - x), \qquad \forall\, x, y \in C.$$

由命题 1.1.7(a)，可得 f 在 C 上为凸.

(b) 类似于 (a) 部分的证明，我们有 $f(y) > f(x) + \nabla f(x)'(y - x)$ 对满足 $x \neq y$ 的所有 $x, y \in C$ 成立，因此待证结果可以从命题 1.1.7(b) 推出.

(c) 反设存在 $x \in C$ 和 $z \in \Re^n$ 使得 $z' \nabla^2 f(x) z < 0$. 因为 C 为开集合且 $\nabla^2 f$ 为连续，我们可以选取 z 具有充分小的范数以使得 $x + z \in C$ 并且 $z' \nabla^2 f(x + \alpha z) z < 0$ 对每个 $\alpha \in [0, 1]$ 均成立. 于是，再次应用均值定理，可得 $f(x + z) < f(x) + \nabla f(x)' z$. 根据命题 1.1.7(a)，这与 f 在 C 上的凸性相矛盾. □

如果 f 在非开的凸集 C 上为凸，$\nabla^2 f(x)$ 不一定在每个 C 中的点处均为半正定 [$n = 2$ 的情况的例子是 $C = \{(x_1, 0) \mid x_1 \in \Re\}$ 而 $f(x) = x_1^2 - x_2^2$]. 不过，可以证明命题 1.1.10(c) 的结论当 C 为具有非空的内点集而不是开集时，仍然是成立的.

1.2　凸包与仿射包

我们现在来讨论与非凸集合的凸化相关的问题. 令 X 为 n 维欧氏空间 $\Re^n$ 的非空子集. 集合 X 的**凸包 (convex hull)**，记作 $\operatorname{conv}(X)$，是指包含 X 的所有凸集合的交集，并且根据命题 1.1.1(a)，该集合是凸集. X 的元的**凸组合 (convex combination)**是具有 $\sum_{i=1}^{m} \alpha_i x_i$ 形式的向量，其中 m 为正整数，$x_1, \cdots, x_m$ 属于 X，而 $\alpha_1, \cdots, \alpha_m$ 是标量，并满足

$$\alpha_i \geqslant 0, \quad i = 1, \cdots, m, \qquad \sum_{i=1}^{m} \alpha_i = 1$$

条件. 注意凸组合属于 $\operatorname{conv}(X)$ (参见图 1.2.1 的构造). 对于任意的凸组合以及在 $\operatorname{conv}(X)$ 上为凸的函数 $f : \Re^n \mapsto \Re$，我们有

$$f\left(\sum_{i=1}^{m} \alpha_i x_i\right) \leqslant \sum_{i=1}^{m} \alpha_i f(x_i). \tag{1.7}$$

这可由反复结合运用凸性的定义和图 1.2.1 中的构造导出. 这个关系是有名的**Jensen 不等式**的特例. Jensen 不等式在应用数学和概率论中有着广泛的应用.

容易直接验证 X 元素的全部凸组合构成的集合就等于 $\operatorname{conv}(X)$. 特别地，若 X 由有限个向量 $x_1, \cdots, x_m$ 构成，则它的凸包为

$$\operatorname{conv}(\{x_1, \cdots, x_m\}) = \left\{\sum_{i=1}^{m} \alpha_i x_i \;\middle|\; \alpha_i \geqslant 0, \, i = 1, \cdots, m, \, \sum_{i=1}^{m} \alpha_i = 1\right\}$$

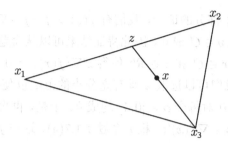

图 1.2.1　通过一系列 $m-1$ 个向量对的凸组合来完成 m 个向量凸组合的构造 (首先把两个向量组合起来, 然后把结果和另外一个向量组合起来, 如此继续). 例如, $x = \alpha_1 x_1 + \alpha_2 x_2 + \alpha_3 x_3 = (\alpha_1 + \alpha_2) \left(\dfrac{\alpha_1}{\alpha_1 + \alpha_2} x_1 + \dfrac{\alpha_2}{\alpha_1 + \alpha_2} x_2 \right) + \alpha_3 x_3$, 于是如图所示, 凸组合 $\alpha_1 x_1 + \alpha_2 x_2 + \alpha_3 x_3$ 可以通过先构造凸组合 $z = \dfrac{\alpha_1}{\alpha_1 + \alpha_2} x_1 + \dfrac{\alpha_2}{\alpha_1 + \alpha_2} x_2$, 然后再构造凸组合 $x = (\alpha_1 + \alpha_2) z + \alpha_3 x_3$ 来得到. 这表明取自一个凸集的若干向量的凸组合仍属于该集合, 而取自一个非凸集合的若干向量的凸组合属于该集合的凸包.

进而, 对于任意集合 S 以及线性变换 A, 我们有 $\mathrm{conv}(AS) = A\, \mathrm{conv}(S)$. 由此可以得出对任意集合 $S_1, \cdots, S_m$, 成立 $\mathrm{conv}(S_1 + \cdots + S_m) = \mathrm{conv}(S_1) + \cdots + \mathrm{conv}(S_m)$.

我们回顾一下, n 维欧氏空间 $\Re^n$ 中的仿射集 M 指的是具有 $x + S$ 形式的集合, 其中 x 是某个向量, 而 S 是由 M 唯一确定的一个子空间, 并称为平行于 M 的子空间. 换言之, 一个集合 M 称为是仿射的, 如果它包含所有穿过满足 $x, y \in M$ 且 $x \neq y$ 条件的点对 x, y 的直线. 如果 X 是 $\Re^n$ 的子集, X 的仿射包 (affine hull), 记作 $\mathrm{aff}(X)$, 是指包含 X 的所有仿射集的交集. 注意 $\mathrm{aff}(X)$ 本身是仿射集并且它包含 $\mathrm{conv}(X)$. $\mathrm{aff}(X)$ 的维数定义为平行于 $\mathrm{aff}(X)$ 的子空间的维数. 可以证明

$$\mathrm{aff}(X) = \mathrm{aff}\big(\mathrm{conv}(X)\big) = \mathrm{aff}\big(\mathrm{cl}(X)\big)$$

进而凸集 C 的维数定义为它的仿射包 $\mathrm{aff}(C)$ 的维数.

给定 $\Re^n$ 的非空子集 X, X 中的元素的非负组合是具有 $\sum_{i=1}^{m} \alpha_i x_i$ 形式的向量, 其中 m 是正整数, $x_1, \cdots, x_m$ 属于 X, 而 $\alpha_1, \cdots, \alpha_m$ 是非负标量. 如果标量 α_i 全是正的, 我们说 $\sum_{i=1}^{m} \alpha_i x_i$ 是正组合. 由 X 生成的锥体 (cone), 记作 $\mathrm{cone}(X)$, 是指 X 中所有元素的非负组合构成的集合. 易见 $\mathrm{cone}(X)$ 是一个包含原点的凸锥, 不过如图 1.2.2 所示, 即使 X 为紧集, 该集合也未必是闭的 [在一些特殊情况下, 可以证明 $\mathrm{cone}(X)$ 是闭的, 例如当 X 为有限时; 参见 1.4.3 节].

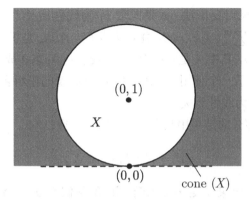

图 1.2.2　$\Re^2$ 中 X 为凸的紧集, 但 cone(X) 为非闭的例子. 这里 $X = \{(x_1, x_2) \mid x_1^2 + (x_2 - 1)^2 \leqslant 1\}$,　cone($X$) $= \{(x_1, x_2) \mid x_2 > 0\} \cup \{(0, 0)\}$.

下面给出凸包的一条基本性质 (参见图 1.2.3).

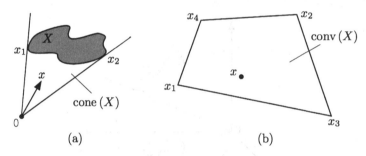

　　　　　　(a)　　　　　　　　　　　　　　　　(b)

图 1.2.3　Caratheodory 定理. 情形 (a) 中, X 为 $\Re^2$ 中的非凸集, 而点 $x \in$ cone(X) 可以表示为两个线性无关向量 $x_1, x_2 \in X$ 的正组合. 情形 (b) 中, X 由 $\Re^2$ 中的四个点 x_1, x_2, x_3, x_4 组成. 图中所示的点 $x \in$ conv(X) 可以表示为三个点 x_1, x_2, x_3 的凸组合. 注意到 x 还可以表示成向量 x_1, x_3, x_4 的凸组合, 因此这种表示是不唯一的.

命题 1.2.1　(Caratheodory 定理) 令 X 为 n 维欧氏空间 $\Re^n$ 的一个非空子集.

(a) 每一个取自 X 生成的锥体 cone(X) 的非零向量都可以表示成 X 中线性无关向量的正组合.

(b) 每一个取自 X 的凸包 conv(X) 的向量都可以表示成 X 中不超过 $n + 1$ 个向量的凸组合.

证明　(a) 考虑取自 cone(X) 的一个向量 $x \neq 0$. 令 m 为使得 x 具有 $\sum_{i=1}^{m} \alpha_i x_i$ 形式的最小整数, 其中 $\alpha_i > 0$ 并且 $x_i \in X$ 对所有 $i =$

$1, \cdots, m$ 成立. 采用反证法. 如果向量 x_i 为线性相关, 那么必然存在标量 $\lambda_1, \cdots, \lambda_m$ 使得 $\sum_{i=1}^{m} \lambda_i x_i = 0$, 并且至少有一个 λ_i 是正的. 考虑线性组合 $\sum_{i=1}^{m} (\alpha_i - \overline{\gamma} \lambda_i) x_i$, 其中 $\overline{\gamma}$ 是对所有 i 使得 $\alpha_i - \gamma \lambda_i \geqslant 0$ 成立的最大的 γ. 这个组合为 x 提供了一个使用 X 中少于 m 个向量的正组合, 从而导出矛盾. 因此 $x_1, \cdots, x_m$ 为线性无关.

(b) 将 (a) 部分的结果用到 $\Re^{n+1}$ 的如下子集:

$$Y = \big\{ (y, 1) \mid y \in X \big\}$$

(参考图 1.2.4). 如果 $x \in \operatorname{cone}(X)$, 那么我们有 $x = \sum_{i=1}^{I} \gamma_i x_i$ 对某个整数 $I > 0$ 和标量 $\gamma_i > 0$, $i = 1, \cdots, I$ 成立, 且 $1 = \sum_{i=1}^{I} \gamma_i$, 于是 $(x, 1) \in \operatorname{cone}(Y)$. 由 (a) 部分, 我们有 $(x, 1) = \sum_{i=1}^{m} \alpha_i (x_i, 1)$ 对某些标量 $\alpha_1, \cdots, \alpha_m > 0$ 和 (至多 $n+1$ 个) 线性无关向量 $(x_1, 1), \cdots, (x_m, 1)$ 成立. 于是, $x = \sum_{i=1}^{m} \alpha_i x_i$ 且 $1 = \sum_{i=1}^{m} \alpha_i$. $\qquad \square$

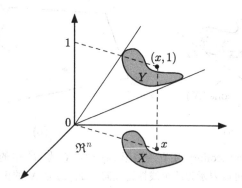

图 1.2.4 关于凸包的 Caratheodory 定理证明, 采用的是该定理针对生成锥的版本. 我们考虑的是集合 $Y = \{ (y, 1) \mid y \in X \} \subset \Re^{n+1}$ 并应用了命题 1.2.1.

注意 Caratheodory 定理 (b) 部分的证明表明若 $m \geqslant 2$, 则用来表示 $\operatorname{cone}(X)$ 中向量的 m 个向量 $x_1, \cdots, x_m \in X$ 可以选得使 $x_2 - x_1, \cdots, x_m - x_1$ 为线性无关 [假如 $x_2 - x_1, \cdots, x_m - x_1$ 是线性相关的, 那么必存在不全为零的 $\lambda_2, \cdots, \lambda_m$, 使得 $\sum_{i=2}^{m} \lambda_i (x_i - x_1) = 0$, 这样通过定义 $\lambda_1 = -(\lambda_2 + \cdots + \lambda_m)$, 就导出

$$\sum_{i=1}^{m} \lambda_i (x_i, 1) = 0$$

从而与 $(x_1, 1), \cdots, (x_m, 1)$ 的线性无关性矛盾].

Caratheodory 定理可以用来证明其他一些重要结论. 下面的命题就是一个例子.

命题 1.2.2　紧集的凸包是紧的.

证明　令 X 为 $\Re^n$ 中的紧集. 为证明 $\mathrm{conv}(X)$ 是紧的, 我们任取 $\mathrm{conv}(X)$ 的一个点列并证明它有极限在 $\mathrm{conv}(X)$ 中的收敛子列. 事实上, 由 Caratheodory 定理, $\mathrm{conv}(X)$ 中的点列可以表示为 $\left\{\sum_{i=1}^{n+1}\alpha_i^k x_i^k\right\}$, 其中对所有的 k 和 i, $\alpha_i^k \geqslant 0$, $x_i^k \in X$, 并且 $\sum_{i=1}^{n+1}\alpha_i^k = 1$. 由于点列

$$\left\{(\alpha_1^k,\cdots,\alpha_{n+1}^k,x_1^k,\cdots,x_{n+1}^k)\right\}$$

是有界的, 它必有极限点 $\left\{(\alpha_1,\cdots,\alpha_{n+1},x_1,\cdots,x_{n+1})\right\}$, 并且必满足 $\sum_{i=1}^{n+1}\alpha_i = 1$ 和 $\alpha_i \geqslant 0$, $x_i \in X$ 对所有的 i 成立. 因此属于 $\mathrm{conv}(X)$ 的向量 $\sum_{i=1}^{n+1}\alpha_i x_i$ 是点列 $\left\{\sum_{i=1}^{n+1}\alpha_i^k x_i^k\right\}$ 的极限点, 表明 $\mathrm{conv}(X)$ 是紧的. □

注意无界闭集的凸包未必是闭的. 例如, 对 $\Re^2$ 的闭子集

$$X = \left\{(0,0)\right\} \cup \left\{(x_1,x_2) \mid x_1 x_2 \geqslant 1,\, x_1 \geqslant 0,\, x_2 \geqslant 0\right\}$$

其凸包为

$$\mathrm{conv}(X) = \left\{(0,0)\right\} \cup \left\{(x_1,x_2) \mid x_1 > 0,\, x_2 > 0\right\}$$

就不是闭的.

最后我们强调正像我们可以通过凸包运算来实现对非凸集合的凸化, 我们也可以通过对非凸函数的上图进行凸化来实现对非凸函数的凸化. 事实上, 这可以采用一种保持函数的最小值的最优性的方式做到 (参见 1.3.3 节).

1.3　相对内点集和闭包

我们考虑凸集与凸函数的若干一般拓扑性质. 令 C 为 n 维欧氏空间 $\Re^n$ 的非空凸子集. C 的闭包, 记作 $\mathrm{cl}(C)$, 也是非空凸集 [命题 1.1.1(d)]. C 的内点集也是凸的, 但有可能是空的. 不过, 凸性确实蕴含相对于 C 仿射包的内点的存在性. 以下, 我们来描述这条重要的性质.

令 C 为非空凸集. 我们称 x 为 C 的**相对内点 (relative interior point)**, 如果 $x \in C$ 并且存在以 x 为中心的开球 S 使得 $S \cap \mathrm{aff}(C) \subset C$, 即

x 是相对于 C 的仿射包的内点. C 的所有相对内点的集合称为 C **的相对内点集**，并记作 $\mathrm{ri}(C)$. 集合 C 称为是**相对开的**，如果 $\mathrm{ri}(C) = C$. $\mathrm{cl}(C)$ 中不是相对内点的点称为是 C 的**相对边界点**，并且这些点的集合称为是 C 的**相对边界**.

例如，令 C 为平面上连接两个不同点的线段. 那么 $\mathrm{ri}(C)$ 由 C 除去两个端点的所有点组成，而 C 的相对边界由它的两个端点组成. 又如，令 C 为仿射集. 那么 $\mathrm{ri}(C) = C$ 并且 C 的相对边界是空的.

如下命题给出了关于相对内点的最基本事实.

命题 1.3.1 (线段原理，Line Segment Principle) 令 C 为非空凸集. 如果点 x 是 C 的相对内点，即 $x \in \mathrm{ri}(C)$，并且点 $\overline{x}$ 属于 C 的闭包，即 $\overline{x} \in \mathrm{cl}(C)$，那么连接两点 x 和 $\overline{x}$ 的线段上的点，除了点 $\overline{x}$，都是 C 的相对内点，即都属于 $\mathrm{ri}(C)$.

证明 在 $\overline{x} \in C$ 情形下，证明如图 1.3.1 所示. 考虑 $\overline{x} \notin C$ 的情形. 为证明对任意的 $\alpha \in (0,1]$ 都有 $x_\alpha = \alpha x + (1-\alpha)\overline{x} \in \mathrm{ri}(C)$ 成立，考虑 C 中收敛到 $\overline{x}$ 的点列 $\{x_k\} \subset C$，并令 $x_{k,\alpha} = \alpha x + (1-\alpha)x_k$. 那么如图 1.3.1 所示，可知 $\{z \mid \|z - x_{k,\alpha}\| < \alpha\epsilon\} \cap \mathrm{aff}(C) \subset C$ 对所有 k 成立，其中 ϵ 的选取使得开球 $S = \{z \mid \|z - x\| < \epsilon\}$ 满足 $S \cap \mathrm{aff}(C) \subset C$. 因为 $x_{k,\alpha} \to x_\alpha$ 对充分大的 k 成立，我们有

$$\{z \mid \|z - x_\alpha\| < \alpha\epsilon/2\} \subset \{z \mid \|z - x_{k,\alpha}\| < \alpha\epsilon\}$$

从而 $\{z \mid \|z - x_\alpha\| < \alpha\epsilon/2\} \cap \mathrm{aff}(C) \subset C$. 这表明 $x_\alpha \in \mathrm{ri}(C)$. □

下面的命题是由线段原理得出一个主要结论.

命题 1.3.2 (相对内点集的非空性) 令 C 为非空凸集. 则

(a) 集合 C 的相对内点集 $\mathrm{ri}(C)$ 是非空凸集，并且和 C 具有相同的仿射包.

(b) 如果 C 的仿射包 $\mathrm{aff}(C)$ 的维数 m 是大于零的，那么必存在向量 $x_0, x_1, \cdots, x_m \in \mathrm{ri}(C)$ 使得 $x_1 - x_0, \cdots, x_m - x_0$ 所张成的子空间平行于 $\mathrm{aff}(C)$.

证明 (a) 集合 $\mathrm{ri}(C)$ 的凸性可以从线段原理 (命题 1.3.1) 得到. 利用平移，不失一般性，我们假定 $0 \in C$. 于是 $\mathrm{aff}(C)$ 是子空间. 它的维数记作 m. 为证明 $\mathrm{ri}(C)$ 为非空，我们用 $\mathrm{aff}(C)$ 的一组基来构造相对开集.

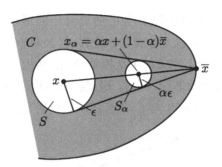

图 1.3.1 在 $\overline{x} \in C$ 情形下,线段原理的证明. 由于 $x \in \mathrm{ri}(C)$,必存在开球 $S = \{z \mid \|z - x\| < \epsilon\}$ 使得 $S \cap \mathrm{aff}(C) \subset C$ 成立. 对于所有的 $\alpha \in (0, 1]$,令 $x_\alpha = \alpha x + (1 - \alpha)\overline{x}$ 并令 $S_\alpha = \{z \mid \|z - x_\alpha\| < \alpha\epsilon\}$. 可知 $S_\alpha \cap \mathrm{aff}(C)$ 的每个点都是点 $\overline{x}$ 和 $S \cap \mathrm{aff}(C)$ 中某个点的凸组合. 于是,由 C 的凸性,$S_\alpha \cap \mathrm{aff}(C) \subset C$,可推出 $x_\alpha \in \mathrm{ri}(C)$.

如果维数 m 为零,那么 C 和 $\mathrm{aff}(C)$ 就是一个单点,也是唯一的相对内点. 如果 $m > 0$,那么我们可以从 C 中找出 m 个线性无关向量 $z_1, \cdots, z_m$ 来张成 $\mathrm{aff}(C)$,因为如果不然,C 中有 $r < m$ 个线性无关向量所张成的空间包含 C,就与 $\mathrm{aff}(C)$ 的维数等于 m 的事实矛盾. 因此,$z_1, \cdots, z_m$ 也构成 $\mathrm{aff}(C)$ 的一组基.

考虑集合

$$X = \left\{ x \;\middle|\; x = \sum_{i=1}^{m} \alpha_i z_i,\ \sum_{i=1}^{m} \alpha_i < 1,\ \alpha_i > 0,\ i = 1, \cdots, m \right\}$$

(参见图 1.3.2),并注意到 $X \subset C$,因为 C 是凸的. 我们断言该集合相对于 $\mathrm{aff}(C)$ 为开,即对于所有向量 $\overline{x} \in X$,存在以 $\overline{x}$ 为中心的开球 B 使得 $\overline{x} \in B$ 和 $B \cap \mathrm{aff}(C) \subset X$ 成立. 为证明这一点,固定 $\overline{x} \in X$ 并令 x 为另一在 $\mathrm{aff}(C)$ 中的向量. 我们有 $\overline{x} = Z\overline{\alpha}$ 和 $x = Z\alpha$,其中 Z 为 $n \times m$ 的矩阵,其列由向量 $z_1, \cdots, z_m$ 组成,而 $\overline{\alpha}$ 和 α 是适当选取的 m 维向量. 这些向量是唯一的,因为 $z_1, \cdots, z_m$ 构成 $\mathrm{aff}(C)$ 的基. 因为 Z 具有线性无关的列,矩阵 $Z'Z$ 是对称和正定的,故对某个不依赖于 x 和 $\overline{x}$ 的正的标量 γ,我们有

$$\|x - \overline{x}\|^2 = (\alpha - \overline{\alpha})' Z' Z (\alpha - \overline{\alpha}) \geqslant \gamma \|\alpha - \overline{\alpha}\|^2. \tag{1.8}$$

因为 $\overline{x} \in X$,所以相应的向量 $\overline{\alpha}$ 属于开集

$$A = \left\{ (\alpha_1, \cdots, \alpha_m) \;\middle|\; \sum_{i=1}^{m} \alpha_i < 1,\ \alpha_i > 0,\ i = 1, \cdots, m \right\}.$$

由式 (1.8) 可知如果 x 位于以 $\bar{x}$ 为心的充分小的球内,那么相应的向量 α 会位于 A 之中,这意味着 $x \in X$. 于是 X 包含 $\mathrm{aff}(C)$ 与某个以 $\bar{x}$ 为心的开球的交集,因此 X 对于 $\mathrm{aff}(C)$ 是相对开的. 从而 X 的所有点都是 C 的相对内点,使得 $\mathrm{ri}(C)$ 为非空. 同时,根据我们的构造方法,$\mathrm{aff}(X) = \mathrm{aff}(C)$ 而且 $X \subset \mathrm{ri}(C)$,可知 $\mathrm{ri}(C)$ 与 C 具有相同的仿射包.

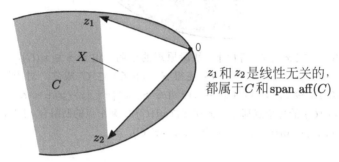

图 1.3.2 假定 $m > 0$ 情况下,在证明包含原点的凸集 C 的相对内点集为非空时,构造的相对开集 X. 我们选取 m 个线性无关向量 $z_1, \cdots, z_m \in C$,其中 m 是 $\mathrm{aff}(C)$ 的维数,并且令 $X = \left\{ \sum_{i=1}^{m} \alpha_i z_i \ \middle|\ \sum_{i=1}^{m} \alpha_i < 1, \alpha_i > 0, i = 1, \cdots, m \right\}$. X 中的任意点被证明是 C 的一个相对内点.

(b) 令 x_0 为 C 的相对内点 [根据 (a) 部分的证明,这样的点是存在的]. 把 C 平移到 $C - x_0$(使得 x_0 被平移到原点),并考虑 (a) 部分证明中张成 $\mathrm{aff}(C - x_0)$ 的向量 $z_1, \cdots, z_m \in C - x_0$. 令 $\alpha \in (0, 1)$. 因为 $0 \in \mathrm{ri}(C - x_0)$,由线段原理 (命题 1.3.1) 可知 $\alpha z_i \in \mathrm{ri}(C - x_0)$ 对所有 $i = 1, \cdots, m$ 成立. 于是向量

$$x_i = x_0 + \alpha z_i, \qquad i = 1, \cdots, m,$$

使得 $x_1 - x_0, \cdots, x_m - x_0$ 属于 $\mathrm{ri}(C)$ 成立,并且张成 $\mathrm{aff}(C)$. $\qquad\square$

下面是从线段原理可得出的另一有用结论.

命题 1.3.3 (延伸引理 Prolongation Lemma) 令 C 为非空凸集. 向量 x 是 C 的相对内点,当且仅当 C 中以 x 为端点的所有线段可以延伸超过 x 而不必离开 C[即对于所有 $\bar{x} \in C$,均存在 $\gamma > 0$ 使得 $x + \gamma(x - \bar{x}) \in C$].

证明 如果 $x \in \mathrm{ri}(C)$,那么根据相对内点的定义,命题中所给出的条件显然成立. 反之,假设 x 满足给定的条件,并令 $\bar{x}$ 为 $\mathrm{ri}(C)$ 中的某点 (由命题 1.3.2,这样的点是存在的). 如果 $x = \bar{x}$,证明完成,因此设 $x \neq \bar{x}$. 由

给定的条件, 存在 $\gamma > 0$ 使得 $y = x + \gamma(x - \overline{x}) \in C$ 成立, 于是 x 位于连接 $\overline{x}$ 和 y 线段的内部. 由于 $\overline{x} \in \mathrm{ri}(C)$ 而 $y \in C$, 根据线段原理 (命题 1.3.1), 可知 $x \in \mathrm{ri}(C)$. □

后面章节中将看到相对内点的概念在凸优化和对偶理论中有广泛的应用. 例如, 当代价函数 (cost function) 是凹的时, 我们可以给出最优解集的一个重要刻画.

命题 1.3.4　令 X 为 n 维欧氏空间 $\Re^n$ 的非空凸子集, 且令函数 $f: X \mapsto \Re$ 为凹, X^* 为使得 f 在 X 上达到最小的向量集, 即

$$X^* = \left\{ x^* \in X \;\middle|\; f(x^*) = \inf_{x \in X} f(x) \right\}.$$

如果 X^* 包含 X 的相对内点, 那么 f 在 X 上必为常数, 即 $X^* = X$.

证明　令 x^* 属于 $X^* \cap \mathrm{ri}(X)$, 并令 x 为 X 中任意向量. 由延伸引理 (命题 1.3.3), 存在 $\gamma > 0$ 使得

$$\hat{x} = x^* + \gamma(x^* - x)$$

属于 X, 这意味着

$$x^* = \frac{1}{\gamma + 1} \hat{x} + \frac{\gamma}{\gamma + 1} x$$

(见图 1.3.3). 由 f 的凹性, 我们有

$$f(x^*) \geqslant \frac{1}{\gamma + 1} f(\hat{x}) + \frac{\gamma}{\gamma + 1} f(x),$$

进而利用 $f(\hat{x}) \geqslant f(x^*)$ 和 $f(x) \geqslant f(x^*)$, 可证明 $f(x) = f(x^*)$. □

从上述命题可以得出的一个结论是线性代价函数 $f(x) = c'x$, 只要 $c \neq 0$, 就不能在凸约束集的内点达到最小, 因为这样的函数不能在开球上为常数. 我们在第 2 章引入顶点 (extreme point) 概念后还要讨论这一点.

1.3.1　相对内点集和闭包的演算

为研究凸分析中的集合运算, 例如取集合的交集、向量和、线性变换, 我们需要获得相应的相对内点集和闭包的计算工具. 下面五个命题将提供这类工具. 让我们先概述一下:

(a) 两个凸集具有相同的闭包当且仅当它们具有相同的相对内点集.

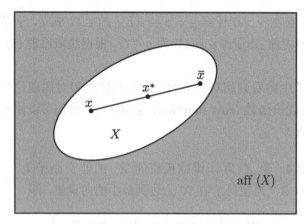

图 1.3.3 命题 1.3.4 的证明思路. 如果 $x^* \in \mathrm{ri}(X)$ 在 X 上最小化 f, 而 f 在 X 上不是常数, 那么必存在 $x \in X$ 使得 $f(x) > f(x^*)$ 成立. 由延伸引理 (命题 1.3.3), 存在 $\overline{x} \in X$ 使得 x^* 位于 x 和 $\overline{x}$ 之间. 由于 f 是凹的, 而 $f(x) > f(x^*)$, 我们必有 $f(\overline{x}) < f(x^*)$, 这与 x^* 的最优性矛盾.

(b) 取相对内点集及闭包运算与取笛卡儿积 (Cartesian product) 运算和取集合在线性变换下原像的运算可以交换.

(c) 取相对内点运算与取集合在线性变换下像的运算和取集合的向量和运算可以交换. 但取闭包不具有这些性质.

(d) 除非两个集合的相对内点集有公共点, 无论是取闭包运算还是取相对内点集运算都与取集合交运算不可交换.

命题 1.3.5 令 C 为非空凸集.

(a) $\mathrm{cl}(C) = \mathrm{cl}\big(\mathrm{ri}(C)\big)$.

(b) $\mathrm{ri}(C) = \mathrm{ri}\big(\mathrm{cl}(C)\big)$.

(c) 令 $\overline{C}$ 为另一非空凸集. 则以下三个条件等价:

　　(i) C 和 $\overline{C}$ 具有相同的相对内点集.

　　(ii) C 和 $\overline{C}$ 具有相同的闭包.

　　(iii) $\mathrm{ri}(C) \subset \overline{C} \subset \mathrm{cl}(C)$.

证明　(a) 由于 $\mathrm{ri}(C) \subset C$, 我们有 $\mathrm{cl}\big(\mathrm{ri}(C)\big) \subset \mathrm{cl}(C)$. 反之, 令 $\overline{x} \in \mathrm{cl}(C)$. 我们要证明 $\overline{x} \in \mathrm{cl}\big(\mathrm{ri}(C)\big)$. 令 x 为 $\mathrm{ri}(C)$ 中任意一点 [由命题 1.3.2(a) 这样的点是存在的], 并假定 $\overline{x} \ne x$ (否则证明完成). 由线段原理 (命题 1.3.1), 我们有 $\alpha x + (1-\alpha)\overline{x} \in \mathrm{ri}(C)$ 对所有 $\alpha \in (0,1]$ 成立. 因此 $\overline{x}$ 是处于 $\mathrm{ri}(C)$ 中的点列

$$\big\{ (1/k)x + (1-1/k)\overline{x} \mid k \geqslant 1 \big\}$$

的极限, 故 $\overline{x} \in \mathrm{cl}\big(\mathrm{ri}(C)\big)$.

(b) 包含关系 $\mathrm{ri}(C) \subset \mathrm{ri}(\mathrm{cl}(C))$ 可以从相对内点的定义和 $\mathrm{aff}(C) = \mathrm{aff}\big(\mathrm{cl}(C)\big)$ 的事实导出 (这一点的证明留给读者). 为证明反过来的包含关系, 令 $z \in \mathrm{ri}\big(\mathrm{cl}(C)\big)$. 我们将证明 $z \in \mathrm{ri}(C)$. 由命题 1.3.2(a), 存在 $x \in \mathrm{ri}(C)$. 我们可以假定 $x \neq z$ (否则证明完成). 利用延伸引理 [命题 1.3.3, 用于集合 $\mathrm{cl}(C)$] 来选取 $\gamma > 0$ 且 γ 充分接近零, 使得向量 $y = z + \gamma(z - x)$ 属于 $\mathrm{cl}(C)$. 于是我们有 $z = (1 - \alpha)x + \alpha y$, 其中 $\alpha = 1/(\gamma + 1) \in (0, 1)$, 从而根据线段原理 (命题 1.3.1, 应用到集合 C 中), 我们得到 $z \in \mathrm{ri}(C)$.

(c) 如果 $\mathrm{ri}(C) = \mathrm{ri}(\overline{C})$, (a) 部分意味着 $\mathrm{cl}(C) = \mathrm{cl}(\overline{C})$. 类似地, 如果 $\mathrm{cl}(C) = \mathrm{cl}(\overline{C})$, (b) 部分意味着 $\mathrm{ri}(C) = \mathrm{ri}(\overline{C})$. 因此, (i) 和 (ii) 等价. (i), (ii) 和 $\mathrm{ri}(\overline{C}) \subset \overline{C} \subset \mathrm{cl}(\overline{C})$ 的关系蕴含条件 (iii). 最后, 令条件 (iii) 成立. 于是通过取闭包, 我们有 $\mathrm{cl}\big(\mathrm{ri}(C)\big) \subset \mathrm{cl}(\overline{C}) \subset \mathrm{cl}(C)$, 并且通过运用 (a) 部分, 我们得到 $\mathrm{cl}(C) \subset \mathrm{cl}(\overline{C}) \subset \mathrm{cl}(C)$. 于是 $\mathrm{cl}(\overline{C}) = \mathrm{cl}(C)$, 即 (ii) 成立. $\qquad\square$

现考虑一个凸集 C 在线性变换 A 下的像. 几何上的直觉告诉我们 $A \cdot \mathrm{ri}(C) = \mathrm{ri}(A \cdot C)$, 因为 C 中的球会被映射到像 $A \cdot C$ 内的椭球上 (相对于相应的仿射包). 命题 1.3.6 的 (a) 部分会证明这一点. 不过, 一个闭凸集在线性变换下的像不一定是闭的 [参见命题 1.3.6 的 (b) 部分], 而这是凸优化分析上存在困难的一个主要原因.

命题 1.3.6　令 C 为 n 维欧氏空间 $\Re^n$ 的非空凸集并令 A 为 $m \times n$ 的矩阵.

(a) 我们有 $A \cdot \mathrm{ri}(C) = \mathrm{ri}(A \cdot C)$.

(b) 我们有 $A \cdot \mathrm{cl}(C) \subset \mathrm{cl}(A \cdot C)$. 进而, 如果 C 是有界的, 那么 $A \cdot \mathrm{cl}(C) = \mathrm{cl}(A \cdot C)$.

证明　(a) 对于任意集合 X, 我们都有 $A \cdot \mathrm{cl}(X) \subset \mathrm{cl}(A \cdot X)$, 因为如果点列 $\{x_k\} \subset X$ 收敛到某个 $x \in \mathrm{cl}(X)$, 那么属于 $A \cdot X$ 的点列 $\{Ax_k\}$ 会收敛到 Ax. 这意味着 $Ax \in \mathrm{cl}(A \cdot X)$. 据此和命题 1.3.5(a), 可知

$$A \cdot \mathrm{ri}(C) \subset A \cdot C \subset A \cdot \mathrm{cl}(C) = A \cdot \mathrm{cl}\big(\mathrm{ri}(C)\big) \subset \mathrm{cl}\big(A \cdot \mathrm{ri}(C)\big).$$

因此凸集 $A \cdot C$ 处在凸集 $A \cdot \mathrm{ri}(C)$ 及其闭包之间. 这意味着集合 $A \cdot C$ 和集合 $A \cdot \mathrm{ri}(C)$ 的相对内点集相等 [命题 1.3.5(c)]. 因此 $\mathrm{ri}(A \cdot C) \subset A \cdot \mathrm{ri}(C)$.

为证明反向的包含关系, 我们取任意 $z \in A \cdot \mathrm{ri}(C)$ 并证明 $z \in \mathrm{ri}(A \cdot C)$. 令 x 为 $A \cdot C$ 中的任一向量, 并令 $\overline{z} \in \mathrm{ri}(C)$ 和 $\overline{x} \in C$ 满足 $A\overline{z} = z$ 及

$A\overline{x} = x$. 由延伸引理 (命题 1.3.3)，存在 $\gamma > 0$ 使得向量 $\overline{y} = \overline{z} + \gamma(\overline{z} - \overline{x})$ 属于 C. 因此我们有 $A\overline{y} \in A \cdot C$ 和 $A\overline{y} = z + \gamma(z - x)$. 于是根据延伸引理，可知 $z \in \mathrm{ri}(A \cdot C)$.

(b) 根据 (a) 部分的证明，我们有 $A \cdot \mathrm{cl}(C) \subset \mathrm{cl}(A \cdot C)$. 为证明反向关系，假定 C 为有界. 任取 $z \in \mathrm{cl}(A \cdot C)$. 于是，存在点列 $\{x_k\} \subset C$ 使得 $Ax_k \to z$. 由于 C 为有界，$\{x_k\}$ 有子列收敛到某个 $x \in \mathrm{cl}(C)$，而且必有 $Ax = z$. 可知 $z \in A \cdot \mathrm{cl}(C)$. $\qquad\square$

注意，如果 C 是闭的和凸的但是是无界的，集合 $A \cdot C$ 未必是闭的 [参见命题 1.3.6(b) 部分]. 例如，闭凸集

$$\big\{(x_1, x_2) \mid x_1 > 0,\, x_2 > 0,\, x_1 x_2 \geqslant 1\big\},$$

在水平轴上的投影如图 1.3.4 所示，就是 (非闭的) 半直线 $\big\{(x_1, x_2) \mid x_1 > 0,\, x_2 = 0\big\}$.

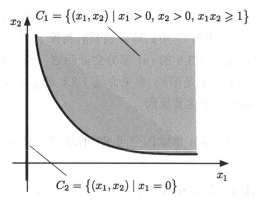

图 1.3.4 两个闭凸集 C_1 和 C_2 的和为不闭的例子. 这里 $C_1 = \big\{(x_1, x_2) \mid x_1 > 0,\, x_2 > 0,\, x_1 x_2 \geqslant 1\big\}$, $\quad C_2 = \big\{(x_1, x_2) \mid x_1 = 0\big\}$ 和 $C_1 + C_2$ 为开半空间 $\big\{(x_1, x_2) \mid x_1 > 0\big\}$. 集合 C_1 在水平轴上的投影也是不闭的.

一般地，集合 $C_1, \cdots, C_m$ 的向量和可以看作是线性变换 $(x_1, \cdots, x_m) \mapsto x_1 + \cdots + x_m$ 作用到笛卡儿积 $C_1 \times \cdots \times C_m$ 上得到的结果. 因此，从像命题 1.3.6 那样的涉及线性变换的结果，可以导出如下述关于向量和的相应结果.

命题 1.3.7 令 C_1 和 C_2 为非空凸集. 我们有

$$\mathrm{ri}(C_1 + C_2) = \mathrm{ri}(C_1) + \mathrm{ri}(C_2), \qquad \mathrm{cl}(C_1) + \mathrm{cl}(C_2) \subset \mathrm{cl}(C_1 + C_2).$$

进而，如果集合 C_1 和 C_2 至少有一个为有界，那么

$$\mathrm{cl}(C_1) + \mathrm{cl}(C_2) = \mathrm{cl}(C_1 + C_2).$$

证明 考虑由

$$A(x_1, x_2) = x_1 + x_2, \qquad x_1, x_2 \in \Re^n$$

给出的线性变换 $A : \Re^{2n} \mapsto \Re^n$. 笛卡儿积 $C_1 \times C_2$(视为 $\Re^{2n}$ 的子集) 的相对内点集为 $\mathrm{ri}(C_1) \times \mathrm{ri}(C_2)$ (请读者证明). 由于

$$A(C_1 \times C_2) = C_1 + C_2,$$

根据命题 1.3.6(a), 我们得到 $\mathrm{ri}(C_1 + C_2) = \mathrm{ri}(C_1) + \mathrm{ri}(C_2)$.

类似地, $C_1 \times C_2$ 的闭包为 $\mathrm{cl}(C_1) \times \mathrm{cl}(C_2)$. 根据命题 1.3.6(b), 我们有

$$A \cdot \mathrm{cl}(C_1 \times C_2) \subset \mathrm{cl}\big(A \cdot (C_1 \times C_2)\big),$$

或者等价地, $\mathrm{cl}(C_1) + \mathrm{cl}(C_2) \subset \mathrm{cl}(C_1 + C_2)$.

为证明反向包含关系, 假定 C_1 为有界, 并令 $x \in \mathrm{cl}(C_1 + C_2)$. 那么存在点列 $\{x_k^1\} \subset C_1$ 和 $\{x_k^2\} \subset C_2$ 使 $x_k^1 + x_k^2 \to x$ 成立. 由于 $\{x_k^1\}$ 为有界, 可知 $\{x_k^2\}$ 也有界. 因此, $\{(x_k^1, x_k^2)\}$ 有收敛于向量 (x^1, x^2) 的子列, 并且我们有 $x^1 + x^2 = x$. 由于 $x^1 \in \mathrm{cl}(C_1)$, 且 $x^2 \in \mathrm{cl}(C_2)$, 可知 $x \in \mathrm{cl}(C_1) + \mathrm{cl}(C_2)$. 因此 $\mathrm{cl}(C_1 + C_2) \subset \mathrm{cl}(C_1) + \mathrm{cl}(C_2)$. □

集合 C_1 和 C_2 至少有一个为有界的要求在命题 1.3.7 中是实质性的. 这可以用图 1.3.4 中的例子来说明.

命题 1.3.8 令 C_1 和 C_2 为非空凸集合. 我们有

$$\mathrm{ri}(C_1) \cap \mathrm{ri}(C_2) \subset \mathrm{ri}(C_1 \cap C_2), \qquad \mathrm{cl}(C_1 \cap C_2) \subset \mathrm{cl}(C_1) \cap \mathrm{cl}(C_2).$$

进而, 如果集合 $\mathrm{ri}(C_1)$ 和 $\mathrm{ri}(C_2)$ 的交集为非空, 那么

$$\mathrm{ri}(C_1 \cap C_2) = \mathrm{ri}(C_1) \cap \mathrm{ri}(C_2), \qquad \mathrm{cl}(C_1 \cap C_2) = \mathrm{cl}(C_1) \cap \mathrm{cl}(C_2).$$

证明 任取 $x \in \mathrm{ri}(C_1) \cap \mathrm{ri}(C_2)$ 和 $y \in C_1 \cap C_2$. 由延伸引理 (命题 1.3.3) 可知连接 x 和 y 的线段可以在 x 一端稍微延伸一定的量而不跑出 C_1, 也可以在另一段稍微延伸一定量而不跑出 C_2. 于是再次运用该引理, 可知 $x \in \mathrm{ri}(C_1 \cap C_2)$, 这样

$$\mathrm{ri}(C_1) \cap \mathrm{ri}(C_2) \subset \mathrm{ri}(C_1 \cap C_2)$$

就成立. 另外, 由于集合 $C_1 \cap C_2$ 包含于闭集 $\mathrm{cl}(C_1) \cap \mathrm{cl}(C_2)$, 我们有

$$\mathrm{cl}(C_1 \cap C_2) \subset \mathrm{cl}(C_1) \cap \mathrm{cl}(C_2)$$

为证反向的包含关系, 假定 $\mathrm{ri}(C_1) \cap \mathrm{ri}(C_2) \neq \emptyset$, 并令 $y \in \mathrm{cl}(C_1) \cap \mathrm{cl}(C_2)$ 和 $x \in \mathrm{ri}(C_1) \cap \mathrm{ri}(C_2)$. 由线段原理 (命题 1.3.1), $\alpha x + (1-\alpha)y \in \mathrm{ri}(C_1) \cap \mathrm{ri}(C_2)$ 对所有 $\alpha \in (0,1]$ 成立 (参见图 1.3.5). 于是 y 是点列 $\alpha_k x + (1 - \alpha_k)y \subset \mathrm{ri}(C_1) \cap \mathrm{ri}(C_2)$ 当 $\alpha_k \to 0$ 时的极限. 这意味着 $y \in \mathrm{cl}\big(\mathrm{ri}(C_1) \cap \mathrm{ri}(C_2)\big)$. 因此,

$$\mathrm{cl}(C_1) \cap \mathrm{cl}(C_2) \subset \mathrm{cl}\big(\mathrm{ri}(C_1) \cap \mathrm{ri}(C_2)\big) \subset \mathrm{cl}(C_1 \cap C_2).$$

我们曾证明过 $\mathrm{cl}(C_1 \cap C_2) \subset \mathrm{cl}(C_1) \cap \mathrm{cl}(C_2)$, 因此, 在前面的关系中等号成立, 从而 $\mathrm{cl}(C_1 \cap C_2) = \mathrm{cl}(C_1) \cap \mathrm{cl}(C_2)$. 进而, 集合 $\mathrm{ri}(C_1) \cap \mathrm{ri}(C_2)$ 和 $C_1 \cap C_2$ 具有相同的闭包. 因此, 由命题 1.3.5(c), 它们具有相同的相对内点集. 这样

$$\mathrm{ri}(C_1 \cap C_2) = \mathrm{ri}\big(\mathrm{ri}(C_1) \cap \mathrm{ri}(C_2)\big) \subset \mathrm{ri}(C_1) \cap \mathrm{ri}(C_2).$$

我们前面曾证明过反向包含关系, 因此 $\mathrm{ri}(C_1 \cap C_2) = \mathrm{ri}(C_1) \cap \mathrm{ri}(C_2)$.　　□

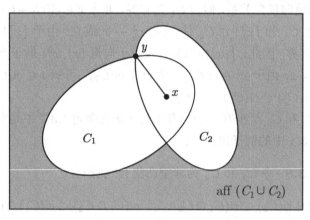

图 1.3.5　证明 $\mathrm{cl}(C_1) \cap \mathrm{cl}(C_2) \subset \mathrm{cl}(C_1 \cap C_2)$ 的图示. 这里假定存在 $x \in \mathrm{ri}(C_1) \cap \mathrm{ri}(C_2)$ (参见命题 1.3.8). 任意的 $y \in \mathrm{cl}(C_1) \cap \mathrm{cl}(C_2)$ 都可以沿着 $\mathrm{ri}(C_1) \cap \mathrm{ri}(C_2)$ 中连接它和 x 线段进行逼近. 因此它属于 $\mathrm{ri}(C_1) \cap \mathrm{ri}(C_2)$ 的闭包, 因此也属于 $\mathrm{cl}(C_1 \cap C_2)$.

$\mathrm{ri}(C_1) \cap \mathrm{ri}(C_2) \neq \emptyset$ 的要求在命题 1.3.6 的 (a) 部分是实质性的. 例如, 考虑如下实数构成的直线的子集:

$$C_1 = \{x \mid x \geqslant 0\}, \qquad C_2 = \{x \mid x \leqslant 0\},$$

我们有 $\mathrm{ri}(C_1 \cap C_2) = \{0\} \neq \emptyset = \mathrm{ri}(C_1) \cap \mathrm{ri}(C_2)$. 同时考虑实数直线的子集:

$$C_1 = \{x \mid x > 0\}, \qquad C_2 = \{x \mid x < 0\},$$

我们则有 $\mathrm{cl}(C_1 \cap C_2) = \emptyset \neq \{0\} = \mathrm{cl}(C_1) \cap \mathrm{cl}(C_2)$.

命题 1.3.9　令 C 为 m 维欧氏空间 $\Re^m$ 的非空凸子集，且令 A 为 $m \times n$ 维矩阵. 如果 $A^{-1} \cdot \mathrm{ri}(C)$ 是非空的，那么

$$\mathrm{ri}(A^{-1} \cdot C) = A^{-1} \cdot \mathrm{ri}(C), \qquad \mathrm{cl}(A^{-1} \cdot C) = A^{-1} \cdot \mathrm{cl}(C),$$

其中 A^{-1} 表示相应集合在 A 下的原像 (inverse image).

证明　定义集合

$$D = \Re^n \times C, \qquad S = \big\{(x, Ax) \mid x \in \Re^n\big\},$$

并令 T 为将 $(x, y) \in \Re^{n+m}$ 映射到 $x \in \Re^n$ 中的线性变换. 我们有

$$A^{-1} \cdot C = \{x \mid Ax \in C\} = T \cdot \big\{(x, Ax) \mid Ax \in C\big\} = T \cdot (D \cap S),$$

据此可知

$$\mathrm{ri}(A^{-1} \cdot C) = \mathrm{ri}\big(T \cdot (D \cap S)\big). \tag{1.9}$$

同理，我们有

$$A^{-1} \cdot \mathrm{ri}(C) = \big\{x \mid Ax \in \mathrm{ri}(C)\big\} = T \cdot \big\{(x, Ax) \mid Ax \in \mathrm{ri}(C)\big\} = T \cdot \big(\mathrm{ri}(D) \cap S\big), \tag{1.10}$$

其中最后一个等式成立是因为 $\mathrm{ri}(D) = \Re^n \times \mathrm{ri}(C)$ (参见命题 1.3.8). 因为根据假设，$A^{-1} \cdot \mathrm{ri}(C)$ 为非空，我们可知 $\mathrm{ri}(D) \cap S$ 为非空. 因此，利用 $\mathrm{ri}(S) = S$ 的事实和命题 1.3.6(a) 和命题 1.3.8，就可导出

$$\mathrm{ri}\big(T \cdot (D \cap S)\big) = T \cdot \mathrm{ri}\big(D \cap S\big) = T \cdot \big(\mathrm{ri}(D) \cap S\big). \tag{1.11}$$

结合式 (1.9)～ 式 (1.11)，我们得到

$$\mathrm{ri}(A^{-1} \cdot C) = A^{-1} \cdot \mathrm{ri}(C)$$

为证第二个关系，考虑

$$A^{-1} \cdot \mathrm{cl}(C) = \big\{x \mid Ax \in \mathrm{cl}(C)\big\} = T \cdot \big\{(x, Ax) \mid Ax \in \mathrm{cl}(C)\big\} = T \cdot \big(\mathrm{cl}(D) \cap S\big)$$

其中最后一个等式成立是因为 $\mathrm{cl}(D) = \Re^n \times \mathrm{cl}(C)$. 由于 $\mathrm{ri}(D) \cap S$ 为非空且 $\mathrm{ri}(S) = S$，根据命题 1.3.8 可知

$$\mathrm{cl}(D) \cap S = \mathrm{cl}(D \cap S)$$

利用最后两个关系以及 T 的连续性，我们得到

$$A^{-1} \cdot \mathrm{cl}(C) = T \cdot \mathrm{cl}(D \cap S) \subset \mathrm{cl}\big(T \cdot (D \cap S)\big)$$

再结合式 (1.9) 就导出

$$A^{-1} \cdot \mathrm{cl}(C) \subset \mathrm{cl}(A^{-1} \cdot C)$$

为证反向包含关系，令 $\overline{x}$ 为 $\mathrm{cl}(A^{-1} \cdot C)$ 中向量. 则存在收敛到 $\overline{x}$ 的点列 $\{x_k\}$ 使得 $Ax_k \in C$ 对所有 k 成立. 由于 $\{x_k\}$ 收敛到 $\overline{x}$，我们可以看到 $\{Ax_k\}$ 收敛到 $A\overline{x}$. 因此，$A\overline{x} \in \mathrm{cl}(C)$，或者等价地，$\overline{x} \in A^{-1} \cdot \mathrm{cl}(C)$. $\qquad\square$

我们最后来证明包含两个变量的集合的相对内点集的一个特性. 它推广了对两个凸集 $C_1 \subset \Re^n$ 和 $C_2 \in \Re^m$ 的笛卡儿积公式

$$\mathrm{ri}(C_1 \times C_2) = \mathrm{ri}(C_1) \times \mathrm{ri}(C_2)$$

命题 1.3.10 令 C 为 $n+m$ 维欧氏空间 $\Re^{n+m}$ 的子集. 对点 $x \in \Re^n$，记

$$C_x = \{y \mid (x,y) \in C\},$$

并令

$$D = \{x \mid C_x \neq \emptyset\},$$

于是

$$\mathrm{ri}(C) = \big\{(x,y) \mid x \in \mathrm{ri}(D),\, y \in \mathrm{ri}(C_x)\big\}$$

证明 由于 D 是 C 在 x 轴上的投影，根据命题 1.3.6，

$$\mathrm{ri}(D) = \big\{x \mid \text{存在 } y \in \Re^m \text{ 使得} (x,y) \in \mathrm{ri}(C)\big\},$$

并且

$$\mathrm{ri}(C) = \cup_{x \in \mathrm{ri}(D)}\big(M_x \cap \mathrm{ri}(C)\big),$$

其中 $M_x = \big\{(x,y) \mid y \in \Re^m\big\}$. 对每个点 $x \in \mathrm{ri}(D)$，我们有

$$M_x \cap \mathrm{ri}(C) = \mathrm{ri}(M_x \cap C) = \big\{(x,y) \mid y \in \mathrm{ri}(C_x)\big\}$$

其中第一个等式是从命题 1.3.8 得出的. 通过结合前面的两个等式，我们可以得出期望的结果. $\qquad\square$

1.3.2　凸函数的连续性

我们现在来推导凸函数的一个基本的连续性性质.

命题 1.3.11　如果 $f : \Re^n \mapsto \Re$ 是凸的, 那么它一定是连续的. 更一般地, 如果 $f : \Re^n \mapsto (-\infty, \infty]$ 是严格凸函数, 那么限制在 $\mathrm{dom}(f)$ 上的函数 f 在 $\mathrm{dom}(f)$ 的相对内点集上是连续的.

证明　我们把注意力放在 $\mathrm{dom}(f)$ 的仿射包上. 必要时引入变换, 不失一般性, 假定原点是 $\mathrm{dom}(f)$ 的内点, 并假定单位立方体

$$X = \{x \mid \|x\|_\infty \leqslant 1\}$$

被包含于 $\mathrm{dom}(f)$ 中 (这里我们采用 $\|x\|_\infty = \max_{j \in \{1, \cdots, n\}} |x_j|$ 定义的范数). 只需要证明 f 在 0 处连续, 即对于任意收敛到 0 的点列 $\{x_k\} \subset \Re^n$, 都有 $f(x_k) \to f(0)$.

令 e_i, $i = 1, \cdots, 2^n$ 是 X 的端点, 即每个 e_i 都是元为 1 或 -1 的向量. 可知任意的点 $x \in X$ 都可以表示为 $x = \sum_{i=1}^{2^n} \alpha_i e_i$ 的形式, 其中每个 α_i 都是非负标量, 且 $\sum_{i=1}^{2^n} \alpha_i = 1$. 令 $A = \max_i f(e_i)$. 由 Jensen 不等式 [式 (1.7)], 可知 $f(x) \leqslant A$ 对每个点 $x \in X$ 都成立.

为证在 0 点处的连续性, 我们假定 $x_k \in X$ 并且 $x_k \neq 0$ 对所有 k 成立. 考虑由

$$y_k = \frac{x_k}{\|x_k\|_\infty}, \qquad z_k = -\frac{x_k}{\|x_k\|_\infty}$$

给出的点列 $\{y_k\}$ 和 $\{z_k\}$(参见图 1.3.6). 利用凸函数的定义, 对连接 y_k, x_k 和 0 点的线段, 我们有

$$f(x_k) \leqslant \left(1 - \|x_k\|_\infty\right) f(0) + \|x_k\|_\infty f(y_k).$$

由于 $\|x_k\|_\infty \to 0$ 且 $f(y_k) \leqslant A$ 对所有 k 成立, 通过当取 $k \to \infty$ 时的极限, 我们得到

$$\limsup_{k \to \infty} f(x_k) \leqslant f(0).$$

利用凸函数的定义, 对连接 $x_k, 0$ 和 z_k 的线段, 我们有

$$f(0) \leqslant \frac{\|x_k\|_\infty}{\|x_k\|_\infty + 1} f(z_k) + \frac{1}{\|x_k\|_\infty + 1} f(x_k).$$

令 $k \to \infty$, 可得

$$f(0) \leqslant \liminf_{k \to \infty} f(x_k).$$

因此 $\lim_{k \to \infty} f(x_k) = f(0)$ 进而 f 在零处连续.　　　　　$\square$

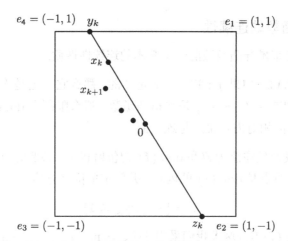

图 1.3.6 实值凸函数连续性证明示意图 (参见命题 1.3.11).

该命题蕴含实值凸函数是连续的, 进而是闭的 (参见命题 1.1.2). 对于单变量函数的情形, 我们还有如下更强的结论.

命题 1.3.12 如果 C 是实数直线上的一个闭区间, 并且 $f : C \mapsto \Re$ 是闭的和凸的, 那么 f 在 C 上为连续.

证明 根据上述命题, f 在 C 的相对内点集上连续. 为证在边界点 $\overline{x}$ 处连续, 令 $\{x_k\} \subset C$ 是收敛于 $\overline{x}$ 点列, 并记

$$x_k = \alpha_k x_0 + (1 - \alpha_k)\overline{x}, \qquad \forall \, k,$$

其中 $\{\alpha_k\}$ 是满足 $\alpha_k \to 0$ 的非负数列. 由 f 的凸性, 我们对所有满足 $\alpha_k \leqslant 1$ 的 k 有

$$f(x_k) \leqslant \alpha_k f(x_0) + (1 - \alpha_k) f(\overline{x}).$$

而通过取当 $k \to \infty$ 时的极限, 可得

$$\limsup_{k \to \infty} f(x_k) \leqslant f(\overline{x}).$$

考虑函数 $\tilde{f} : \Re \mapsto (-\infty, \infty]$. 它在 $x \in C$ 处取值为 $f(x)$, 而在 $x \notin C$ 处取值为 ∞. 注意到该函数是闭的 (因为它具有和 f 相同的上图), 因而是下半连续的 (参见命题 1.1.2). 于是 $f(\overline{x}) \leqslant \liminf_{k \to \infty} f(x_k)$, 因此可知 $f(x_k) \to f(\overline{x})$, 并且 f 在 $\overline{x}$ 处为连续. $\qquad \square$

1.3.3　函数的闭包

本节研究可以把给定函数变换为闭的和/或凸的函数，同时又能保留该函数主要特性的运算. 这些运算在优化和其他方面有重要用途.

殴氏空间 $\Re^{n+1}$ 的非空子集 E 是某个函数的上图，如果它满足下述条件：对每个点 $(\overline{x}, \overline{w}) \in E$，集合 $\{w \mid (\overline{x}, w) \in E\}$ 要么是实数直线要么是下方有界的半直线，并包含它的 (下) 端点. 这时 E 是函数 $f : D \mapsto [-\infty, \infty]$ 的上图，其中

$$D = \{x \mid 存在 w \in \Re 满足 (x, w) \in E\},$$

且

$$f(x) = \inf \{w \mid (x, w) \in E\}, \qquad \forall\, x \in D.$$

[如果 $f(x)$ 是有限的，那么下确界实际上是可以达到的] 注意，E 也是其他具有和 f 不同的定义域 (但具有相同的有效定义域) 的函数的上图；例如 $\tilde{f} : \Re^n \mapsto [-\infty, \infty]$，其中 $\tilde{f}(x) = f(x)$ 对 $x \in D$ 成立，并且 $\tilde{f}(x) = \infty$ 对 $x \notin D$ 成立. 如果 E 是空集，那么它就是恒等于 ∞ 的函数的上图.

函数 $f : X \mapsto [-\infty, \infty]$ 的上图的闭包可以看作是另外一个函数的上图. 这个函数称为是 f 的闭包，记作 $\mathrm{cl}\, f : \Re^n \mapsto [-\infty, \infty]$，由下式给出[1]

$$(\mathrm{cl}\, f)(x) = \inf \{w \mid (x, w) \in \mathrm{cl}(\mathrm{epi}(f))\}, \qquad x \in \Re^n.$$

当 f 为凸时，集合 $\mathrm{cl}(\mathrm{epi}(f))$ 是闭的和凸的 [因为根据命题 1.1.1(d)，凸集的闭包仍为凸]. 这意味着 $\mathrm{cl}\, f$ 是闭的和凸的，因为据定义有 $\mathrm{epi}(\mathrm{cl}\, f) = \mathrm{cl}(\mathrm{epi}(f))$ 成立.

f 的上图的凸包的闭包是某个函数的上图. 我们把该函数记作 $\check{\mathrm{cl}}\, f$，并称它为 f 的凸闭包 (convex closure). 可以看到 $\check{\mathrm{cl}}\, f$ 是由

$$F(x) = \inf \{w \mid (x, w) \in \mathrm{conv}(\mathrm{epi}(f))\}, \qquad x \in \Re^n. \tag{1.12}$$

所给出的函数 $F : \Re^n \mapsto [-\infty, \infty]$ 的闭包. 易知 F 是凸的，但它未必是闭的，而且它的定义域可能严格地包含于 $\mathrm{dom}(\check{\mathrm{cl}}\, f)$ (不过可以证明 F 及 $\check{\mathrm{cl}}\, f$ 的定义域的闭包是相同的).

---

[1] 关于闭包定义的一个注记：在文献 Rockafellar [Roc70] 第 52 页，我们这里所谓函数 f 的 "闭包" 被称作 f 的 "下半连续包 (lower semi-continuous hull)"，而 f 的 "闭包" 则另有不同的定义 (但记作了 $\mathrm{cl}\, f$). 我们对 f 的 "闭包" 所给出的定义对我们的关心的问题而言合适，并且使得分析条理更为清晰. 当 f 为真凸 (proper convex) 时，它与 [Roc70] 的定义一致. 因此本节的结果仅当有关的函数为真凸时才与 [Roc70] 的相应结果一致. 在 Rockafellar 和 Wets 的著作 [RoW98] 第 14 页，我们所谓 f 的 "闭包" 被称作 f 的 "lsc 正规化 (regularization)" 或 "下闭包 (lower closure)"，并被记作 $\mathrm{cl}\, f$. 因此我们的符号与 [RoW98] 是一致的.

从优化的角度看，下述命题叙述了一条重要的性质，即 $f, \mathrm{cl}\,f, F$ 和 $\check{\mathrm{cl}}\,f$ 的最小值是一样的.

命题 1.3.13 令 $f : X \mapsto [-\infty, \infty]$ 为一函数. 那么

$$\inf_{x \in X} f(x) = \inf_{x \in X} (\mathrm{cl}\,f)(x) = \inf_{x \in \Re^n} (\mathrm{cl}\,f)(x) = \inf_{x \in \Re^n} F(x) = \inf_{x \in \Re^n} (\check{\mathrm{cl}}\,f)(x),$$

其中 F 由式 (1.12) 给出. 进而, 任意在 X 上达到 f 下确界的向量也达到 $\mathrm{cl}\,f$, F 和 $\check{\mathrm{cl}}\,f$ 的下确界.

证明 如果 $\mathrm{epi}(f)$ 为空, 即 $f(x) = \infty$ 对所有点 x 成立, 结果显然成立. 假定 $\mathrm{epi}(f)$ 为非空, 并令 $f^* = \inf_{x \in \Re^n} (\mathrm{cl}\,f)(x)$. 对任意满足 $\overline{w}_k \to f^*$ 的点列 $\{(\overline{x}_k, \overline{w}_k)\} \subset \mathrm{cl}\big(\mathrm{epi}(f)\big)$, 我们可以构造点列 $\{(x_k, w_k)\} \subset \mathrm{epi}(f)$ 使得 $|w_k - \overline{w}_k| \to 0$, 从而使 $w_k \to f^*$ 成立. 由于 $x_k \in X$, $f(x_k) \leqslant w_k$, 我们有

$$\limsup_{k \to \infty} f(x_k) \leqslant f^* \leqslant (\mathrm{cl}\,f)(x) \leqslant f(x), \qquad \forall\, x \in X,$$

于是

$$\inf_{x \in X} f(x) = \inf_{x \in X} (\mathrm{cl}\,f)(x) = \inf_{x \in \Re^n} (\mathrm{cl}\,f)(x).$$

选取满足 $w_k \to \inf_{x \in \Re^n} F(x)$ 的点列 $\{(x_k, w_k)\} \subset \mathrm{conv}(\mathrm{epi}(f))$. 由于每个点 (x_k, w_k) 都是 $\mathrm{epi}(f)$ 中一些向量的凸组合, 故 $w_k \geqslant \inf_{x \in X} f(x)$. 于是 $\inf_{x \in \Re^n} F(x) \geqslant \inf_{x \in X} f(x)$. 另一方面, 我们有 $F(x) \leqslant f(x)$ 对所有 $x \in X$ 成立, 因此可知 $\inf_{x \in \Re^n} F(x) = \inf_{x \in X} f(x)$. 由于 $\check{\mathrm{cl}}\,f$ 是 F 的闭包, 因此我们还可知 (基于上面的推导) $\inf_{x \in \Re^n} (\check{\mathrm{cl}}\,f)(x) = \inf_{x \in \Re^n} F(x)$.

我们有 $f(x) \geqslant (\mathrm{cl}\,f)(x)$ 对所有 x 成立, 因此如果 x^* 达到了 f 的下确界,

$$\inf_{x \in \Re^n} (\mathrm{cl}\,f)(x) = \inf_{x \in X} f(x) = f(x^*) \geqslant (\mathrm{cl}\,f)(x^*),$$

这表明 x^* 也达到了 $\mathrm{cl}\,f$ 的下确界. 类似地, x^* 也达到了 F 和 $\check{\mathrm{cl}}\,f$ 的下确界. $\qquad\square$

下面给出闭包和凸闭包的一个特性.

命题 1.3.14 令 $f : \Re^n \mapsto [-\infty, \infty]$ 为一函数.

(a) $\mathrm{cl}\,f$ 是被 f 控制 (majorized) 的最大闭函数, 即如果函数 $g : \Re^n \mapsto [-\infty, \infty]$ 是闭的并且满足 $g(x) \leqslant f(x)$ 对所有 $x \in \Re^n$ 成立, 那么 $g(x) \leqslant (\mathrm{cl}\,f)(x)$ 对所有 $x \in \Re^n$ 成立.

(b) $\check{\mathrm{cl}}\, f$ 是被 f 控制的最大闭凸函数, 即如果 $g : \Re^n \mapsto [-\infty, \infty]$ 是闭的和凸的, 并满足 $g(x) \leqslant f(x)$ 对所有 $x \in \Re^n$ 成立, 那么 $g(x) \leqslant (\check{\mathrm{cl}}\, f)(x)$ 对所有 $x \in \Re^n$ 成立.

证明　(a) 令 $g : \Re^n \mapsto [-\infty, \infty]$ 是闭的并且满足 $g(x) \leqslant f(x)$ 对所有 x 成立. 那么 $\mathrm{epi}(f) \subset \mathrm{epi}(g)$. 因为 $\mathrm{epi}(\mathrm{cl}\, f) = \mathrm{cl}(\mathrm{epi}(f))$, 可知 $\mathrm{epi}(\mathrm{cl}\, f)$ 是所有满足 $\mathrm{epi}(f) \subset E$ 的闭集 $E \subset \Re^{n+1}$ 的交集. 于是 $\mathrm{epi}(\mathrm{cl}\, f) \subset \mathrm{epi}(g)$. 可知 $g(x) \leqslant (\mathrm{cl}\, f)(x)$ 对所有 $x \in \Re^n$ 成立.

(b) 类似于 (a) 部分的证明.　　　　　　　　　　　　　□

研究凸函数的闭包通常非常有用, 因为在某种意义下闭包与原来的函数差别最小. 特别地, 我们可以证明凸函数在它的定义域的相对内点集上与它的闭包一致. 下述命题将推导该性质以及闭包的其他性质.

命题 1.3.15　令 $f : \Re^n \mapsto [-\infty, \infty]$ 为一凸函数. 则:

(a) 我们有

$$\mathrm{cl}\big(\mathrm{dom}(f)\big) = \mathrm{cl}\big(\mathrm{dom}(\mathrm{cl}\, f)\big), \qquad \mathrm{ri}\big(\mathrm{dom}(f)\big) = \mathrm{ri}\big(\mathrm{dom}(\mathrm{cl}\, f)\big),$$

$$(\mathrm{cl}\, f)(x) = f(x), \qquad \forall\, x \in \mathrm{ri}\big(\mathrm{dom}(f)\big).$$

进而, $\mathrm{cl}\, f$ 是真的当且仅当 f 是真的.

(b) 如果 $x \in \mathrm{ri}\big(\mathrm{dom}(f)\big)$, 我们有

$$(\mathrm{cl}\, f)(y) = \lim_{\alpha \downarrow 0} f\big(y + \alpha(x - y)\big), \qquad \forall\, y \in \Re^n.$$

证明　(a) 根据命题 1.3.10, 我们有

$$\mathrm{ri}\big(\mathrm{epi}(f)\big) = \big\{ (x, w) \mid x \in \mathrm{ri}(\mathrm{dom}(f)),\, f(x) < w \big\}, \tag{1.13}$$

$$\mathrm{ri}\big(\mathrm{epi}(\mathrm{cl}\, f)\big) = \big\{ (x, w) \mid x \in \mathrm{ri}(\mathrm{dom}(\mathrm{cl}\, f)),\, (\mathrm{cl}\, f)(x) < w \big\}. \tag{1.14}$$

由于 $\mathrm{epi}(f)$ 和 $\mathrm{epi}(\mathrm{cl}\, f)$ 具有相同的闭包, 因此它们的相对内点集相同 [命题 1.3.5(c)], 即式 (1.13) 和式 (1.14) 中的集合相等. 于是 $\mathrm{dom}(f)$ 和 $\mathrm{dom}(\mathrm{cl}\, f)$ 具有相同的相对内点集, 因而也具有相同的闭包. 从而, 式 (1.13) 和式 (1.14) 的相等关系可导出

$$\big\{ (x, w) \mid x \in \mathrm{ri}(\mathrm{dom}(f)), \quad f(x) < w \big\}$$
$$= \big\{ (x, w) \mid x \in \mathrm{ri}(\mathrm{dom}(f)),\, (\mathrm{cl}\, f)(x) < w \big\},$$

于是可知 $f(x) = (\mathrm{cl}\, f)(x)$ 对所有 $x \in \mathrm{ri}\big(\mathrm{dom}(f)\big)$ 成立.

如果 $\mathrm{cl}\, f$ 是真的, 显然 f 是真的. 反之, 如果 $\mathrm{cl}\, f$ 是非真的, 那么 $(\mathrm{cl}\, f)(x) = -\infty$ 对所有 $x \in \mathrm{dom}(\mathrm{cl}\, f)$ 成立 (参见 1.1.2 节结尾处的讨论). 于是 $(\mathrm{cl}\, f)(x) = -\infty$ 对所有 $x \in \mathrm{ri}\big(\mathrm{dom}(\mathrm{cl}\, f)\big) = \mathrm{ri}\big(\mathrm{dom}(f)\big)$ 成立. 据此可知 $f(x) = (\mathrm{cl}\, f)(x) = -\infty$ 对所有 $x \in \mathrm{ri}\big(\mathrm{dom}(f)\big)$ 成立, 这表明 f 是非真的.

(b) 首先假定 $y \notin \mathrm{dom}(\mathrm{cl}\, f)$, 即 $(\mathrm{cl}\, f)(y) = \infty$. 于是, 根据 $\mathrm{cl}\, f$ 的下半连续性, 我们有 $(\mathrm{cl}\, f)(y_k) \to \infty$ 对所有满足 $y_k \to y$ 的点列 $\{y_k\}$ 成立. 从而可知 $f(y_k) \to \infty$, 因为 $(\mathrm{cl}\, f)(y_k) \leqslant f(y_k)$. 于是 $(\mathrm{cl}\, f)(y) = \lim_{\alpha \downarrow 0} f\big(y + \alpha(x - y)\big) = \infty$.

接下来假定 $y \in \mathrm{dom}(\mathrm{cl}\, f)$, 并考虑由

$$g(\alpha) = (\mathrm{cl}\, f)\big(y + \alpha(x - y)\big)$$

给出的函数 $g : [0,1] \mapsto \Re$. 对于 $\alpha \in (0,1)$, 根据线段原理 (命题 1.3.1), 我们有

$$y + \alpha(x - y) \in \mathrm{ri}\big(\mathrm{dom}(\mathrm{cl}\, f)\big),$$

因此由 (a) 部分, $y + \alpha(x - y) \in \mathrm{ri}\big(\mathrm{dom}(f)\big)$, 并且

$$g(\alpha) = (\mathrm{cl}\, f)\big(y + \alpha(x - y)\big) = f\big(y + \alpha(x - y)\big). \tag{1.15}$$

如果 $(\mathrm{cl}\, f)(y) = -\infty$, 那么 $\mathrm{cl}\, f$ 是非真的, 并且 $(\mathrm{cl}\, f)(z) = -\infty$ 对所有 $z \in \mathrm{dom}(\mathrm{cl}\, f)$ 成立, 因为非真的闭凸函数在任何点都不能取有限值 (参见 1.1.2 节结尾的讨论). 于是

$$f\big(y + \alpha(x - y)\big) = -\infty, \qquad \forall\, \alpha \in (0,1],$$

并且所欲证的式子成立. 如果 $(\mathrm{cl}\, f)(y) > -\infty$, 那么 $(\mathrm{cl}\, f)(y)$ 是有限的, 于是 $\mathrm{cl}\, f$ 是真的, 并且根据 (a) 部分, f 也是真的. 可知函数 g 是实值的, 凸的和闭的, 因而在 $[0,1]$ 上也是连续的 (命题 1.3.12). 通过在式 (1.15) 中取极限,

$$(\mathrm{cl}\, f)(y) = g(0) = \lim_{\alpha \downarrow 0} g(\alpha) = \lim_{\alpha \downarrow 0} f\big(y + \alpha(x - y)\big).$$

$\square$

注意到上述命题 (a) 部分的一个推论: 非真的凸函数 f 在所有 $x \in \mathrm{ri}\big(\mathrm{dom}(f)\big)$ 处取值 $-\infty$, 因为它的闭包就是如此 (参见 1.1.2 节结尾的讨论).

闭包运算的演算

我们现在来刻画通过凸函数的线性复合和求和所得到的函数的闭包.

命题 1.3.16 令 $f : \Re^m \mapsto [-\infty, \infty]$ 为一凸函数, 且 A 为一 $m \times n$ 矩阵使得 A 的值域包含 $\mathrm{ri}(\mathrm{dom}(f))$ 中的一个点. 由

$$F(x) = f(Ax)$$

定义的函数 F 是凸的, 并且

$$(\mathrm{cl}\, F)(x) = (\mathrm{cl}\, f)(Ax), \qquad \forall\, x \in \Re^n.$$

证明 令 z 为 A 的值域中属于 $\mathrm{ri}(\mathrm{dom}(f))$ 的一点, 并令 y 满足 $Ay = z$. 于是, 由于 $\mathrm{dom}(F) = A^{-1}\mathrm{dom}(f)$ 并且根据命题 1.3.9, $\mathrm{ri}(\mathrm{dom}(F)) = A^{-1}\mathrm{ri}(\mathrm{dom}(f))$, 可知 $y \in \mathrm{ri}(\mathrm{dom}(F))$. 利用命题 1.3.15(b), 我们有对任意 $x \in \Re^n$,

$$(\mathrm{cl}\, F)(x) = \lim_{\alpha \downarrow 0} F\big(x + \alpha(y - x)\big) = \lim_{\alpha \downarrow 0} f\big(Ax + \alpha(Ay - Ax)\big) = (\mathrm{cl}\, f)(Ax)$$

$\square$

下述命题本质上是上述命题的一个特例 (参见 1.1.3 的讨论).

命题 1.3.17 令 $f_i : \Re^n \mapsto [-\infty, \infty]$, $i = 1, \cdots, m$, 为凸函数, 使得

$$\cap_{i=1}^m \mathrm{ri}\big(\mathrm{dom}(f_i)\big) \neq \emptyset. \tag{1.16}$$

由

$$F(x) = f_1(x) + \cdots + f_m(x)$$

所定义的函数 F 是凸的, 并且

$$(\mathrm{cl}\, F)(x) = (\mathrm{cl}\, f_1)(x) + \cdots + (\mathrm{cl}\, f_m)(x), \qquad \forall\, x \in \Re^n.$$

证明 我们把 F 写作 $F(x) = f(Ax)$ 的形式, 其中 A 是由 $Ax = (x, \cdots, x)$ 所定义的矩阵, 并且函数 $f : \Re^{mn} \mapsto (-\infty, \infty]$ 为

$$f(x_1, \cdots, x_m) = f_1(x_1) + \cdots + f_m(x_m).$$

由于 $\mathrm{dom}(F) = \cap_{i=1}^n \mathrm{dom}(f_i)$, 式 (1.16) 意味着

$$\cap_{i=1}^n \mathrm{ri}\big(\mathrm{dom}(f_i)\big) = \mathrm{ri}\big(\mathrm{dom}(F)\big) = \mathrm{ri}\big(A^{-1} \cdot \mathrm{dom}(f)\big) = A^{-1} \cdot \mathrm{ri}\big(\mathrm{dom}(f)\big)$$

(参见命题 1.3.8 和命题 1.3.9). 因此式 (1.16) 等价于 A 的值域包含 $\mathrm{ri}(\mathrm{dom}(f))$ 中的点，使得 $(\mathrm{cl}\, F)(x) = (\mathrm{cl}\, f)(x, \cdots, x)$ (参见命题 1.3.16). 令 $y \in \cap_{i=1}^n \mathrm{ri}(\mathrm{dom}(f_i))$，使得 $(y, \cdots, y) \in \mathrm{ri}(\mathrm{dom}(f))$. 于是，根据命题 1.3.15(b), $(\mathrm{cl}\, F)(x) = \lim_{\alpha \downarrow 0} f_1(x+\alpha(y-x)) + \cdots + \lim_{\alpha \downarrow 0} f_m(x+\alpha(y-x)) = (\mathrm{cl}\, f_1)(x) + \cdots + (\mathrm{cl}\, f_m)(x)$. □

注意到相对内点假设式 (1.16) 是实质性的. 为明白这一点，令 f_1 和 f_2 为满足 $\mathrm{cl}(C_1 \cap C_2) \neq \mathrm{cl}(C_1) \cap \mathrm{cl}(C_2)$ 的两个凸集 C_1 和 C_2 的示性函数 (参见命题 1.3.8 后面的例子).

1.4 回收锥

我们现在来介绍刻画凸集和凸函数渐近特性的方法. 该方法是第 3 章中最优解的存在性等凸优化问题研究的基础.

给定非空凸集 C，我们说向量 d 是 C 的一个回收方向 (direction of recession)，如果 $x + \alpha d \in C$ 对所有的 $x \in C$ 和 $\alpha \geqslant 0$ 都成立. 因此，d 是 C 的一个回收方向，如果我们从 C 中任意的 x 点出发，沿着 d 的方向走到无穷，而永远都不穿过 C 的相对边界跑到 C 之外的点上去.

所有回收方向的集合是一个包含原点的锥体 (core). 我们称它为 C 的回收锥 (recession cone)，并记作 R_C (参见图 1.4.1). 于是，$d \in R_C$ 如果 $x + \alpha d \in C$ 对所有的 $x \in C$ 和 $\alpha \geqslant 0$ 成立. 闭凸集的一条重要性质就是为检验 $d \in R_C$ 是否成立，只需要验证 $x + \alpha d \in C$ 对单一的 $x \in C$ 成立就可以了. 这就是下述命题的 (b) 部分.

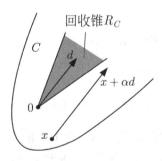

图 1.4.1 凸集 C 的回收锥 R_C 的图示. 回收方向 d 满足 $x + \alpha d \in C$ 对所有 $x \in C$ 和 $\alpha \geqslant 0$ 成立.

命题 1.4.1 (回收锥定理 (Recession Cone Theorem)) 令 C 为非空闭凸集.

(a) 回收锥 R_C 是闭的和凸的.

(b) 向量 d 属于 R_C 当且仅当存在向量 $x \in C$ 使得 $x + \alpha d \in C$ 对所有 $\alpha \geqslant 0$ 成立.

证明　(a) 如果 d_1, d_2 属于 R_C 而 γ_1, γ_2 是正的标量使得 $\gamma_1 + \gamma_2 = 1$ 成立, 我们有对任意的 $x \in C$ 和 $\alpha \geqslant 0$

$$x + \alpha(\gamma_1 d_1 + \gamma_2 d_2) = \gamma_1(x + \alpha d_1) + \gamma_2(x + \alpha d_2) \in C,$$

其中最后的包含关系成立是因为 C 是凸的, 而根据 R_C 的定义 $x + \alpha d_1$ 和 $x + \alpha d_2$ 属于 C. 于是 $\gamma_1 d_1 + \gamma_2 d_2 \in R_C$, 这表明 R_C 是凸的.

令 d 属于 R_C 的闭包, 并令 $\{d_k\} \subset R_C$ 为收敛到 d 的点列. 对于任意的 $x \in C$ 和 $\alpha \geqslant 0$, 我们有 $x + \alpha d_k \in C$ 对所有 k 成立, 并且因为 C 是闭的, $x + \alpha d \in C$. 于是 $d \in R_C$, 从而 R_C 是闭的.

(b) 如果 $d \in R_C$, 根据 R_C 的定义, 每个向量 $x \in C$ 都具有所要求的性质. 反之, 令 d 使得存在向量 $x \in C$ 满足 $x + \alpha d \in C$ 对所有 $\alpha \geqslant 0$ 成立. 不失一般性, 假定 $d \neq 0$. 任取 $\overline{x} \in C$ 和 $\alpha > 0$, 我们要证明 $\overline{x} + \alpha d \in C$. 事实上, 只要证明 $\overline{x} + d \in C$, 即假定 $\alpha = 1$, 因为通过用 αd 代替 d 可以把 $\alpha > 0$ 的一般情形可以归结为 $\alpha = 1$ 的情况.

根据我们对 x 和 d 的选取, 令

$$z_k = x + kd, \qquad k = 1, 2, \cdots$$

可知 $z_k \in C$ 对所有 k 成立. 如果 $\overline{x} = z_k$ 对某个 k 成立, 那么 $\overline{x} + d = x + (k+1)d$, 就属于 C, 而我们的证明完成. 因此假设 $\overline{x} \neq z_k$ 对所有 k 成立, 并且定义

$$d_k = \frac{z_k - \overline{x}}{\|z_k - \overline{x}\|} \|d\|, \qquad k = 1, 2, \cdots \tag{1.17}$$

使得 $\overline{x} + d_k$ 是以 $\overline{x}$ 为球心以 $\|d\|$ 为半径的球面与从 $\overline{x}$ 出发通过 z_k 的射线的交点 (参见图 1.4.2 中的构造方法). 现在我们来论证 $d_k \to d$, 并且对于充分大的 k, $\overline{x} + d_k \in C$, 于是利用 C 的闭性, 可导出 $\overline{x} + d \in C$.

的确, 据 d_k 的定义 (1.17), 我们有

$$\frac{d_k}{\|d\|} = \frac{\|z_k - x\|}{\|z_k - \overline{x}\|} \cdot \frac{z_k - x}{\|z_k - x\|} + \frac{x - \overline{x}}{\|z_k - \overline{x}\|} = \frac{\|z_k - x\|}{\|z_k - \overline{x}\|} \cdot \frac{d}{\|d\|} + \frac{x - \overline{x}}{\|z_k - \overline{x}\|}.$$

因为 $\{z_k\}$ 是无界点列,

$$\frac{\|z_k - x\|}{\|z_k - \overline{x}\|} \to 1, \qquad \frac{x - \overline{x}}{\|z_k - \overline{x}\|} \to 0,$$

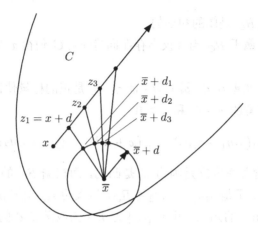

图 1.4.2 命题 1.4.1(b) 的证明中用到的构造.

于是结合前面的关系, 我们有 $d_k \to d$. 对所有满足 $\|z_k - \bar{x}\| \geqslant \|d\|$ 的 k, 在连接 $\bar{x}z_k$ 的线段上, 向量 $\bar{x} + d_k$ 处在 $\bar{x}$ 和 z_k 之间, 因此由 C 的凸性, 我们有 $\bar{x} + d_k \in C$ 对所有充分大的 k 成立. 因为 $\bar{x} + d_k \to \bar{x} + d$ 和 C 是闭的, 可知 $\bar{x} + d \in C$. $\qquad\square$

上述命题中集合 C 为闭的假设是实质性的. 如果没有这个假设, (a) 部分不成立的一个例子是, 考虑集合

$$C = \big\{(x_1, x_2) \mid 0 < x_1, \, 0 < x_2\big\} \cup \big\{(0,0)\big\},$$

它的回收锥等于 C, 而它是非闭的. 该例子中 (b) 部分也不成立, 因为对于方向 $d = (1,0)$, 我们有 $x + \alpha d \in C$ 对所有 $\alpha \geqslant 0$ 和除 $x = (0,0)$ 之外的所有 $x \in C$ 成立.

下述命题给出回收锥的一些其他性质.

命题 1.4.2 (回收锥的性质) 令 C 为非空闭凸集.

(a) R_C 包含一个非零的方向当且仅当 C 是无界的.

(b) $R_C = R_{\mathrm{ri}(C)}$.

(c) 对任意一组闭凸集 $C_i, \, i \in I$, 其中 I 为任意指标集, 并且 $\cap_{i \in I} C_i \neq \emptyset$, 我们有

$$R_{\cap_{i \in I} C_i} = \cap_{i \in I} R_{C_i}$$

(d) 令 W 为 m 维欧氏空间 $\Re^m$ 的一个紧的凸子集, 并令 A 为 $m \times n$ 维矩阵. 集合

$$V = \{x \in C \mid Ax \in W\}$$

(假设该集合为非空) 的回收锥是 $R_C \cap N(A)$, 其中 $N(A)$ 是 A 的化零空间 (nullspace).

证明 (a) 假定 C 为无界, 我们要证 R_C 包含非零方向 (反向蕴含关系是显然的). 选取任意 $x \in C$ 和任意的无界点列 $\{z_k\} \subset C$. 考虑点列 $\{d_k\}$, 其中

$$d_k = \frac{z_k - x}{\|z_k - x\|},$$

并令 d 为 $\{d_k\}$ 的一个极限点 (对比图 1.4.2 中的构造). 不失一般性, 假定 $\|z_k - x\|$ 随 k 为单调增. 对于任取的 $\alpha \geqslant 0$, 对所有满足 $\|z_k - x\| \geqslant \alpha$ 的 k, 向量 $x + \alpha d_k$ 在连接 x 和 z_k 的线段上都处在 x 和 z_k 之间. 因此由 C 的凸性, 我们有 $x + \alpha d_k \in C$ 对所有充分大的 k 成立. 因为 $x + \alpha d$ 是 $\{x + \alpha d_k\}$ 的一个极限点并且 C 是闭的, 我们有 $x + \alpha d \in C$. 于是, 再根据命题 1.4.1(b), 可知非零向量 d 是回收方向.

(b) 如果 $d \in R_{\mathrm{ri}(C)}$, 那么对固定的 $x \in \mathrm{ri}(C)$ 和所有 $\alpha \geqslant 0$, 我们有 $x + \alpha d \in \mathrm{ri}(C) \subset C$. 因此, 根据命题 1.4.1(b), 我们有 $d \in R_C$. 反之, 如果 $d \in R_C$, 那么对任意 $x \in \mathrm{ri}(C)$, 我们有 $x + \alpha d \in C$ 对所有 $\alpha \geqslant 0$ 成立. 据线段原理 (命题 1.3.1) 可知 $x + \alpha d \in \mathrm{ri}(C)$ 对所有 $\alpha \geqslant 0$ 成立, 故 d 属于 $R_{\mathrm{ri}(C)}$.

(c) 根据回收方向的定义, $d \in R_{\cap_{i \in I} C_i}$ 意味着 $x + \alpha d \in \cap_{i \in I} C_i$ 对所有 $x \in \cap_{i \in I} C_i$ 和所有 $\alpha \geqslant 0$ 成立. 根据命题 1.4.1(b), 这又意味着 $d \in R_{C_i}$ 对所有 i 成立, 从而 $R_{\cap_{i \in I} C_i} \subset \cap_{i \in I} R_{C_i}$. 反之, 由回收方向的定义, 如果 $d \in \cap_{i \in I} R_{C_i}$ 和 $x \in \cap_{i \in I} C_i$, 我们有 $x + \alpha d \in \cap_{i \in I} C_i$ 对所有 $\alpha \geqslant 0$ 成立, 故 $d \in R_{\cap_{i \in I} C_i}$. 于是 $\cap_{i \in I} R_{C_i} \subset R_{\cap_{i \in I} C_i}$.

(d) 考虑闭凸集 $\overline{V} = \{x \mid Ax \in W\}$, 并选取 $x \in \overline{V}$. 于是, 据命题 1.4.1(b), $d \in R_{\overline{V}}$ 当且仅当 $x + \alpha d \in \overline{V}$ 对所有 $\alpha \geqslant 0$ 成立, 或等价地当且仅当 $A(x + \alpha d) \in W$ 对所有 $\alpha \geqslant 0$ 成立. 由于 $Ax \in W$, 后者等价于 $Ad \in R_W$. 因此, $d \in R_{\overline{V}}$ 当且仅当 $Ad \in R_W$. 由于 W 是紧的, 根据 (a) 部分, 我们有 $R_W = \{0\}$, 于是 $R_{\overline{V}}$ 等于 $\{d \mid Ad = 0\}$, 即为 $N(A)$. 由于 $V = C \cap \overline{V}$, 利用 (c) 部分, 我们有 $R_V = R_C \cap N(A)$. $\qquad\square$

上述命题的 (a) 部分不成立的一个例子是, 考虑无界凸集

$$C = \big\{(x_1, x_2) \mid 0 \leqslant x_1 < 1,\, 0 \leqslant x_2\big\} \cup \big\{(1, 0)\big\}.$$

根据定义, 可以验证 C 没有非零的回收方向. 还可以验证 $(0, 1)$ 是 $\mathrm{ri}(C)$ 的

一个回收方向, 因此 (b) 部分也不成立. 最后, 通过令

$$D = \big\{(x_1, x_2) \mid -1 \leqslant x_1 \leqslant 0,\, 0 \leqslant x_2\big\},$$

可以看出 $(0, 1) \in R_D$, 于是 $R_{C \cap D} \neq R_C \cap R_D$, 从而 (c) 部分也不成立.

注意上述命题的 (c) 部分蕴含着如果 C 和 D 为使得 $C \subset D$ 的非空闭凸集, 那么 $R_C \subset R_D$. 通过利用 (c) 部分写出 $R_C = R_{C \cap D} = R_C \cap R_D$, 从而得到 $R_C \subset R_D$ 就可以看出这一点. 如果 C 和 D 不是闭的, 那么这个性质可能不成立. 例如, 如果

$$C = \big\{(x_1, x_2) \mid 0 \leqslant x_1 < 1,\, 0 \leqslant x_2\big\}, \qquad D = C \cup \big\{(1, 0)\big\},$$

那么向量 $(0, 1)$ 是 C 而不是 D 的回收方向.

线形空间

凸集 C 的回收锥有一个重要的子集, 称为其线形空间 (lineality space), 记作 L_C. 它定义为反方向 $-d$ 也是回收方向的方向 d 的集合:

$$L_C = R_C \cap (-R_C).$$

因此 $d \in L_C$ 当且仅当整个直线 $\{x + \alpha d \mid \alpha \in \Re\}$ 对于每个 $x \in C$ 都包含于 C 中.

线形空间继承了我们已经证明的回收锥的若干性质 (命题 1.4.1 和命题 1.4.2). 我们把这些性质总结在如下命题中.

命题 1.4.3 (线形空间的性质) 令 C 为 n 维欧氏空间 $\Re^n$ 的非空闭凸集.

(a) L_C 是 $\Re^n$ 的子空间.

(b) $L_C = L_{\mathrm{ri}(C)}$.

(c) 对于任意一组闭凸集 C_i, $i \in I$, 其中 I 是任意指标集而 $\cap_{i \in I} C_i \neq \emptyset$, 我们有

$$L_{\cap_{i \in I} C_i} = \cap_{i \in I} L_{C_i}.$$

(d) 令 W 为 $\Re^m$ 的紧凸子集, 并令 A 为 $m \times n$ 矩阵. 集合

$$V = \{x \in C \mid Ax \in W\}$$

(假设其为非空) 的线形空间是 $L_C \cap N(A)$, 其中 $N(A)$ 是 A 的化零空间.

证明 (a) 令 d_1 和 d_2 属于 L_C, 并令 α_1 和 α_2 为非零标量. 我们要证明 $\alpha_1 d_1 + \alpha_2 d_2$ 属于 L_C. 事实上, 我们有

$$
\begin{aligned}
\alpha_1 d_1 + \alpha_2 d_2 &= |\alpha_1|\big(\mathrm{sgn}(\alpha_1)d_1\big) + |\alpha_2|\big(\mathrm{sgn}(\alpha_2)d_2\big) \\
&= \big(|\alpha_1| + |\alpha_2|\big)\big(\alpha \overline{d}_1 + (1-\alpha)\overline{d}_2\big),
\end{aligned}
\tag{1.18}
$$

其中

$$
\alpha = \frac{|\alpha_1|}{|\alpha_1| + |\alpha_2|}, \qquad \overline{d}_1 = \mathrm{sgn}(\alpha_1)d_1, \quad \overline{d}_2 = \mathrm{sgn}(\alpha_2)d_2,
$$

并且对非零标量 s, 我们根据 s 是正还是负分别采用记号 $\mathrm{sgn}(s) = 1$ 或 $\mathrm{sgn}(s) = -1$. 至此, 我们注意 L_C 是凸锥, 因为它是凸锥 R_C 和 $-R_C$ 的交集. 于是, 由于 $\overline{d}_1$ 和 $\overline{d}_2$ 属于 L_C, $\overline{d}_1$ 和 $\overline{d}_2$ 的凸组合的任意正倍数都属于 L_C. 于是从式 (1.18) 可知 $\alpha_1 d_1 + \alpha_2 d_2 \in L_C$.

(b) 我们有

$$
L_{\mathrm{ri}(C)} = R_{\mathrm{ri}(C)} \cap \big(-R_{\mathrm{ri}(C)}\big) = R_C \cap (-R_C) = L_C,
$$

其中第二个等式是根据命题 1.4.2(b) 得出的.

(c) 我们有

$$
\begin{aligned}
L_{\cap_{i\in I} C_i} &= \big(R_{\cap_{i\in I}C_i}\big) \cap \big(-R_{\cap_{i\in I}C_i}\big) \\
&= \big(\cap_{i\in I} R_{C_i}\big) \cap \big(-\cap_{i\in I} R_{C_i}\big) \\
&= \cap_{i\in I}\big(R_{C_i} \cap (-R_{C_i})\big) \\
&= \cap_{i\in I} L_{C_i},
\end{aligned}
$$

其中第二个等式是根据命题 1.4.2(c) 得出的.

(d) 我们有

$$
\begin{aligned}
L_V &= R_V \cap (-R_V) \\
&= \big(R_C \cap N(A)\big) \cap \big((-R_C) \cap N(A)\big) \\
&= \big(R_C \cap (-R_C)\big) \cap N(A) \\
&= L_C \cap N(A),
\end{aligned}
$$

其中第二个等式是根据命题 1.4.2(d) 得出的. $\qquad\square$

例 1.4.1 (由线性和凸二次不等式给定的集合) 考虑具有如下形式的非空集合

$$
C = \{x \mid x'Qx + c'x + b \leqslant 0\},
$$

其中 Q 是对称半正定的 $n \times n$ 矩阵, c 是 $\mathfrak{R}^n$ 中的向量, b 是标量. 向量 d 是回收方向当且仅当

$$(x + \alpha d)'Q(x + \alpha d) + c'(x + \alpha d) + b \leqslant 0, \qquad \forall\, \alpha > 0,\ x \in C,$$

或

$$x'Qx + c'x + b + \alpha(c + 2Qx)'d + \alpha^2 d'Qd \leqslant 0, \quad \forall\, \alpha > 0,\ x \in C. \quad (1.19)$$

显然, 我们不可能有 $d'Qd > 0$, 因为否则对于适当选取的 α 式 (1.19) 左侧将变得任意大, 于是 $d'Qd = 0$. 因为 Q 是半正定的, 对于某个 M 可将其写作 $Q = M'M$, 使得我们有 $Md = 0$. 这表明 $Qd = 0$. 可知式 (1.19) 等价于

$$x'Qx + c'x + b + \alpha c'd \leqslant 0, \qquad \forall\, \alpha > 0,\ x \in C.$$

而此式成立当且仅当 $c'd \leqslant 0$. 于是,

$$R_C = \{d \mid Qd = 0,\ c'd \leqslant 0\}.$$

同时, $L_C = R_C \cap (-R_C)$, 于是

$$L_C = \{d \mid Qd = 0,\ c'd = 0\}.$$

现在考虑 C 为非空且由任意 (可能无穷多) 多个凸二次不等式给定的情形:

$$C = \{x \mid x'Q_j x + c_j'x + b_j \leqslant 0,\ j \in J\},$$

其中 J 是某个指标集. 于是利用命题 1.4.2(c) 和命题 1.4.3(c), 我们有

$$R_C = \{d \mid Q_j d = 0,\ c_j'd \leqslant 0,\ \forall\, j \in J\},$$

$$L_C = \{d \mid Q_j d = 0,\ c_j'd = 0,\ \forall\, j \in J\}.$$

特别地, 如果 C 是具有形式

$$C = \{x \mid c_j'x + b_j \leqslant 0,\ j = 1, \cdots, r\}$$

的多面体, 我们有

$$R_C = \{d \mid c_j'd \leqslant 0,\ j = 1, \cdots, r\}, \qquad L_C = \{d \mid c_j'd = 0,\ j = 1, \cdots, r\}.$$

最后, 我们来证明一个有用的结论. 它使得我们可以把凸集按照它的线形空间的子空间 (可以是整个线形空间) 和它的正交补进行分解 (见图 1.4.3).

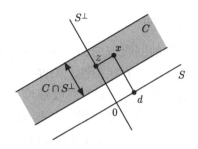

图 1.4.3　凸集 C 分解为 $C = S + (C \cap S^\perp)$ 的说明, 其中 S 是包含在线形空间 L_C 中的一个子空间. 如图, 向量 $x \in C$ 可以表为 $x = d + z$, 其中 $d \in S$ 而 $z \in C \cap S^\perp$.

命题 1.4.4　(凸集分解) 令 C 为 n 维欧氏空间 $\Re^n$ 的非空凸子集. 则对于每个包含在线形空间 L_C 中的子空间 S, 我们都有

$$C = S + (C \cap S^\perp).$$

证明　我们可以将 $\Re^n$ 分解为 $S + S^\perp$, 因此对于 $x \in C$, 令 $x = d + z$ 对某个 $d \in S$ 和 $z \in S^\perp$ 成立. 因为 $-d \in S \subset L_C$, 向量 $-d$ 是 C 的一个回收方向, 于是向量 $x - d$ 属于 C, 而它等于 z, 这表明 $z \in C \cap S^\perp$. 于是, 我们有 $x = d + z$ 且 $d \in S$ 而 $z \in C \cap S^\perp$. 这证明了 $C \subset S + (C \cap S^\perp)$.

反过来, 如果 $x \in S + (C \cap S^\perp)$, 那么 $x = d + z$ 且 $d \in S$ 而 $z \in C \cap S^\perp$. 因此, 我们有 $z \in C$. 进而, 因为 $S \subset L_C$, 向量 d 是 C 的一个回收方向, 所以 $d + z \in C$. 于是 $x \in C$, 这就证明了 $S + (C \cap S^\perp) \subset C$.　　　□

在命题 1.4.4 中 $S = L_C$ 的特殊情况下, 我们得到

$$C = L_C + (C \cap L_C^\perp). \tag{1.20}$$

于是, C 是如下两个集合的向量和:

(1) 集合 L_C. 它是由包含在 C 中经平移穿过原点的直线组成.

(2) 集合 $C \cap L_C^\perp$. 它不包含直线. 为明白这一点, 注意到对于任意直线 $\{x + \alpha d \mid \alpha \in \Re\} \subset C \cap L_C^\perp$, 我们有 $d \in L_C$ (因为 $x + \alpha d \in C$ 对所有 $\alpha \in \Re$ 成立), 于是 $d \perp (x + \alpha d)$ 对所有 $\alpha \in \Re$ 成立, 这意味着 $d = 0$.

需要指出如果 $R_C = L_C$，并且 C 是闭的，集合 $C \cap L_C^\perp$ 不包含任何非零的回收方向，于是它是紧的 [参见命题 1.4.2(a)]. C 可以分解成如式 (1.20) 给出的 L_C 和一个紧集合的和.

1.4.1 凸函数的回收方向

我们现在引入凸函数的回收方向的概念. 这个概念的重要性在于第 3 章中要讨论的凸优化问题解的存在性. 关键是凸函数 f 可以用它的上图来描述. 而该集合是凸的. epi(f) 的回收锥可以用于得到 f 不单调增加的方向. 特别地，epi(f) 的回收锥中的 "水平方向" 对应于水平集 (level sets)$\{x \mid f(x) \leqslant \gamma\}$ 为无界的方向. 沿着这些方向，f 为单调非增. 这正是如下命题背后的思想.

命题 1.4.5 令 $f : \Re^n \mapsto (-\infty, \infty]$ 为闭的真凸函数. 考虑水平集

$$V_\gamma = \{x \mid f(x) \leqslant \gamma\}, \qquad \gamma \in \Re.$$

则：

(a) 所有非空水平集 V_γ 都具有相同的回收锥，记作 R_f，由

$$R_f = \{d \mid (d, 0) \in R_{\mathrm{epi}(f)}\},$$

给出，其中 $R_{\mathrm{epi}(f)}$ 是 f 的上图的回收锥.

(b) 如果某个非空水平集 V_γ 是紧的，那么所有这些水平集都是紧的.

证明 (a) 选定一个 γ 使得 V_γ 为非空. 令 S 为 epi(f) 的 "γ- 切片"，

$$S = \{(x, \gamma) \mid f(x) \leqslant \gamma\},$$

注意

$$S = \mathrm{epi}(f) \cap \{(x, \gamma) \mid x \in \Re^n\}.$$

利用命题 1.4.2(c) [可以适用的原因是 epi(f) 是闭的，因为 f 是闭的]，我们有

$$R_S = R_{\mathrm{epi}(f)} \cap \{(d, 0) \mid d \in \Re^n\} = \{(d, 0) \mid (d, 0) \in R_{\mathrm{epi}(f)}\}.$$

从该式和 $S = \{(x, \gamma) \mid x \in V_\gamma\}$ 的事实出发, 可以导出 R_{V_γ} 的期望表达式.

(b) 根据命题 1.4.2(a)，非空水平集 V_γ 为紧，当且仅当 R_{V_γ} 的回收锥不含任何非零方向. 根据 (a) 部分，所有非空水平集 V_γ 都具有相同的回收锥，因此如果它们当中有一个是紧的，那么它们全部是紧的. $\qquad \Box$

注意在命题 1.4.5(a) 中, f 的闭性对于水平集 V_γ 具有共同的回收锥是实质性的. 读者可以用一个例子来验证这一点. 考虑如下凸的但非闭的函数 $f: \Re^2 \mapsto (-\infty, \infty]$. 它由

$$f(x_1, x_2) = \begin{cases} -x_1 & x_1 > 0,\, x_2 \geqslant 0, \\ x_2 & x_1 = 0,\, x_2 \geqslant 0, \\ \infty & x_1 < 0\ \text{或者}\ x_2 < 0 \end{cases}$$

给出. 这里, 对 $\gamma < 0$, 我们有 $V_\gamma = \big\{(x_1, x_2) \mid x_1 \geqslant -\gamma,\, x_2 \geqslant 0\big\}$, 因此 $(0, 1) \in R_{V_\gamma}$, 但 $V_0 = \big\{(x_1, x_2) \mid x_1 > 0,\, x_2 \geqslant 0\big\} \cup \big\{(0, 0)\big\}$, 因此 $(0, 1) \notin R_{V_0}$.

对于闭的真凸函数 $f: \Re^n \mapsto (-\infty, \infty]$, 非空水平集的 (公共) 回收锥 R_f 称为 f 的回收锥 (参见图 1.4.4). 向量 $d \in R_f$ 称为 f 的回收方向.

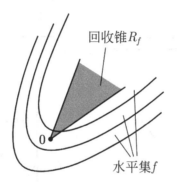

图 1.4.4   闭的真凸函数 f 的回收锥的图示. 它是 f 的非空水平集的 (公共的) 回收锥.

理解 f 回收方向的最直观的方式是从一个下降的角度看问题: 如果我们从任意 $x \in \operatorname{dom}(f)$ 处出发, 并且沿着回收方向随意运动, 我们必然保持位于每个包含 x 的水平集内, 或者等价地, 我们必然只遇到满足 $f(z) \leqslant f(x)$ 的点 z. 换句话说, f 的回收方向就是对 f 连续不上升的方向. 反过来, 如果我们从某个 $x \in \operatorname{dom}(f)$ 出发, 而且在沿着方向 d 移动的时候, 我们遇到点 z 满足 $f(z) > f(x)$, 那么 d 不可能成为回收方向. 由 f 的水平集的凸性, 一旦我们跨过水平集的相对边界, 我们就永远不会再次跨越该边界, 而且易知, 一个方向若不是 f 回收方向, 将是 f 最终连续上升的方向 [见图 1.4.5(e),(f)].

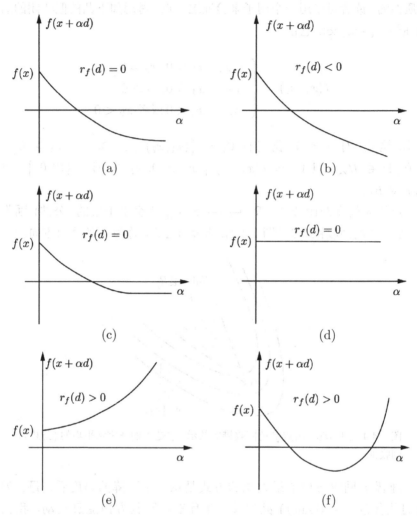

图 1.4.5　闭的真凸函数在某个 $x \in \mathrm{dom}(f)$ 处沿着方向 d 的上升/下降行为.
如果 d 是 f 的回收方向，就存在着两种可能性：要么 f 单调减少到某个有限
值或 $-\infty$[分别对应图 (a) 和 (b)]，要么 f 达到小于等于 $f(x)$ 的某个值并且保
持为该值 [图 (c) 和 (d)]. 如果 d 不是 f 的回收方向，那么最终 f 会单调增加
到 ∞ [图 (e) 和 (f)]，即对某个 $\overline{\alpha} \geqslant 0$ 和所有满足 $\alpha_1 < \alpha_2$ 的 $\alpha_1, \alpha_2 \geqslant \overline{\alpha}$，我
们有 $f(x + \alpha_1 d) < f(x + \alpha_2 d)$. 这样的行为仅决定于 d，独立于 x 在 $\mathrm{dom}(f)$
中的选取.

凸函数的不变空间

闭的真凸函数 f 的回收锥 R_f 的线形空间记为 L_f. 它是由 d 和 $-d$ 都是 f 的回收方向的所有 $d \in \Re^n$ 构成的子空间, 即

$$L_f = R_f \cap (-R_f).$$

等价地, $d \in L_f$ 当且仅当 d 和 $-d$ 都是每个非空水平集 $\{x \mid f(x) \leqslant \gamma\}$ 的回收方向 [参见命题 1.4.5(a)]. f 的凸性意味着沿着回收方向 f 是单调非增的, 我们看到 $d \in L_f$ 当且仅当

$$f(x + \alpha d) = f(x), \qquad \forall\, x \in \mathrm{dom}(f),\ \forall\, \alpha \in \Re.$$

这样, $d \in L_f$ 称为让 f 为常值的方向, 而 L_f 称为 f 的不变空间 (constancy space).

举例来说, 如果 f 是由

$$f(x) = x'Qx + c'x + b$$

给出的二次函数, 其中 Q 是对称半正定的 $n \times n$ 矩阵, c 是 $\Re^n$ 中的向量, 而 b 是标量, 那么它的回收锥和不变空间是

$$R_f = \{d \mid Qd = 0,\ c'd \leqslant 0\}, \qquad L_f = \{d \mid Qd = 0,\ c'd = 0\}$$

(参见例 1.4.1).

回收函数

我们已经看到如果 d 是 f 的回收方向, 那么 f 沿着射线 $x + \alpha d$ 是渐近非增的, 但事实上我们有更强的性质: f 沿着 d 的渐近斜率独立于起点 x. 我们现在就来引入一个函数来表示闭的真凸函数沿着某个方向的 "渐近斜率".

首先注意到闭的真凸函数 $f : \Re^n \mapsto (-\infty, \infty]$ 的上图的回收锥 $R_{\mathrm{epi}(f)}$ 是另外一个闭的真凸函数的上图. 原因是对于给定的 d, 满足 $(d, w) \in R_{\mathrm{epi}(f)}$ 的标量 w 的集合要么是空集要么是一个没有上界但有下界的闭区间 (因为 f 是真的, 因此它的上图不包含垂直方向的直线). 因此 $R_{\mathrm{epi}(f)}$ 是某个真函数的上图. 而该函数一定是闭的和凸的 [因为 f, $\mathrm{epi}(f)$, 和 $R_{\mathrm{epi}(f)}$ 都是闭的和凸的]. 该函数称为 f 的回收函数并记作 r_f, 即

$$\mathrm{epi}(r_f) = R_{\mathrm{epi}(f)};$$

参见图 1.4.6.

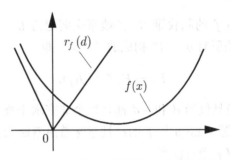

图 1.4.6 闭的真凸函数 f 的回收函数的图示. 它的上图是 f 上图的回收锥.

如下述命题所示, 回收函数可以用来刻画函数的回收锥和不变空间 (参见图 1.4.5).

命题 1.4.6 令 $f : \Re^n \mapsto (-\infty, \infty]$ 为闭的真凸函数. 则 f 的回收锥和不变空间可以用它的回收函数给出:

$$R_f = \big\{ d \mid r_f(d) \leqslant 0 \big\}, \qquad L_f = \big\{ d \mid r_f(d) = r_f(-d) = 0 \big\}.$$

证明 根据命题 1.4.5(a) 和 r_f 的 $\mathrm{epi}(r_f) = R_{\mathrm{epi}(f)}$ 的定义, f 的回收锥是

$$R_f = \big\{ d \mid (d, 0) \in R_{\mathrm{epi}(f)} \big\} = \big\{ d \mid r_f(d) \leqslant 0 \big\}.$$

由于 $L_f = R_f \cap (-R_f)$, 可知 $d \in L_f$ 当且仅当 $r_f(d) \leqslant 0$ 且 $r_f(-d) \leqslant 0$. 另一方面, 由 r_f 的凸性, 我们有

$$r_f(d) + r_f(-d) \geqslant 2 r_f(0) = 0, \qquad \forall\, d \in \Re^n,$$

于是可知 $d \in L_f$ 当且仅当 $r_f(d) = r_f(-d) = 0$. $\qquad\square$

下述命题给出了回收函数的显式表达.

命题 1.4.7 令 $f : \Re^n \mapsto (-\infty, \infty]$ 为闭的真凸函数. 则对于所有的 $x \in \mathrm{dom}(f)$ 和 $d \in \Re^n$,

$$r_f(d) = \sup_{\alpha > 0} \frac{f(x + \alpha d) - f(x)}{\alpha} = \lim_{\alpha \to \infty} \frac{f(x + \alpha d) - f(x)}{\alpha}. \tag{1.21}$$

证明 根据定义, 我们有 $(d, \nu) \in R_{\mathrm{epi}(f)}$ 当且仅当对所有的 $(x, w) \in \mathrm{epi}(f)$,

$$(x + \alpha d, w + \alpha \nu) \in \mathrm{epi}(f), \qquad \forall\, \alpha > 0,$$

或者等价地, $f(x + \alpha d) \leqslant f(x) + \alpha \nu$ 对所有 $\alpha > 0$ 成立. 这可以写成

$$\frac{f(x + \alpha d) - f(x)}{\alpha} \leqslant \nu, \qquad \forall\, \alpha > 0.$$

因此

$$(d, \nu) \in R_{\mathrm{epi}(f)} \qquad \text{当且仅当} \qquad \sup_{\alpha > 0} \frac{f(x + \alpha d) - f(x)}{\alpha} \leqslant \nu,$$

对所有 $x \in \mathrm{dom}(f)$ 成立. 由于 $R_{\mathrm{epi}(f)}$ 是 r_f 的上图, 这就意味着式 (1.21) 的第一个等式成立.

从 f 的凸性, 我们可以看到比值

$$\frac{f(x + \alpha d) - f(x)}{\alpha}$$

在 $(0, \infty)$ 范围内是 α 的单调非减函数. 这意味着式 (1.21) 的第二个等式成立. $\qquad\qquad\square$

式 (1.21) 的最后一个表达式导出了 $r_f(d)$ 作为 f 沿着 d 方向的 "渐近斜率" 的解释. 事实上, 对于可微凸函数 $f : \Re^n \mapsto \Re$, 这个解释可以给得更加准确: 我们有

$$r_f(d) = \lim_{\alpha \to \infty} \nabla f(x + \alpha d)'d, \qquad \forall\, x \in \Re^n,\, d \in \Re^n. \tag{1.22}$$

事实上, 对于所有 x, d 和 $\alpha > 0$, 利用命题 1.1.7(a), 我们有

$$\nabla f(x)'d \leqslant \frac{f(x + \alpha d) - f(x)}{\alpha} \leqslant \nabla f(x + \alpha d)'d,$$

因此通过取 $\alpha \to \infty$ 的极限和式 (1.21), 可知

$$\nabla f(x)'d \leqslant r_f(d) \leqslant \lim_{\alpha \to \infty} \nabla f(x + \alpha d)'d. \tag{1.23}$$

式 (1.23) 左侧对于所有的 x 成立, 因此用 $x + \alpha d$ 代替 x 有

$$\nabla f(x + \alpha d)'d \leqslant r_f(d), \qquad \forall\, \alpha > 0.$$

通过取 $\alpha \to \infty$ 的极限, 我们得到

$$\lim_{\alpha \to \infty} \nabla f(x + \alpha d)'d \leqslant r_f(d), \tag{1.24}$$

再结合式 (1.23) 和式 (1.24), 我们得到式 (1.22).

基于闭的凸函数求和并取上确界的表达式可以方便地进行回收函数的计算. 下述命题给出的是求和的情况.

命题 1.4.8 (和的回收函数) 令 $f_i : \Re^n \mapsto (-\infty, \infty]$, $i = 1, \cdots, m$, 为若干闭的真凸函数, 且 $f = f_1 + \cdots + f_m$ 为真. 则

$$r_f(d) = r_{f_1}(d) + \cdots + r_{f_m}(d), \qquad \forall \, d \in \Re^n. \tag{1.25}$$

证明 不失一般性, 假定 $m = 2$. 注意到 $f_1 + f_2$ 是闭的和真凸的 (参见命题 1.1.5). 利用式 (1.21), 我们有对所有 $x \in \mathrm{dom}(f_1 + f_2)$ 和 $d \in \Re^n$,

$$
\begin{aligned}
r_{f_1+f_2}(d) &= \lim_{\alpha \to \infty} \left\{ \frac{f_1(x + \alpha d) - f_1(x)}{\alpha} + \frac{f_2(x + \alpha d) - f_2(x)}{\alpha} \right\} \\
&= \lim_{\alpha \to \infty} \left\{ \frac{f_1(x + \alpha d) - f_1(x)}{\alpha} \right\} + \lim_{\alpha \to \infty} \left\{ \frac{f_2(x + \alpha d) - f_2(x)}{\alpha} \right\} \\
&= r_{f_1}(d) + r_{f_2}(d),
\end{aligned}
$$

其中第二个等式成立是因为涉及的极限是存在的. □

注意为了使得式 (1.25) 成立, f 为真的条件是实质性的, 因为否则它的回收函数将没有定义. 对于函数

$$f(x) = \sup_{i \in I} f_i(x)$$

有类似的结论, 其中 I 为任意指标集, 而 $f_i : \Re^n \mapsto (-\infty, \infty]$, $i \in I$, 为一组使得 f 为真的闭的真凸函数. 特别地, 我们有

$$r_f(d) = \sup_{i \in I} r_{f_i}(d), \qquad d \in \Re^n. \tag{1.26}$$

为证明这一点, 只要注意 r_f 的上图是 f 上图的回收锥, 而 f 的上图是 f_i 上图的交集. 因此根据命题 1.4.2(c), r_f 的上图是 f_i 的上图的回收锥的交集. 这就导出了式 (1.26).

1.4.2　闭集交的非空性

回收锥和线形空间的概念可以用来把紧集合的某些性质推广到闭凸集上去. 满足对任意 k 都有 $C_{k+1} \subset C_k$ 条件的一系列非空紧集 $\{C_k\}$ 具有非空的紧的交集就是这样的一种性质 [参见命题 A.2.4(h)]. 另外一条性质是紧集在线性变换下的像是紧的 [参见命题 A.2.6(d)]. 这些性质在涉及的集合是闭的, 但是在无界的情况下未必成立 (参见图 1.3.4), 为使其成立需要某些附加条件. 本节我们通过回收方向及相关概念来给出这样的条件. 我们主要关注相关集合为凸的情况, 但分析的过程可以推广到非凸的情形 (见 [BeT07]).

为理解集合相交的结果的重要性，考虑满足对任意 k 都有 $C_{k+1} \subset C_k$ 条件的一系列 $\Re^n$ 的非空闭集 $\{C_k\}$(这样的序列称为嵌套的) 和 $\cap_{k=0}^{\infty} C_k$ 是否为空的问题. 该问题在以下的一些背景中出现:

(a) 函数 $f : \Re^n \mapsto \Re$ 在集合 X 上是否会达到最小值? 该问题的答案为真当且仅当交集

$$\cap_{k=0}^{\infty} \big\{ x \in X \mid f(x) \leqslant \gamma_k \big\}$$

为非空, 其中 $\{\gamma_k\}$ 是满足 $\gamma_k \downarrow \inf_{x \in X} f(x)$ 的标量序列.

(b) 如果 C 是闭集而 A 是矩阵, AC 是否为闭集? 为证明这一点, 我们可以令 $\{y_k\}$ 为 AC 中收敛到某个 $\overline{y} \in \Re^n$ 的一个序列, 然后证明 $\overline{y} \in AC$. 如果我们引入集合 $C_k = C \cap N_k$, 其中

$$N_k = \{ x \mid \|Ax - \overline{y}\| \leqslant \|y_k - \overline{y}\| \},$$

那么一个充分条件是证明 $\cap_{k=0}^{\infty} C_k$ 为非空 (见图 1.4.7).

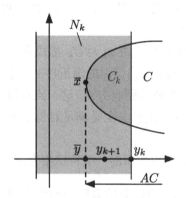

图 1.4.7　当 C 为闭时证明集合 AC 为闭的交集推理. 这里 A 是平面内的点到水平轴上的投影. 对于收敛到某个 $\overline{y}$ 的序列 $\{y_k\} \subset AC$, 为证明 $\overline{y} \in AC$, 只要证明交集 $\cap_{k=0}^{\infty} C_k$ 为非空, 其中 $C_k = C \cap N_k$, 且 $N_k = \{ x \mid \|Ax - \overline{y}\| \leqslant \|y_k - \overline{y}\| \}$.

下面我们要考虑嵌套的非空闭凸集序列 $\{C_k\}$. 在后面的命题中, 我们将要推导使 $\cap_{k=0}^{\infty} C_k$ 为非空的一些另外的条件. 这些条件涉及关于回收锥, 线形空间和 C_k 集合结构的各种假设.

凸集的渐近序列

下面的分析实际上可以扩展到非凸集上去 (见 [BeT07]). 不过, 本书只讨论凸集的交集.

我们的分析围绕对每个 k 都满足 $x_k \in C_k$ 的序列 $\{x_k\}$ 来展开. 一个重要的事实是 $\cap_{k=0}^{\infty} C_k$ 为空当且仅当每个这样的序列都是无界的. 因此我们的思路是引入保证并非所有这样的序列都是无界的假设. 事实上只要关心像如下定义中沿着集合 C_k 的公共回收方向发散到 ∞ 的无界序列就可以了.

定义 1.4.1 令 $\{C_k\}$ 为嵌套的非空闭凸集序列. 我们说 $\{x_k\}$ 是 $\{C_k\}$ 的一个渐近序列, 如果 $x_k \neq 0$, $x_k \in C_k$ 对所有 k 成立, 并且

$$\|x_k\| \to \infty, \qquad \frac{x_k}{\|x_k\|} \to \frac{d}{\|d\|},$$

其中 d 是集合 C_k 的某个公共非零回收方向,

$$d \neq 0, \qquad d \in \cap_{k=0}^{\infty} R_{C_k}.$$

一种特殊情况是所有集合 C_k 是相等的. 特别地, 对非空闭凸集 C, 我们说 $\{x_k\} \subset C$ 是 C 的渐近序列, 如果 $\{x_k\}$ 是序列 $\{C_k\}$ 的渐近序列, 其中 $C_k \equiv C$.

注意给定满足对每个 k 使得 $x_k \in C_k$ 都成立的无界序列 $\{x_k\}$, 存在子列 $\{x_k\}_{k \in \mathcal{K}}$ 为相应的子列 $\{C_k\}_{k \in \mathcal{K}}$ 的渐近序列. 事实上, $\{x_k/\|x_k\|\}$ 的任意极限点都是集合 C_k 的公共回收方向. 这一点可以从命题 1.4.1(b) 的证明看出. 因此, 渐近序列在一定意义上是满足对每个 k 使得 $x_k \in C_k$ 都成立的无界序列的代表.

下面引入具备我们期望性质的一类特殊集合序列.

定义 1.4.2 令 $\{C_k\}$ 为嵌套的非空闭凸集序列. 我们称渐近序列 $\{x_k\}$ 为收缩的 (retractive), 如果对定义 1.4.1 中对应于 $\{x_k\}$ 的方向 d, 存在下标 $\bar{k}$ 使得

$$x_k - d \in C_k, \qquad \forall\, k \geqslant \bar{k}$$

成立. 我们称序列 $\{C_k\}$ 为收缩的, 如果它的所有渐近序列都是收缩的. 在 $C_k \equiv C$ 的特殊情况, 我们称集合 C 为收缩的, 如果它的所有渐近序列都是收缩的.

收缩的集合序列的渐近序列在平移了 $-d$ 后仍属于相应的集合 C_k(对于充分大的 k), 其中 d 是任意的回收方向. 例如, 考虑平面中嵌套的"圆柱"集合序列. 这些满足 $C_k = \left\{ (x^1, x^2) \mid |x^1| \leqslant 1/k \right\}$. 该序列的渐近序列 $\{(x_k^1, x_k^2)\}$ 是收缩的: 它们满足 $x_k^1 \to 0$, 并且要么有 $x_k^2 \to \infty$ $[d = (0,1)]$,

要么有 $x_k^2 \to -\infty$ $[d = (0, -1)]$ (参见图 1.4.8). 可以证明某些重要的集合序列是收缩的. 为此目的, 我们需要指出根据定义易知 (有限个集合) 求交和笛卡儿积 (Cartesian products) 保持收缩性. 特别地, 如果 $\{C_k^1\}, \cdots, \{C_k^r\}$ 是收缩的嵌套非空闭凸集合序列, 那么序列 $\{N_k\}$ 和 $\{T_k\}$ 是收缩的, 其中

$$N_k = C_k^1 \cap C_k^2 \cap \cdots \cap C_k^r, \qquad T_k = C_k^1 \times C_k^2 \times \cdots \times C_k^r, \qquad \forall\, k,$$

并且我们假设所有集合 N_k 都是非空的.

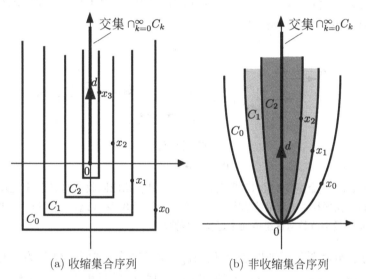

(a) 收缩集合序列　　　　　(b) 非收缩集合序列

图 1.4.8　$\Re^2$ 中收缩和非收缩序列的图示. 对于两个集合序列, 交集都是垂直方向的射线 $\{x \mid x_2 \geqslant 0\}$, 公共的回收方向都具有 $(0, d_2)$ 的形式, 这里 $d_2 \geqslant 0$. 对右边的例子, 任意满足 x_k 位于 C_k 的边界上的无界序列 $\{x_k\}$ 都是渐近序列但不是收缩的.

下述命题表明多面体集合是收缩的. 事实上, 这是最重要的一类收缩集. 另一类收缩集是凸紧集和多面体锥 (polyhedral cone) 的向量和. 我们把证明留给读者. 不过, 需要提一下, 不是多面体的闭凸锥未必都是收缩的.

命题 1.4.9　多面体集合是收缩的.

证明　显然闭的半空间是收缩的. 多面体集合是有限个闭半空间的非空交集, 而集合的交保持收缩性.　　　　　　　　　　　　　　　□

集合相交定理

收缩序列的重要性可以从如下命题看出.

命题 1.4.10 收缩的嵌套非空闭凸集序列具有非空的交集.

证明 令 $\{C_k\}$ 为给定序列. 对每个 k, 令 x_k 为闭集 C_k 的最小范数向量 (原点到 C_k 上的投影. 参见命题 1.1.9). 证明包含两个关键.

(a) 交集 $\cap_{k=0}^{\infty} C_k$ 为空当且仅当 $\{x_k\}$ 为无界, 因此存在子列 $\{x_k\}_{k \in \mathcal{K}}$ 为渐近的.

(b) 如果 C_k 的最小范数向量的子列 $\{x_k\}_{k \in \mathcal{K}}$ 是渐近的, 相应的回收方向为 d, 那么 $\{x_k\}_{k \in \mathcal{K}}$ 不可能是收缩的, 因为 x_k 当平移 $-d$ 后, 最终 (对于大的 k) 会接近于 0(见图 1.4.9).

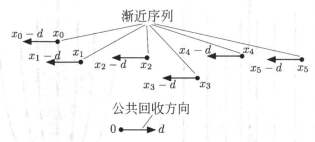

图 1.4.9 命题 1.4.10 证明思路的图示. 具有相应回收方向 d 的渐近序列 $\{x_k\}$ 在平移 $-d$ 后最终 (对于大的 k) 会接近于 0, 因此这样的序列不可能由 C_k 中最小范数向量组成而不违背收缩性假设.

为证明命题只要证明子列 $\{x_k\}_{k \in \mathcal{K}}$ 是有界的. 则由 $\{C_k\}$ 为嵌套的, 对于每个 $m, k \geqslant m, x_k \in C_k$ 对所有 $k \in \mathcal{K}$ 成立, 并且由于 C_m 为闭, $\{x_k\}_{k \in \mathcal{K}}$ 的每个极限点都属于每个 C_m, 因此也属于 $\cap_{m=0}^{\infty} C_m$. 于是结论成立. 因此, 我们将通过证明 $\{x_k\}$ 不存在无界子列来证明命题.

事实上, 反设 $\{x_k\}_{k \in \mathcal{K}}$ 为使得 $\lim_{k \to \infty, k \in \mathcal{K}} \|x_k\| = \infty$, 成立的子列, 并令 d 为子列 $\{x_k / \|x_k\|\}_{k \in \overline{\mathcal{K}}}$ 的极限, 其中 $\overline{\mathcal{K}} \subset \mathcal{K}$. 对每个 $k = 0, 1, \cdots$, 定义 $z_k = x_m$, 其中 m 是满足 $m \in \overline{\mathcal{K}}$ 和 $k \leqslant m$ 条件的最小指标. 则由于 $z_k \in C_k$ 对所有 k 成立, 且 $\lim_{k \to \infty} \{z_k / \|z_k\|\} = d$, 我们可以看到 d 是 C_k 的一个公共回收方向 [参见命题 1.4.1(b) 的证明] 并且 $\{z_k\}$ 是对应于 d 的一个渐近序列. 利用收缩性假设, 令 $\overline{k}$ 为使得 $z_k - d \in C_k$ 对所有 $k \geqslant \overline{k}$ 成立的一个指标. 我们有 $d' z_k \to \infty$, 因为

$$\frac{d' z_k}{\|z_k\|} \to \|d\|^2 = 1,$$

因此对所有满足 $2d' z_k > 1$ 的 $k \geqslant \overline{k}$, 我们得到

$$\|z_k - d\|^2 = \|z_k\|^2 - (2d' z_k - 1) < \|z_k\|^2.$$

这就导出一个矛盾, 因为对于无穷多个 k, z_k 是 C_k 上的最小范数向量. □

　　例如, 考虑图 1.4.8(a) 中的序列 $\{C_k\}$. 这里渐近序列 $\{(x_k^1, x_k^2)\}$ 满足 $x_k^1 \to 0$, $x_k^2 \to \infty$ 是收缩的, 并且交集 $\cap_{k=0}^\infty C_k$ 的确是非空的. 另一方面, 命题中 $\cap_{k=0}^\infty C_k$ 为非空的条件远非必需, 例如图 1.4.8(b) 中的序列 $\{C_k\}$ 具有非空的交, 但它是非收缩的.

　　上述命题适用的一个简单例子是 "圆柱状" 集合序列, 其中 $R_{C_k} \equiv L_{C_k} \equiv L$ 对某个子空间 L 成立. 下述命题给出了一个重要的扩展结果.

命题 1.4.11　令 $\{C_k\}$ 为非空闭凸集序列. 记

$$R = \cap_{k=0}^\infty R_{C_k}, \qquad L = \cap_{k=0}^\infty L_{C_k}.$$

(a) 如果 $R = L$, 那么 $\{C_k\}$ 是收缩的, 并且 $\cap_{k=0}^\infty C_k$ 是非空的. 进而

$$\cap_{k=0}^\infty C_k = L + \tilde{C},$$

其中 $\tilde{C}$ 是某个非空紧集.

(b) 令 X 为收缩闭凸集. 假定所有集合 $\overline{C}_k = X \cap C_k$ 为非空, 并且

$$R_X \cap R \subset L.$$

则 $\{\overline{C}_k\}$ 为收缩, 且 $\cap_{k=0}^\infty \overline{C}_k$ 为非空.

证明　(a) $\{C_k\}$ 的收缩性和作为结果的 $\cap_{k=0}^\infty C_k$ 的非空性是 (b) 部分在 $X = \Re^n$ 的时候的特例. 为证明 $\cap_{k=0}^\infty C_k$ 的给定形式, 我们利用命题 1.4.4 的分解, 以得到 $\cap_{k=0}^\infty C_k = L + \tilde{C}$, 其中

$$\tilde{C} = (\cap_{k=0}^\infty C_k) \cap L^\perp.$$

$\tilde{C}$ 的回收锥是 $R \cap L^\perp$, 又由于 $R = L$, 该回收锥等于 $\{0\}$. 于是由命题 1.4.2(a), $\tilde{C}$ 为紧集.

(b) $\overline{C}_k$ 的公共回收方向在 $R_X \cap R$ 当中, 因此由假设它们必然属于 L. 故, 对于 $\{\overline{C}_k\}$ 对应于 $d \in R_X \cap R$ 的任意渐近序列 $\{x_k\}$, 我们有 $d \in L$, 因此 $x_k - d \in C_k$ 对所有 k 成立. 因为 X 是收缩的, 我们还有 $x_k - d \in X$ 和 $x_k - d \in \overline{C}_k$ 对充分大的 k 成立. 于是 $\{x_k\}$ 是收缩的, 从而 $\{\overline{C}_k\}$ 是收缩的. 由命题 1.4.10, $\cap_{k=0}^\infty \overline{C}_k$ 为非空. □

　　图 1.4.10 说明了命题 1.4.11(b) 中假定 X 为收缩的必要性. 下面是上述集合交结果的一个重要应用.

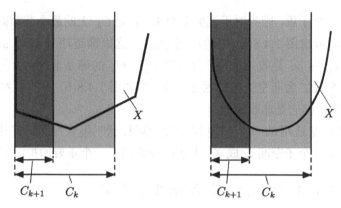

图 1.4.10 命题 1.4.11(b) 中需要假定 X 为收缩的图示. 这里交集 $\cap_{k=0}^{\infty} C_k$ 等于左侧的垂直线. 左图中, X 是多面体, 交集 $X \cap \left(\cap_{k=0}^{\infty} C_k \right)$ 为非空. 右图中, X 为非多面体和非收缩, 交集 $X \cap \left(\cap_{k=0}^{\infty} C_k \right)$ 为空.

命题 1.4.12 (凸二次规划解的存在性) 令 Q 为对称半正定 $n \times n$ 矩阵, c 和 $a_1, \cdots, a_r$ 为 n 维欧氏空间 $\Re^n$ 中的向量, $b_1, \cdots, b_r$ 为标量. 假定优化问题

$$\text{minimize} \quad x'Qx + c'x$$
$$\text{subject to} \quad a_j'x \leqslant b_j, \quad j = 1, \cdots, r$$

的最优值为有限. 则该问题至少有一个最优解.

证明 令 f 表示代价函数, X 为可行解组成的多面体集:

$$f(x) = x'Qx + c'x, \qquad X = \left\{ x \mid a_j'x \leqslant b_j, \ j = 1, \cdots, r \right\}.$$

再令 f^* 为最优值, $\{\gamma_k\}$ 为满足 $\gamma_k \downarrow f^*$ 的标量序列, 并记

$$\overline{C}_k = X \cap \{ x \mid x'Qx + c'x \leqslant \gamma_k \}.$$

我们将利用命题 1.4.11(b) 来证明最优解集, 即交集 $\cap_{k=0}^{\infty} \overline{C}_k$, 为非空. 事实上, 令 R_X 为 X 的回收锥, R 和 L 为集合 $\{ x \in \Re^n \mid x'Qx + c'x \leqslant \gamma_k \}$ 的公共回收锥和线形空间 (即函数 f 的回收锥和常值空间). 由例 1.4.1, 我们有

$$R = \{ d \mid Qd = 0, c'd \leqslant 0 \}, \qquad L = \{ d \mid Qd = 0, c'd = 0 \},$$

$$R_X = \{ d \mid a_j'd \leqslant 0, j = 1, \cdots, r \}.$$

如果有 d 使得 $d \in R_X \cap R$ 但 $d \notin L$, 那么

$$Qd = 0, \qquad c'd < 0, \qquad a_j'd \leqslant 0, \quad j = 1, \cdots, r.$$

这意味着对任意的 $x \in X$，我们有 $x + \alpha d \in X$ 对所有 $\alpha \geqslant 0$ 成立，而当 $\alpha \to \infty$ 时 $f(x+\alpha d) \to -\infty$. 这与 f^* 的有限性相矛盾. 这表明 $R_X \cap R \subset L$. $\cap_{k=0}^\infty \overline{C}_k$ 的非空性从命题 1.4.11(b) 即可导出. □

1.4.3 线性变换下的闭性

刚刚得到的闭凸集序列交的非空性条件可以转化为保证闭凸集 C 在线性变换 A 下的像 AC 的闭性条件. 这是下述命题的主要内容.

命题 1.4.13 令 X 和 C 为 n 维欧氏空间 $\Re^n$ 的非空闭凸集. 令 A 为 $m \times n$ 矩阵，且记 $N(A)$ 为其化零空间 (nullspace). 如果 X 是收缩的闭凸集且

$$R_X \cap R_C \cap N(A) \subset L_C,$$

那么 $A(X \cap C)$ 为闭集.

证明 令 $\{y_k\}$ 为 $A(X \cap C)$ 中收敛到某个 $\overline{y}$ 的序列. 我们要通过证明 $\overline{y} \in A(X \cap C)$ 来证明 $A(X \cap C)$ 为闭. 引入集合

$$C_k = C \cap N_k,$$

其中

$$N_k = \left\{ x \mid \|Ax - \overline{y}\| \leqslant \|y_k - \overline{y}\| \right\}$$

(参见图 1.4.7). 集合 C_k 是闭的和凸的，并且它们的 (公共) 回收锥和线形空间分别是 $R_C \cap N(A)$ 和 $L_C \cap N(A)$ [参考命题 1.4.2(d) 和命题 1.4.3(d)]. 于是根据命题 1.4.11(b)，交集 $X \cap \left(\cap_{k=0}^\infty C_k \right)$ 为非空. 该交集中的每个点 x 都满足 $x \in X \cap C$ 和 $Ax = \overline{y}$. 这表明 $\overline{y} \in A(X \cap C)$. □

图 1.4.11 说明了命题 1.4.13 中假设的必要性. 该命题有一些重要的特殊情形：

(a) 令 $C = \Re^n$，X 为多面体集. 则 $L_C = \Re^n$ 且命题 1.4.13 的条件自动满足，于是可知 AX 为闭. 因此多面体集在线性变换下的像为闭集. 看起来这个结果很简单，但它对优化特别重要. 例如，作为特例，它可以导出由向量 $a_1, \cdots, a_r$ 生成的锥为闭集的结论，因为该锥可以写成 AC，其中 A 是以 $a_1, \cdots, a_r$ 为列向量的矩阵而 C 是所有满足 $\alpha_j \geqslant 0$ 对所有 j 成立的多面体集. 这个事实在 2.3.1 节中将要给出的重要结果 Farkas 引理的证明中起到核心作用.

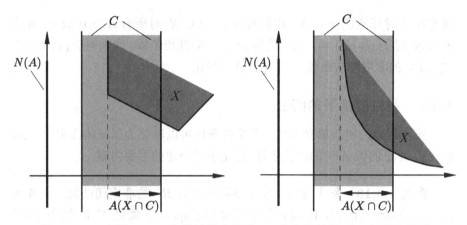

图 1.4.11   命题 1.4.13 中需要假定集合 X 为收缩的图示. 在所示的两
个例子中, 矩阵 A 都是向横轴上的投影, 而其化零空间为纵轴. 条件
$R_X \cap R_C \cap N(A) \subset L_C$ 满足. 但右例中, X 不是收缩的, 且集合 $A(X \cap C)$
为非闭.

(b) 令 $X = \Re^n$. 则命题 1.4.13 给出如果 C 的每个属于 $N(A)$ 的回收方
向都属于 C 的线形空间, 那么 AC 为闭的结论. 特别是在

$$R_C \cap N(A) = \{0\},$$

即不存在 C 的非零回收方向属于 A 的化零空间的情形下, 这一点成立. 作
为特例, 该结果可以用来得到保证闭凸集向量和的闭性的条件. 思路是如下
述命题的证明所示, 有限个集合的向量和可以视为它们的笛卡儿积在特殊
线性变换下的像.

命题 1.4.14   令 $C_1, \cdots, C_m$ 为 n 维欧氏空间 $\Re^n$ 的非空闭凸子集. 假
定等式 $d_1 + \cdots + d_m = 0$ 对某些向量 $d_i \in R_{C_i}$ 成立就意味着 $d_i \in L_{C_i}$ 对所
有 $i = 1, \cdots, m$ 成立. 则 $C_1 + \cdots + C_m$ 是闭集.

证明   令 C 为 $C_1 \times \cdots \times C_m$ 的笛卡儿积. 于是 C 是闭凸集, 且它的回
收锥和线形空间由

$$R_C = R_{C_1} \times \cdots \times R_{C_m}, \qquad L_C = L_{C_1} \times \cdots \times L_{C_m}$$

给出. 令 A 为将 $(x_1, \ldots, x_m) \in \Re^{mn}$ 映射到 $x_1 + \cdots + x_m \in \Re^n$ 的线性映射.
交集 $R_C \cap N(A)$ 由所有满足 $d_1 + \cdots + d_m = 0$ 和 $d_i \in R_{C_i}$ 对所有 i 成立的
$(d_1, \cdots, d_m)$ 组成. 据已知, 每个 $(d_1, \cdots, d_m) \in R_C \cap N(A)$ 都使得 $d_i \in L_{C_i}$

对于所有 i 成立. 这意味着 $(d_1, \cdots, d_m) \in L_C$. 因此, $R_C \cap N(A) \subset L_C$, 又由命题 1.4.13, 集合 AC 为闭. 因为

$$AC = C_1 + \cdots + C_m,$$

故结论成立. □

在仅有两个集合的特殊情况, 上述命题意味着如果 C_1 和 $-C_2$ 是闭凸集, 那么 $C_1 - C_2$ 是闭的, 如果 C_1 和 C_2 没有公共的非零回收方向, 即

$$R_{C_1} \cap R_{C_2} = \{0\}.$$

特别地, 如果是 C_1 或 C_2 为有界的特殊情况, 这是成立的. 这种情形下 $R_{C_1} = \{0\}$ 或 $R_{C_2} = \{0\}$.

可以从命题 1.4.13 导出一些保证向量和的闭性的其他条件. 例如, 可以证明有限个多面体集的向量和是闭的, 因为它可以视为多面体集的笛卡儿积 (显然是多面体集) 在线性变换下的像 (事实上该向量和是多面体. 见 2.3.2 节).

另外一个有用的结果是如果 X 是多面体集, 并且 C 是闭凸集, 那么 $X + C$ 是闭的, 如果 X 的每个回收方向, 若其相反方向都是 C 的回收方向, 则也处在 C 的线形空间中 (在命题 1.4.13 中分别用 $X \times \Re^n$ 和 $\Re^n \times C$ 代替 X 和 C, 并如命题 1.4.14 的证明, 令 A 把笛卡儿积映射为求和).

1.5 超平面

凸分析与优化的很多重要原理, 如对偶性等, 都涉及超平面的概念, 即能把 n 维欧氏空间 $\Re^n$ 分割为两个半空间的 $(n-1)$ 维仿射集合. 例如, 我们将指出, 任何闭的凸集都可以用超平面刻画: 一个闭凸集是所有包含它的半平面的交集. 在下一节中, 我们对凸函数的上图应用这一基本结论, 从而引出对凸函数的重要对偶描述, 即其共轭凸函数.

超平面是 n 维欧氏空间 $\Re^n$ 中形如 $\{x \mid a'x = b\}$ 的集合, 其中 a 是 $\Re^n$ 中的非零向量而 b 是标量. 任取超平面 $H = \{x \mid a'x = b\}$ 内的向量 $\overline{x}$ 都满足 $a'\overline{x} = b$, 所以该超平面亦可被等价地定义为

$$H = \{x \mid a'x = a'\overline{x}\},$$

或

$$H = \overline{x} + \{x \mid a'x = 0\}.$$

因此，超平面 H 是一个与子空间 $\{x \mid a'x = 0\}$ 平行的仿射集合. 而向量 a 与该子空间正交，因此 a 被称为 H 的**法向量** (normal vector)，如图 1.5.1 所示.

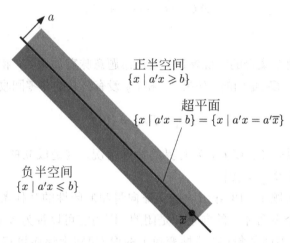

图 1.5.1　超平面 $H = \{x \mid a'x = b\}$ 示意图. 取 H 中的任意向量 $\overline{x}$，则超平面 H 可被等价地描述为 $H = \{x \mid a'x = a'\overline{x}\} = \overline{x} + \{x \mid a'x = 0\}$. 如图所示，该超平面把整个空间分割成了两个半空间.

集合

$$\{x \mid a'x \geqslant b\}, \qquad \{x \mid a'x \leqslant b\}$$

被称为**与超平面关联** (associate with the hyperplane) 的**闭半空间** (closed halfspace)，两者也被分别称为**正、负半空间** (positive and negative halfspaces). 集合

$$\{x \mid a'x > b\}, \qquad \{x \mid a'x < b\}$$

则被称为与超平面关联的**开半空间** (open halfspace).

1.5.1　分离超平面

我们称集合 C_1 与 C_2 是**可被超平面** $H = \{x \mid a'x = b\}$ **分离的**，如果两个集合分别包含于与 H 关联的两个闭半空间内，也即如果条件

$$a'x_1 \leqslant b \leqslant a'x_2, \qquad \forall\, x_1 \in C_1,\ \forall\, x_2 \in C_2$$

成立或者条件

$$a'x_2 \leqslant b \leqslant a'x_1, \qquad \forall\, x_1 \in C_1,\ \forall\, x_2 \in C_2$$

成立，我们也称超平面 H **分离 (separates)** 了集合 C_1 与 C_2，或者称 H 为 C_1 与 C_2 的**分离超平面 (separating hyperplane)**. 这个术语有多种表达方式. 例如，"C_1 与 C_2 **可被超平面分离 (can be separated by a hyperplane)**" 的含义为，存在非零向量 a 使得

$$\sup_{x \in C_1} a'x \leqslant \inf_{x \in C_2} a'x,$$

如图 1.5.2(a) 所示.

在集合 C 的闭包内任取向量 $\overline{x}$，如果一超平面能将 C 与单点集 (singleton set)$\{\overline{x}\}$ 分离，则称该超平面为**在 $\overline{x}$ 上支撑 C (supporting C at $\overline{x}$)**. 所以**存在 C 在 $\overline{x}$ 上的支撑超平面 (there exists a supporting hyperplane of C at $\overline{x}$)** 表示，存在非零向量 a 使得

$$a'\overline{x} \leqslant a'x, \qquad \forall \, x \in C,$$

或者等价地，由于 $\overline{x}$ 是 C 的闭包点 (closure point)，所以

$$a'\overline{x} = \inf_{x \in C} a'x.$$

如图 1.5.2(b) 所示，C 的支撑超平面是刚好与 C "相切".

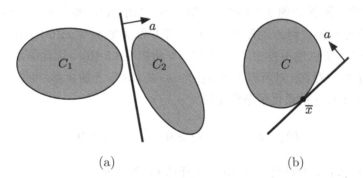

(a)　　　　　　　　　　　　(b)

图 1.5.2　(a) 分离 C_1 与 C_2 的超平面; (b) 支撑超平面的示意图，其中该超平面在 $\overline{x}$ 上支撑 C，而 $\overline{x}$ 是 C 的闭包点.

任给两个凸集，我们将探讨其分离超平面的存在性并予以证明. 其中一些结论将用于判定是否存在具有某些特殊性质的分离超平面. 这些会在后续章节中的一些具体问题中用到.

下面的命题中，我们先考虑一种比较基本的情形，即两个集合中有一个集合为单点集的情形. 在对命题的证明中用到了投影定理 (命题 1.1.9)，如图 1.5.3 所示.

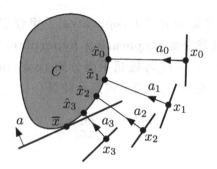

图 1.5.3　支撑超平面定理的证明示意图, 其中向量 $\overline{x}$ 属于 C 的闭包 $\mathrm{cl}(C)$.
取不属于 $\mathrm{cl}(C)$ 的向量序列 $\{x_k\}$ 且 $x_k \to \overline{x}$, 我们将 x_k 投影到 $\mathrm{cl}(C)$ 上. 对
每个 k, 我们构造通过 x_k 的超平面使得它与从 x_k 到 C 的垂线正交. 这些超
平面 "收敛到" 某超平面, 且在 $\overline{x}$ 处支撑 C.

命题 1.5.1 (支撑超平面定理 (Supporting Hyperplane Theorem)). 令
C 为 n 维欧氏空间 $\Re^n$ 的非空凸子集, $\overline{x}$ 为 $\Re^n$ 中的向量. 如果 $\overline{x}$ 不是 C 的
内点, 则存在通过 $\overline{x}$ 的超平面使得 C 包含于其某个闭半空间内, 也即存在
向量 $a \neq 0$ 使得

$$a'\overline{x} \leqslant a'x, \qquad \forall\, x \in C. \tag{1.27}$$

证明　根据命题 1.1.1(d), 凸集 C 的包闭 $\mathrm{cl}(C)$ 也是凸集. 构造序列
$\{x_k\}$ 使得其收敛到 $\overline{x}$ 的序列, 且对所有 k 都满足 $x_k \notin \mathrm{cl}(C)$; 由于 $\overline{x}$ 不是
C 的内点, 所以也不是 $\mathrm{cl}(C)$ 的内点 [见命题 1.3.5 (b)], 因此满足条件的序
列 $\{x_k\}$ 必然存在. 对所有 k 取 $\hat{x}_k$ 为 x_k 在 $\mathrm{cl}(C)$ 上的投影, 则根据投影定
理 (命题 1.1.9) 的最优解条件易知

$$(\hat{x}_k - x_k)'(x - \hat{x}_k) \geqslant 0, \qquad \forall\, x \in \mathrm{cl}(C).$$

从上式可推出, 对任意 $x \in \mathrm{cl}(C)$ 及任意 k, 都满足

$$(\hat{x}_k - x_k)'x \geqslant (\hat{x}_k - x_k)'\hat{x}_k = (\hat{x}_k - x_k)'(\hat{x}_k - x_k) + (\hat{x}_k - x_k)'x_k \geqslant (\hat{x}_k - x_k)'x_k.$$

上述不等式也可写作

$$a_k'x \geqslant a_k'x_k, \qquad\qquad \forall\, x \in \mathrm{cl}(C),\ \forall\, k, \tag{1.28}$$

其中

$$a_k = \frac{\hat{x}_k - x_k}{\|\hat{x}_k - x_k\|}.$$

易证出对所有 k 都有 $\|a_k\| = 1$, 所以 $\{a_k\}$ 存在子序列收敛到某非零向量 a. 该子序列每项的 a_k 都满足式 (1.28), 此时令 $k \to \infty$ 也即对不等式两边分别取极限, 可证出式 (1.27). $\qquad\square$

特别的, 如果 $\bar{x}$ 是 C 的闭包点, 则上述命题构造的超平面恰在 $\bar{x}$ 处支撑 C; 而如果 C 的内点集为空集, 则根据上述命题可知, 任意向量 $\bar{x}$ 和 C 分离都可被超平面分离.

命题 1.5.2 (分离超平面定理). 令 C_1 与 C_2 为 n 维欧氏空间 $\Re^n$ 的非空凸子集, 如果 C_1 与 C_2 是不交的 (disjoint), 则存在其分离超平面, 也即存在非零向量 a 使得

$$a'x_1 \leqslant a'x_2, \qquad \forall\, x_1 \in C_1,\ \forall\, x_2 \in C_2. \tag{1.29}$$

证明 构造如下凸集

$$C = C_2 - C_1 = \{x \mid x = x_2 - x_1,\ x_1 \in C_1,\ x_2 \in C_2\}.$$

根据假设 C_1 与 C_2 是不交的, 则 C 不包含原点, 所以根据支撑超平面定理 (命题 1.5.1), 存在向量 $a \neq 0$ 使得

$$0 \leqslant a'x, \qquad \forall\, x \in C,$$

这与式 (1.29) 是等价的. $\qquad\square$

接下来, 我们考虑一种更强的分离方式. 考虑 $\Re^n$ 的子集 C_1 与 C_2, 我们称超平面 $\{x \mid a'x = b\}$**严格分离** C_1 与 C_2(**strictly separates** C_1 **and** C_2), 如果其不仅能分离 C_1 与 C_2 还与两个集合都没有交点, 即如果

$$a'x_1 < b < a'x_2, \qquad \forall\, x_1 \in C_1,\ \forall\, x_2 \in C_2$$

或

$$a'x_2 < b < a'x_1, \qquad \forall\, x_1 \in C_1,\ \forall\, x_2 \in C_2.$$

显然, 能严格分离 C_1 与 C_2 的先决条件是 C_1 与 C_2 不交. 然而, 这一条件并不充分 (见图 1.5.4). 下述命题给出了严格分离超平面的存在性的判定条件.

命题 1.5.3 (严格分离定理). 令 C_1 与 C_2 为 n 维欧氏空间 $\Re^n$ 的非空凸子集, 且 C_1 与 C_2 是不交的. 当下列任一条件满足时, C_1 与 C_2 能被严格分离:

(1) $C_2 - C_1$ 是闭集.

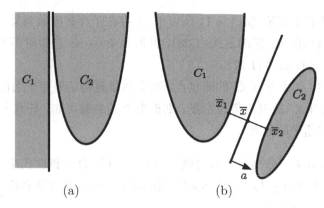

图 1.5.4 (a) 特例: 不能被严格分离的不交的两个凸集; (b) 严格分离超平面的示意图.

(2) C_1 是闭集且 C_2 是紧集.

(3) C_1 与 C_2 是多面体.

(4) C_1 与 C_2 都是闭集且满足

$$R_{C_1} \cap R_{C_2} = L_{C_1} \cap L_{C_2},$$

其中 R_{C_i} 与 L_{C_i} 分别为 C_i 生成的回收锥和线性空间, 其中 $i = 1, 2$.

(5) C_1 是闭集, C_2 是多面体且满足 $R_{C_1} \cap R_{C_2} \subset L_{C_1}$.

证明 我们将给出条件 (1) 满足时命题的证明, 而由于条件 (2)~(5) 都可推出 (1), 所以条件 (2)~(5) 满足时也可证出同样的结论 (见命题 1.4.14 及其证明后的讨论).

假设 $C_2 - C_1$ 是闭集, 考虑在集合 $C_2 - C_1$ 中范数最小的向量 (也即原点在该集合上的投影, 详见命题 1.1.9). 这个向量可以写作 $\overline{x}_2 - \overline{x}_1$, 其中 $\overline{x}_1 \in C_1$ 而 $\overline{x}_2 \in C_2$. 如图 1.5.4(b), 令

$$a = \frac{\overline{x}_2 - \overline{x}_1}{2}, \qquad \overline{x} = \frac{\overline{x}_1 + \overline{x}_2}{2}, \qquad b = a'\overline{x};$$

由于 $\overline{x}_1 \in C_1, \overline{x}_2 \in C_2$ 且 C_1 与 C_2 不交, 则有 $a \neq 0$. 我们将证明如下超平面

$$\{x \mid a'x = b\}$$

能将 C_1 和 C_2 严格分离, 也即满足

$$a'x_1 < b < a'x_2, \qquad \forall\, x_1 \in C_1, \forall\, x_2 \in C_2. \tag{1.30}$$

此时我们注意到 $\overline{x}_1$ 是 $\overline{x}_2$ 在 $\mathrm{cl}(C_1)$ 上的投影 (否则必存在向量 $x_1 \in C_1$ 使得 $\|\overline{x}_2 - x_1\| < \|\overline{x}_2 - \overline{x}_1\|$: 这与 $\overline{x}_2 - \overline{x}_1$ 的范数最小的假设矛盾). 因此我们可推出

$$(\overline{x}_2 - \overline{x}_1)'(x_1 - \overline{x}_1) \leqslant 0, \qquad \forall\, x_1 \in C_1,$$

或等价地, 由于 $\overline{x} - \overline{x}_1 = a$ 则有

$$a'x_1 \leqslant a'\overline{x}_1 = a'\overline{x} + a'(\overline{x}_1 - \overline{x}) = b - \|a\|^2 < b, \qquad \forall\, x_1 \in C_1.$$

如上已证出了式 (1.30) 的左式, 而其右式也可类似证明. □

上述命题的一个推论是, 闭集 C 与任意不属于 C 的向量 $\overline{x} \notin C$ 总可被严格分离, 也即与单点集 $\{\overline{x}\}$ 可被严格分离. 根据这个推论, 我们可得出闭凸集的如下重要性质.

命题 1.5.4 集合 C 的凸包是包含 C 的所有闭半空间的交集. 特别地, 一个闭凸集是包含它的所有闭半空间的交集.

证明 对任意集合 C, 令 H 为包含 C 的所有闭半空间的交集. 每个包含 C 的闭半空间必包含 $\mathrm{cl}(\mathrm{conv}(C))$, 因此它们的交也满足 $H \supset \mathrm{cl}(\mathrm{conv}(C))$.

为证明反方向, 任取向量 $x \notin \mathrm{cl}(\mathrm{conv}(C))$, 存在超平面能严格分离 x 和 $\mathrm{cl}(\mathrm{conv}(C))$. 此时, 该超平面所关联的包含 $\mathrm{cl}(\mathrm{conv}(C))$ 的闭半空间必不包含 x, 因此 $x \notin H$. 于是我们得到 $H \subset \mathrm{cl}(\mathrm{conv}(C))$. □

1.5.2 超平面真分离

现在我们讨论另一种超平面的分离形式, 称为**真分离 (proper separation)**. 这一形式将在很多重要优化问题中很常用, 例如第 4 章的对偶定理等 (命题 4.4.1 与命题 4.5.1).

令 C_1 与 C_2 为 n 维欧氏空间 $\Re^n$ 的子集, 我们称某超平面**将 C_1 与 C_2 真分离 (properly separates C_1 and C_2)**, 如果其不仅分离 C_1 与 C_2 且不同时包含 C_1 与 C_2. 可见, 能真分离 C_1 和 C_2 的超平面存在, 当且仅当存在向量 a 使得

$$\sup_{x_1 \in C_1} a'x_1 \leqslant \inf_{x_2 \in C_2} a'x_2, \qquad \inf_{x_1 \in C_1} a'x_1 < \sup_{x_2 \in C_2} a'x_2$$

(见图 1.5.5). 令 C 是 $\Re^n$ 的子集且 $\overline{x}$ 是 $\Re^n$ 中的向量, 我们称一超平面**将 $\overline{x}$ 从 C 真分离 (properly separates C and $\overline{x}$)** 如果它能真分离 C 与单点集 $\{\overline{x}\}$.

　　我们注意到, 在 $\Re^n$ 中的内部非空的凸集 (显然该集合是 n 维的) 不能
被任何超平面严格包含 (超平面是 $n-1$ 维的). 因此, 根据分离超平面定
理 (命题 1.5.2) 易知, 两个不交集合中只要存在一个内部非空的集合, 则
二者可以被真分离. 类似地我们可以给出更具一般性的结论: 如果两个凸
集不交, 且其并集的仿射包 (affine hull) 是 n 维的, 则它们可以被真分离.
图 1.5.5(c) 给出了不可被真分离的两个凸集的示例.

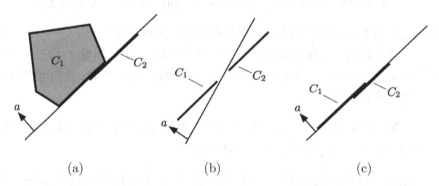

图 1.5.5　(a), (b) 真分离超平面的示意图; (c) 不能被真分离的两个凸集的示
意图.

　　对任意两个凸集, 其真分离超平面的存在性与其内点集的性质密切相
关. 一个重要事实是, 对任意非空凸集 C 及某超平面 H 使得 C 属于 H 关
联的一个半空间, 则有

$$C \subset H \qquad 当且仅当 \qquad \mathrm{ri}(C) \cap H \neq \emptyset. \tag{1.31}$$

若要证明这一结论, 可假设 H 可写为 $\{x \mid a'x = b\}$ 且对任意 $x \in C$ 满足
$a'x \geqslant b$. 然后任取 $\overline{x} \in \mathrm{ri}(C)$, 则有 $\overline{x} \in H$ 当且仅当 $a'\overline{x} = b$ 成立, 也即在 C
上 $a'x$ 在 $\overline{x}$ 处取得其最小值. 据命题 1.3.4 可知, 上述成立的充要条件是所
有 $x \in C$ 都满足 $a'x = b$, 也即 $C \subset H$.

　　下面的命题根据相对内点集的条件来判定真分离超平面的存在性.

　　命题 1.5.5 (真分离定理). 令 C 为 n 维欧氏空间 $\Re^n$ 的非空凸子集,
令 $\overline{x}$ 为 $\Re^n$ 中的向量. 当且仅当 $\overline{x} \notin \mathrm{ri}(C)$ 时, 存在 C 与 $\overline{x}$ 的真分离超平面.

　　证明　假设存在超平面 H 能将 C 与 $\overline{x}$ 真分离. 此时仅可能有两种情
况: 或者 $\overline{x} \notin H$, 此时有 $\overline{x} \notin C$ 于是 $\overline{x} \notin \mathrm{ri}(C)$; 或者 $\overline{x} \in H$, 此时 C 不能被
H 包含, 使用式 (1.31) 可得 $\mathrm{ri}(C) \cap H = \emptyset$, 于是又可证出 $\overline{x} \notin \mathrm{ri}(C)$.

考虑相反的方向, 我们假设 $\bar{x} \notin \mathrm{ri}(C)$, 并欲证明真分离超平面的存在性. 我们分别讨论两种情况 (如图 1.5.6):

(a) $\bar{x} \notin \mathrm{aff}(C)$. 根据严格分离定理 [见命题 1.5.3 条件 (2)], 由 $\mathrm{aff}(C)$ 是闭凸集, 则存在超平面将 $\{\bar{x}\}$ 与 $\mathrm{aff}(C)$ 严格分离, 于是也能将 C 与 $\bar{x}$ 真分离.

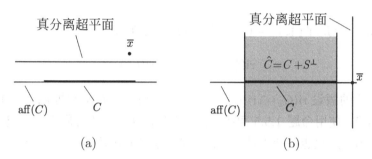

图 1.5.6　示意图: 构造能将凸集 C 与向量 $\bar{x} \notin \mathrm{ri}(C)$ 真分离的超平面 (详见命题 1.5.5 的证明). 在 (a) 中 $\bar{x} \notin \mathrm{aff}(C)$, 对应的超平面如图所示; 在 (b) 中 $\bar{x} \in \mathrm{aff}(C)$, 我们取平行于 $\mathrm{aff}(C)$ 的子空间为 S, 并构造集合 $\hat{C} = C + S^{\perp}$; 使用支撑超平面定理, 必存在超平面将 $\bar{x}$ 与 $\hat{C}$ 分离 (命题 1.5.1).

(b) $\bar{x} \in \mathrm{aff}(C)$. 记 S 为平行于 $\mathrm{aff}(C)$ 的子空间, 我们构造集合 $\hat{C} = C + S^{\perp}$. 根据命题 1.3.7 有 $\mathrm{ri}(\hat{C}) = \mathrm{ri}(C) + S^{\perp}$, 所以 $\bar{x}$ 也不是 $\hat{C}$ 的内点 [否则必存在 $x \in \mathrm{ri}(C)$ 使得 $x - \bar{x} \in S^{\perp}$; 又由于 $x \in \mathrm{aff}(C), \bar{x} \in \mathrm{aff}(C)$, 且 $x - \bar{x} \in S$, 可推出 $x - \bar{x} = 0$, 这与假设 $\bar{x} \notin \mathrm{ri}(C)$ 矛盾]. 根据支撑超平面定理 (命题 1.5.1), 必存在非零向量 a 使得对任意 $x \in \hat{C}$ 都满足 $a'x \geqslant a'\bar{x}$. 由于 $\hat{C}$ 的内点集非空, 则 $a'x$ 不可能在 $\hat{C}$ 上取恒值, 且可写作如下不等式

$$a'\bar{x} < \sup_{x \in \hat{C}} a'x = \sup_{x \in C,\, z \in S^{\perp}} a'(x + z) = \sup_{x \in C} a'x + \sup_{z \in S^{\perp}} a'z. \tag{1.32}$$

此时, 如果存在 $\bar{z} \in S^{\perp}$ 使得 $a'\bar{z} \neq 0$ 则会导致

$$\inf_{\alpha \in \Re} a'(x + \alpha\bar{z}) = -\infty,$$

这与对任意 $x \in C, z \in S^{\perp}$ 不等式 $a'(x + z) \geqslant a'\bar{x}$ 恒成立相矛盾. 因此不存在满足条件的 $\bar{z}$, 也即

$$a'z = 0, \qquad \forall\, z \in S^{\perp}.$$

把上式代入式 (1.32) 可证出

$$a'\bar{x} < \sup_{x \in C} a'x.$$

也即超平面 $\{x \mid a'x = a'\overline{x}\}$ 将 C 与 $\overline{x}$ 真分离. $\qquad\square$

命题 1.5.6 (两个凸集的真分离定理). 令 C_1 与 C_2 为 n 维欧氏空间 $\Re^n$ 的非空凸子集, 则存在其真分离超平面当且仅当

$$\mathrm{ri}(C_1) \cap \mathrm{ri}(C_2) = \emptyset.$$

证明 构造凸集 $C = C_2 - C_1$. 根据命题 1.3.7 可得

$$\mathrm{ri}(C) = \mathrm{ri}(C_2) - \mathrm{ri}(C_1),$$

所以给定的假设 $\mathrm{ri}(C_1) \cap \mathrm{ri}(C_2) = \emptyset$ 等价于 $0 \notin \mathrm{ri}(C)$, 也即原点不是 C 的相对内点. 使用命题 1.5.5 可得, 存在超平面 H 将 C 与原点真分离当且仅当 $0 \notin \mathrm{ri}(C)$, 这也可等价地写为: 存在非零向量 a 使得

$$0 \leqslant \inf_{x_1 \in C_1, \, x_2 \in C_2} a'(x_2 - x_1), \qquad 0 < \sup_{x_1 \in C_1, \, x_2 \in C_2} a'(x_2 - x_1),$$

当且仅当 $\mathrm{ri}(C_1) \cap \mathrm{ri}(C_2) = \emptyset$. 这与待证的命题是等价的. $\qquad\square$

作为命题 1.5.6 的延伸, 下列命题指出, 如果 C_2 是多面体且满足 $\mathrm{ri}(C_1) \cap C_2 = \emptyset$, 则真分离超平面存在, 且该超平面不包含 C_1(该结论略强于命题 1.5.6 中超平面不同时包含 C_1 与 C_2 的结论), 如图 1.5.7 所示.

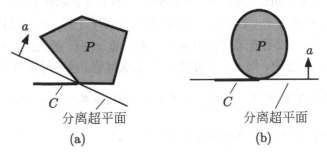

图 1.5.7 示意图: 真分离凸集与多面体时的特殊性质. 如图 (a), P 为多面体且满足 $\mathrm{ri}(C) \cap P = \emptyset$, 此时存在二者的真分离超平面且不包含 C. 如图 (b), P 不是多面体, 此时满足条件的分离超平面不存在.

命题 1.5.7 (多面体的真分离定理). 令 C 与 P 为 n 维欧氏空间 $\Re^n$ 的非空凸子集且 P 为多面体. 则能分离 C 与 P 且其不包含 C 的超平面存在, 当且仅当

$$\mathrm{ri}(C) \cap P = \emptyset.$$

证明　首先，我们回顾上文对真分离的讨论，并观察到一普遍现象：对凸集 X 及超平面 H，如果 X 完全包含于 H 的一侧，则有

$$X \subset H \qquad 当且仅当 \qquad \mathrm{ri}(X) \cap H \neq \emptyset \qquad (1.33)$$

(同式 (1.31)). 后续的证明中将反复使用这一关系.

假设存在这样的超平面 H，使得 C 与 P 分离，且不包含 C. 根据式 (1.33)，H 不包含任何 C 的内点，又由于 H 能分离 C 与 P，所以 P 也不包含任何 C 的内点，也即 $\mathrm{ri}(C) \cap P = \emptyset$.

考虑相反的方向，假设 $\mathrm{ri}(C) \cap P = \emptyset$，我们欲证明满足条件的超平面存在. 构造如下集合

$$D = P \cap \mathrm{aff}(C).$$

如果 $D = \emptyset$，由于 $\mathrm{aff}(C)$ 与 P 都是多面体，应用严格分离定理 [见命题 1.5.3 的条件 (3)] 易证出：存在超平面 H，使得 $\mathrm{aff}(C)$ 与 P 严格分离且 H 不包含 C.

现在考虑更复杂的情况，假设 $D \neq \emptyset$. 我们的思路是，先构造 C 与 D 的真分离超平面，在其基础上再构造一个超平面使得它能恰当地分离 C 与 P [如果 C 的内部非空，则有 $\mathrm{aff}(C) = \Re^n$ 且 $D = P$，这时证明过程将大大简化].

根据假设 $\mathrm{ri}(C) \cap P = \emptyset$，我们可推出

$$\mathrm{ri}(C) \cap \mathrm{ri}(D) \subset \mathrm{ri}(C) \cap \big(P \cap \mathrm{aff}(C)\big) = \big(\mathrm{ri}(C) \cap P\big) \cap \mathrm{aff}(C) = \emptyset.$$

根据命题 1.5.6，存在超平面 H 真分离 C 与 D. 而且 H 不包含 C，否则 H 也将包含 $\mathrm{aff}(C)$ 从而包含 D，这与真分离的性质矛盾. 因此，C 仅被 H 关联的一个闭半空间包含，而不可能被两个闭半空间都包含. 令 $\overline{C}$ 为 $\mathrm{aff}(C)$ 与该闭半空间的交，如图 1.5.8 所示. 注意到 H 不包含 $\overline{C}$(因为 H 不包含 C) 且根据式 (1.33)，我们可推出 $H \cap \mathrm{ri}(\overline{C}) = \emptyset$. 由于 P 和 $\overline{C}$ 分别属于相对的两个闭半空间，我们又可推出

$$P \cap \mathrm{ri}(\overline{C}) = \emptyset.$$

此时又有两种情况：如果 $P \cap \overline{C} = \emptyset$，我们再次使用严格分离定理 [见命题 1.5.3 条件 (3)]，可构造出一超平面将 P 与 $\overline{C}$ 严格分离，同时也将 P 和 C 严格分离，证明完毕；因此我们重点考虑第二种情况，即假设 $P \cap \overline{C} \neq \emptyset$. 不失一般性的，我们进一步假设

$$0 \in P \cap \overline{C},$$

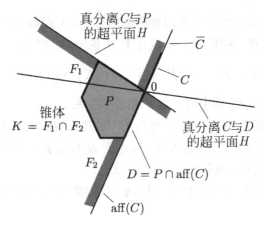

图 1.5.8 命题 1.5.7 的证明示意图 (假设 $D = P \cap \text{aff}(C) \neq \emptyset$). 如图, 首先构造能将 C 与 D 真分离的超平面 H, 然后构造出可以将 C 与 P 真分离却不包含 C 的超平面. 如图的二维示例中, 我们取 $M = \{0\}$, 于是 $K = \text{cone}(P) + M = \text{cone}(P)$.

如图 1.5.8 所示. 多面体 P 可以表示成形如 $\{x \mid a'_j x \leqslant b_j\}$ 的半空间的交, 其中对所有 j 都有 $b_j \geqslant 0$(因为 $0 \in P$) 且对至少一个 j 值满足 $b_j = 0$(否则 0 将成为 P 的内点, 这与 $0 \in H$ 且 P 被 H 关联的闭半空间包含相矛盾). 因此, 存在整数 $m \geqslant 1$ 及 $\overline{m} \geqslant m$ 和标量 $b_j > 0$, 使得下列关系满足,

$$P = \{x \mid a'_j x \leqslant 0, j = 1, \cdots, m\} \cap \{x \mid a'_j x \leqslant b_j, j = m+1, \cdots, \overline{m}\}.$$

令 M 为 $\overline{C}$ 的相对边界, 即

$$M = H \cap \text{aff}(C),$$

并构造如下锥体

$$K = \{x \mid a'_j x \leqslant 0, j = 1, \cdots, m\} + M.$$

此时 K 满足 $K = \text{cone}(P) + M$(如图 1.5.8、图 1.5.9 所示).

此时, 我们欲先证明 $K \cap \text{ri}(\overline{C}) = \emptyset$ 成立, 并将用反证法. 如果存在 $\overline{x} \in K \cap \text{ri}(\overline{C})$, 则存在 $\alpha > 0$ 及向量 $w \in P$ 使得 $\overline{x} = \alpha w + v$ [由于 $K = \text{cone}(P) + M$ 且 $0 \in P$], 也即 $(\overline{x}/\alpha) - (v/\alpha) \in P$. 另一方面, 由于 $\overline{x} \in \text{ri}(\overline{C})$, $0 \in \overline{C}$, 且 M 是 $\overline{C}$ 所在的线形空间的子集 [也是 $\text{ri}(\overline{C})$ 所在的线形空间的子集], 所有形如 $\overline{\alpha}\overline{x} + \overline{v}(\overline{\alpha} > 0, \overline{v} \in M)$ 的向量都属于 $\text{ri}(\overline{C})$, 故而向量 $(\overline{x}/\alpha) - (v/\alpha)$ 也属于 $\text{ri}(\overline{C})$. 这与 $P \cap \text{ri}(\overline{C}) = \emptyset$ 矛盾, 因此如上的 $\overline{x}$ 并不存在, 也即 $K \cap \text{ri}(\overline{C}) = \emptyset$.

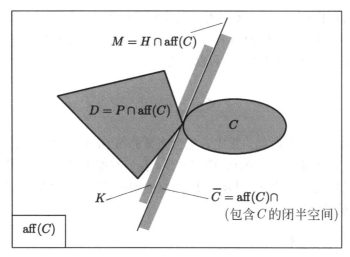

图 1.5.9　构造锥 $K = \mathrm{cone}(P) + M$ 的示意图. 详见命题 1.5.7 的证明.

锥体 K 是多面体 (因为它是两个多面体的向量和)，所以它是某些过零点的闭半空间 $F_1, \cdots, F_r$ 的交 (如图 1.5.8 所示). 由于 $K = \mathrm{cone}(P) + M$，这些闭半空间都包含 M，也即包含 $\overline{C}$ 的相对边界，而且 $\overline{C}$ 是一个闭半空间. 进而可以推出，如果 $F_1, \cdots, F_r$ 中有某闭半空间包含 $\overline{C}$ 的相对内点，即 $\mathrm{ri}(\overline{C})$ 中的向量，则其必包含整个 $\overline{C}$. 因此，由于 K 与 $\mathrm{ri}(\overline{C})$ 没有交集，则 $F_1, \cdots, F_r$ 中至少有一个集合与 $\mathrm{ri}(\overline{C})$ 不交，不妨假设该集合即 F_1 (见图 1.5.8). 所以，对应于 F_1 的超平面不包含 $\overline{C}$ 的任何相对内点，所以也不包含 C 的任何相对内点. 因此，该超平面既不包含 C，又能分离 K 和 C. 又由于 K 包含了 P，于是这个超平面也能分离 P 与 C. 　　　　□

在上述的证明过程中，最重要的步骤是构造集合 M，即 $\overline{C}$ 的相对边界，以及构造集合 $K = \mathrm{cone}(P) + M$. 如果我们将 K 简单地构造为 $K = \mathrm{cone}(P)$，则对应的半空间 $F_1, \cdots, F_r$ 可能都与 $\mathrm{ri}(\overline{C})$ 相交，证明就无法继续了 (如图 1.5.9 所示).

1.5.3　用非竖直超平面做分离

在优化问题中，我们常用支撑超平面来分析函数的上图. 对于定义在 n 维欧氏空间 $\Re^n$ 上的函数，其上图是 $\Re^{n+1}$ 的子集. 此时我们考虑 $\Re^{n+1}$ 中的超平面，并将其法向量记为形如 (μ, β) 的 $(n+1)$ 维非零向量，其中 $\mu \in \Re^n$ 而 $\beta \in \Re$. 如果 $\beta = 0$ 我们称该超平面是**竖直的 (vertical)**.

我们观察到，当超平面的法向量 (μ, β) 非竖直时，超平面与空间的

第 $(n+1)$ 根坐标轴 (变量 w 对应的坐标轴) 有唯一交点, 记为 $(0,\xi)$. 特别地, 任取超平面上的向量 $(\overline{u},\overline{w})$, 根据超平面的定义可得 $(0,\xi)'(\mu,\beta) = (\overline{u},\overline{w})'(\mu,\beta)$, 于是交点 $(0,\xi)$ 可以写为

$$\xi = \frac{\mu'}{\beta}\overline{u} + \overline{w}.$$

当超平面是竖直的时候, 其或者包含完整的第 $(n+1)$ 轴, 或者完全不与该轴相交; 如图 1.5.10 所示. 更进一步, 我们有如下结论, 超平面 H 是竖直的当且仅当其回收锥 (以及与 H 关联的闭半空间生成的回收锥) 包含第 $(n+1)$ 根坐标轴.

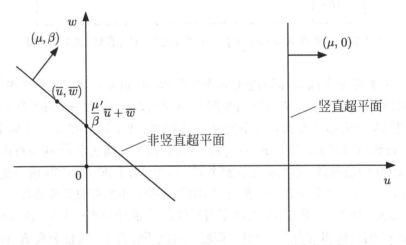

图 1.5.10 竖直、非竖直超平面的示意图. 令超平面的法向量为 (μ,β), 如果 $\beta \neq 0$ 则超平面是非竖直的; 非竖直的另一个等价条件是, 超平面与第 $(n+1)$ 根坐标轴有唯一交点, 即 $\xi = (\mu/\beta)'\overline{u} + \overline{w}$, 其中 $(\overline{u},\overline{w})$ 是该超平面上的任意向量.

    $\Re^{n+1}$ 中的竖直直线是形如 $\big\{(\overline{u},w) \mid w \in \Re\big\}$ 的集合, 其中 $\overline{u}$ 是 $\Re^n$ 中的一恒定向量. 如果 $f : \Re^n \mapsto (-\infty,\infty]$ 是凸的真函数, 则其上图 $\mathrm{epi}(f)$ 不包含任何竖直直线. 我们从直观上猜想, 总存在非竖直的超平面, 使得 $\mathrm{epi}(f)$ 被包含在该超平面的一侧. 在下述定理中, 我们将对这个猜想做出更具一般性的结论和证明. 这些结论将在对偶理论中起到重要作用.

    命题 1.5.8 (非竖直超平面定理). 令 C 为 $n+1$ 维欧氏空间 $\Re^{n+1}$ 的非空凸子集, 且 C 不包含任何竖直直线. 标记 $\Re^{n+1}$ 中的向量为 (u,w), 其中 $u \in \Re^n$ 而 $w \in \Re$. 则有:

(a) 存在非竖直超平面，使得其关联的闭半空间包含 C，也即，存在向量 $\mu \in \Re^n$，标量 $\beta \neq 0$，及标量 γ 使成立

$$\mu'u + \beta w \geqslant \gamma, \qquad \forall \, (u,w) \in C.$$

(b) 如果向量 $(\bar{u}, \bar{w})$ 不属于 $\mathrm{cl}(C)$，则存在非竖直超平面使得 $(\bar{u}, \bar{w})$ 与 C 严格分离.

证明 (a) 我们使用反证法，假设所有满足条件的超平面都是竖直的. 这样，所有使得自身关联的闭半空间包含 $\mathrm{cl}(C)$ 的超平面也是竖直的，且其生成的回收锥包含空间的第 $(n+1)$ 条坐标轴. 根据命题 1.5.4，$\mathrm{cl}(C)$ 是所有包含它的闭半空间的交，所以它的回收锥也包含第 $(n+1)$ 条坐标轴. 而 $\mathrm{cl}(C)$ 的回收锥与 $\mathrm{ri}(C)$ 重合 [见命题 1.4.2(b)]，则对 C 的任意相对内点 $(\bar{u}, \bar{w})$ 所构造的竖直直线 $\{(\bar{u}, w) \mid w \in \Re\}$ 属于 $\mathrm{ri}(C)$，而该直线也属于 C. 这与 C 不包含任何竖直直线的假设矛盾.

(b) 如果 $(\bar{u}, \bar{w}) \notin \mathrm{cl}(C)$，则存在超平面将 $(\bar{u}, \bar{w})$ 与 $\mathrm{cl}(C)$ 严格分离 [见命题 1.5.3 的条件 (2)]. 如果这个超平面是非竖直的，由于 $C \subset \mathrm{cl}(C)$ 则证明完毕；于是我们假设另一种情况，即该分离超平面是竖直的. 此时，存在非零向量 $\bar{\mu}$ 及标量 $\bar{\gamma}$ 使得

$$\bar{\mu}'u > \bar{\gamma} > \bar{\mu}'\bar{u}, \qquad \forall \, (u,w) \in \mathrm{cl}(C). \tag{1.34}$$

我们的思路是把这个竖直超平面与某个恰当的非竖直超平面组合，从而构造一个能严格分离 $(\bar{u}, \bar{w})$ 与 $\mathrm{cl}(C)$ 的非竖直超平面 (如图 1.5.11 所示).

根据假设，C 不包含任何竖直直线，所以 $\mathrm{ri}(C)$ 也不包含竖直直线. 由于 $\mathrm{cl}(C)$ 的回收锥与 $\mathrm{ri}(C)$ 重合 [见命题 1.4.2 (b)]，所以 $\mathrm{cl}(C)$ 也不包含任何竖直直线. 于是由 (a) 可知，存在非竖直的超平面使得 $\mathrm{cl}(C)$ 被包含在它的一侧，也即存在向量 (μ, β)，标量 γ 及 $\beta \neq 0$ 满足

$$\mu'u + \beta w \geqslant \gamma, \qquad \forall \, (u,w) \in \mathrm{cl}(C).$$

把上式乘以某实数 $\epsilon > 0$ 并与式 (1.34) 相加可得

$$(\bar{\mu} + \epsilon\mu)'u + \epsilon\beta w > \bar{\gamma} + \epsilon\gamma, \qquad \forall \, (u,w) \in \mathrm{cl}(C), \, \forall \, \epsilon > 0.$$

由于 $\bar{\gamma} > \bar{\mu}'\bar{u}$，则存在足够小的正数 ϵ 使得

$$\bar{\gamma} + \epsilon\gamma > (\bar{\mu} + \epsilon\mu)'\bar{u} + \epsilon\beta\bar{w}.$$

结合以上的两个不等式，我们得出

$$(\overline{\mu} + \epsilon\mu)'u + \epsilon\beta w > (\overline{\mu} + \epsilon\mu)'\overline{u} + \epsilon\beta\overline{w}, \qquad \forall\, (u, w) \in \mathrm{cl}(C),$$

这意味着存在法向量为 $(\overline{\mu} + \epsilon\mu, \epsilon\beta)$ 的非竖直的超平面能把 $(\overline{u}, \overline{w})$ 与 $\mathrm{cl}(C)$ 严格分离. 又由于 $C \subset \mathrm{cl}(C)$, 所以该超平面也能严格分离 $(\overline{u}, \overline{w})$ 与 C. $\quad\square$

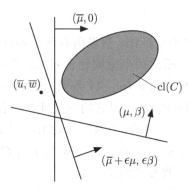

图 1.5.11 构造非竖直的严格分离超平面，详见命题 1.5.8(b) 的证明.

1.6 共轭函数

我们将介绍凸优化中最基本的一个概念，即函数的共轭变换 (conjugate transformation). 对凸函数 f, 其共轭变换的结果被称为 f 的共轭函数. 这一概念的意义在于，用所有处处不超过 f 的仿射函数来刻画 f. 当 f 是真的闭凸函数时，我们将证明，这种刻画方式是精准的，而且该变换是对称的，也即对 f 连续做两次共轭变换可还原 f 本身. 因此，共轭变换是对凸函数从另一种角度的描述，并常能体现出有趣的性质，大大便利了对凸函数的分析和计算.

考虑扩充实值函数 $f : \Re^n \mapsto [-\infty, \infty]$, 其**共轭函数 (conjugate function)** $f^\star : \Re^n \mapsto [-\infty, \infty]$ 的定义为

$$f^\star(y) = \sup_{x \in \Re^n} \big\{x'y - f(x)\big\}, \qquad y \in \Re^n. \tag{1.35}$$

图 1.6.1 中给出了该定义的几何示意图.

需特别注意，无论 f 是否为凸函数，其共轭函数 $f^\star$ 总是闭的凸函数，因为如下的一族仿射函数处处收敛到 $f^\star$, 也即 $f^\star$ 恰是它们的上确界，

$$x'y - f(x), \qquad \forall\, x\text{使得} f(x) \text{ 取有限值}$$

(命题 1.1.6). 还需注意的是，无论 f 是否是真函数，$f^\star$ 都不一定是真函数. 我们还将证明，如果 f 是凸函数，$f^\star$ 是真函数当且仅当 f 是真函数.

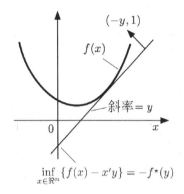

$$\inf_{x\in\Re^n}\{f(x)-x'y\}=-f^\star(y)$$

图 1.6.1　函数 f 的共轭函数 $f^\star$ 的示意图. 共轭函数的定义为 $f^\star(y)=\sup_{x\in\Re^n}\{x'y-f(x)\}$. 图中法向量为 $(-y,1)$ 的超平面在 $(\overline{x},f(\overline{x}))$ 处与 f 相交，其与竖直坐标轴的交点为 $f(\overline{x})-\overline{x}'y$. 因此，$f$ 的支撑超平面与竖直坐标轴的交点可写为 $\inf_{x\in\Re^n}\{f(x)-x'y\}$，这恰为 $-f^\star(y)$ 的定义.

图 1.6.2 给出了共轭函数的几个实例. 图中所有函数都是凸闭的真函数，而且容易验证，对它们做两次共轭变换可还原它们本身. 这是对下文中命题 1.6.1 的结论的示例.

对函数 $f:\Re^n\mapsto[-\infty,\infty]$，考虑其共轭函数 $f^\star$ 的共轭函数，也即其**双重共轭 (double conjugate)**. 双重共轭函数标记为 $f^{\star\star}$，且满足

$$f^{\star\star}(x)=\sup_{y\in\Re^n}\{y'x-f^\star(y)\},\qquad x\in\Re^n,$$

可见图 1.6.1. 如图及命题 1.6.1 (d) 所示，构造出的 $f^{\star\star}$ 通常恰为 f 的凸闭包 (convex closure)[也即以 epi(f) 的凸闭包为上图的函数，其定义见 1.3.3 节]. 特别地，命题 1.6.1 (c) 指出，如果 f 是真的闭凸函数，则满足 $f^{\star\star}=f$.

命题 1.6.1　(共轭定理). 令 $f^\star$ 为函数 $f:\Re^n\mapsto[-\infty,\infty]$ 的共轭函数，令 $f^{\star\star}$ 为对应的双重共轭函数. 则有：

(a) 恒有

$$f(x)\geqslant f^{\star\star}(x),\qquad \forall\, x\in\Re^n.$$

(b) 如果 f 是凸函数，则如果 f，$f^\star$ 和 $f^{\star\star}$ 中有任一函数是真函数，则另外两个函数也是真函数.

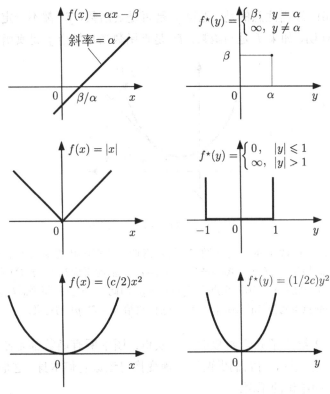

图 1.6.2 常用共轭函数的实例. 容易验证，在三个例子中，左图的函数和右图对应的函数互为共轭.

(c) 如果 f 是真的闭凸函数则

$$f(x) = f^{\star\star}(x), \qquad \forall\, x \in \Re^n.$$

(d) f 的双重共轭函数 $f^{\star\star}$ 和其凸闭包函数 $\check{\mathrm{cl}}\, f$ 相等. 此外，如果 $\check{\mathrm{cl}}\, f$ 是真函数，则

$$(\check{\mathrm{cl}}\, f)(x) = f^{\star\star}(x), \qquad \forall\, x \in \Re^n.$$

证明 (a) 根据定义，下式对任意 x, y 都成立，

$$f^{\star}(y) \geqslant x'y - f(x),$$

也即

$$f(x) \geqslant x'y - f^{\star}(y), \qquad \forall\, x, y \in \Re^n.$$

所以

$$f(x) \geqslant \sup_{y \in \Re^n} \left\{ x'y - f^{\star}(y) \right\} = f^{\star\star}(x), \qquad \forall\, x \in \Re^n.$$

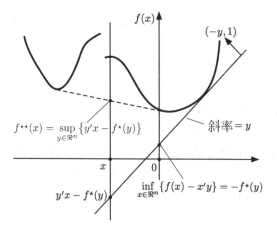

图 1.6.3　双重共轭函数的示意图. 函数 f 的双重共轭函数 (即其共轭函数的共轭函数) 为 $f^{\star\star}(x) = \sup_{y \in \Re^n} \{y'x - f^{\star}(y)\}$ 其中 $f^{\star}$ 为 f 的共轭函数, $f^{\star}(y) = \sup_{x \in \Re^n} \{x'y - f(x)\}$. 对任意 $x \in \Re^n$, 考虑 $\Re^{n+1}$ 中穿过点 $(x, 0)$ 的竖直直线; 对 $f^{\star}$ 的有效定义域中的每个 y 值, 考虑以 $(-y, 1)$ 为法向量的支撑 f 的超平面及其与该竖直直线的交点 [该超平面与竖直坐标轴的交点为 $(0, -f^{\star}(y))$]. 这一交点为 $y'x - f^{\star}(y)$, 所以 $f^{\star\star}$ 等于最高的相交位置. 如图及命题 1.6.1, 双重共轭函数 $f^{\star\star}$ 恰为 f 的凸闭包函数 (除非 f 的凸闭包在某些点取值 $-\infty$, 此时上图不成立).

(b) 假设凸函数 f 是真函数, 于是其 f 的上图是非空凸集, 而且不包含任何竖直直线. 应用非竖直超平面定理 [命题 1.5.8(a)] 并取 C 为 $\mathrm{epi}(f)$, 则存在非竖直的超平面 (不妨假设其法向量为 $(y, 1)$) 使得 $\mathrm{epi}(f)$ 被其关联的正半空间所包含. 换言之, 存在向量 y 与标量 c 使得

$$y'x + f(x) \geqslant c, \qquad \forall\, x \in \Re^n.$$

我们可以进一步推导出

$$f^{\star}(-y) = \sup_{x \in \Re^n} \big\{ -y'x - f(x) \big\} \leqslant -c,$$

所以 $f^{\star}$ 不恒等于 ∞. 而且, 由于 f 是真函数, 所以存在向量 $\overline{x}$ 使得 $f(\overline{x})$ 取有限值. 根据定义, 对任意 $y \in \Re^n$ 都满足如下关系

$$f^{\star}(y) \geqslant y'\overline{x} - f(\overline{x}),$$

故而所有 $y \in \Re^n$ 都满足 $f^{\star}(y) > -\infty$. 综上 $f^{\star}$ 是真函数.

考虑相反的方向, 假设 $f^{\star}$ 是真函数. 根据上述论证, 由于 $f^{\star}$ 是真函数, 则其共轭 $f^{\star\star}$ 也是真函数, 所以 $f^{\star\star}(x) > -\infty$ 恒成立. 据 (a) 可

知，$f(x) \geqslant f^{\star\star}(x)$，所以 $f(x) > -\infty$ 也恒成立. 此外，f 不能恒等于 ∞，否则根据定义 $f^\star$ 将恒等于 $-\infty$. 综上 f 是真函数.

至此我们已证明：凸函数是真函数当且仅当其共轭函数是真函数. 进一步使用 f，$f^\star$ 与 $f^{\star\star}$ 间互为共轭的关系，易得到 (b) 待证的结论.

(c) 证明将对 $\mathrm{epi}(f)$ 使用非竖直超平面定理 (命题 1.5.8)，其中 $\mathrm{epi}(f)$ 既凸且闭，而且由于 f 是真函数所以该上图不包含任何竖直直线.

任取 $\mathrm{epi}(f^{\star\star})$ 中的向量 (x, γ)，也即满足 $x \in \mathrm{dom}(f^{\star\star})$ 且 $\gamma \geqslant f^{\star\star}(x)$. 我们用反证法，假设 (x, γ) 不属于 $\mathrm{epi}(f)$. 根据命题 1.5.8(b)，存在法向量为 (y, ζ) 的非竖直超平面 ($\zeta \neq 0$) 及标量 c，使得

$$y'z + \zeta w < c < y'x + \zeta\gamma, \qquad \forall\, (z, w) \in \mathrm{epi}(f).$$

由于 w 可以取任意大的正值，若要上式恒成立必有 $\zeta < 0$. 不妨假设 $\zeta = -1$，于是上式变成

$$y'z - w < c < y'x - \gamma, \qquad \forall\, (z, w) \in \mathrm{epi}(f).$$

由于 $\gamma \geqslant f^{\star\star}(x)$，且对任意 $z \in \mathrm{dom}(f)$ 都满足 $\big(z, f(z)\big) \in \mathrm{epi}(f)$，我们可推出

$$y'z - f(z) < c < y'x - f^{\star\star}(x), \qquad \forall\, z \in \mathrm{dom}(f).$$

因此

$$\sup_{z \in \Re^n} \big\{ y'z - f(z) \big\} \leqslant c < y'x - f^{\star\star}(x),$$

或者也可写作

$$f^\star(y) < y'x - f^{\star\star}(x),$$

这与双重共轭的定义 $f^{\star\star}(x) = \sup_{y \in \Re^n} \big\{ y'x - f^\star(y) \big\}$ 矛盾. 因此假设不成立，(x, γ) 必属于 $\mathrm{epi}(f)$，也即 $\mathrm{epi}(f^{\star\star}) \subset \mathrm{epi}(f)$，所以 $f(x) \leqslant f^{\star\star}(x)$ 恒成立. 结合 (a)，我们验证了 $f^{\star\star}(x) = f(x)$ 对任意 $x \in \Re^n$ 恒成立.

(d) 令 $\check{f}^\star$ 为 $\check{\mathrm{cl}}\, f$ 的共轭函数. 对任意 y 值，$-f^\star(y)$ 与 $-\check{f}^\star(y)$ 分别是集合 $\mathrm{epi}(f)$ 与 $\mathrm{cl}\big(\mathrm{conv}(\mathrm{epi}(f))\big)$ 下侧所有法向量为 $(-y, 1)$ 的超平面与竖直轴交点值的上确界 (见图 1.6.1). 任何超平面总是同时满足或同时不满足上述条件，所以总有 $f^\star(y) = \check{f}^\star(y)$. 因此 $f^{\star\star}$ 等于 $\check{f}^\star$ 的共轭函数，而当 $\check{\mathrm{cl}}\, f$ 是真函数时，根据 (c) 函数 $\check{f}^\star$ 的共轭又与 $\check{\mathrm{cl}}\, f$ 相等. $\qquad\square$

上述对 (c) 和 (d) 的证明中, 对 f 和 $\check{\mathrm{cl}}\, f$ 分别是真函数的假设对命题的成立十分重要. 例如, 考虑下列闭的凸函数 (但不是真函数)

$$f(x) = \begin{cases} \infty, & x > 0, \\ -\infty, & x \leqslant 0. \end{cases} \tag{1.36}$$

其满足 $f = \check{\mathrm{cl}}\, f$. 但是易验证出, $f^\star(y)$ 对于所有的 y 恒等于 ∞, 而 $f^{\star\star}(x)$ 恒等于 $-\infty$, 此时 $f \neq f^{\star\star}$ 而且 $\check{\mathrm{cl}}\, f \neq f^{\star\star}$, 命题中的结论不再成立.

再考虑一个 f 是真函数 (但不是闭的凸函数) 的例子, 同时 $\check{\mathrm{cl}}\, f$ 也不再是真函数, 所以 $\check{\mathrm{cl}}\, f \neq f^{\star\star}$. 令

$$f(x) = \begin{cases} \log(-x), & x < 0, \\ \infty, & x \geqslant 0. \end{cases}$$

此时 $\check{\mathrm{cl}}\, f$ 恰等价于式 (1.36), 然而 $\check{\mathrm{cl}}\, f \neq f^{\star\star}$.

上述反例中的现象来源于共轭函数和凸闭包函数在定义上的细微差别: 共轭函数 $f^\star$ 和 $f^{\star\star}$ 是完全通过非竖直超平面定义的 (如图 1.6.3 所示), 而函数 $\check{\mathrm{cl}}\, f$ 的上图的定义 (超平面切出的闭半空间的交集) 中, 既用到非竖直超平面, 也可用到竖直超平面. 当存在至少一个非竖直超平面在 f 下侧时, 这一差别不起作用 [当 $\check{\mathrm{cl}}\, f$ 是真函数时, 恰对应这种情况; 详见命题 1.5.8(a) 与命题 1.6.1(d)]. 原因在于, 此时 $\check{\mathrm{cl}}\, f$ 的上图可以仅通过非竖直超平面等价地定义 [易通过命题 1.5.8(b) 验证].

例 1.6.1　(示性/支撑函数的共轭 Indicator/Support Function Conjugacy)). 非空集合 X 的**示性函数 (indicator function)** 的定义是

$$\delta_X(x) = \begin{cases} 0, & x \in X, \\ \infty, & x \notin X. \end{cases}$$

而 $\delta_X(x)$ 的共轭函数则是

$$\sigma_X(y) = \sup_{x \in X} y'x$$

并被称为 X 的**支撑函数 (support function)**(如图 1.6.4 所示). 根据共轭函数的闭性和凸性质可知, σ_X 是闭的和凸的. 而且它还是真的, 因为 X 非空, 所以 $\sigma_X(0) = 0$(非真的闭凸函数取不到有限值; 详见 1.1.2 节最后的讨论). 此外, 集合 X, $\mathrm{cl}(X)$, $\mathrm{conv}(X)$ 与 $\mathrm{cl}(\mathrm{conv}(X))$ 有相同的支撑函数 [详见命题 1.6.1(d)].

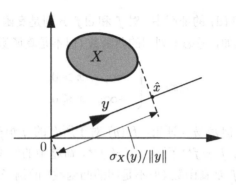

图 1.6.4　集合 X 的支撑函数的示意图. 支撑函数的定义为 $\sigma_X(y) = \sup_{x \in X} y'x$. 若欲求 $\sigma_X(y)$ 对给定 y 时的取值, 可将集合 X 投影到由 y 决定方向的过零直线上, 并取 $\hat{x}$ 为投影在 y 方向上的顶点. 于是可得 $\sigma_X(y) = \|\hat{x}\| \cdot \|y\|$.

例 1.6.2 (锥的支撑函数 - 极锥 (Polar Cones)). 令 C 为凸锥, 根据例 1.6.1, C 的示性函数 δ_C 的共轭即 C 的支撑函数,

$$\sigma_C(y) = \sup_{x \in C} y'x.$$

由于 C 是锥体, 我们易证出

$$\sigma_C(y) = \begin{cases} 0, & y'x \leqslant 0, \ \forall \ x \in C, \\ \infty, & \text{其他.} \end{cases}$$

因此支撑函数 (示性函数的共轭函数)σ_C 恰为如下锥 C^* 的示性函数 δ_{C^*},

$$C^* = \{y \mid y'x \leqslant 0, \ \forall \ x \in C\}, \tag{1.37}$$

我们称之为 C 的**极锥 (polar cone)**. 可以证明 σ_C 的共轭函数恰为 C^* 的极锥的示性函数. 据此, 由共轭定理 [命题 1.6.1(c)] 可知, 它也等于 $\mathrm{cl}\,\delta_C$. 因此 C^* 的极锥也即 $\mathrm{cl}(C)$. 特别的, 如果 C 是闭集, 则 C 的极锥的极锥恰等于 C 本身. 这正是 极锥定理的一种特殊情况, 将在 2.2 节中详细讨论.

一个有趣的特例是当锥体是由有限个向量生成的时候, 即 C 可写为 $C = \mathrm{cone}(\{a_1, \cdots, a_r\})$. 此时可验证

$$C^* = \{x \mid a_j'x \leqslant 0, \ j = 1, \cdots, r\}.$$

因为 C 是闭集, 我们推出 $(C^*)^* = C$[简而言之, 我们证出: 锥 $\mathrm{cone}(\{a_1, \cdots, a_r\})$ 是正象限 $\{\alpha \mid \alpha \geqslant 0\}$ 在线性变换下的象, 这一线性变换将任意变量 α

映射到 $\sum_{j=1}^{r} \alpha_j a_j$, 而多面体在线性变换下的像总是闭集 (见命题 1.4.13 证明后的讨论)]. 在这种特例下 (C 由有限个向量生成) 的结论 $(C^*)^* = C$ 即为著名的 Farkas 引理. 在后续章节 (2.3 节和 5.1 节) 中, 将对该引理做进一步的讨论.

最后我们注明, 通过式 (1.37) 可以定义任意集合 C 的极锥. 然而, 仅当 C 是锥体时, 其支撑函数才是一示性函数, 并且 $(C^*)^* = C$ 才成立. 在 2.2 节中, 我们将给出更具一般性的结论, 即任意集合 C 都满足 $(C^*)^* = \mathrm{cl}\big(\mathrm{cone}(C)\big)$.

1.7　小结

本节中, 我们讨论本章内容在后面章节中的运用. 首先需要指出本章的目的仅仅是为第 3∼5 章的优化与对偶分析提供所需要的凸性理论. 为了内容完整和丰富起见, 我们在第 2 章给出多面体凸性的基本原理, 不过这部分材料对于第 3∼5 章不是必需的. 尽管我们仅仅关注最实质的内容, 我们仍然会涉及不少基础知识, 以期帮助读者了解本章的不同内容是如何彼此联系的, 以及在后来是如何应用的. 因此我们一节一节地给出总结和指南:

1.1 节: 凸性和闭包的定义和结论 (1.1.1∼1.1.3 节) 非常基本, 需要仔细阅读. 1.1.4 节关于可微函数、最优性条件、投影定理的材料也是基本的. 读者可以跳过关于二次可微函数的命题 1.1.10. 这方面的内容在应用中只是简单提到.

1.2 节: 凸包和仿射包、生成锥, 以及 Caratheodory 定理也需要仔细阅读. 关于紧集的凸包的紧性的命题 1.2.2 只在命题 4.3.2 中用到, 而后者只在 5.7 节估计对偶间隙的特殊 MC/MC 框架中用到.

1.3 节: 到 1.3.2 节为止的相对内点集和闭包的定义和结果常常会被用到. 不过, 命题 1.3.5∼1.3.10 的证明有些繁琐, 首次阅读时可以跳过. 类似地, 实值凸函数的连续性 (命题 1.3.11) 的证明也比较特殊, 可以跳过. 关于 1.3.3 节, 定义的理解和函数的闭包及凸闭包的直观概念都很重要, 因为它们在共轭性 (conjugacy) 的研究中要用到. 不过, 命题 1.3.13∼1.3.17 仅仅在最小最大理论 (minimax theory)(3.4 节, 4.2.5 节和 5.5 节) 和方向导数理论 (5.4.4 节) 的介绍中用到. 而这些内容本身是处在 "末端的", 不会影响其他章节.

1.4 节: 尽管关于回收函数的命题 1.4.5∼1.4.6 的使用是重点, 到 1.4.1 节的回收方向的内容, 对后面的介绍都非常重要. 具体而言, 命题 1.4.7 只用于证明命题 1.4.8, 而命题 1.4.6~1.4.8 仅用于 3.2 节解的存在性准则的介绍. 1.4.2 节的集合交的分析或许一开始让部分读者感到困难, 在一些重要的理论问题的推导中有用: 线性和二次规划最优解的存在性 (命题 1.4.12), 线性变换下和向量和下闭性的保持准则 (命题 1.4.13 和 1.4.14), 以及第 3 章解的存在性.

1.5 节: 超平面分离的材料需要整个地阅读. 不过, 多面体真分离定理 (命题 1.5.7, 源自 Rockafellar [Roc70], 定理 20.2) 的冗长证明可以以后阅读. 该定理对我们很重要. 例如它被用到了建立非线性 Farkas 引理 (命题 5.1.1)(通过命题 4.5.1 和命题 4.5.2). 该引理是约束优化和 Fenchel 对偶理论的基础.

1.6 节: 共轭函数和共轭定理 (命题 1.6.1) 的材料非常基本. 在我们关于对偶性的推导中, 该定理仅偶尔被用到, 因为我们更多地是在第 4 章的 MC/MC 框架中并采用强对偶定理 (命题 4.3.1) 展开讨论. 该定理比共轭定理更便于使用.

第 2 章　多面体凸性的基本概念

本章我们讨论多面体集，即由有限个仿射不等式联立

$$a'_j x \leqslant b_j, \qquad j = 1, \cdots, r,$$

所给定的非空集合，其中 $a_1, \cdots, a_r$ 是 n 维欧氏空间 $\Re^n$ 中的向量，$b_1, \cdots, b_r$ 是标量.

我们从凸集的顶点 (extreme point) 概念入手. 然后引入锥体之间的一般对偶关系，并把这种关系具体应用到多面体锥和多面体集上. 接下来，我们把这些结果应用到线性规划问题. [1]

2.1　顶点

平面上的有界多面体集的一个明显的集合特征是它可以表示为有限个点的凸包. 这些点就是它的"角"点. 这条性质在分析和算法上都极其重要. 我们用下面要引入的顶点概念来给出这条性质的形式化描述.

给定非空凸集 C. 向量 $x \in C$ 称为 C 的一个顶点，如果它严格不处在包含于集合内的任意线段的两个端点之间，即，如果不存在向量 $y \in C, z \in C$ 和标量 $\alpha \in (0, 1)$ 使得 $y \neq x$, $z \neq x$, 且 $x = \alpha y + (1 - \alpha)z$. 可以看出一个等价定义是 x 不能被表示成 C 中某些都不同于 x 的向量的凸组合.

从某方面看，注意内点不能成为集合的顶点，因此开集没有顶点. 另外根据定义，我们可以看到凸锥最多有一个顶点，即原点. 我们在后面会在本节中证明多面体集最多有有限个顶点 (也可能没有). 进一步来说，可以在具有至少一个顶点的多面体集上达到最小的凹 (如线性) 函数，必然在某个顶点上达到其最小. 图 2.1.1 展示了不同类型集合的顶点.

---

[1] 本章内容自身是很基础性的，与后面章节部分内容有关. 不过，本章的结果并没有直接用于第 3~5 章，因此读者也可以跳过本章.

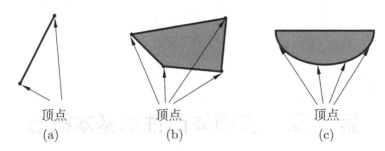

图 2.1.1 $\mathfrak{R}^2$ 中各种凸集顶点的示意图. 对 (c) 中的集合，顶点是位于圆弧上的点.

下述命题对分析顶点相关的问题很有用. 它常用于利用低维子集的顶点来得到凸集顶点的证明中.

命题 2.1.1 令 C 为 n 维欧氏空间 $\mathfrak{R}^n$ 的一个凸子集，H 为将 C 包含在它的一个闭半空间中的超平面. 则 $C \cap H$ 的顶点恰好是那些属于 H 的 C 的顶点.

证明 令 $\overline{x}$ 为 $C \cap H$ 的一个顶点. 为证明 $\overline{x}$ 是 C 的顶点，令 $y \in C$ 和 $z \in C$ 使得 $\overline{x} = \alpha y + (1-\alpha)z$ 对某个 $\alpha \in (0,1)$ 成立 (见图 2.1.2). 我们要证明 $\overline{x} = y = z$. 事实上，因为 $\overline{x} \in H$，包含 C 的闭半空间具有 $\{x \mid a'x \geqslant a'\overline{x}\}$ 的形式，其中 $a \neq 0$, H 具有 $\{x \mid a'x = a'\overline{x}\}$ 的形式. 因此，我们有 $a'y \geqslant a'\overline{x}$ 和 $a'z \geqslant a'\overline{x}$. 注意到 $\overline{x} = \alpha y + (1-\alpha)z$, 这就意味着 $a'y = a'\overline{x}$ 和 $a'z = a'\overline{x}$. 于是，

$$y \in C \cap H, \qquad z \in C \cap H.$$

因为 $\overline{x}$ 是 $C \cap H$ 的顶点，可导出 $\overline{x} = y = z$, 从而 $\overline{x}$ 是 C 的顶点.

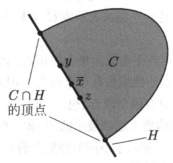

图 2.1.2 证明 $C \cap H$ 的顶点也是 C 的顶点 (命题 2.1.1) 用到的构造.

反过来，如果 $\bar{x} \in H$ 而且 $\bar{x}$ 是 C 的顶点，那么 $\bar{x}$ 不可能严格地处在 C 中的两个不同点之间，因此也不可能严格地处在 $C \cap H$ 中的两个不同点之间. 可知 $\bar{x}$ 是 $C \cap H$ 的顶点.　　　　　　　　　　　　　　　　□

下述命题刻画了顶点的存在性条件.

命题 2.1.2　n 维欧氏空间 $\Re^n$ 中的一个非空闭凸子集至少有一个顶点当且仅当它不包含直线，即具有 $\{x + \alpha d \mid \alpha \in \Re\}$ 形式的集合，其中 x 和 d 是 n 维欧氏空间 $\Re^n$ 中的向量，而 $d \neq 0$.

证明　令 C 为具有顶点 x 的凸集. 为导出矛盾，反设 C 包含直线 $\{\bar{x} + \alpha d \mid \alpha \in \Re\}$，其中 $\bar{x} \in C$ 并且 $d \neq 0$. 那么根据回收锥定理 [命题 1.4.1(b)] 和 C 的闭性，d 和 $-d$ 都是 C 的回收方向，于是直线 $\{x + \alpha d \mid \alpha \in \Re\}$ 属于 C. 这与 x 是顶点矛盾.

反过来，我们对空间的维数采用归纳法来证明如果 C 不包含直线，就必有顶点. 这对 $\Re$ 成立. 假定对 $\Re^{n-1}$ 也成立，其中 $n \geqslant 2$. 我们要证明 $\Re^n$ 的任意不包含直线的非空闭凸子集 C 必有顶点. 由于 C 不含直线，必存在点 $x \in C$ 和 $y \notin C$. 连接 x 和 y 的线段在某点 $\bar{x}$ 处和 C 的相对边界相交. 该点属于 C，因为 C 是闭的. 考虑通过 $\bar{x}$ 并将 C 包含在它的一个闭半空间中的超平面 H(根据命题 1.5.1 这样的超平面是存在的，见图 2.1.3). 集合 $C \cap H$ 位于一个 $(n-1)$ 维空间中，并且不包含直线，因为 C 不含直线. 因此，根据归纳假设，它必有顶点. 根据命题 2.1.1，该顶点也是 C 的顶点.　□

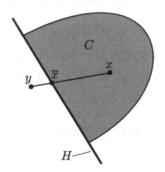

图 2.1.3　命题 2.1.2 的归纳证明中表明如果闭凸集 C 不包含直线就必然具有顶点的构造. 利用连接两点 $x \in C$ 和 $y \notin C$ 的线段，我们得到 C 的一个相对边界点 $\bar{x}$. 接下来的证明归结为保证低维集合 $C \cap H$ 顶点的存在性. 其中 H 是通过 $\bar{x}$ 的支撑超平面. 而根据命题 2.1.1，该顶点也是 C 的顶点.

作为上述命题的应用举例，考虑形如

$$\{x \mid x \in C, \, x \geqslant 0\}$$

的非空集合, 其中 C 是闭凸集. 这类集合常出现在优化问题中, 并且考虑到约束 $x \geqslant 0$, 这些集合不含直线. 因此根据命题 2.1.2, 它们总有至少一个顶点. 下述命题是一个有用的推广结果.

命题 2.1.3 令 C 为 n 维欧氏空间 $\Re^n$ 的非空闭凸子集. 假定对某个秩为 n 的 $m \times n$ 矩阵 A 和某个 $b \in \Re^m$, 我们有

$$Ax \geqslant b, \qquad \forall\, x \in C.$$

则 C 至少有一个顶点.

证明 集合 $\{x \mid Ax \geqslant b\}$ 不可能包含满足 $d \neq 0$ 的直线 $\{\bar{x} + \alpha d \mid \alpha \in \Re\}$. 因为如果不然, 我们将有

$$A\bar{x} + \alpha Ad \geqslant 0, \qquad \forall\, \alpha \in \Re,$$

这会导出矛盾, 因为 $Ad \neq 0$, A 的秩为 n. 因此 C 不包含直线, 根据命题 2.1.2 即可导出结论. $\qquad \square$

多面体集的顶点

我们先回顾 n 维欧氏空间 $\Re^n$ 中多面体集的定义: 它是非空且具有

$$\{x \mid a_j' x \leqslant b_j,\, j = 1, \cdots, r\}$$

形式的集合, 其中 $a_1, \cdots, a_r$ 是 $\Re^n$ 中的向量, 而 $b_1, \cdots, b_r$ 是标量.

下述命题给出多面体集顶点的一个刻画 (见图 2.1.4). 它在线性规划理论中处在中心地位. 命题的 (b) 和 (c) 部分是 (a) 部分的特例, 但为完整起见, 我们把它们单独叙述出来.

命题 2.1.4 令 P 为 n 维欧氏空间 $\Re^n$ 的多面体子集.

(a) 如果 P 形如

$$P = \left\{x \mid a_j' x \leqslant b_j,\, j = 1, \cdots, r\right\},$$

其中 $a_j \in \Re^n$, $b_j \in \Re$, $j = 1, \cdots, r$, 那么向量 $v \in P$ 是 P 的顶点, 当且仅当集合

$$A_v = \left\{a_j \mid a_j' v = b_j,\, j \in \{1, \cdots, r\}\right\}$$

包含 n 个线性无关向量.

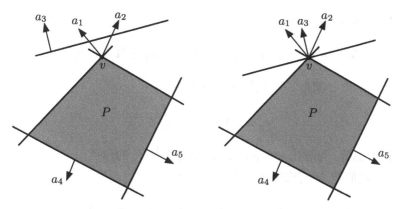

图 2.1.4 二维多面体集 $P = \{x \mid a_j'x \leqslant b_j, j = 1, \cdots, r\}$ 的示意图 [见命题 2.1.4(a)]. 向量 $v \in P$ 成为顶点的充要条件是向量集合 $A_v = \{a_j \mid a_j'v = b_j, j \in \{1, \cdots, r\}\}$ 中有 $n = 2$ 个线性无关向量. 左图中, 集合 A_v 由两个线性无关向量 a_1 和 a_2 构成. 右图中, 集合 A_v 由三个向量 a_1, a_2, a_3 构成, 其中任意一对都是线性无关的.

(b) 如果 P 形如

$$P = \{x \mid Ax = b, \, x \geqslant 0\},$$

其中 A 是 $m \times n$ 矩阵, b 是 $\Re^m$ 中的向量, 那么向量 $v \in P$ 是 P 的顶点当且仅当 A 对应于 v 的非零坐标的列是线性无关的.

(c) 如果 P 形如

$$P = \{x \mid Ax = b, \, c \leqslant x \leqslant d\},$$

其中 A 是 $m \times n$ 矩阵, b 是 $\Re^m$ 中的向量, 且 c 和 d 是 $\Re^n$ 中的向量, 那么向量 $v \in P$ 是 P 顶点当且仅当 A 对应于 v 的严格处于 c 和 d 之间的坐标的列是线性无关的.

证明 (a) 如果集合 A_v 包含少于 n 个线性无关向量, 那么方程组

$$a_j'w = 0, \qquad \forall \, a_j \in A_v$$

将有非零解, 我们称之为 $\overline{w}$. 对于充分小的 $\gamma > 0$, 我们有 $v + \gamma\overline{w} \in P$ 和 $v - \gamma\overline{w} \in P$, 于是就证明 v 不是顶点. 因此, 如果 v 是顶点, A_v 必包含 n 个线性无关向量.

反过来, 假定 A_v 包含由 n 个线性无关向量构成的子集 $\bar{A}_v$. 假设对 $y \in P$, $z \in P$ 和 $\alpha \in (0, 1)$, 我们有

$$v = \alpha y + (1 - \alpha)z.$$

则对所有 $a_j \in \bar{A}_v$, 我们有

$$b_j = a_j'v = \alpha a_j'y + (1-\alpha)a_j'z \leqslant \alpha b_j + (1-\alpha)b_j = b_j.$$

于是, v, y, 和 z 都是 n 个线性无关方程联立

$$a_j'w = b_j, \qquad \forall\, a_j \in \bar{A}_v$$

的方程组的解. 可导出 $v = y = z$. 这表明 v 是 P 的顶点.

(b) 我们把 P 写成等价的不等式形式

$$P = \{x \mid Ax \leqslant b, -Ax \leqslant -b, -x \leqslant 0\}.$$

令 S_v 为形如 $(0,\cdots,0,-1,0,\cdots,0)$ 的向量集合, 其中 -1 出现在对应 v 的某个零坐标的位置上. 把 (a) 部分的结果应用到 P 的上述不等式描述中, 我们看到 v 是顶点当且仅当 A 的行和 S_v 中的向量一起包含 n 个线性无关向量. 令 $\bar{A}$ 为除了把对应于 v 的零坐标的行设为零其他部分与 A 相同的矩阵. 可知 v 是顶点当且仅当 $\bar{A}$ 包含 $n-k$ 个线性无关行, 其中 k 是 S_v 中向量的个数. $\bar{A}$ 的非零列只可能是对应于 v 的非零坐标的那 $n-k$ 列, 因此这些列必然是线性无关的. 由于这些列为 $\bar{A}$ 和 A 所共用, 结论成立.

(c) 证明实质上与 (b) 相同. $\qquad\qquad\qquad\qquad\qquad\qquad\square$

结合命题 2.1.3 和命题 2.1.4(a), 我们得到如下多面体集顶点存在性的刻画.

命题 2.1.5 n 维欧氏空间中形如

$$\{x \mid a_j'x \leqslant b_j, j = 1,\cdots,r\}$$

的多面体集具有顶点当且仅当集合 $\{a_j \mid j = 1,\cdots,r\}$ 包含 n 个线性无关向量.

例 2.1.1 (Birkhoff-von Neumann 定理)在 $n \times n$ 矩阵 $X = \{x_{ij} \mid i,j = 1,\cdots,n\}$ 的空间中, 考虑多面体集

$$P = \left\{ X \mid x_{ij} \geqslant 0, \sum_{j=1}^{n} x_{ij} = 1, \sum_{i=1}^{n} x_{ij} = 1, i,j = 1,\cdots,n \right\}.$$

该集合当中的矩阵称为双随机的. 这是注意到它们的行和列都构成概率分布的事实.

分配问题(assignment problem) 是一类涉及 P 的重要优化问题. 某个有限集合的元素 (比如说 n 个人) 需要和另外一个集合的元素 (比如 n 个物体) 做一对一的匹配. 而 x_{ij} 是取值 0 或 1 的变量, 表示第 i 个人是否和物体 j 匹配. 因此分配问题的可行解是每行每列都各自只有一个 1, 其他位置元素都是 0 的矩阵. 这样的矩阵称为置换矩阵 (permutation matrix), 因为当乘以向量 $x \in \Re^n$ 时, 它给出的向量的坐标是 x 坐标的一个置换. 分配问题是要最小化形如

$$\sum_{i=1}^{n} \sum_{j=1}^{n} a_{ij} x_{ij}$$

的线性代价, 而同时要求 X 为置换矩阵.

Birkhoff-von Neumann Theorem 定理断言双随机矩阵组成的多面体集的顶点是置换矩阵. 因此如果我们用一个能保证找到的最优解是顶点的算法 (单纯形方法就是提供这样保证的算法之一) 来求最小化 $\sum_{i=1}^{n} \sum_{j=1}^{n} a_{ij} x_{ij}$ 同时保证 $X \in P$ 成立, 我们就同时解决了分配问题. 为证明 Birkhoff-von Neumann 定理, 我们注意到如果 X 是置换矩阵, 而 $Y, Z \in P$ 使得

$$x_{ij} = \alpha y_{ij} + (1 - \alpha) z_{ij}, \qquad \forall\, i, j = 1, \cdots, n,$$

对某个 $\alpha \in (0,1)$ 成立, 那么由于 $y_{ij}, z_{ij} \in [0,1]$, 我们有 $y_{ij} = z_{ij} = 0$ 若 $x_{ij} = 0$, 而 $y_{ij} = z_{ij} = 1$ 若 $x_{ij} = 1$. 因此, 如果

$$X = \alpha Y + (1 - \alpha) Z,$$

我们就有 $X = Y = Z$. 这表明 X 是 P 的顶点.

反过来, 令 X 为 $n \times n$ 矩阵, 且为 P 的顶点. 我们先来证明存在包含单个非零元素的一行, 该元素必为 1. 显然, 从约束 $\sum_{j=1}^{n} x_{ij} = 1$ 可知不能所有元素都等于 0. 如果所有行都包含两个或以上非零元, 那么 X 的零元素个数必然不少于 $n(n-2)$. 另一方面, 有 $2n$ 个等式 $\sum_{j=1}^{n} x_{ij} = 1$, $\sum_{i=1}^{n} x_{ij} = 1$, 必须被满足. 而这些等式中最多有 $2n - 1$ 个是线性无关的, 因为把等式 $\sum_{j=1}^{n} x_{ij} = 1$ 加起来得到的与把等式 $\sum_{i=1}^{n} x_{ij} = 1$ 加起来结果相同. 因此, 由命题 2.1.4(b), 在 X 中最多有 $2n - 1$ 个非零元素 x_{ij}, 或者等价地, 必存在多于 $n^2 - 2n$ 个不等式 $x_{ij} \geqslant 0$ 作为等式被满足, 即 X 有多于 $n(n-2)$ 个元必为 0. 这就导出了矛盾. 于是, 必存在一行, 比如说第 $\bar{i}$ 行, 具有恰好一个非零元. 当然该元必为 1. 而该元也必然是相应列 $\bar{j}$ 的唯一非零元.

我们现在论证根据命题 2.1.1, X 是多面体集 $P \cap H$ 的一个顶点, 其中 H 是 $\bar{i}$ 行 $\bar{j}$ 列元为 1 的矩阵构成的超平面. 以 $P \cap H$ 代替 P, 重复上述证明, 我们可以看到必存在 X 的另外一行具有唯一非零元素. 如此继续, 通过每一步找到新包含单一非零元的行和列, 我们可以证明 X 的所有行和列都具有唯一非零元. 这就证明了 X 是置换矩阵.

2.2　极锥

现在来考虑与非空集合 C 相关联的一类重要的锥体. 当 C 自身是闭锥时, 它为 C 提供了对偶但等价的描述. 具体而言, C 的极锥(polar cone), 记作 C^*, 由

$$C^* = \{y \mid y'x \leqslant 0, \ \forall \ x \in C\}$$

给出 (见图 2.2.1). 在例 1.6.2 中我们已经简单地讨论过极锥了.

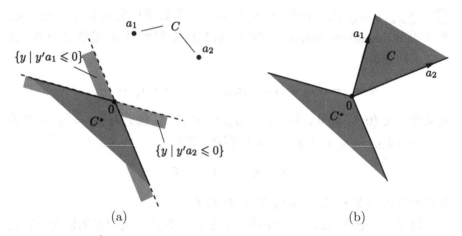

图 2.2.1　$\Re^2$ 中 C 子集的极锥 C^* 的示意图.(a) 中, C 仅由两个点 a_1 和 a_2 构成, 而 C^* 是两个闭半空间 $\{y \mid y'a_1 \leqslant 0\}$ 和 $\{y \mid y'a_2 \leqslant 0\}$ 的交. 在 (b) 中, C 是凸锥 $\{x \mid x = \mu_1 a_1 + \mu_2 a_2, \ \mu_1 \geqslant 0, \ \mu_2 \geqslant 0\}$, 而极锥 C^* 与情形 (a) 相同.

显然, C^* 是锥体, 而且是一组闭半空间的交. 它是闭的和凸的 (不管 C 是否为闭或凸). 如果 C 是子空间, 可以看到 C^* 等同于正交子空间 $C^\perp$. 下述命题推广了仅在 C 是子空间情形下成立的 $C = (C^\perp)^\perp$ 关系. 命题的 (b) 部分实质上在例 1.6.2 中就曾利用共轭定理 (命题 1.6.1) 以及示性函数和支撑函数的共轭关系被证明过. 不过这里我们给出另外一个更基本的利用投影定理的证明.

命题 2.2.1　(a) 对任意非空集合 C, 我们有

$$C^* = \left(\mathrm{cl}(C)\right)^* = \left(\mathrm{conv}(C)\right)^* = \left(\mathrm{cone}(C)\right)^*.$$

(b) (极锥定理) 对任意非空锥体 C, 我们有

$$(C^*)^* = \mathrm{cl}\left(\mathrm{conv}(C)\right).$$

特别地, 如果 C 是闭的和凸的, 我们有 $(C^*)^* = C$.

证明　(a) 对任意两个满足 $X \supset Y$ 的集合 X 和 Y, 我们有 $X^* \subset Y^*$. 据此可知 $\left(\mathrm{cl}(C)\right)^* \subset C^*$. 反过来, 如果 $y \in C^*$, 那么 $y'x_k \leqslant 0$ 对所有 k 和序列 $\{x_k\} \subset C$ 成立, 从而 $y'x \leqslant 0$ 对所有 $x \in \mathrm{cl}(C)$ 成立. 于是 $y \in \left(\mathrm{cl}(C)\right)^*$, 可推出 $C^* \subset \left(\mathrm{cl}(C)\right)^*$.

同时, 由于 $\mathrm{conv}(C) \supset C$, 我们有 $\left(\mathrm{conv}(C)\right)^* \subset C^*$. 反过来, 如果 $y \in C^*$, 那么 $y'x \leqslant 0$ 对所有 $x \in C$ 成立, 因此 $y'z \leqslant 0$ 对所有那些 $x \in C$ 的向量凸组合 z 成立. 于是, $y \in \left(\mathrm{conv}(C)\right)^*$ 并且 $C^* \subset \left(\mathrm{conv}(C)\right)^*$. 几乎同样的论证表明 $C^* = \left(\mathrm{cone}(C)\right)^*$.

(b) 我们首先证明当 C 为闭的和凸的情形下结论成立. 事实上, 如果情况是这样的, 那么对任意 $x \in C$, 我们有 $x'y \leqslant 0$ 对所有 $y \in C^*$ 成立, 可知 $x \in (C^*)^*$. 于是, $C \subset (C^*)^*$.

为证 $(C^*)^* \subset C$, 考虑任意 $z \in \Re^n$ 和它在 C 上的投影, 记作 $\hat{z}$ (见图 2.2.2). 由投影定理 (命题 1.1.9),

$$(z - \hat{z})'(x - \hat{z}) \leqslant 0, \qquad \forall\, x \in C.$$

在该关系中取 $x = 0$ 和 $x = 2\hat{z}$ (它属于 C, 因为 C 是闭锥), 可知

$$(z - \hat{z})'\hat{z} = 0.$$

把上述两个关系结合起来, 就得到 $(z - \hat{z})'x \leqslant 0$ 对所有 $x \in C$ 成立. 于是 $(z - \hat{z}) \in C^*$. 因此, 如果 $z \in (C^*)^*$, 我们有 $(z - \hat{z})'z \leqslant 0$. 当我们把它加到 $-(z - \hat{z})'\hat{z} = 0$ 上时就给出 $\|z - \hat{z}\|^2 \leqslant 0$. 可知 $z = \hat{z}$ 和 $z \in C$.

应用刚证明的当 C 为闭的和凸的情形的结论, 可知

$$\left(\left(\mathrm{cl}\left(\mathrm{conv}(C)\right)\right)^*\right)^* = \mathrm{cl}\left(\mathrm{conv}(C)\right).$$

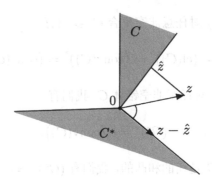

图 2.2.2　当 C 是闭凸锥时极锥定理证明的图示. 易见 $C \subset (C^*)^*$. 为证明 $(C^*)^* \subset C$, 我们证明对任意 $z \in \Re^n$ 和它在 C 上的投影, 记作 $\hat{z}$, 有 $z - \hat{z} \in C^*$. 这样如果 $z \in (C^*)^*$, 图中的几何关系 $[(z$ 和 $z - \hat{z}$ 之间的夹角$)$ $< \pi/2]$ 就不可能成立, 故必有 $z - \hat{z} = 0$, 即 $z \in C$.

利用 (a) 部分, 我们有

$$C^* = \big(\mathrm{conv}(C)\big)^* = \Big(\mathrm{cl}\big(\mathrm{conv}(C)\big)\Big)^*.$$

通过把上述两个关系结合起来, 我们就得到 $(C^*)^* = \mathrm{cl}\big(\mathrm{conv}(C)\big)$. □

注意对任意非空集合 C, 根据命题 2.2.1(a), 我们有 $C^* = \big(\mathrm{cl}(\mathrm{cone}(C))\big)^*$, 于是根据 (b) 部分, $(C^*)^* = \mathrm{cl}\big(\mathrm{cone}(C)\big)$.

2.3　多面体集和多面体函数

多面体集的一个突出特征是它们可以用有限个向量和标量来描述. 本节我们主要讨论多面体集的几种不同的有限刻画方法. 首先看多面体锥和它们的极锥.

2.3.1　多面体锥和 Farkas 引理

我们将引入考察多面体锥的两种不同角度, 并用极性来证明两种观点本质上是等价的. 回顾多面体锥 $C \subset \Re^n$ 具有如下形式

$$C = \{x \mid a_j' x \leqslant 0, j = 1, \cdots, r\},$$

其中 $a_1, \cdots, a_r$ 为 $\Re^n$ 中的某些向量, r 是正整数. 见图 2.3.1(a).

我们说锥体 $C \subset \Re^n$ 是有限生成的, 如果它由有限的向量集合生成, 即

如果它具有

$$C = \text{cone}(\{a_1, \cdots, a_r\}) = \left\{ x \;\middle|\; x = \sum_{j=1}^{r} \mu_j a_j, \; \mu_j \geqslant 0, \; j = 1, \cdots, r \right\}$$

的形式, 其中 $a_1, \cdots, a_r$ 是 $\Re^n$ 中的某些向量, 而 r 是正整数. 见图 2.3.1(b).

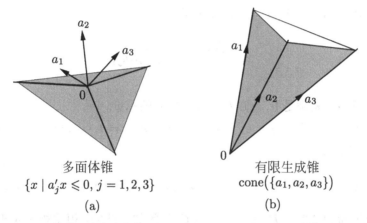

多面体锥
$\{x \mid a_j' x \leqslant 0, \; j = 1, 2, 3\}$
(a)

有限生成锥
$\text{cone}(\{a_1, a_2, a_3\})$
(b)

图 2.3.1　(a) 由不等式约束 $a_j' x \leqslant 0$, $j = 1, 2, 3$ 定义的多面体锥. (b) 由向量 a_1, a_2, a_3 生成的锥.

实际上, 如下述命题所示, 多面体锥和有限生成锥可以通过极性关系联系起来.

命题 2.3.1　(Farkas 引理). 令 $a_1, \cdots, a_r$ 为 n 维欧氏空间 $\Re^n$ 中的向量. 则 $\{x \mid a_j' x \leqslant 0, \; j = 1, \cdots, r\}$ 和 $\text{cone}(\{a_1, \cdots, a_r\})$ 都是闭的, 且互为极锥.

证明　锥体 $\{x \mid a_j' x \leqslant 0, \; j = 1, \cdots, r\}$ 是闭的, 因为它是闭半空间的交. 我们证明 $\text{cone}(\{a_1, \cdots, a_r\})$ 为闭, 注意它是正的象限 (orthant) $\{\mu \mid \mu \geqslant 0\}$ 在把 μ 映射到 $\sum_{j=1}^{r} \mu_j a_j$ 的线性变换下的像, 而任意多面体集在线性变换下的像是闭集 (见命题 1.4.13 后面的讨论).

为证明两个锥体互为极锥, 我们用命题 2.2.1(a) 写出

$$\left(\{a_1, \cdots, a_r\}\right)^* = \left(\text{cone}(\{a_1, \cdots, a_r\})\right)^*,$$

并注意到极性定义,

$$\left(\{a_1, \cdots, a_r\}\right)^* = \{x \mid a_j' x \leqslant 0, \; j = 1, \cdots, r\}.$$

$\square$

Farkas 引理常用的另一 (等价) 形式涉及以等式约束给定的多面体. 具体而言, 如果 $x, e_1, \cdots, e_m, a_1, \cdots, a_r$ 都是 $\Re^n$ 中的向量, 我们有 $x'y \leqslant 0$ 对所有满足

$$y'e_i = 0, \quad \forall\, i = 1, \cdots, m, \qquad y'a_j \leqslant 0, \quad \forall\, j = 1, \cdots, r,$$

的 $y \in \Re^n$ 成立, 当且仅当 x 可以表示成

$$x = \sum_{i=1}^{m} \lambda_i e_i + \sum_{j=1}^{r} \mu_j a_j,$$

其中 λ_i 和 μ_j 是满足 $\mu_j \geqslant 0$ 对所有 j 成立的标量.

证明是, 定义 $a_{r+i} = e_i$ 和 $a_{r+m+i} = -e_i$, $i = 1, \cdots, m$. 结论可以叙述为 $P^* = C$, 其中

$$P = \{y \mid y'a_j \leqslant 0, j = 1, \cdots, r + 2m\}, \qquad C = \operatorname{cone}(\{a_1, \cdots, a_{r+2m}\}).$$

因为根据命题 2.3.1, $P = C^*$, 并且 C 是闭的和凸的, 根据极锥定理 [命题 2.2.1(b)], 我们有 $P^* = (C^*)^* = C$.

2.3.2　多面体集的结构

我们现在来证明多面体凸性的一个主要定理. 该定理将给出多面体集的一个有用的表示. 证明比较繁琐, 不过还算直观. 其他的证明可以在 [BNO03] 和 [Roc70] 中找到.

命题 2.3.2 (Minkowski-Weyl 定理). 一个锥体是多面体当且仅当它是有限生成的.

证明　我们首先证明有限生成的锥体是多面体. 考虑由 $\Re^n$ 中的向量 $a_1, \cdots, a_r$ 生成的锥体, 并假设这些向量张成 $\Re^n$, 即这些向量中有 n 个是线性无关的. 我们要证明 $\operatorname{cone}(\{a_1, \cdots, a_r\})$ 是由 $\{a_1, \cdots, a_r\}$ 中的 $(n-1)$ 个线性无关向量张成的超平面/子空间相应的半空间的交. 由于这样的半空间数目有限, 可知 $\operatorname{cone}(\{a_1, \cdots, a_r\})$ 是多面体.

事实上, 如果 $\operatorname{cone}(\{a_1, \cdots, a_r\}) = \Re^n$, 它将是多面体, 证明完成, 因此假设情况并非如此. 不属于 $\operatorname{cone}(\{a_1, \cdots, a_r\})$ 的向量 b 可以用一个超平面与它严格分离 [参考条件 (2) 下的命题 1.5.3]. 因此存在 $\xi \in \Re^n$ 和 $\gamma \in \Re$ 使得 $b'\xi > \gamma > x'\xi$ 对所有 $x \in \operatorname{cone}(\{a_1, \cdots, a_r\})$ 成立. 由于

cone$(\{a_1, \cdots, a_r\})$ 是锥体，它的每个向量 x 必然满足 $0 \geqslant x'\xi$ (否则 $x'\xi$ 将能够以无界的方式增长)，而由于 $0 \in$ cone$(\{a_1, \cdots, a_r\})$，我们必有 $\gamma > 0$. 因此，

$$b'\xi > \gamma > 0 \geqslant x'\xi, \qquad \forall\, x \in \text{cone}(\{a_1, \cdots, a_r\}).$$

可知集合

$$P_b = \{y \mid b'y \geqslant 1,\ a_j'y \leqslant 0,\ j = 1, \cdots, r\}$$

非空 (它包含 ξ/γ – 见图 2.3.2). 由于 $\{a_1, \cdots, a_r\}$ 含有 n 个线性无关向量，由命题 2.1.5, P_b 至少有一个顶点，记作 $\overline{y}$. 根据命题 2.1.4(a)，存在两种可能性：

(1) 我们有 $b'\overline{y} = 1$ 而集合 $\{a_j \mid a_j'\overline{y} = 0\}$ 包含恰好 $n - 1$ 个线性无关向量.

(2) 集合 $\{a_j \mid a_j'\overline{y} = 0\}$ 包含恰好 n 个线性无关向量.

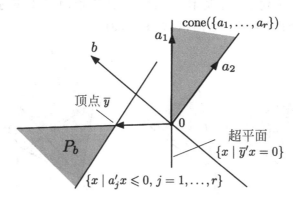

图 2.3.2　Minkowski-Weyl 定理的证明中对应于向量 $b \notin$ cone$(\{a_1, \cdots, a_r\})$ 的多面体集合 $P_b = \{y \mid b'y \geqslant 1,\ a_j'y \leqslant 0,\ j = 1, \cdots, r\}$. 它有一个非零顶点 $\overline{y}$，该点定义了包含 cone$(\{a_1, \cdots, a_r\})$ 的半空间 $\{x \mid \overline{y}'x \leqslant 0\}$. 这些半空间数目是有限的，并且它们的交定义了 cone$(\{a_1, \cdots, a_r\})$.

第二种情况是不可能的，因为注意到 $b'\overline{y} \geqslant 1$, 故 $\overline{y}$ 是非零的. 同时第一种可能性意味着自身是 $(n-1)$ 维子空间的超平面 $\{x \mid \overline{y}'x = 0\}$ 分离 b 和 cone$(\{a_1, \cdots, a_r\})$，而不包含 b. 该超平面是由 $\{a_1, \cdots, a_r\}$ 中的 $n-1$ 个线性无关向量张成的. 通过令 b 跑遍不在 cone$(\{a_1, \cdots, a_r\})$ 里的所有向量，可知 cone$(\{a_1, \cdots, a_r\})$ 是对应于由 $\{a_1, \cdots, a_r\}$ 中 $(n-1)$ 个线性无关向量张成的超平面/子空间的某些半空间的交. 由于只有有限个这样的子空间, cone$(\{a_1, \cdots, a_r\})$ 必为多面体.

在 $\{a_1, \cdots, a_r\}$ 不包含 n 个线性无关向量的情形, 令 S 为由 $a_1, \cdots, a_r$ 张成的子空间. 定义有限生成锥

$$S^\perp + \mathrm{cone}(\{a_1, \cdots, a_r\})$$

的向量包含一个线性无关向量集, 因此根据到目前为止已证明的结论, 该锥体是一个多面体集. 通过表达式

$$\mathrm{cone}(\{a_1, \cdots, a_r\}) = S \cap \left(S^\perp + \mathrm{cone}(\{a_1, \cdots, a_r\})\right),$$

可以看到 $\mathrm{cone}(\{a_1, \cdots, a_r\})$ 是两个多面体集的交集, 因此它也是多面体.

反过来, 令 $C = \{x \mid a_j' x \leqslant 0, \ j = 1, \cdots, r\}$ 为多面体锥. 我们要证明 C 是有限生成的. 事实上, 由 Farkas 引理, C^* 等于 $\mathrm{cone}(\{a_1, \cdots, a_r\})$. 如已证明的, 它是多面体. 因此, $C^* = \{x \mid c_j' x \leqslant 0, \ j = 1, \cdots, \bar{r}\}$ 对某些向量 c_j 成立. 再次应用 Farkas 引理, 可知 $C = \mathrm{cone}(\{c_1, \cdots, c_{\bar{r}}\})$. $\quad\square$

我们现在来建立一个基本的结论, 证明多面体集可以表示成一个有限生成锥和一个有限点集凸包的和 (见图 2.3.3).

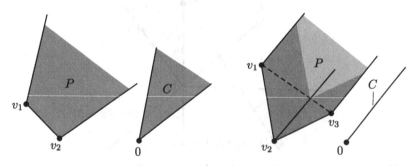

图 2.3.3　二维和三维多面体集合 P 的 Minkowski-Weyl 表示的例. 它的形式是 $P = \mathrm{conv}(\{v_1, \cdots, v_m\}) + C$, 其中 $v_1, \cdots, v_m$ 是向量, 而 C 是有限生成锥.

命题 2.3.3 (Minkowski-Weyl 表示). 集合 P 是多面体, 当且仅当存在非空有限集 $\{v_1, \cdots, v_m\}$ 和有限生成锥 C 使得 $P = \mathrm{conv}(\{v_1, \cdots, v_m\}) + C$, 即

$$P = \left\{ x \ \middle| \ x = \sum_{j=1}^m \mu_j v_j + y, \ \sum_{j=1}^m \mu_j = 1, \ \mu_j \geqslant 0, \ j = 1, \cdots, m, \ y \in C \right\}$$

成立.

证明　假设 P 是多面体，则它对某些 $a_j \in \Re^n$, $b_j \in \Re$, $j = 1, \cdots, r$ 具有如下形式

$$P = \left\{ x \mid a_j' x \leqslant b_j, \, j = 1, \cdots, r \right\}.$$

考虑 $\Re^{n+1}$ 中由

$$\hat{P} = \left\{ (x, w) \mid 0 \leqslant w, \, a_j' x \leqslant b_j w, \, j = 1, \cdots, r \right\}$$

给定的多面体锥 (见图 2.3.4)，并注意到

$$P = \left\{ x \mid (x, 1) \in \hat{P} \right\}.$$

由 Minkowski-Weyl 定理 (命题 2.3.2)，$\hat{P}$ 是有限生成的，因此它对某些 $\tilde{v}_j \in \Re^n$, $\tilde{d}_j \in \Re$, $j = 1, \cdots, r$，具有如下形式

$$\hat{P} = \left\{ (x, w) \, \middle| \, x = \sum_{j=1}^{m} \nu_j \tilde{v}_j, \, w = \sum_{j=1}^{m} \nu_j \tilde{d}_j, \, \nu_j \geqslant 0, \, j = 1, \cdots, m \right\}$$

由于 $w \geqslant 0$ 对所有向量 $(x, w) \in \hat{P}$ 成立，我们看到 $\tilde{d}_j \geqslant 0$ 对所有 j 成立. 令

$$J^+ = \{ j \mid \tilde{d}_j > 0 \}, \qquad J^0 = \{ j \mid \tilde{d}_j = 0 \}.$$

通过对所有的 $j \in J^+$ 用 μ_j 代替 $\nu_j \tilde{d}_j$，用 v_j 代替 $\tilde{v}_j / \tilde{d}_j$ 和对所有 $j \in J^0$，用

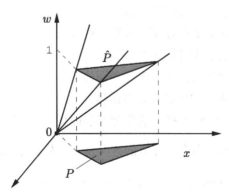

图 2.3.4　Minkowski-Weyl 表示证明的图示. $\Re^{n+1}$ 的锥体 $\hat{P} = \{ (x, w) \mid 0 \leqslant w, \, a_j' x \leqslant b_j w, \, j = 1, \cdots, r \}$，是从多面体集 $P = \{ x \mid a_j' x \leqslant b_j, \, j = 1, \cdots, r \}$ 导出的.

μ_j 代替 ν_j，用 v_j 代替 $\tilde{v}_j$，我们得到等价描述

$$\hat{P} = \left\{ (x,w) \,\middle|\, x = \sum_{j \in J^+ \cup J^0} \mu_j v_j, \; w = \sum_{j \in J^+} \mu_j, \; \mu_j \geqslant 0, \; j \in J^+ \cup J^0 \right\}.$$
(2.1)

由于 $P = \left\{ x \mid (x,1) \in \hat{P} \right\}$，我们得到

$$P = \left\{ x \,\middle|\, x = \sum_{j \in J^+ \cup J^0} \mu_j v_j, \; \sum_{j \in J^+} \mu_j = 1, \; \mu_j \geqslant 0, \; j \in J^+ \cup J^0 \right\}. \quad (2.2)$$

因此，P 是 $\mathrm{conv}\left(\{v_j \mid j \in J^+\}\right)$ 和有限生成锥

$$\left\{ \sum_{j \in J^0} \mu_j v_j \,\middle|\, \mu_j \geqslant 0, \; j \in J^0 \right\}$$

的向量和.

为证明 $\mathrm{conv}\left(\{v_1, \cdots, v_m\}\right)$ 和有限生成锥的向量和是多面体锥，我们把前面的论证过程倒过来：从式 (2.2) 开始，我们把 P 表示成 $\left\{ x \mid (x,1) \in \hat{P} \right\}$，其中 $\hat{P}$ 是式 (2.1) 中的有限生成锥. 然后用 Minkowski-Weyl 定理来保证该锥体是多面体，最后我们用式 $P = \left\{ x \mid (x,1) \in \hat{P} \right\}$ 构造多面体集描述. $\quad\square$

如图 2.3.3 中的例子所示，多面体集 P 的 Minkowski-Weyl 表示中的有限生成锥 C 正是 P 的回收锥. 现在我们来采用 Minkowski-Weyl 表示证明多面体集的主要代数运算保持多面体特性.

命题 2.3.4 (多面体的代数运算)

(a) 多面体集的交如果非空，则为多面体.

(b) 多面体集的笛卡儿积是多面体.

(c) 多面体在线性变换下的像是多面体.

(d) 两个多面体集的向量和是多面体.

(e) 多面体集在线性变换下的原像是多面体.

证明 (a) 和 (b) 由多面体集的定义易知. 为证明 (c)，令 P 表示为

$$P = \mathrm{conv}\left(\{v_1, \cdots, v_m\}\right) + \mathrm{cone}\left(\{a_1, \cdots, a_r\}\right),$$

并令 A 为矩阵. 我们有

$$AP = \mathrm{conv}\left(\{Av_1, \cdots, Av_m\}\right) + \mathrm{cone}\left(\{Aa_1, \cdots, Aa_r\}\right).$$

可知 AP 具有 Minkowski-Weyl 表示，而且根据命题 2.3.3，它是多面体.(d) 可由 (c) 得出，因为 $P_1 + P_2$ 可以视为多面体集 $P_1 \times P_2$ 在线性变换 $(x_1, x_2) \mapsto (x_1 + x_2)$ 下的像.

为证明 (e)，注意多面体集

$$\{y \mid a'_j y \leqslant b_j, \, j = 1, \cdots, r\}$$

在线性变换 A 下的原像是集合

$$\{x \mid a'_j A x \leqslant b_j, \, j = 1, \cdots, r\},$$

而该集合显然是多面体.　　　　　　　　　　　　　　　　　　　□

2.3.3　多面体函数

多面体集还可以用于定义具有多面体结构的函数. 具体说，我们称函数 $f : \Re^n \mapsto (-\infty, \infty]$ 为多面体的，如果它的上图是 $\Re^{n+1}$ 中的多面体集. 见图 2.3.5. 注意根据定义，多面体函数 f 是闭的，凸的，而且还是真的 [由于 f 不可能取值 $-\infty$，并且 $\mathrm{epi}(f)$ 是闭的，凸的和非空的 (基于我们只有非空集合才能是多面体的约定)]. 下述命题给出了多面体函数的一个有用的表示.

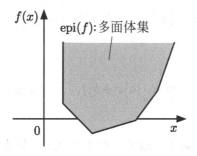

图 2.3.5　多面体函数的图示. 据定义，函数必为真，并且其上图必为多面体集.

命题 2.3.5　令 $f : \Re^n \mapsto (-\infty, \infty]$ 为凸函数. 则 f 是多面体的，当且仅当 $\mathrm{dom}(f)$ 是多面体集且

$$f(x) = \max_{j=1,\cdots,m} \{a'_j x + b_j\}, \qquad \forall \, x \in \mathrm{dom}(f),$$

其中 a_j 是 $\Re^n$ 中的向量，b_j 是标量，且 m 是正整数.

证明 如果 f 具有上述给定的表示, 那么 $\mathrm{epi}(f)$ 可以写成

$$\mathrm{epi}(f) = \big\{(x,w) \mid x \in \mathrm{dom}(f)\big\} \cap \big\{(x,w) \mid a_j'x + b_j \leqslant w, \ j = 1, \cdots, m\big\}.$$

由于右侧的两个集合是多面体, 它们的交集, $\mathrm{epi}(f)$, [它是非空的, 因为 $\mathrm{dom}(f)$ 是多面体, 因而是非空的] 也是多面体. 于是 f 是多面体的.

反过来, 如果 f 是多面体的, 它的上图是多面体集, 并且可表为

$$\big\{(x,w) \mid a_j'x + b_j \leqslant c_j w, \ j = 1, \cdots, r\big\},$$

其中 a_j 是 $\Re^n$ 中的某些向量, 而 b_j 和 c_j 是某些标量. 由于对于任意的 $(x,w) \in \mathrm{epi}(f)$, 我们有 $(x, w+\gamma) \in \mathrm{epi}(f)$ 对所有 $\gamma \geqslant 0$ 成立, 可知 $c_j \geqslant 0$, 于是通过必要的归一化, 不失一般性, 我们可以假设要么 $c_j = 0$ 要么 $c_j = 1$. 如果 $c_j = 0$ 对所有 j 成立, 那么 f 就将不是真的, 与多面体函数为真矛盾. 因此, 必存在某个 m, $1 \leqslant m \leqslant r$, 使得 $c_j = 1$ 对 $j = 1, \cdots, m$ 成立, 并且 $c_j = 0$ 对 $j = m+1, \cdots, r$ 成立, 即

$$\mathrm{epi}(f) = \big\{(x,w) \mid a_j'x + b_j \leqslant w, \ j = 1, \cdots, m, \ a_j'x + b_j \leqslant 0, \ j = m+1, \cdots, r\big\}.$$

因此, f 的有效定义域是多面体集

$$\mathrm{dom}(f) = \big\{x \mid a_j'x + b_j \leqslant 0, \ j = m+1, \cdots, r\big\},$$

并且我们有

$$f(x) = \max_{j=1,\cdots,m}\{a_j'x + b_j\}, \qquad \forall \, x \in \mathrm{dom}(f).$$

$\square$

下述命题表明多面体函数的一些常见运算, 如求和和线性组合保持函数的多面体特性.

命题 2.3.6 满足 $\mathrm{dom}(f_1) \cap \mathrm{dom}(f_2) \neq \emptyset$ 的两个多面体函数 f_1 和 f_2 的和是多面体函数.

证明 由命题 2.3.5, $\mathrm{dom}(f_1)$ 和 $\mathrm{dom}(f_2)$ 是 $\Re^n$ 中的多面体集, 并且

$$f_1(x) = \max\big\{a_1'x + b_1, \cdots, a_m'x + b_m\big\}, \qquad \forall \, x \in \mathrm{dom}(f_1),$$

$$f_2(x) = \max\big\{\bar{a}_1'x + \bar{b}_1, \cdots, \bar{a}_{\overline{m}}'x + \bar{b}_{\overline{m}}\big\}, \qquad \forall \, x \in \mathrm{dom}(f_2),$$

其中 a_i 和 $\bar{a}_i$ 是 $\Re^n$ 中的向量, b_i 和 $\bar{b}_i$ 是标量. $f_1 + f_2$ 的定义域是 $\mathrm{dom}(f_1) \cap \mathrm{dom}(f_2)$. 它是多面体, 因为 $\mathrm{dom}(f_1)$ 和 $\mathrm{dom}(f_2)$ 都是多面体. 进而, 对所有 $x \in \mathrm{dom}(f_1 + f_2)$,

$$
\begin{aligned}
f_1(x) + f_2(x) &= \max\left\{a_1'x + b_1, \cdots, a_m'x + b_m\right\} \\
&\quad + \max\left\{\bar{a}_1'x + \bar{b}_1, \cdots, \bar{a}_{\overline{m}}'x + \bar{b}_{\overline{m}}\right\} \\
&= \max_{1 \leqslant i \leqslant m,\, 1 \leqslant j \leqslant \overline{m}} \left\{a_i'x + b_i + \bar{a}_j'x + \bar{b}_j\right\} \\
&= \max_{1 \leqslant i \leqslant m,\, 1 \leqslant j \leqslant \overline{m}} \left\{(a_i + \bar{a}_j)'x + (b_i + \bar{b}_j)\right\}.
\end{aligned}
$$

因此, 由命题 2.3.5, $f_1 + f_2$ 是多面体的. $\qquad\square$

命题 2.3.7 如果 A 是矩阵而 g 是满足 $\mathrm{dom}(g)$ 含有 A 的值域中的一个点条件的多面体函数, 那么由 $f(x) = g(Ax)$ 给出的函数 f 是多面体的.

证明 由于 $g : \Re^m \mapsto (-\infty, \infty]$ 是多面体的, 由命题 2.3.5, $\mathrm{dom}(g)$ 是 $\Re^m$ 中的多面体集, 而且对 $\Re^m$ 中的某些向量 a_i 和某些标量 b_i, g 由

$$
g(y) = \max\left\{a_1'y + b_1, \cdots, a_m'y + b_m\right\}, \qquad \forall\, y \in \mathrm{dom}(g)
$$

给出. 我们有

$$
\mathrm{dom}(f) = \left\{x \mid f(x) < \infty\right\} = \left\{x \mid g(Ax) < \infty\right\} = \left\{x \mid Ax \in \mathrm{dom}(g)\right\}.
$$

于是, $\mathrm{dom}(f)$ 是多面体集 $\mathrm{dom}(g)$ 在线性变换 A 下的原像. 由假设 $\mathrm{dom}(g)$ 包含 A 的值域中的点, 可知 $\mathrm{dom}(f)$ 非空, 同时 $\mathrm{dom}(f)$ 是多面体. 进而, 对所有 $x \in \mathrm{dom}(f)$, 我们有

$$
\begin{aligned}
f(x) &= g(Ax) \\
&= \max\left\{a_1'Ax + b_1, \cdots, a_m'Ax + b_m\right\} \\
&= \max\left\{(A'a_1)'x + b_1, \cdots, (A'a_m)'x + b_m\right\}.
\end{aligned}
$$

因此, 根据命题 2.3.5, 函数 f 是多面体的. $\qquad\square$

2.4 优化的多面体方面

多面体凸性在优化中扮演着非常重要的角色. 一个原因是许多实际问题可以直接用多面体集和多面体函数来描述. 另一个原因是对多面体约束和/或线性代价函数, 通常可能证明出比一般凸约束集和/或一般代价函数更强的优化结论. 到目前为止, 我们已经看到一些实例. 具体而言:

(1) 在凸约束集 C 上的线性 (或更一般地, 凹) 函数, 只能在 C 的相对边界点上达到最小 (命题 1.3.4).

(2) 非空多面体集 C 上的下方有界的线性 (或更一般地, 凸二次型) 函数在 C 上可以取到最小值 (命题 1.4.12).

本节中, 我们揭示优化中多面体凸性的更多结论, 并重点介绍线性规划 (在多面体集上最小化线性函数) 的相关结论. 具体而言, 我们证明线性规划的一个基本结论: 如果线性函数 f 在至少有一个顶点的多面体集 C 上达到最小, 那么 f 必然在 C 的某个顶点上取到最小值 (虽然在某些非顶点的点上也有取到最小值的可能性). 这是如下更一般结论的特例. 该结论在 f 是凹的, C 是闭的和凸的情形下成立.

命题 2.4.1 令 C 为 n 维欧氏空间 $\Re^n$ 的至少有一个顶点的闭凸子集. 在 C 上取到最小值的凹函数 $f : C \mapsto \Re$ 必在 C 的某个顶点上取到最小值.

证明 令 x^* 在 C 上使得 f 取最小. 如果 $x^* \in \mathrm{ri}(C)$ [见图 2.4.1(a)], 据命题 1.3.4, f 在 C 上必为常值, 因此它在 C 的一个顶点上达到最小 (由于据假设 C 至少有一个顶点). 如果 $x^* \notin \mathrm{ri}(C)$, 那么据命题 1.5.5, 必存在超平面 H_1 真分离 x^* 和 C. 由于 $x^* \in C$, H_1 必包含 x^*, 故由真分离性质, H_1 不能包含 C, 于是可知交集 $C \cap H_1$ 的维数低于 C 的维数.

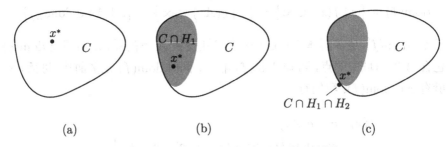

图 2.4.1 对三位集合 C 命题 2.4.1 论证的框架.

如果 $x^* \in \mathrm{ri}(C \cap H_1)$ [见图 2.4.1(b)], 那么 f 在 $C \cap H_1$ 上必为常值, 因此它在 $C \cap H_1$ 的一个顶点上达到最小 (由于 C 含有顶点, 由命题 2.1.2, 它不包含直线, 因此 $C \cap H_1$ 不含直线, 故 $C \cap H_1$ 有顶点). 由命题 2.1.1, 该最优顶点也是 C 的顶点. 如果 $x^* \notin \mathrm{ri}(C \cap H_1)$, 必存在超平面 H_2 真分离 x^* 和 $C \cap H_1$. 同样由于 $x^* \in C \cap H_1$, H_2 包含 x^*, 故它不能包含 $C \cap H_1$, 可知交集 $C \cap H_1 \cap H_2$ 的维数低于 $C \cap H_1$.

如果 $x^* \in \mathrm{ri}(C \cap H_1 \cap H_2)$ [见图 2.4.1(c)], 那么 f 必在 $C \cap H_1 \cap H_2$ 上为常值. 依次类推. 由于对每个新的超平面, 产生的超平面与 C 的交集的维数

总是减小的. 这个过程最多重复 n 次, 直到 x^* 是某个集合 $C \cap H_1 \cap \cdots \cap H_k$ 的相对内点, 届时会得到 $C \cap H_1 \cap \cdots \cap H_k$ 的顶点. 通过反过来的论证, 重复应用命题 2.1.1, 可知该顶点是 C 的顶点.　　　　　□

现在我们就把上述结论用到线性规划即 f 是线性时的特殊情况上来.

命题 2.4.2 (线性规划基本定理). 令 P 为至少有一个顶点的多面体集. 在 P 上为下方有界的线性函数必在 P 的某个顶点处取到最小值.

证明　由于代价函数在 P 上是下方有界的, 它可以取到最小 (命题 1.4.12). 于是结论可从命题 2.4.1 得到.　　　　　□

图 2.4.2 说明了线性规划问题的可能情况. 有两种情况:

(a) 约束集 P 包含顶点 (等价地, 由命题 2.1.2, P 不含直线). 在这种情况下, 线性代价函数要么在 P 上是下方无界的, 要么它在 P 的一个顶点上达到最小. 例如, 令 $P = [0, \infty)$. 那么 P 上 $1 \cdot x$ 的最小值在顶点 0 处达到. P 上 $0 \cdot x$ 的最小值在 P 的每个点处都可以达到, 包括顶点 0. 同时代价是下方无界的, P 上 $-1 \cdot x$ 达不到最小值.

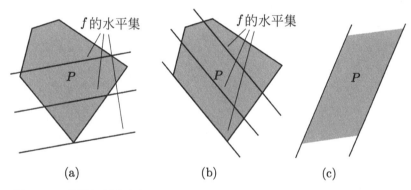

图 2.4.2　线性规划基本定理的图示. (a) 和 (b) 中, 约束集 P 至少有一个顶点, 线性代价函数 f 在 P 上有界. 那么 f 要么如 (a) 中仅在一个顶点处达到最小, 要么如 (b) 中它在一个或多个顶点处也在无穷多个非顶点处达到最小. (c) 中, 约束集没有顶点, 因为它包含直线 (参见命题 2.1.2), 并且线性代价函数要么在 P 上下方无界, 要么在无穷点 (非顶点) 集上达到最小. 该无穷点集的线形空间与 P 的线形空间相同.

(b) 约束集 P 不含顶点 (或等价地, 由命题 2.1.2, P 包含直线). 在这种情况, L_P, P 的线形空间, 是维数大于等于 1 的子空间. 如果线性代价函数 f 在 P 上是下方有界的, 那么由命题 1.4.12, 它可以达到最小值. 不过, 由于 L_P 中的每个方向必为使得 f 在其上等于常值的方向 (否则 f 将在 P 上为下方无界), 最小点集是多面体集, 其线形空间等于 L_P. 因此, 最小点集是无界的. 例如, 令 $P = \Re$. 则, P 上 $1 \cdot x$ 达不到最小值, 而代价是下方无界的, 同时 P 上 $0 \cdot x$ 的最小点集是 P.

多面体集和它们的顶点的理论可用于设计线性规划算法, 如单纯形法和其他相关方法. 这些算法超出了本书的范围, 所以我们给出标准的教材, 如 Dantzig [Dan63], Chvatal [Chv83], 和 Bertsimas and Tsitsiklis [BeT97].

第 3 章 凸优化的基本概念

本章中，我们引入凸优化和最小最大理论的一些基本概念. 重点强调最优解的存在性问题.

3.1 约束优化

考虑问题

$$\begin{aligned} \text{minimize} \quad & f(x) \\ \text{subject to} \quad & x \in X, \end{aligned}$$

其中 $f : \Re^n \mapsto (-\infty, \infty]$ 是一个函数，而 X 是 n 维欧氏空间 $\Re^n$ 的一个非空子集. 任何 $x \in X \cap \mathrm{dom}(f)$ 向量都称为是该问题的一个可行解(feasible solution) (我们有时也会用可行向量或可行点的说法). 如果至少存在一个可行解，即 $X \cap \mathrm{dom}(f) \neq \emptyset$, 我们就称该问题为可行; 否则我们称该问题为不可行. 因此，当 f 是扩充实值函数时，我们仅将 $X \cap \mathrm{dom}(f)$ 中的点视为最优解的候选对象，把 $\mathrm{dom}(f)$ 看作隐含的约束集合. 进一步，问题的可行性等价于条件 $\inf_{x \in X} f(x) < \infty$ 成立.

我们说向量 x^* 是 f 在 X 上的最小点，如果

$$x^* \in X \cap \mathrm{dom}(f), \qquad \text{且} \qquad f(x^*) = \inf_{x \in X} f(x).$$

我们也把 x^* 称为 f 在 X 上的全局最小点. 另外，我们说 f 在 x^* 处达到了它在 X 上的最小值, 并通过如下写法来表达这个事实

$$x^* \in \arg\min_{x \in X} f(x).$$

如果已知 x^* 是 f 在 X 上的唯一最小点，我们稍微滥用一下符号，有如下写法

$$x^* = \arg\min_{x \in X} f(x).$$

对于最大点, 有类似的术语. 即, 满足 $f(x^*) = \sup_{x \in X} f(x)$ 条件的向量 $x^* \in X$ 称为 f 在 X 上的最大点, 如果 x^* 是 $(-f)$ 在 X 上的最小点, 并用如下形式

$$x^* \in \arg\max_{x \in X} f(x)$$

表示这件事. 如果 $X = \Re^n$ 或者 f 的定义域是集合 X (而不是 $\Re^n$), 我们也称 x^* 是 f (没有 "在 X 上" 的限定语) 的 (全局) 最小点或 (全局) 最大点.

局部极小点

在优化问题中, 我们常常不得不处理更弱形式的最小点. 这些点仅仅在和 "附近" 点比较时才是最优的. 具体而言, 给定 $\Re^n$ 的子集 X 和函数 $f : \Re^n \mapsto (-\infty, \infty]$, 我们称向量 x^* 为 f 在 X 上的局部极小点, 如果 $x^* \in X \cap \mathrm{dom}(f)$ 且存在某个 $\epsilon > 0$ 使得

$$f(x^*) \leqslant f(x), \qquad \forall\, x \in X \text{ 且 } \|x - x^*\| < \epsilon$$

成立. 如果 $X = \Re^n$ 或 f 的定义域为集合 X (而不是 $\Re^n$), 我们也把 x^* 称为 f 的局部极小点 (而不加 "在 X 上" 的限定). 局部极小点 x^* 称为是严格的, 如果在某个以 x^* 为中心的开球内不存在其他局部极小点. 局部极大点的定义类似.

实际应用中我们一般对全局最小点感兴趣, 但由于许多最优性条件和优化算法不足以区分全局最小点和局部极小点, 有时我们不得不满足于局部极小点. 这可能是许多实际问题中存在的一个主要困难, 不过如下述命题和图 3.1.1 所示, f 和 X 的凸性的一个重要推论就是所有局部极小点也都是全局最小点.

命题 3.1.1 如果 X 是 n 维欧氏空间 $\Re^n$ 的凸子集, $f : \Re^n \mapsto (-\infty, \infty]$ 是凸函数, 那么 f 在 X 上的局部极小点也是全局最小点. 如果 f 还是严格凸的, 那么 f 在 X 上至多有一个全局最小点.

证明 令 f 为凸, 并反设 x^* 是 f 在 X 上的局部极小点但不是全局最小点 (见图 3.1.1). 于是, 必存在 $\overline{x} \in X$ 使得 $f(\overline{x}) < f(x^*)$. 由凸性, 对所有 $\alpha \in (0, 1)$,

$$f\big(\alpha x^* + (1-\alpha)\overline{x}\big) \leqslant \alpha f(x^*) + (1-\alpha)f(\overline{x}) < f(x^*).$$

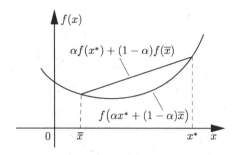

图 3.1.1　凸函数局部极小点也是全局最小点原因的图示 (参见命题 3.1.1). 给定 x^* 和 $\bar{x}$ 满足 $f(\bar{x}) < f(x^*)$, 每个形如 $x_\alpha = \alpha x^* + (1-\alpha)\bar{x}$,　　$\alpha \in (0,1)$ 的点都满足 $f(x_\alpha) < f(x^*)$. 因此 x^* 不可能是局部极小点而不是全局最小点.

因此, 除 x^* 点外, f 在连接 x^* 和 $\bar{x}$ 的线段上每个点处的取值都严格低于 $f(x^*)$. 由于 X 是凸的, 该线段属于 X, 因此与 x^* 的局部极小性矛盾.

令 f 为严格凸, 令 x^* 为 f 在 X 上的全局最小点, x 是 X 中满足 $x \neq x^*$ 条件的点. 于是中点 $y = (x + x^*)/2$ 属于 X, 因为 X 是凸的, 而由严格凸性, $f(y) < 1/2\big(f(x) + f(x^*)\big)$, 同时由 x^* 的最优性, 我们有 $f(x^*) \leqslant f(y)$. 这两个关系蕴含 $f(x^*) < f(x)$, 于是 x^* 是唯一的全局最小点. 　　□

3.2　最优解的存在性

优化问题的一个基本问题是最优解是否存在. 可以看到实值函数 f 在非空集合 X 上的最小点集合, 记作 X^*, 等于 X 和与 X 有公共点的 f 的水平集的交:
$$X^* = \cap_{k=0}^{\infty}\big\{x \in X \mid f(x) \leqslant \gamma_k\big\},$$
其中 $\{\gamma_k\}$ 是任意满足 $\gamma_k \downarrow \inf_{x \in X} f(x)$ 条件的标量序列 (见图 3.2.1).

从 X^* 的这个刻画, 可知最小点集是非空的和紧的, 如果集合
$$\big\{x \in X \mid f(x) \leqslant \gamma\big\},$$
是紧的 (因为嵌套的非空紧集的交是非空的和紧的). 这是经典的 Weierstrass 定理的实质 (命题 A.2.7). 该定理断言连续函数在紧集上可以达到最小值. 我们将给出该定理的一个更一般形式, 为此, 我们需要介绍一些术语.

我们称函数 $f : \Re^n \mapsto (-\infty, \infty]$ 为强制的 (coercive), 如果对每个满足 $\|x_k\| \to \infty$ 的序列 $\{x_k\}$, 我们都有 $\lim_{k \to \infty} f(x_k) = \infty$. 注意该定义的一个结论是, 如果 $\mathrm{dom}(f)$ 为有界, 那么 f 是强制的. 进而, 强制函数的所有非空水平集都是有界的.

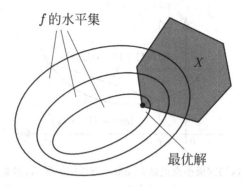

f的水平集

X

最优解

图 3.2.1 优化问题 minize $f(x)$, subject to $x \in X$, 的最优解集看作所有形如 $\{x \in X \mid f(x) \leqslant \gamma\}$, $\gamma \in \Re$ 的非空水平集的交.

命题 3.2.1 (Weierstrass 定理). 考虑闭的真函数 $f : \Re^n \mapsto (-\infty, \infty]$, 并假设下面三个条件中的任何一个成立:

(1) $\mathrm{dom}(f)$ 是有界的.

(2) 存在标量 $\overline{\gamma}$ 使得水平集

$$\{x \mid f(x) \leqslant \overline{\gamma}\}$$

为非空和有界.

(3) f 是强制的.

那么 f 在 n 维欧氏空间 $\Re^n$ 上的最小点集合是非空和紧的.

证明 只要证明三个条件中的任何一个蕴含水平集 $V_\gamma = \{x \mid f(x) \leqslant \gamma\}$ 对所有 $\gamma \leqslant \overline{\gamma}$ 都是紧的, 其中 $\overline{\gamma}$ 使得 $V_{\overline{\gamma}}$ 为非空和紧, 然后利用 f 的最小点集合是它的非空水平集的交的事实即可 (注意 f 被假定为真, 因此它具有非空水平集). 由于 f 是闭的, 它的水平集都是闭的 (见命题 1.1.2). 显然这三个条件中的每一个之下, 水平集对小于等于某个 $\overline{\gamma}$ 的 γ 水平集也是有界的, 因此是它们是紧的. $\square$

Weierstrass 定理用得最多的场合是当我们希望在非空集合 X 上最小化实值函数 $f : \Re^n \mapsto \Re$ 的时候. 在这种情况下, 把命题用到扩充实值函数

$$\tilde{f}(x) = \begin{cases} f(x) & x \in X, \\ \infty & \text{其他}, \end{cases}$$

我们看到 f 在 X 上的最小点集是非空的和紧的, 如果 X 是闭的, 而 f 在每个 $x \in X$ 处都是下半连续的 (根据命题 1.1.3, 这意味着 $\tilde{f}$ 是闭的), 并且下述条件之一成立:

(1) X 是有界的.

(2) 某个集合 $\{x \in X \mid f(x) \leqslant \overline{\gamma}\}$ 是非空和有界的.

(3) $\tilde{f}$ 是强制的, 或者等价地, 对每个满足 $\|x_k\| \to \infty$ 的序列 $\{x_k\} \subset X$, 我们有 $\lim\limits_{k \to \infty} f(x_k) = \infty$.

下述命题实质上是 Weierstrass 定理在凸函数上的具体应用.

命题 3.2.2 令 X 为 n 维欧氏空间 $\Re^n$ 的闭凸子集, $f : \Re^n \mapsto (-\infty, \infty]$ 是闭凸函数, 满足 $X \cap \mathrm{dom}(f) \neq \emptyset$. f 在 X 上的最小点集是非空和紧的, 当且仅当 X 和 f 没有共同的回收方向.

证明 令 $f^* = \inf_{x \in X} f(x)$, 并注意到 $f^* < \infty$, 因为 $X \cap \mathrm{dom}(f) \neq \emptyset$. 令 $\{\gamma_k\}$ 是满足 $\gamma_k \downarrow f^*$ 的标量序列. 考虑集合

$$V_k = \{x \mid f(x) \leqslant \gamma_k\}.$$

那么 f 在 X 上的最小点集为

$$X^* = \cap_{k=1}^{\infty}(X \cap V_k).$$

集合 $X \cap V_k$ 都是非空的, 且具有相同的回收锥 $R_X \cap R_f$. 而当 $X^* \neq \emptyset$ 时, 该锥也是 X^* 的回收锥 [参见命题 1.4.5, 1.4.2(c)]. 利用命题 1.4.2(2) 可知 X^* 是非空的和紧的, 当且仅当 $R_X \cap R_f = \{0\}$. $\qquad\square$

如果上述命题中的 X 和 f 具有相同的回收方向, 那么要么最优解集是空的 [例如, $X = \Re$ 且 $f(x) = e^x$] 要么该集合非空且无界 [例如, $X = \Re$ 且 $f(x) = \max\{0, x\}$]. 下面给出最小点集为紧集的另外一种特殊情况.

命题 3.2.3 (解的存在性, 函数的和). 令 $f_i : \Re^n \mapsto (-\infty, \infty]$, $i = 1, \cdots, m$, 为闭的真凸函数, 满足 $f = f_1 + \cdots + f_m$ 为真. 假定单个函数 f_i 的回收函数满足 $r_{f_i}(d) = \infty$ 对所有 $d \neq 0$ 成立. 则 f 的最小点集合为非空和紧.

证明 由命题 3.2.2, f 的最小点集为非空和紧当且仅当 $R_f = \{0\}$. 由命题 1.4.6, 该条件成立当且仅当 $r_f(d) > 0$ 对所有 $d \neq 0$ 成立. 于是结论可以由命题 1.4.8 得出. $\qquad\square$

上述命题的一个应用是当函数 f_i 中有一个是正定二次型函数时, f 的最小点集是非空和紧的. 事实上, 在这种情况下, f 有唯一的最小点, 因为正定二次型是严格凸的. 它使得 f 为严格凸.

下述命题讨论最优解集为非紧的情形.

命题 3.2.4 (解的存在性, 非紧水平集). 令 X 为 n 维欧氏空间 $\Re^n$ 的闭凸子集, $f : \Re^n \mapsto (-\infty, \infty]$ 为闭凸函数, 满足 $X \cap \mathrm{dom}(f) \neq \emptyset$. f 在 X 上的最小点集记作 X^*, 为非空如果以下两个条件任何一个成立:

(1) $R_X \cap R_f = L_X \cap L_f$.

(2) $R_X \cap R_f \subset L_f$ 且 X 是多面体集.

进而, 在条件(1)下,

$$X^* = \tilde{X} + (L_X \cap L_f),$$

其中 $\tilde{X}$ 是某个非空紧集.

证明　令 $f^* = \inf_{x \in X} f(x)$, 并注意到 $f^* < \infty$, 因为 $X \cap \mathrm{dom}(f) \neq \emptyset$. 令 $\{\gamma_k\}$ 为满足 $\gamma_k \downarrow f^*$ 的标量序列. 考虑水平集

$$V_k = \big\{ x \mid f(x) \leqslant \gamma_k \big\},$$

并注意到

$$X^* = \cap_{k=1}^{\infty}(X \cap V_k).$$

令条件 (1) 成立. 集合 $X \cap V_k$ 是嵌套的非空闭凸集. 此外, 它们还具有相同的回收锥, $R_X \cap R_f$ 和相同的线形空间 $L_X \cap L_f$, 同时根据假设, $R_X \cap R_f = L_X \cap L_f$. 由命题 1.4.11(a), 可知 X^* 是非空的并形如

$$X^* = \tilde{X} + (L_X \cap L_f),$$

其中 $\tilde{X}$ 是某个非空紧集.

令条件 (2) 成立. 集合 V_k 是嵌套的, 而 $X \cap V_k$ 对所有 k 均为非空. 此外, 所有集合 V_k 都具有相同的回收锥 R_f 和相同的线形空间 L_f, 同时, 由假定, $R_X \cap R_f \subset L_f$, 且 X 为多面体, 因此是回收的 (参见命题 1.4.9). 由命题 1.4.11(b) 可知 X^* 为非空.　　　　　　　　　　□

注意 $X = \Re^n$ 的特殊情形下, 命题 3.2.4 的条件 (1) 和 (2) 变为相同. 图 3.2.2(b) 给出一个反例说明如果 X 是非多面体的, 条件

$$R_X \cap R_f \subset L_f$$

对于保证最优解的存在性, 甚至是 f^* 的有限性是不充分的. 该反例也表明, 虽然代价函数可能是下方有界的并且在任意包含于约束集合中的闭射线上都可以达到最小, 但是它在整个集合上仍可能达不到最小. 不过, 我们可以回顾, 在线性和二次规划问题的特殊情况, 代价函数在约束集上下方的有界性是可以保证最优解的存在性的 (参见命题 1.4.12).

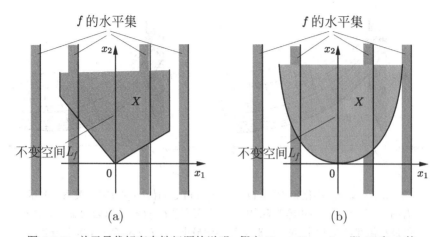

图 3.2.2　关于最优解存在性问题的说明. 假定 $R_X \cap R_f \subset L_f$, 即 X 和 f 的每个共同的回收方向都是使得 f 为常值的一个方向 [参见命题 3.2.4 下的条件 (2)]. 在图示 (a) 和 (b) 的两个问题中, 代价函数均是 $f(x_1, x_2) = e^{x_1}$. 问题 (a) 中, 约束集 X 为图示的多面体集, 而问题 (b) 中, X 由图中的二次不等式给出: $X = \left\{(x_1, x_2) \mid x_1^2 \leqslant x_2\right\}$ 两种情况下我们都有 $R_X = \left\{(d_1, d_2) \mid d_1 = 0, \ d_2 \geqslant 0\right\}$, $R_f = \left\{(d_1, d_2) \mid d_1 \leqslant 0, \ d_2 \in \Re\right\}$, $\quad L_f = \left\{(d_1, d_2) \mid d_1 = 0, \ d_2 \in \Re\right\}$, 因此 $R_X \cap R_f \subset L_f$. 问题 (a) 中可知最优解是存在的. 不过问题 (b) 中, 我们有 $f(x_1, x_2) > 0$ 对所有 (x_1, x_2) 成立, 同时对 $x_1 = -\sqrt{x_2}$ 其中 $x_2 \geqslant 0$, 我们有 $(x_1, x_2) \in X$ 和 $\lim\limits_{x_2 \to \infty} f\left(-\sqrt{x_2}, x_2\right) = \lim\limits_{x_2 \to \infty} e^{-\sqrt{x_2}} = 0$. 这意味着 $f^* = 0$. 因此 f 在 X 上无法达到最小值 f^*. 注意 f 在任意与 X 相交的直线上可以达到最小. 如果在问题 (b) 中代价函数替换为 $f(x_1, x_2) = x_1$, 我们仍有 $R_X \cap R_f \subset L_f$ 并且 f 仍将在任何与 X 相交的直线上达到最小, 但可以看到 $f^* = -\infty$. 如果约束集合替换为多面体集 $X = \left\{(x_1, x_2) \mid |x_1| \leqslant x_2\right\}$, 我们仍将有 $f^* = -\infty$, 但那时条件 $R_X \cap R_f \subset L_f$ 将会被违反.

3.3　凸函数的部分最小化

我们在对偶和最小最大理论中常遇到通过部分地最小化其他函数而得到的函数. 部分优化即对这些函数的某些变量进行优化. 因此有必要对得到的函数的性质进行分析. 这些性质包括从原始函数的凸性、闭性分析得到函数的相应性质.

一个给定的函数的上图和它的部分最小化版本之间存在一个重要的几何关系: 除了一些边界点外, 后者可以从前者的投影得到 [见下述命题的 (b) 部分和图 3.3.1]. 这是理解部分最小化函数性质的关键.

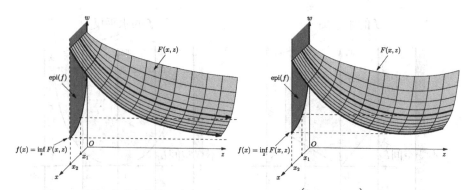

图 3.3.1 部分最小化和 $P\big(\mathrm{epi}(F)\big) \subset \mathrm{epi}(f) \subset \mathrm{cl}\Big(P\big(\mathrm{epi}(F)\big)\Big)$ 关系的图示. 右图中, 以上关系中相等关系均成立, 在所有使得 $f(x)$ 为有限的 x 处, 对 z 的最小化都可以达到. 左图中对 z 达不到最小, 且 $P\big(\mathrm{epi}(F)\big)$ 不等于 $\mathrm{epi}(f)$, 因为它不包含点 $\big(x, f(x)\big)$.

命题 3.3.1 考虑函数 $F : \Re^{n+m} \mapsto (-\infty, \infty]$ 和由

$$f(x) = \inf_{z \in \Re^m} F(x, z)$$

定义的函数 $f : \Re^n \mapsto [-\infty, \infty]$. 则

(a) 如果 F 是凸的, 那么 f 也是凸的.

(b) 我们有

$$P\big(\mathrm{epi}(F)\big) \subset \mathrm{epi}(f) \subset \mathrm{cl}\Big(P\big(\mathrm{epi}(F)\big)\Big), \tag{3.1}$$

其中 $P(\cdot)$ 表示到 (x, w) 空间上的投影, 即对于 $\Re^{n+m+1}$ 的任意子集 S, $P(S) = \big\{ (x, w) \mid (x, z, w) \in S \big\}$.

证明 (a) 如果 $\mathrm{epi}(f) = \emptyset$, 即 $f(x) = \infty$ 对所有 $x \in \Re^n$ 成立, 那么 $\mathrm{epi}(f)$ 是凸的, 因此 f 是凸的. 假定 $\mathrm{epi}(f) \neq \emptyset$, 且令 $(\bar{x}, \bar{w})$ 和 $(\tilde{x}, \tilde{w})$ 是 $\mathrm{epi}(f)$ 中的两点. 那么 $f(\bar{x}) < \infty$, $f(\tilde{x}) < \infty$, 并且存在序列 $\{\bar{z}_k\}$ 和 $\{\tilde{z}_k\}$ 使得

$$F(\bar{x}, \bar{z}_k) \to f(\bar{x}), \qquad F(\tilde{x}, \tilde{z}_k) \to f(\tilde{x})$$

成立. 利用 f 的定义和 F 的凸性, 我们有对所有 $\alpha \in [0, 1]$ 和 k,

$$\begin{aligned} f\big(\alpha\bar{x} + (1-\alpha)\tilde{x}\big) &\leqslant F\big(\alpha\bar{x} + (1-\alpha)\tilde{x}, \alpha\bar{z}_k + (1-\alpha)\tilde{z}_k\big) \\ &\leqslant \alpha F(\bar{x}, \bar{z}_k) + (1-\alpha)F(\tilde{x}, \tilde{z}_k). \end{aligned}$$

取当 $k \to \infty$ 时的极限, 我们得到

$$f\big(\alpha\bar{x} + (1-\alpha)\tilde{x}\big) \leqslant \alpha f(\bar{x}) + (1-\alpha)f(\tilde{x}) \leqslant \alpha\bar{w} + (1-\alpha)\tilde{w}.$$

可知点 $\alpha(\overline{x}, \overline{w}) + (1-\alpha)(\tilde{x}, \tilde{w})$ 属于 $\mathrm{epi}(f)$. 因此 $\mathrm{epi}(f)$ 是凸的. 这表明 f 是凸的.

(b) 为证明式 (3.1) 左侧成立, 令 $(x, w) \in P\big(\mathrm{epi}(F)\big)$, 使得存在 $\overline{z}$ 满足 $(x, \overline{z}, w) \in \mathrm{epi}(F)$, 或等价地 $F(x, \overline{z}) \leqslant w$. 于是

$$f(x) = \inf_{z \in \Re^m} F(x, z) \leqslant w$$

这意味着 $(x, w) \in \mathrm{epi}(f)$.

为证右侧, 注意对任意的 $(x, w) \in \mathrm{epi}(f)$ 和每个 k, 存在 z_k 满足

$$(x, z_k, w + 1/k) \in \mathrm{epi}(F),$$

于是 $(x, w + 1/k) \in P\big(\mathrm{epi}(F)\big)$ 且 $(x, w) \in \mathrm{cl}\big(P\big(\mathrm{epi}(F)\big)\big)$. □

其他方面, 上述命题的 (b) 部分保证如果 F 是闭的, 且如果投影运算保持它的上图的闭性, 那么 F 的部分最小化导出的是闭函数. 同时注意 $P\big(\mathrm{epi}(F)\big)$ 的闭性和 $F(x, z)$ 对于 z 的下确界的可达到性之间的联系. 如图 3.3.1 所示, 对取定的 x, $F(x, z)$ 对 z 可达到最小值, 当且仅当 $\big(x, f(x)\big)$ 属于 $P\big(\mathrm{epi}(F)\big)$. 因此如果 $P\big(\mathrm{epi}(F)\big)$ 是闭的, $F(x, z)$ 在所有使得 $f(x)$ 为有限的 x 处对 z 都可以达到最小值.

现在我们来给出同时保证函数的闭性在部分最小化下得以保持和保证函数的取部分最小值能够达到的准则.

命题 3.3.2 令 $F : \Re^{n+m} \mapsto (-\infty, \infty]$ 为闭真凸函数. 考虑由

$$f(x) = \inf_{z \in \Re^m} F(x, z), \qquad x \in \Re^n$$

给出的函数 f. 假定对某个 $\overline{x} \in \Re^n$ 和 $\overline{\gamma} \in \Re$, 集合

$$\big\{z \mid F(\overline{x}, z) \leqslant \overline{\gamma}\big\}$$

是非空的和紧的. 那么 f 是闭的真凸函数. 进而, 对每个 $x \in \mathrm{dom}(f)$, 在 $f(x)$ 定义中的最小点集是非空和紧的.

证明 我们首先注意到由命题 3.3.1(a), f 是凸的. 由命题 1.4.5(a), F 的回收锥形如

$$R_F = \big\{(d_x, d_z) \mid (d_x, d_z, 0) \in R_{\mathrm{epi}(F)}\big\}.$$

$F(\overline{x}, \cdot)$ 的非空水平集的 (公共) 回收锥形如

$$\big\{d_z \mid (0, d_z) \in R_F\big\},$$

且由紧性假设, 再利用命题 1.4.2(a) 和 1.4.5(b), 它仅由原点构成. 因此不存在向量 $d_z \neq 0$ 使得 $(0, d_z, 0) \in R_{\text{epi}(F)}$. 等价地, $R_{\text{epi}(F)}$ 中不存在向量属于 $P(\cdot)$ 的化零空间 (nullspace), 其中 $P(\cdot)$ 表示到 (x, w) 空间上的投影. 于是由 epi(F) 的紧性和命题 1.4.13, $P(\text{epi}(F))$ 是闭集, 且由关系 (3.1) 可知 f 是闭的.

对任意 $x \in \text{dom}(f)$, 非空水平集 $F(x, \cdot)$ 的 (公共) 回收锥仅由原点构成. 因此 $F(x, z)$ 对 $z \in \Re^m$ 的最小点集是非空的和紧的 (参见命题 3.2.2). 进而, 对所有的 $x \in \text{dom}(f)$, 我们有 $f(x) > -\infty$, 且由于 $\text{dom}(f)$ 是非空的 (它包含 $\overline{x}$), 可知 f 是真的. $\qquad\square$

注意如上面的证明所示, 假定存在向量 $\overline{x} \in \Re^n$ 和标量 $\overline{\gamma}$ 使得水平集

$$\big\{ z \mid F(\overline{x}, z) \leqslant \overline{\gamma} \big\}$$

为非空和紧, 等价于假定所有形如 $\big\{ z \mid F(x, z) \leqslant \gamma \big\}$ 的非空水平集都是紧的. 这是因为所有这些集合都具有相同的回收锥, 即 $\big\{ d_z \mid (0, d_z) \in R_F \big\}$.

上述命题的简单但有用的特例如下.

命题 3.3.3 令 X 和 Z 分别是 n 维欧氏空间 $\Re^n$ 和 m 维欧氏空间 $\Re^m$ 中的非空凸集, $F : X \times Z \mapsto \Re$ 是闭凸函数, 且假定 Z 是紧的. 那么由

$$f(x) = \inf_{z \in Z} F(x, z), \qquad x \in X$$

给定的函数 f 是 X 上的实值凸函数.

证明 应用命题 3.3.2, 其中部分最小化函数对 $x \in X$ 和 $z \in Z$ 的取值等于 $F(x, z)$, 其他地方取值等于 ∞. $\qquad\square$

下述命题对命题 3.3.2 稍作了一点推广.

命题 3.3.4 令 $F : \Re^{n+m} \mapsto (-\infty, \infty]$ 为闭真凸函数. 考虑由

$$f(x) = \inf_{z \in \Re^m} F(x, z), \qquad x \in \Re^n$$

给定的函数 f. 假定对某个 $\overline{x} \in \Re^n$ 和 $\overline{\gamma} \in \Re$, 集合

$$\big\{ z \mid F(\overline{x}, z) \leqslant \overline{\gamma} \big\}$$

为非空, 且它的回收锥等于它的线形空间. 那么 f 是闭真凸的. 进而, 对每个 $x \in \text{dom}(f)$, $f(x)$ 定义中的最小点集都是非空的.

证明 证明采用命题 1.4.13 和 3.2.4, 与命题 3.3.2 的证明几乎相同. $\qquad\square$

3.4　鞍点和最小最大理论

考虑函数 $\phi: X \times Z \mapsto \Re$, 其中 X 和 Z 分别是 $\Re^n$ 和 $\Re^m$ 的非空子集. 我们希望要么解

$$
\begin{aligned}
&\text{minimize} && \sup_{z \in Z} \phi(x, z) \\
&\text{subject to} && x \in X
\end{aligned}
$$

要么解

$$
\begin{aligned}
&\text{minimize} && \inf_{x \in X} \phi(x, z) \\
&\text{subject to} && z \in Z.
\end{aligned}
$$

我们主要关心保证

$$
\sup_{z \in Z} \inf_{x \in X} \phi(x, z) = \inf_{x \in X} \sup_{z \in Z} \phi(x, z), \tag{3.2}
$$

成立以及上述下确界和上确界可以达到的条件. 最小最大问题出现在一些重要的场合.

一个主要场合是零和博弈. 这类博弈最简单的情形有两个参与者: 第一个参与者可以从 n 个行动中选取一个, 另一参与者可以从 m 个动作中选取一个. 如果第一和第二参与者分别选取了 i 和 j 动作, 第一参与者支付给第二参与者 a_{ij} 的总量. 第一参与者的目标是最小化给予第二参与者的总量. 第二参与者的目标则是最大化这个总量. 参与双方采用混合策略, 其中第一参与者选取他的 n 个可能动作上的一个概率分布 $x = (x_1, \cdots, x_n)$ 而第二参与者选取他的 m 个可能动作上的一个概率分布 $z = (z_1, \cdots, z_m)$. 由于选取 i 和 j 的概率是 $x_i z_j$, 第一参与者支付给第二参与者的期望总量是 $\sum_{i,j} a_{ij} x_i z_j$ 或 $x'Az$, 其中 A 是元素为 a_{ij} 的 $n \times m$ 矩阵. 如果每个参与者都采用最悲观的观点, 即它的选择是针对对手做出最坏可能选择情形, 那么第一参与者必须最小化 $\max_z x'Az$ 而第二参与者必须最大化 $\min_x x'Az$. 这里的重要结论, 是我们第 5 章要证明的定理特例, 内容是这两个最优值是相等的. 这表明存在一个总量可以合理地认为是双方博弈的值.

另一主要场合是针对不等式约束问题的对偶理论. 问题形式如下

$$
\begin{aligned}
&\text{minimize} && f(x) \\
&\text{subject to} && x \in X, \quad g(x) \leqslant 0,
\end{aligned} \tag{3.3}
$$

其中 $f: \Re^n \mapsto \Re$, $g_j: \Re^n \mapsto \Re$ 是给定的函数, 而 X 是 $\Re^n$ 的非空子集. 这里的通常处理方法是引入向量 $\mu = (\mu_1, \cdots, \mu_r) \in \Re^r$, 构成针对不等式约束

的乘子, 并构造Lagrangian 函数

$$L(x,\mu) = f(x) + \sum_{j=1}^{r} \mu_j g_j(x).$$

然后我们可以构造拉格朗日函数 (Lagrangian) 定义的代价函数对 μ 的优化的对偶问题. 具体而言, 我们将在以后引入对偶问题

$$\begin{aligned} &\text{maximize} &&\inf_{x\in X} L(x,\mu) \\ &\text{subject to} &&\mu \geqslant 0. \end{aligned}$$

注意原问题 (3.3) 也可以写成

$$\begin{aligned} &\text{minimize} &&\sup_{\mu\geqslant 0} L(x,\mu) \\ &\text{subject to} &&x \in X \end{aligned}$$

[如果 x 违反任何一个约束 $g_j(x) \leqslant 0$, 我们都有 $\sup_{\mu\geqslant 0} L(x,\mu) = \infty$, 而如果没有违反约束, 我们就有 $\sup_{\mu\geqslant 0} L(x,\mu) = f(x)$]. 一个重要的问题是是否存在对偶间隙, 即原问题的最优值与对偶值是否相等. 这种情况成立当且仅当

$$\sup_{\mu\geqslant 0}\inf_{x\in X} L(x,\mu) = \inf_{x\in X}\sup_{\mu\geqslant 0} L(x,\mu), \tag{3.4}$$

其中 L 是拉格朗日函数.

在 5.5 节, 我们将证明一个经典结论, von Neumann 鞍点定理. 在假定 ϕ 的凸性/凹性, X 和 Z 的紧性前提下, 它保证了最大最小等于最小最大, 以及下确界和上确界的可达到性. 遗憾的是, von Neumann 定理不足以推导约束优化的对偶理论, 因为事实表明 Z 的紧性以及一定程度上 X 的紧性是局限性较强的假设 [例如在式 (3.4) 中 Z 对应于集合 $\{\mu \mid \mu \geqslant 0\}$. 而它不是紧的].

最小最大等式 (3.2) 可能有效的最直接相关事实是我们总有

$$\sup_{z\in Z}\inf_{x\in X} \phi(x,z) \leqslant \inf_{x\in X}\sup_{z\in Z} \phi(x,z), \tag{3.5}$$

[对每个 $\bar{z} \in Z$, 写出

$$\inf_{x\in X} \phi(x,\bar{z}) \leqslant \inf_{x\in X}\sup_{z\in Z} \phi(x,z)$$

并在左侧对 $\bar{z} \in Z$ 取上确界]. 我们把这个关系称为最小最大不等式. 为了让最小最大等式 (3.2) 成立, 只要证明反向的不等式. 不过, 反向不等式成立需要特殊条件.

鞍点

下述定义描述了在最小最大等式 (3.2) 中达到下确界和上确界的向量对.

定义 3.4.1 一对向量 $x^* \in X$ 和 $z^* \in Z$ 称为 ϕ 的鞍点, 如果

$$\phi(x^*, z) \leqslant \phi(x^*, z^*) \leqslant \phi(x, z^*), \qquad \forall\, x \in X,\ \forall\, z \in Z.$$

注意 (x^*, z^*) 是鞍点当且仅当 $x^* \in X$, $z^* \in Z$, 且

$$\sup_{z \in Z} \phi(x^*, z) = \phi(x^*, z^*) = \inf_{x \in X} \phi(x, z^*), \tag{3.6}$$

即如果 "x^* 针对 z^* 实现最小化" 且 "z^* 针对 x^* 实现最大化". 我们有鞍点的如下刻画.

命题 3.4.1 向量对 (x^*, z^*) 是 ϕ 的鞍点当且仅当最小最大等式(3.2)成立, 且 x^* 是优化问题

$$\begin{array}{ll} \text{minimize} & \sup_{z \in Z} \phi(x, z) \\ \text{subject to} & x \in X, \end{array} \tag{3.7}$$

的最优解, 同时 z^* 是优化问题

$$\begin{array}{ll} \text{maximize} & \inf_{x \in X} \phi(x, z) \\ \text{subject to} & z \in Z \end{array} \tag{3.8}$$

的最优解.

证明 假定 x^* 是优化问题 (3.7) 的最优解而 z^* 是优化问题 (3.8) 的最优解. 那么我们有

$$\sup_{z \in Z} \inf_{x \in X} \phi(x, z) = \inf_{x \in X} \phi(x, z^*) \leqslant \phi(x^*, z^*) \leqslant \sup_{z \in Z} \phi(x^*, z) = \inf_{x \in X} \sup_{z \in Z} \phi(x, z).$$

如果最小最大等式 [参见式 (3.2)] 成立, 那么上式中全取等式, 于是

$$\sup_{z \in Z} \phi(x^*, z) = \phi(x^*, z^*) = \inf_{x \in X} \phi(x, z^*),$$

即, (x^*, z^*) 是 ϕ 的鞍点 [参见式 (3.6)].

反过来, 如果 (x^*, z^*) 是鞍点, 那么利用式 (3.6), 我们有

$$\inf_{x \in X} \sup_{z \in Z} \phi(x, z) \leqslant \sup_{z \in Z} \phi(x^*, z) = \phi(x^*, z^*) = \inf_{x \in X} \phi(x, z^*) \leqslant \sup_{z \in Z} \inf_{x \in X} \phi(x, z).$$
(3.9)

结合最小最大不等式 (3.5), 该关系表明最小最大等式 (3.2) 成立. 于是, 式 (3.9) 中都取等式. 这意味着 x^* 和 z^* 分别是优化问题式 (3.7) 和式 (3.8) 的最优解.   □

注意命题 3.4.1 的一个简单结论是: 假定最小最大等式(3.2)成立, 鞍点集合是笛卡儿积 $X^* \times Z^*$, 其中 X^* 和 Z^* 分别是问题式 (3.7) 和式 (3.8) 的最优解的集合. 换句话说, x^* 和 z^* 可以独立地从集合 X^* 和 Z^* 中选取, 以构成鞍点. 再注意如果最小最大等式 (3.2) 不成立, 那么将不存在鞍点, 即使集合 X^* 和 Z^* 都是非空的.

为了利用命题 3.4.1 得到鞍点, 我们可以计算命题中出现的 "sup" 和 "inf" 函数, 然后分别最小化和最大化它们, 再得到相应的最小点集 X^* 和最大点集 Z^* [参见式 (3.7) 和式 (3.8)]. 如果最优值相等 (即 $\inf_x \sup_z \phi = \sup_z \inf_x \phi$), 鞍点集就是 $X^* \times Z^*$. 否则, 将没有鞍点. 下述例子说明了这一过程.

例 3.4.1　考虑当

$$\phi(x, z) = \frac{1}{2} x'Qx + x'z - \frac{1}{2} z'Rz, \qquad X = Z = \Re^n,$$

Q 和 R 是对称可逆矩阵的情形. 如果 Q 和 R 是正定的, 直接计算表明

$$\sup_{z \in \Re^n} \phi(x, z) = \frac{1}{2} x'(Q + R^{-1})x, \qquad \inf_{x \in \Re^n} \phi(x, z) = -\frac{1}{2} z'(Q^{-1} + R)z.$$

于是 $\inf_x \sup_z \phi(x, z) = \sup_z \inf_x \phi(x, z) = 0$, 我们有

$$X^* = Z^* = \{0\},$$

且可知 $(0, 0)$ 是唯一的鞍点.

现假定 Q 不是半正定的, 但 R 是正定的, 使得 $Q + R^{-1}$ 是正定的. 那么可以看到

$$\sup_{z \in \Re^n} \phi(x, z) = \frac{1}{2} x'(Q + R^{-1})x, \qquad \inf_{x \in \Re^n} \phi(x, z) = -\infty, \quad \forall z \in \Re^n.$$

这里, 集合 X^* 和 Z^* 是非空的 ($X^* = \{0\}$ 且 $Z^* = \Re^n$). 不过, 我们有 $0 = \inf_x \sup_z \phi(x, z) > \sup_z \inf_x \phi(x, z) = -\infty$, 因此不存在鞍点.

第 4 章　对偶原理的几何框架

优化问题的对偶性有多种形式. 对偶性的本质在于闭的凸集有两种等价的描述方式：用该集合包含的所有点的并集来描述，或用超平面描述，也即闭凸集等于所有包含它的闭半空间的交集 (详见命题 1.5.4). 令 $f : \Re^n \mapsto [-\infty, \infty]$ 为定义在 n 维欧氏空间 $\Re^n$ 上的函数. 当我们用超平面的交集来描述 f 的上图 epi(f) 时，将恰好推出 f 的共轭函数：

$$f^\star(y) = \sup_{x \in \Re^n} \left\{ x'y - f(x) \right\}. \tag{4.1}$$

假设 f 是闭的真凸函数，共轭定理 (命题 1.6.1) 指出 $f(x) = f^{\star\star}(x) = \sup_{y \in \Re^n} \left\{ x'y - f^\star(y) \right\}$，所以

$$
\begin{aligned}
\mathrm{epi}(f) &= \left\{ (x, w) \mid f(x) \leqslant w \right\} \\
&= \left\{ (x, w) \mid \sup_{y \in \Re^n} \left\{ x'y - f^\star(y) \right\} \leqslant w \right\} \\
&= \cap_{y \in \Re^n} \left\{ (x, w) \mid x'y - w \leqslant f^\star(y) \right\}.
\end{aligned}
$$

因此，epi(f) 的另一种等价定义是：与共轭函数 $f^\star$ 相关的一族闭半空间的交集.

本章中，我们将从几何的角度分析优化问题的对偶性，并提出名为**最小公共点/最大相交点 (min common/max crossing)** 的几何框架，简称为 MC/MC 框架. 通过用超平面描述代价函数的上图，我们将从几何的视角来重新阐释函数的共轭性，而不再需要式 (4.1) 那样繁杂的公式. 基于上述原因，MC/MC 框架更适用于直观分析多种重要的优化问题.

4.1　最小公共点/最大相交点问题的对偶性

我们将用两个简单的几何问题来概括对偶性的最基本要素. 令集合 M 为 $n+1$ 维欧氏空间 $\Re^{n+1}$ 的非空子集，考虑以下两个问题

(a) 最小公共点问题：在集合 M 与 $\Re^{n+1}$ 的第 $(n+1)$ 条坐标轴的所有公共点 (即二者的交集的点) 中，求其中第 $(n+1)$ 位坐标值的最小值.

(b) 最大相交点问题：设想这样的非竖直超平面，使得 M 被包含于其关联的 "上" 闭半空间 (包含竖直射线 $\{(0,w) \mid w \geqslant 0\}$ 的闭半空间，如图 4.1.1 所示). 求所有满足条件的超平面与第 $(n+1)$ 条坐标轴的交点坐标值的最大值.

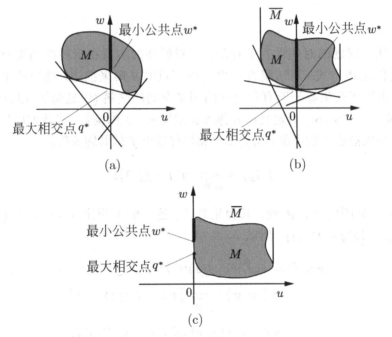

图 4.1.1　最小公共点/最大相交点 (MC/MC) 问题的最优值. 在 (a) 中，这两个问题的最优值各自不相等. 在 (b) 中，将集合 M 沿着第 $(n+1)$ 条坐标轴的方向往上无限延伸，可构造出凸集

$$\overline{M} = M + \{(0,w) \mid w \geqslant 0\}$$
$$= \{(u,w) \mid \text{存在 } \overline{w} \text{ 使得 } \overline{w} \leqslant w \text{ 且}(u,\overline{w}) \in M\},$$

此时，存在非竖直的超平面在 $(0,w^*)$ 处支撑 $\overline{M}$，且最小公共点问题与最大相交点问题有相等的最优值. 在 (c) 中，$\overline{M}$ 是凸集却不是闭集，而 $\overline{M}$ 的闭包与竖直坐标轴有公共点 $(0,\overline{w})$ 使得 $\overline{w} < w^*$. 此时 q^* 是所有满足条件的 $\overline{w}$ 的最小值，于是 $q^* < w^*$.

以上两个问题合称为最小公共点/最大相交点 (MC/MC) 问题. 我们将证明，凸优化的核心理论都统一在这两个基本问题组成的几何框架下.

如图 4.1.1 所示，最大相交点问题的最优值总是不大于最小公共点问题的最优值，并且在某些条件下这两个最优值相等. 在这一章中，我们将给出使得这两个最优值相等的条件，以及使得最优解存在的条件. 在下一章中，我们将应用本章的结论来分析涉及对偶性的多种具体优化问题.

首先，我们给出最小公共点问题的严格数学描述：

$$\text{minimize} \quad w$$
$$\text{subject to} \quad (0, w) \in M.$$

并记其最优值为 w^*，即

$$w^* = \inf_{(0,w) \in M} w.$$

类似地，我们也给出最大相交点问题的数学描述. 为描述 $\Re^{n+1}$ 中的非竖直超平面，我们需用超平面的法向量 $(\mu, 1) \in \Re^{n+1}$ 及一个标量 ξ，即

$$H_{\mu, \xi} = \left\{ (u, w) \mid w + \mu' u = \xi \right\}.$$

该超平面与第 $(n+1)$ 条坐标轴的交点为 $(0, \xi)$. 超平面 $H_{\mu, \xi}$ 关联的上半闭空间包含集合 M 的充要条件是

$$\xi \leqslant w + \mu' u, \qquad \forall\, (u, w) \in M,$$

也即，

$$\xi \leqslant \inf_{(u,w) \in M} \{w + \mu' u\}.$$

给定的法向量 $(\mu, 1)$，存在一族互相平行的超平面 $H_{\mu, \xi}$ 满足上述条件. 记 $q(\mu)$ 为这些超平面与竖直坐标轴的最高交点的位置，

$$q(\mu) = \inf_{(u,w) \in M} \{w + \mu' u\} \tag{4.2}$$

(见图 4.1.2). 于是，最大相交点问题转化为求函数 $q(\mu)$ 的最大值及对应的 μ 值，即

$$\text{maximize} \quad q(\mu),$$
$$\text{subject to} \quad \mu \in \Re^n.$$

我们也称该问题为**对偶问题 (dual problem)**，记 q^* 为其最优值

$$q^* = \sup_{\mu \in \Re^n} q(\mu),$$

其中 $q(\mu)$ 也被称为**相交函数 (crossing function)**或**对偶函数 (dual function)**.

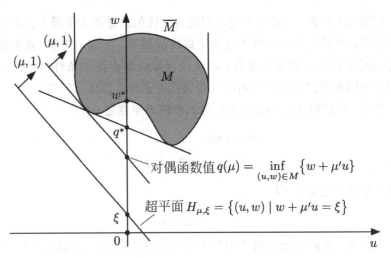

图 4.1.2 最大相交点问题示意图. 所有超平面中, 只有非竖直的超平面才与竖直坐标轴有交点, 故只需考虑如下形式的超平面

$$H_{\mu,\xi} = \big\{(u,w) \mid w + \mu'u = \xi\big\},$$

其法向量为 $(\mu,1)$, 与竖直轴的交点位置为 ξ, 该超平面需对任意 $(u,w) \in M$ 都满足 $\xi \leqslant w + \mu'u$, 也即 $\xi \leqslant \inf_{(u,w)\in M}\{w + \mu'u\}$. 给定向量 $\mu \in \Re^n$, 所有具有相同法向量的超平面与竖直坐标轴的最高交点的坐标为

$$q(\mu) = \inf_{(u,w)\in M}\{w + \mu'u\}.$$

于是最大相交点问题等价于在 $\mu \in \Re^n$ 上最大化函数 $q(\mu)$.

在后续的几节中, 我们将证明不等式 $q^* \leqslant w^*$ 恒成立; 这一不等式关系被称为**弱对偶性 (weak duality)**. 当 $q^* = w^*$ 成立时, 我们称**强对偶性 (strong duality)** 成立, 或者**不存在对偶间隙 (no duality gap)**.

假如将 M 替换为其 "上延伸集合" (upwards extension) $\overline{M}$,

$$\begin{aligned}
\overline{M} &= M + \big\{(0,w) \mid w \geqslant 0\big\} \\
&= \big\{(u,w) \mid 存在 \overline{w} 使得 \overline{w} \leqslant w \text{ 且} (u,\overline{w}) \in M\big\}
\end{aligned} \tag{4.3}$$

(如图 4.1.1 所示), 对应问题的最优值 w^* 与 q^* 都不变. 有些情况下, 尽管 M 是非凸的, 但 $\overline{M}$ 却是凸集, 此时为方便起见常用 $\overline{M}$ 代替 M 来分析. 另外有些情况下, 集合 M 本身有特殊的性质 (如紧性等), 如替换成 $\overline{M}$ 则将失去这些便利的性质, 此时直接分析 M 更可取.

还需注意, 上文的分析并未排除 w^* 或 q^* (或二者同时) 取无限值的可能. 具体来说, 当最小公共点问题没有可行解 (feasible solution) 时 [即

$M \cap \big\{ (0, w) \mid w \in \Re \big\} = \emptyset]$，则有 $w^* = \infty$. 当最大相交点问题没有可行解时，则有 $q^* = -\infty$，这种情形常在当 $\overline{M}$ 包含竖直直线 (即存在 $x \in \Re^{n-1}$ 使得 $\{ (x, u) \mid u \in \Re \} \subset \overline{M}$) 时发生.

下面我们给出最小公共点/最大相交点框架的几个基本性质.

命题 4.1.1 对偶函数 q 是上半连续的凹函数.

证明 根据定义式 (4.2)，q 是一族仿射函数的下确界，所以 $-q$ 是闭的 (详见命题 1.1.6). 再应用命题 1.1.2，即可推出待证的结果. $\square$

接下来，我们将证明弱对偶不等式恒成立，如图 4.1.1 所示，该性质很容易直观理解.

命题 4.1.2 (弱对偶性定理). 不等式 $q^* \leqslant w^*$ 恒成立.

证明 任取 $(u, w) \in M$ 及 $\mu \in \Re^n$，可得

$$q(\mu) = \inf_{(u,w) \in M} \{ w + \mu' u \} \leqslant \inf_{(0,w) \in M} w = w^*,$$

对上式左侧的函数 q 在其定义域 $\mu \in \Re^n$ 上取上确界，易推出 $q^* \leqslant w^*$. $\square$

如图 4.1.2 所示，最大相交点问题的可行解集与 $\overline{M}$ 的水平的回收方向有紧密的联系. 对此下面的命题给出了详细论证.

命题 4.1.3 假设集合

$$\overline{M} = M + \big\{ (0, w) \mid w \geqslant 0 \big\}$$

是凸集. 则最大相交点问题的可行解集 $\big\{ \mu \mid q(\mu) > -\infty \big\}$ 是如下锥体的子集，

$$\big\{ \mu \mid \text{所有使得 } (d, 0) \in R_{\overline{M}} \text{ 的向量 } d \text{ 都满足} \mu' d \geqslant 0 \big\},$$

其中 $R_{\overline{M}}$ 是 $\overline{M}$ 的回收锥.

证明 任取向量 $(\overline{u}, \overline{w}) \in \overline{M}$. 如果 $(d, 0) \in R_{\overline{M}}$ 则对所有 $\alpha \geqslant 0$ 都满足 $(\overline{u} + \alpha d, \overline{w}) \in \overline{M}$，于是所有 $\mu \in \Re^n$ 都满足

$$q(\mu) = \inf_{(u,w) \in M} \{ w + \mu' u \} = \inf_{(u,w) \in \overline{M}} \{ w + \mu' u \} \leqslant \overline{w} + \mu' \overline{u} + \alpha \mu' d, \quad \forall \, \alpha \geqslant 0.$$

因此，如果 $\mu' d < 0$ 则必有 $q(\mu) = -\infty$；如果 $q(\mu) > -\infty$ 则必有 $\mu' d \geqslant 0$.

$\square$

我们举一个具体的例子，令集合 $\overline{M}$ 为某凸集与 $\Re^{n+1}$ 的非负象限的向量和. 此时，易验证集合 $\{d \mid (d,0) \in R_{\overline{M}}\}$ 也包含 $\Re^n$ 的非负象限，于是根据上述命题，所有使得 $q(\mu) > -\infty$ 的 μ 值都满足 $\mu \geqslant 0$. 类似的情况常出现于不等式约束下的优化问题 (详见第 5.3 节).

4.2　几种特殊情况

在本节中，我们将探讨几种具体的实例/特殊情况，并据此说明最小公共点/最大相交点问题的意义. 在每种情况下，我们都取集合 M 为某给定函数的上图.

4.2.1　对偶性与共轭凸函数的联系

令集合 M 为函数 $p : \Re^n \mapsto [-\infty, \infty]$ 的上图. 于是 M 与其上延伸集合 $\overline{M}$(定义见式 (4.3)) 重合，如图 4.1.1 所示. 此时，M 对应的最小公共点问题的最优值为

$$w^* = p(0).$$

根据式 (4.2)，对偶函数 q 形如

$$q(\mu) = \inf_{(u,w)\in\mathrm{epi}(p)} \{w + \mu'u\} = \inf_{\{(u,w)\mid p(u)\leqslant w\}} \{w + \mu'u\},$$

也即，

$$q(\mu) = \inf_{u\in\Re^m} \{p(u) + \mu'u\}. \tag{4.4}$$

因此 $q(\mu) = -p^\star(-\mu)$，其中 $p^\star$ 是 p 的共轭函数:

$$p^\star(\mu) = \sup_{u\in\Re^n} \{\mu'u - p(u)\}.$$

于是，

$$q^* = \sup_{\mu\in\Re^n} q(\mu) = \sup_{\mu\in\Re^n} \{0 \cdot (-\mu) - p^\star(-\mu)\} = p^{\star\star}(0),$$

其中 $p^{\star\star}$ 是 $p^\star$ 的共轭函数 (也即 p 的双重共轭函数)，如图 4.2.1 所示. 如果 $p = p^{\star\star}$ (也即 p 是闭的真凸函数)，则 $w^* = q^*$.

最小公共点问题和最大相交点问题是对称的: 函数 $-q$ 的上图定义的最小公共点问题的对偶函数恰是 $-p^{\star\star}$(当 p 是闭的真凸函数时，也等于 $-p$，详见共轭定理，即命题 1.6.1). 而且，根据命题 1.6.1(d)，分别对应于集合 $M = \mathrm{epi}(p)$ 与集合 $M = \mathrm{epi}(\check{\mathrm{cl}}\,p)$ 的最小公共点问题有相同的对偶函数，

即 $q(\mu) = -p^\star(-\mu)$. 更进一步, 如果 $\check{\mathrm{cl}}\, p$ 是真函数则 $\check{\mathrm{cl}}\, p = p^{\star\star}$, 所以集合 $M = \mathrm{epi}(p^{\star\star})$ 对应的最小公共点问题也有相同的对偶函数.

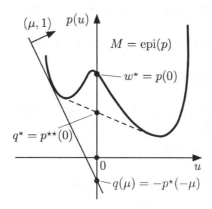

图 4.2.1　当集合 M 是函数 $p : \Re^n \mapsto [-\infty, \infty]$ 的上图时的最小公共点/最大相交点问题示意图. 如图,

$$q(\mu) = -p^\star(-\mu),$$
$$w^* = p(0), \qquad q^* = p^{\star\star}(0),$$

其中 $p^{\star\star}$ 是 p 的双重共轭. 如果 p 是闭的真凸函数, 共轭定理 (命题 1.6.1) 指出 $p = p^{\star\star}$, 所以 $w^* = q^*$.

4.2.2　一般优化问题中的对偶性

考虑函数 $f : \Re^n \mapsto [-\infty, \infty]$ 的最小化问题. 我们引入自变量为 (x, u) 的函数 $F : \Re^{n+r} \mapsto [-\infty, \infty]$, 使得

$$f(x) = F(x, 0), \qquad \forall\, x \in \Re^n. \tag{4.5}$$

我们定义函数 $p : \Re^r \mapsto [-\infty, \infty]$ 如下

$$p(u) = \inf_{x \in \Re^n} F(x, u). \tag{4.6}$$

有一种思路能帮助我们理解函数 F 的用途: 把 u 看作**摄动量**, 把 $F(x, u)$ 看作添加摄动后的代价函数, 其随 u 变化而变化, 而把 $p(u)$ 看作加摄动后的优化问题的最优值. 当 $u = 0$ 时, 加摄动的问题等价于原问题, 即最小化 f. 由于 p 是通过对 F 做部分最小化 (partial minimization) 定义的, 所以应用 3.3 节的理论即可验证 p 是否是闭函数.

我们来分析集合

$$M = \mathrm{epi}(p)$$

对应的 MC/MC 框架. 此时的最小共同值 w^* 恰为函数 f 的最小值, 因为

$$w^* = p(0) = \inf_{x \in \Re^n} F(x, 0) = \inf_{x \in \Re^n} f(x).$$

根据式 (4.4)，相应的对偶函数形如

$$q(\mu) = \inf_{u \in \Re^r} \left\{ p(u) + \mu' u \right\} = \inf_{(x,u) \in \Re^{n+r}} \left\{ F(x, u) + \mu' u \right\}, \qquad (4.7)$$

而相应的最大相交点问题是

$$\text{maximize} \quad q(\mu)$$
$$\text{subject to} \quad \mu \in \Re^r.$$

从式 (4.7) 可知, q 也可表示为

$$q(\mu) = - \sup_{(x,u) \in \Re^{n+r}} \left\{ - \mu' u - F(x, u) \right\} = -F^\star(0, -\mu),$$

其中 $F^\star$ 是以 (x, u) 为自变量的 F 的共轭函数. 由于

$$q^* = \sup_{\mu \in \Re^r} q(\mu) = - \inf_{\mu \in \Re^r} F^\star(0, -\mu) = - \inf_{\mu \in \Re^r} F^\star(0, \mu),$$

强对偶关系 $w^* = q^*$ 亦等价于

$$\inf_{x \in \Re^n} F(x, 0) = - \inf_{\mu \in \Re^r} F^\star(0, \mu).$$

4.2.3   不等式约束下的优化问题

用不同的方式添加摄动并构造函数 F，例如式 (4.5) 与 (4.6)，将构造出不同的最小公共点/最大相交点框架和相应的对偶问题. 本节将研究另一种典型的优化问题，即不等式约束下的最小化问题：

$$\begin{cases} \text{minimize} & f(x), \\ \text{subject to} & x \in X, \quad g(x) \leqslant 0, \end{cases} \qquad (4.8)$$

其中 X 是 $\Re^n$ 的非空子集, $f : X \mapsto \Re$ 和 $g_j : X \mapsto \Re$ 是给定的函数, $g(x) = \big(g_1(x), \cdots, g_r(x)\big)$ 是函数组成的向量. 我们对约束集引入摄动

$$C_u = \big\{ x \in X \mid g(x) \leqslant u \big\}, \qquad u \in \Re^r, \qquad (4.9)$$

并构造函数

$$F(x,u) = \begin{cases} f(x), & x \in C_u, \\ \infty, & \text{其他,} \end{cases}$$

该函数对任意 $x \in C_0$ 都满足 $F(x,0) = f(x)$ (详见式 (4.5)).

根据式 (4.6) 中的定义, 函数 p 等于

$$p(u) = \inf_{x \in \Re^n} F(x,u) = \inf_{x \in X,\, g(x) \leqslant u} f(x), \tag{4.10}$$

我们称之为**原始函数 (primal function)**或**摄动函数 (perturbation function)**(如图 4.2.2 所示). 该函数概括了有约束的最小化问题的基本结构, 包括对偶性及一些其他重要性质, 比如灵敏度, 即当约束的程度改变时最优值的变化率.

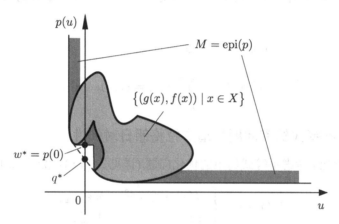

图 4.2.2　摄动函数 p 的示意图 (定义见式 (4.10)). 图中函数 p 的上图 epi(p) 是集合 $\{(g(x), f(x)) \mid x \in X\}$ 与正象限的和.

我们来研究集合 $M = \text{epi}(p)$ 对应的 MC/MC 框架. 根据式 (4.4) [或式 (4.7)] 可写出

$$\begin{aligned} q(\mu) &= \inf_{u \in \Re^r} \{p(u) + \mu' u\} \\ &= \inf_{x \in X,\, g(x) \leqslant u} \{f(x) + \mu' u\} \\ &= \begin{cases} \inf_{x \in X} \{f(x) + \mu' g(x)\}, & \mu \geqslant 0, \\ -\infty, & \text{其他.} \end{cases} \end{aligned} \tag{4.11}$$

在后文的 5.3 节中, 我们将视 q 为标准对偶函数, 即通过在 $x \in X$ 上最小化 $f(x) + \mu' g(x)$ 得到的函数, 其中 $f(x) + \mu' g(x)$ 也被称为**拉格朗日函数**

(Lagrangian function)(对比 3.4 节中关于对偶性的讨论, 以及对偶性与最小最大理论的联系).

例 4.2.1 (线性规划的对偶性). 求解线性规划问题

$$\text{minimize} \quad c'x,$$

$$\text{subject to} \quad a_j'x \geqslant b_j, \quad j = 1, \cdots, r,$$

其中 $c \in \Re^n$, $a_j \in \Re^n$, $b_j \in \Re$, $j = 1, \cdots, r$. 当 $\mu \geqslant 0$ 时, 对偶函数形如

$$q(\mu) = \inf_{x \in \Re^n} \left\{ c'x + \sum_{j=1}^r \mu_j (b_j - a_j'x) \right\} = \begin{cases} b'\mu, & \sum_{j=1}^r a_j \mu_j = c, \\ -\infty, & \text{其他.} \end{cases}$$

当 $\mu \in \Re^r$ 取其他值时, $q(\mu) = -\infty$(见式 (4.11)). 线性规划问题的对偶问题为

$$\text{maximize} \quad b'\mu,$$

$$\text{subject to} \quad \sum_{j=1}^r a_j \mu_j = c, \quad \mu \geqslant 0.$$

4.2.4 不等式约束问题的增广拉格朗日对偶性

我们继续考虑不等式约束的优化问题 (详见式 (4.8)). 定义如下函数

$$F_c(x, u) = \begin{cases} f(x) + \frac{c}{2}\|u\|^2, & x \in C_u, \\ \infty, & \text{其他,} \end{cases}$$

其中 C_u 是添加摄动后的约束集 (定义见式 (4.9)), c 是正标量. 此时式 (4.10) 定义的摄动函数 p 变成

$$p_c(u) = \inf_{x \in \Re^n} F_c(x, u) = \inf_{x \in X, \, g(x) \leqslant u} \left\{ f(x) + \frac{c}{2}\|u\|^2 \right\}$$

(然而 $p(0) = p_c(0)$, 所以最小公共点问题的最优值不变). 相应的对偶函数是

$$q_c(\mu) = \inf_{u \in \Re^r} \left\{ p_c(u) + \mu'u \right\} = \inf_{x \in X, \, g(x) \leqslant u} \left\{ f(x) + \mu'u + \frac{c}{2}\|u\|^2 \right\}.$$

任给向量 $x \in X$, 上式中的下确界可通过对 u 的每个元素 u_j 分别做最小化得到. 对于某个 u_j, 仅需在约束 $g_j(x) \leqslant u_j$ 下对一元二次函数 $\mu_j u_j + \frac{c}{2}(u_j)^2$ 做最小化. 易验证, u_j 的最优解是

$$g_j^+(x, \mu, c) = \max \left\{ -\frac{\mu_j}{c}, g_j(x) \right\}, \qquad j = 1, \cdots, r,$$

将其代入 q_c 的表达式可得

$$q_c(\mu) = \inf_{x \in X} \left\{ f(x) + \mu' g^+(x, \mu, c) + \frac{c}{2} \left\| g^+(x, \mu, c) \right\|^2 \right\}, \qquad \mu \in \Re^r,$$

其中 $g^+(x, \mu, c)$ 是由元素 $g_j^+(x, \mu, c)$ 构成的向量.

上式右侧括号中的表达式被称为**增广拉格朗日函数 (augmented Lagrangian function)**. 很多实用算法通过最大化对偶 "罚函数" $q_c(\mu)$ 来求解原问题, 在这类算法中增广拉格朗日函数起着核心作用 (详见专著 [Ber82] 及常用的非线性规划教材). 需注意 (与式 (4.11) 中 q 的表达式不同), q_c 通常是实值的(例如, 当 f 和 g_j 都是连续函数而 X 是紧集时), 在很多重要问题中, q_c 还是可微的. 基于这一性质, 增广拉格朗日函数为很多实用算法提供了一种对偶问题正则化 (regularization) 的方法.

4.2.5 最小最大问题

令 $\phi : X \times Z \mapsto \Re$ 为给定的函数, 其中 X 和 Z 分别为 $\Re^n$ 和 $\Re^m$ 的非空子集. 如 3.4 节的内容, 我们将考虑如下两个问题:

$$\begin{aligned} & \text{minimize} \quad \sup_{z \in Z} \phi(x, z), \\ & \text{subject to} \quad x \in X \end{aligned}$$

以及

$$\begin{aligned} & \text{maximize} \quad \inf_{x \in X} \phi(x, z), \\ & \text{subject to} \quad z \in Z. \end{aligned}$$

我们关注的一个重要的问题是下列最小最大等式是否成立, 即

$$\sup_{z \in Z} \inf_{x \in X} \phi(x, z) = \inf_{x \in X} \sup_{z \in Z} \phi(x, z), \tag{4.12}$$

以及式中的上确界和下确界是否能分别达到. 这个问题对于研究零和博弈及优化对偶理论十分重要, 详见第 3.4 节.

我们引入函数 $p : \Re^m \mapsto [-\infty, \infty]$, 定义如下,

$$p(u) = \inf_{x \in X} \sup_{z \in Z} \left\{ \phi(x, z) - u'z \right\}, \qquad u \in \Re^m. \tag{4.13}$$

可以把 p 看作摄动函数, 它刻画了当从函数 ϕ 减去一个线性摄动量 $u'z$ 时, 函数 ϕ 的最小最大值的变化. 我们来分析下列集合的最小公共点/最大相交点问题,

$$M = \mathrm{epi}(p),$$

此时最小公共点问题的最优值为

$$w^* = p(0) = \inf_{x \in X} \sup_{z \in Z} \phi(x, z). \tag{4.14}$$

我们还将证明, 此时的最大相交点值 q^* 恰等于 "凸化" 后的 ϕ 的最大最小值.

回顾 1.3.3 节, 给定集合 $X \subset \Re^n$ 与函数 $f : X \mapsto [-\infty, \infty]$, 我们定义了 f 的凸闭包函数 $\check{\mathrm{cl}} f$, 其上图为 f 的上图的凸包. 我们现在来定义函数 f 的**凹闭包 (concave closure)**, 我们标记其为 $\hat{\mathrm{cl}} f : \Re^n \mapsto [-\infty, \infty]$, 该函数是对 $-f$ 的凸闭包取反得到的, 即

$$\hat{\mathrm{cl}} f = -\check{\mathrm{cl}}(-f).$$

这是处处不小于 f 的函数中最小的上半连续且凹的函数, 也即, 对任意满足 $g \geqslant f$ 的上半连续凹函数 $g : X \mapsto [-\infty, \infty]$ 都满足 $\hat{\mathrm{cl}} f \leqslant g$(命题 1.3.14). 根据命题 1.3.13,

$$\sup_{x \in X} f(x) = \sup_{x \in X} (\hat{\mathrm{cl}} f)(x) = \sup_{x \in \mathrm{conv}(X)} (\hat{\mathrm{cl}} f)(x) = \sup_{x \in \Re^n} (\hat{\mathrm{cl}} f)(x). \tag{4.15}$$

下面的命题, 假设函数 $\phi(x, \cdot)$ 的凹闭包 $(\hat{\mathrm{cl}} \phi)(x, \cdot)$ 满足一定的条件, 推导了最小最大问题的对偶函数的形式.

命题 4.2.1 令 X 与 Z 分别为 n 维欧氏空间 $\Re^n$ 与 m 维欧氏空间 $\Re^m$ 的非空子集, 令 $\phi : X \times Z \mapsto \Re$ 为给定的函数, 并假设 $(-\hat{\mathrm{cl}} \phi)(x, \cdot)$ 对所有 $x \in X$ 都是真函数. 令 p 为式 (4.13) 中定义的函数, 则集合 $M = \mathrm{epi}(p)$ 的最小公共点/最大相交点问题的对偶函数形如

$$q(\mu) = \inf_{x \in X} (\hat{\mathrm{cl}} \phi)(x, \mu), \qquad \forall \, \mu \in \Re^m. \tag{4.16}$$

证明 函数 p 可以写为

$$p(u) = \inf_{x \in X} p_x(u),$$

其中

$$p_x(u) = \sup_{z \in Z} \left\{ \phi(x, z) - u'z \right\}, \qquad x \in X, \tag{4.17}$$

我们还注意到

$$\inf_{u \in \Re^m} \left\{ p_x(u) + u'\mu \right\} = - \sup_{u \in \Re^m} \left\{ u'(-\mu) - p_x(u) \right\} = -p_x^\star(-\mu), \tag{4.18}$$

其中 $p_x^\star$ 是 p_x 的共轭函数. 从式 (4.17) 中可推出 (仅需做一次变号)p_x 是 $(-\phi)(x, \cdot)$ 的共轭函数 (把两个函数的定义域都限制为 Z). 根据假设 $(-\hat{\mathrm{cl}}\,\phi)(x, \cdot)$ 总是真函数, 于是共轭定理 (命题 1.6.1(d)) 指出

$$p_x^\star(-\mu) = -(\hat{\mathrm{cl}}\,\phi)(x, \mu). \tag{4.19}$$

我们对 q 应用式 (4.4)、式 (4.18) 及式 (4.19), 可得其对任意 $\mu \in \Re^m$ 都满足

$$\begin{aligned}
q(\mu) &= \inf_{u \in \Re^m} \left\{ p(u) + u'\mu \right\} \\
&= \inf_{u \in \Re^m} \inf_{x \in X} \left\{ p_x(u) + u'\mu \right\} \\
&= \inf_{x \in X} \inf_{u \in \Re^m} \left\{ p_x(u) + u'\mu \right\} \\
&= \inf_{x \in X} \left\{ -p_x^\star(-\mu) \right\} \\
&= \inf_{x \in X} (\hat{\mathrm{cl}}\,\phi)(x, \mu). \tag{4.20}
\end{aligned}$$

证明完毕. □

需注意, 如果假设 "$(-\hat{\mathrm{cl}}\,\phi)(x, \cdot)$ 对所有 $x \in X$ 都是真函数" 不成立, 命题 4.2.1 的结论也不一定成立, 因为此时式 (4.19) 不一定成立. 上述命题的关键在于指出了: **如果 w^* 等于函数 ϕ 的最小最大值, 则对偶最优值 q^* 等于其凹闭包函数 $\hat{\mathrm{cl}}\,\phi$ 的最大最小值**. 具体说来, 有如下几点结论:

(a) 一般来说,

$$\sup_{z \in Z} \inf_{x \in X} \phi(x, z) \leqslant q^* \leqslant w^* = \inf_{x \in X} \sup_{z \in Z} \phi(x, z), \tag{4.21}$$

其中第一个不等关系来自

$$q(\mu) = \inf_{u \in \Re^m} \left\{ p(u) + u'\mu \right\}$$

$$= \inf_{u \in \Re^m} \inf_{x \in X} \sup_{z \in Z} \left\{ \phi(x, z) + u'(\mu - z) \right\}$$

$$\geqslant \inf_{x \in X} \phi(x, \mu),$$

(见式 (4.4)), 再对上式两侧在 $\mu \in Z$ 上取上确界即可 (上式中的不等号可通过令 $z = \mu$ 取得); 第二个不等关系即为弱对偶性; 而最后一个不等关系来自式 (4.14). 因此从最小最大等式 (4.12) 可推出强对偶关系 $q^* = w^*$.

(b) 如果 $-\phi(x, \cdot)$ 对任意 $x \in X$ 都是闭的凸函数, 即有

$$\phi(x, z) = (\hat{\mathrm{cl}}\,\phi)(x, z), \qquad \forall\, x \in X,\, z \in Z,$$

则根据命题 4.2.1 及假设 "函数 $(-\hat{\mathrm{cl}}\,\phi)(x, \cdot)$ 对所有 $x \in X$ 都是真函数" 可得,

$$q^* = \sup_{z \in \Re^m} q(z) = \sup_{z \in \Re^m} \inf_{x \in X} (\hat{\mathrm{cl}}\,\phi)(x, z) = \sup_{z \in Z} \inf_{x \in X} \phi(x, z).$$

再联系式 (4.21) 易知: 如果 $\phi = \hat{\mathrm{cl}}\,\phi$, 则最小最大等式 (4.12) 等价于 $q^* = w^*$.

(c) 从式 (4.15) 可中得 $\sup_{z \in Z} \phi(x, z) = \sup_{z \in \Re^m} (\hat{\mathrm{cl}}\,\phi)(x, z)$, 所以

$$w^* = \inf_{x \in X} \sup_{z \in \Re^m} (\hat{\mathrm{cl}}\,\phi)(x, z).$$

假设 $(-\hat{\mathrm{cl}}\,\phi)(x, \cdot)$ 对所有 $x \in X$ 都是真函数, 则根据命题 4.2.1 可知

$$q^* = \sup_{z \in \Re^m} \inf_{x \in X} (\hat{\mathrm{cl}}\,\phi)(x, z).$$

因此, w^* 和 q^* 分别是函数 $\hat{\mathrm{cl}}\,\phi$ 的最小最大值和最大最小值.

(d) 如果对每个 z 值函数 $(\hat{\mathrm{cl}}\,\phi)(\cdot, z)$ 都是闭的凸函数, 则凸/凹函数 $\hat{\mathrm{cl}}\,\phi$ 的最小最大值和最大最小值通常是相等的 (见 5.5 节). 此时强对偶关系成立, 即 $q^* = w^*$, 但等式 (4.12) 不一定成立, 因为式 (4.21) 中的第一个关系式仍可能取严格不等号. 如果存在 z 使得 $(\hat{\mathrm{cl}}\,\phi)(\cdot, z)$ 不是闭的凸函数, 则 $q^* = w^*$ 通常无法保证. 此时, 对偶间隙 $w^* - q^*$ 的大小取决于函数 $(\hat{\mathrm{cl}}\,\phi)(\cdot, z)$ 与其凸闭包的差别. 我们将更深入地分析在某些具体问题中的对偶间隙的大小, 详见 5.7 节.

例 4.2.2 (有限集 Z). 令函数为

$$\phi(x,z) = z'f(x),$$

其中 $f : X \mapsto \Re^m$ 是定义在 $\Re^n$ 的子集 X 上的函数，而 $f(x)$ 可看作元素分别为函数 $f_j : X \mapsto \Re, j = 1, \cdots, m$ 的向量函数. 假设 Z 是有限集合 $Z = \{e_1, \cdots, e_m\}$，其中 e_j 为第 j 个单元向量 (即 $m \times m$ 单位阵的第 j 个列向量). 于是

$$\sup_{z \in Z} \inf_{x \in X} \phi(x,z) = \max \left\{ \inf_{x \in X} f_1(x), \cdots, \inf_{x \in X} f_m(x) \right\},$$

且

$$w^* = \inf_{x \in X} \sup_{z \in Z} \phi(x,z) = \inf_{x \in X} \max \left\{ f_1(x), \cdots, f_m(x) \right\}.$$

令 $\overline{Z}$ 为 $\Re^m$ 中的单位单纯形 (也即 Z 的凸包)，则

$$(\hat{\mathrm{cl}}\,\phi)(x,z) = \begin{cases} z'f(x), & z \in \overline{Z}, \\ -\infty, & z \notin \overline{Z}, \end{cases}$$

根据命题 4.2.1 可得

$$q^* = \sup_{z \in Z} \inf_{x \in X} (\hat{\mathrm{cl}}\,\phi)(x,z) = \sup_{z \in \overline{Z}} \inf_{x \in X} z'f(x).$$

需注意，很可能发生 $\sup_{z \in Z} \inf_{x \in X} \phi(x,z) < q^*$ 的情况. 例如，当 $X = [0,1], f_1(x) = x$ 且 $f_2(x) = 1 - x$ 时，易验证

$$\sup_{z \in Z} \inf_{x \in X} \phi(x,z) = 0 < \frac{1}{2} = q^*.$$

如果 X 是紧集而 $f_1, \cdots, f_m$ 都是连续凸函数 (如上例)，我们可以用 5.5 节的结论证明 $q^* = w^*$. 另一方面，如果 $f_1, \cdots, f_m$ 不都是凸函数，则有可能 $q^* < w^*$.

在特定条件下，q^* 恰为引入了混合 (随机化的) 策略后的最小最大问题的解，如下例所示.

例 4.2.3 (有限零和博弈). 令 X 和 Z 为如下有限集：

$$X = \{d_1 \cdots, d_n\}, \qquad Z = \{e_1, \cdots, e_m\},$$

其中 d_i 是 $n \times n$ 单位阵的第 i 个列向量，e_j 是 $m \times m$ 单位阵的第 j 个列向量. 令

$$\phi(x, z) = x'Az,$$

其中 A 是 $n \times m$ 的矩阵. 这正是 3.4 节讨论过的经典博弈问题，其中 $x = d_i$ 与 $z = e_j$ 分别表示选择相应的策略，A 的第 i 行第 j 列的元素表示相应的支付 (payoff). 令 $\overline{X}$ 和 $\overline{Z}$ 分别为 $\Re^n$ 和 $\Re^m$ 中的单位单纯形. 类似于上例，易证 $q^* = \max_{z \in \overline{Z}} \min_{x \in X} x'Az$，再用5.5节的理论易证明

$$q^* = \max_{z \in \overline{Z}} \min_{x \in \overline{X}} x'Az = \min_{x \in \overline{X}} \max_{z \in \overline{Z}} x'Az.$$

这里 $\overline{X}$ 和 $\overline{Z}$ 可以解释为所有混合策略组成的集合，而 q^* 恰是该混合策略博弈问题的价值.

4.3　强对偶定理

我们将给出 MC/MC 问题的强对偶性成立的条件，即使得 $q^* = w^*$ 成立的条件. 为方便起见，不考虑 $w^* = \infty$ 即最小公共点问题没有可行解的特殊情况.

本节的分析将反复涉及以下的事实：假设 w^* 是有限值，向量 $(0, w^*)$ 是式 (4.3) 定义的集合 $\overline{M}$ 的闭包点 (closure point)，所以**如果 $\overline{M}$ 是闭凸集并且存在通过 $(0, w^*)$ 的非竖直超平面恰支撑 $\overline{M}$，则 $q^* = w^*$ 且两个最优值都可取到.** 然而，在 $q^* < w^*$ 的一般情况和 $q^* = w^*$ 且最优解都能取到的理想情况之间，还存在几种居中的情况.

下列命题给出了 $q^* = w^*$ 的充要条件，但并未讨论最优值是否能达到. 除了要求 $\overline{M}$ 是凸集，该命题还要求竖直坐标轴上所有低于 w^* 的向量都不能被任何 M 的序列逼近；这一假设相当于集合 M 在 $(0, w^*)$ 处的某种 "下半连续性".

命题 4.3.1 (MC/MC 强对偶定理). 假设：

(1) $w^* < \infty$，或者 $w^* = \infty$ 且集合 M 不包含任何竖直直线.

(2) 集合

$$\overline{M} = M + \big\{(0, w) \mid w \geqslant 0\big\}$$

是凸集.

则 $q^* = w^*$ 当且仅当任意满足 $\big\{(u_k, w_k)\big\} \subset M$ 且 $u_k \to 0$ 的序列 $\big\{(u_k, w_k)\big\}$ 都满足 $w^* \leqslant \liminf_{k \to \infty} w_k$.

证明　假设所有满足 $\{(u_k, w_k)\} \subset M$ 且 $u_k \to 0$ 的序列都满足 $w^* \leqslant \liminf_{k\to\infty} w_k$. 为证明 $q^* = w^*$, 我们先分析 $w^* = -\infty$ 或 $w^* = \infty$ 的简单情况, 然后再重点分析 w^* 是有限实值的一般情况. 在后一种情况下, 证明的关键在于: $w^* \leqslant \liminf_{k\to\infty} w_k$ 意味着对任何 $\epsilon > 0$, 向量 $(0, w^* - \epsilon)$ 都不是 $\overline{M}$ 的闭包点, 所以 (根据命题 1.5.8(b)) 存在非竖直超平面将该向量与 $\overline{M}$ 严格分离. 该超平面与竖直轴的交点在 $w^* - \epsilon$ 和 w^* 之间, 这说明 $w^* - \epsilon < q^* \leqslant w^*$. 再令 $\epsilon \downarrow 0$ 可得 $q^* = w^*$.

考虑 $w^* = -\infty$ 的情况. 此时, 根据弱对偶定理 (命题 4.1.2) 易知 $q^* = -\infty$, 于是证明完毕. 再来考虑 $w^* = \infty$ 且 M 不包含竖直直线的情况. 由于所有满足 $\{(u_k, w_k)\} \subset M$ 且 $u_k \to 0$ 的序列都满足 $\liminf_{k\to\infty} w_k = w^* = \infty$, 于是 $\Re^{n+1}$ 的竖直坐标轴与 $\overline{M}$ 的闭包没有交点. 根据非竖直超平面分离定理 (命题 1.5.8(b)), 对任意向量 $(0, w) \in \Re^{n+1}$, 都存在非竖直超平面将 $(0, w)$ 与 $\overline{M}$ 严格分离. 该超平面与竖直轴的交点在 w 与 q^* 之间, 因此所有 $w \in \Re$ 都满足 $w < q^*$, 于是 $q^* = w^* = \infty$.

最后考虑 w^* 是有限实值的情况. 我们先用反证法证明, 对任意 $\epsilon > 0$ 都满足 $(0, w^* - \epsilon) \notin \mathrm{cl}(\overline{M})$. 假设这一事实不成立, 即存在 $\epsilon > 0$ 使得 $(0, w^* - \epsilon)$ 属于 $\overline{M}$ 的闭包. 于是存在序列 $\{(u_k, \overline{w}_k)\} \subset \overline{M}$ 收敛到 $(0, w^* - \epsilon)$. 根据 $\overline{M}$ 的定义, 这说明存在另一个序列 $\{(u_k, w_k)\} \subset M$ 且 $u_k \to 0$, 并对所有 k 都满足 $w_k \leqslant \overline{w}_k$. 于是

$$\liminf_{k\to\infty} w_k \leqslant w^* - \epsilon,$$

这与假设 $w^* \leqslant \liminf_{k\to\infty} w_k$ 矛盾.

接下来, 我们用反证法证明 $\overline{M}$ 不包含任何竖直直线. 假设这一事实不成立, 由于 $\overline{M}$ 是凸集, $(0, -1)$ 将是 $\mathrm{cl}(\overline{M})$ 的回收方向. 又由于 $(0, w^*) \in \mathrm{cl}(\overline{M})$ (因为 $(0, w^*)$ 是 $\overline{M}$ 和竖直轴的 "极小" 公共点的下确界), 可推出射线 $\{(0, w^* - \epsilon) \mid \epsilon \geqslant 0\}$ 被包含于 $\mathrm{cl}(\overline{M})$ 中 (见命题 1.4.1(a)), 这与之前的结论矛盾.

因为 $\overline{M}$ 不包含任何竖直直线, 且对任意 $\epsilon > 0$, 向量 $(0, w^* - \epsilon)$ 都不属于 $\mathrm{cl}(\overline{M})$, 根据命题 1.5.8(b), 可知存在非竖直超平面将 $(0, w^* - \epsilon)$ 与 $\overline{M}$ 严格分离. 该超平面与竖直轴 (即第 $(n+1)$ 轴) 的唯一交点是 $(0, \xi)$, 位于 $(0, w^* - \epsilon)$ 与 $(0, w^*)$ 之间, 即 $w^* - \epsilon < \xi \leqslant w^*$. 并且, ξ 不能超过最大相交点问题的最优值 q^*, 再结合弱对偶定理 $q^* \leqslant w^*$ 可得

$$w^* - \epsilon < q^* \leqslant w^*.$$

由于 ϵ 可取任意小的正值, 我们得出 $q^* = w^*$.

反过来讲, 假设 $q^* = w^*$ 并任取满足 $\{(u_k, w_k)\} \subset M$ 且 $u_k \to 0$ 的序列. 我们将证明 $w^* \leqslant \liminf_{k \to \infty} w_k$. 推导如下

$$q(\mu) \leqslant w_k + \mu' u_k, \qquad \forall\, k, \quad \forall\, \mu \in \Re^n,$$

令 $k \to \infty$ 可得 $q(\mu) \leqslant \liminf_{k \to \infty} w_k$. 于是

$$w^* = q^* = \sup_{\mu \in \Re^n} q(\mu) \leqslant \liminf_{k \to \infty} w_k.$$

证明完毕. $\qquad\qquad\square$

我们给出一个由于不满足上述命题的条件 (1) 而导致 $q^* < w^*$ 的例子. 令 M 为不通过原点的竖直直线, 则 $q^* = -\infty$ 且 $w^* = \infty$. 然而, 对所有满足 $u_k \to 0$ 的序列 $\{(u_k, w_k)\} \subset M$, 不等式 $w^* \leqslant \liminf_{k \to \infty} w_k$ 总是成立.

命题 4.3.1 的一个重要推论是: 如果 M 是凸函数 $p : \Re^n \mapsto [-\infty, \infty]$ 的上图且 $p(0) = w^* < \infty$, 则 $q^* = w^*$ 当且仅当 p 在原点处下半连续.

我们现在来考虑当 M (而非 $\overline{M}$) 是凸集时的情况, 以及当 M 满足某些紧性但非凸时的情况.

命题 4.3.2 在 MC/MC 问题中, 假设 $w^* < \infty$.

(a) 令 M 为闭凸集. 则 $q^* = w^*$, 并且函数

$$p(u) = \inf \{w \mid (u, w) \in M\}, \qquad u \in \Re^n,$$

是凸函数, 其上图是

$$\overline{M} = M + \{(0, w) \mid w \geqslant 0\}.$$

并且如果 $-\infty < w^*$, 则 p 还是真闭函数.

(b) 集合 M 对应的最大相交点问题的最优值 q^* 等于集合 $\mathrm{cl}(\mathrm{conv}(M))$ 对应的最小公共点问题的最优值.

(c) 如果 M 形如

$$M = \tilde{M} + \{(u, 0) \mid u \in C\},$$

其中 $\tilde{M}$ 是紧集而 C 是闭凸集, 则 q^* 等于集合 $\mathrm{conv}(M)$ 对应的最小公共点问题的最优值.

证明　(a) 如果 M 是闭集,对任意 $u \in \text{dom}(p)$,$p(u)$ 的定义式中的下确界要么等于 $-\infty$,要么能被取到. 根据 $\overline{M}$ 的定义,这意味着 $\overline{M}$ 恰是函数 p 的上图. 另外,$\overline{M}$ 是两个凸集的向量和,所以它也是凸集,因此 p 是凸函数.

如果 $w^* = -\infty$,根据弱对偶性可得 $q^* = w^*$. 我们只需再证明当 $w^* > -\infty$ 时 p 是闭函数且是真函数. 之后再根据命题 4.3.1 可知 $q^* = w^*$. 需注意 $(0, -1)$ 并非 M 的回收方向 (由于 $w^* > -\infty$). 由于 $\overline{M}$ 是 M 与 $\{(0, w) \mid w \geqslant 0\}$ 的向量和,根据命题 1.4.14,集合 $\overline{M}$ 是闭凸的. 又由于 $\overline{M} = \text{epi}(p)$,函数 p 是闭的. 再由于 w^* 取有限值,函数 p 还是真函数 (非真的闭凸函数不可能取有限值,详见 1.1.2 节末的讨论).

(b) 集合 M 与集合 $\text{cl}(\text{conv}(M))$ 各自的最大相交点问题的最优值 q^* 是相等的. 这是因为所有包含 M 的闭半空间恰是所有包含 $\text{cl}(\text{conv}(M))$ 的闭半空间 (见命题 1.5.4). 再由于 $\text{cl}(\text{conv}(M))$ 是闭凸的,我们可应用 (a) 的结论完成证明.

(c) 集合 M 与集合 $\text{conv}(M)$ 各自的最大相交点问题的最优值是相等的. 这是因为所有包含 M 的闭半空间恰是所有包含 $\text{cl}(\text{conv}(M))$ 的闭半空间. 易推出

$$\text{conv}(M) = \text{conv}(\tilde{M}) + \{(u, 0) \mid u \in C\}.$$

由于 $\tilde{M}$ 是紧集,$\text{conv}(\tilde{M})$ 也是紧集 (见命题 1.2.2),所以 $\text{conv}(M)$ 是两个闭凸集的向量和,并且其中一个还是紧集. 于是根据命题 1.4.14 $\text{conv}(M)$ 也是闭集,再应用 (a) 的结论完成证明. □

上述命题有几点值得注意之处. 首先在 (a) 中,如果 M 是闭凸的但是 $w^* = -\infty$,则 p 是凸函数但不一定是闭函数. 例如,令 M 为 $\Re^2$ 中的闭凸集

$$M = \{(u, w) \mid w \leqslant -1/(1 - |u|),\ |u| < 1\}.$$

则

$$\overline{M} = \{(u, w) \mid |u| < 1\},$$

所以 $\overline{M}$ 是凸集但不是闭集,于是 $p(u)$(当 $|u| < 1$ 时等于 $-\infty$,其他情况下等于 ∞) 也不是闭函数.

其次,如果 M 是闭集但是不满足命题 4.3.2(c) 的假设,集合 $\text{conv}(M)$ 与集合 $\text{cl}(\text{conv}(M))$ 各自对应的最小公共点的最优值也许不同. 例如,令 M 为 $\Re^2$ 中的集合

$$M = \{(0, 0)\} \cup \{(u, w) \mid u > 0,\ w \leqslant -1/u\},$$

则

$$\text{conv}(M) = \big\{(0,0)\big\} \cup \big\{(u,w) \mid u > 0,\, w < 0\big\}.$$

易验证 $q^* = -\infty$，$\text{conv}(M)$ 的最小公共点问题的最优值是 $w^* = 0$，然而 $\text{cl}\big(\text{conv}(M)\big)$ 的最小公共点问题的最优值是 $-\infty$(这与 (b) 中的结论一致).

4.4　对偶最优解的存在性

我们现在来讨论最大相交点问题的最优解的存在性及最优解集的性质. 下面的命题在适当的假设下，不仅能保证 $q^* = w^*$，还能保证最大相交点问题的最优解是可取到的. 该假设的关键在于，原点是 M 或 $\overline{M}$ 在水平平面上的投影的相对内点 (见图 4.1.1(b)). 再接下来的一个命题指出，原点是 M 在水平平面投影的相对内点，恰为最大相交点问题的解集是非空紧集的充要条件.

命题 4.4.1 (MC/MC 问题的最大相交点的存在性). 假设：

(1) $-\infty < w^*$.

(2) 集合

$$\overline{M} = M + \big\{(0,w) \mid w \geqslant 0\big\}$$

是凸集.

(3) 原点是集合

$$D = \big\{u \mid 存在 \, w \in \Re \, 使得 \, (u,w) \in \overline{M}\big\}$$

的相对内点.

则 $q^* = w^*$，且最大相交点问题存在至少一个最优解.

证明　条件 (3) 说明竖直坐标轴与 M 有公共点，所以 $w^* < \infty$. 再结合条件 (1) 可知，w^* 是有限实数值.

根据 $(0,w^*) \notin \text{ri}(\overline{M})$ 以及命题 1.3.10，可知

$$\text{ri}(\overline{M}) = \big\{(u,w) \mid 存在 (u,\overline{w}) \in \overline{M} \, 使得 u \in \text{ri}(D) \, 且 \overline{w} < w\big\},$$

并且

$$w^* = \inf_{(0,\overline{w}) \in \overline{M}} \overline{w}.$$

所以，根据超平面真分离定理 (命题 1.5.5)，存在通过 $(0,w^*)$ 的不完全包含 $\overline{M}$ 的超平面，使得 $\overline{M}$ 包含于其关联的一个闭半空间中，也即存在 (μ,β) 使得

$$\beta w^* \leqslant \mu' u + \beta w, \qquad \forall \, (u,w) \in \overline{M}, \tag{4.22}$$

$$\beta w^* < \sup_{(u,w)\in\overline{M}} \{\mu'u + \beta w\}. \tag{4.23}$$

对任意 $(\overline{u},\overline{w}) \in M$，集合 $\overline{M}$ 都包含射线 $\{(\overline{u},w) \mid \overline{w} \leqslant w\}$，所以根据式 (4.22) 可得 $\beta \geqslant 0$. 如果 $\beta = 0$，则根据式 (4.22) 可得

$$0 \leqslant \mu'u, \qquad \forall\, u \in D.$$

所以，线性函数 $\mu'u$ 在集合 D 上的最小值在 0 处取得. 根据条件 (3) 原点 0 又是 D 的相对内点. 由于 D 是凸集 $\overline{M}$(根据条件 (2)) 在平面上的投影，D 也是凸集. 再使用命题 1.3.4 可证得，$\mu'u$ 在 D 上是常值函数，即

$$\mu'u = 0, \qquad \forall\, u \in D.$$

这与式 (4.23) 矛盾. 因此，必有 $\beta > 0$，我们不妨假设 $\beta = 1$. 根据式 (4.22)，可进一步得出

$$w^* \leqslant \inf_{(u,w)\in\overline{M}} \{\mu'u + w\} \leqslant \inf_{(u,w)\in M} \{\mu'u + w\} = q(\mu) \leqslant q^*.$$

又根据弱对偶定理 (命题 4.1.2) $q^* \leqslant w^*$，上式只能处处取等号，即 $q(\mu) = q^* = w^*$. 因此 μ 是最大相交点问题的一个最优解. □

如果 $w^* = -\infty$，根据弱对偶性 $q^* \leqslant w^*$，可得 $q^* = w^* = -\infty$. 这说明任意 $\mu \in \Re^n$ 都满足 $q(\mu) = -\infty$，对偶问题没有可行解. 下述命题对上一命题做了补充，并且刻画了最大相交点问题的最优解集的性质.

命题 4.4.2 在命题 4.4.1 的假设下，最大相交点问题的最优解集 Q^* 形如

$$Q^* = \big(\mathrm{aff}(D)\big)^{\perp} + \tilde{Q},$$

其中 $\tilde{Q}$ 是一个非空凸紧集. 并且，Q^* 是紧集当且仅当原点是 D 的内点.

证明 根据命题 4.4.1，q^* 是有限实数而 Q^* 是非空集. 由于 q 是凹函数并且上半连续 (见命题 4.1.1)，而且 $Q^* = \{\mu \mid q(\mu) \geqslant q^*\}$，可得出 Q^* 是闭凸集. 我们将首先证明 Q^* 的回收锥 R_{Q^*} 和其所在的线形空间 L_{Q^*}，都等于 $\big(\mathrm{aff}(D)\big)^{\perp}$ ($\mathrm{aff}(D)$ 是子空间，因为它包含原点). 证明将用到 $L_{Q^*} \subset R_{Q^*}$ 这一简单关系，以及

$$\big(\mathrm{aff}(D)\big)^{\perp} \subset L_{Q^*}, \qquad R_{Q^*} \subset \big(\mathrm{aff}(D)\big)^{\perp},$$

我们下面将证明这两个包含关系.

令 d 是 $\big(\mathrm{aff}(D)\big)^{\perp}$ 中的向量, 所以对所有 $u \in D$ 都满足 $d'u = 0$. 对任意 $\mu \in Q^*$ 以及标量 α, 可推出

$$q(\mu + \alpha d) = \inf_{(u,w) \in \overline{M}} \big\{(\mu + \alpha d)'u + w\big\} = \inf_{(u,w) \in \overline{M}} \{\mu'u + w\} = q(\mu),$$

所以 $\mu + \alpha d \in Q^*$. 因此 $d \in L_{Q^*}$, 可进一步得出 $\big(\mathrm{aff}(D)\big)^{\perp} \subset L_{Q^*}$.

令 d 是 R_{Q^*} 中的向量. 对任意 $\mu \in Q^*$ 和 $\alpha \geqslant 0$,

$$q(\mu + \alpha d) = \inf_{(u,w) \in \overline{M}} \big\{(\mu + \alpha d)'u + w\big\} = q^*.$$

由于 $0 \in \mathrm{ri}(D)$, 对任意 $u \in \mathrm{aff}(D)$ 都存在正标量 γ 使得向量 γu 和 $-\gamma u$ 都属于 D. 根据 D 的定义, 存在标量 w^+ 和 w^- 使得向量 $(\gamma u, w^+)$ 和 $(-\gamma u, w^-)$ 都属于集合 $\overline{M}$. 根据之前的等式, 可进一步推出任意 $\mu \in Q^*$ 都满足

$$(\mu + \alpha d)'(\gamma u) + w^+ \geqslant q^*, \qquad \forall\, \alpha \geqslant 0,$$

$$(\mu + \alpha d)'(-\gamma u) + w^- \geqslant q^*, \qquad \forall\, \alpha \geqslant 0.$$

如果 $d'u \neq 0$, 则对足够大的 $\alpha \geqslant 0$, 上述两个关系式至少有一个将不成立. 因此必有 $d'u = 0$, 这证明了 $d \in \big(\mathrm{aff}(D)\big)^{\perp}$ 以及

$$R_{Q^*} \subset \big(\mathrm{aff}(D)\big)^{\perp}.$$

上述关系, 与 $L_{Q^*} \subset R_{Q^*}$ 以及前文证出的 $\big(\mathrm{aff}(D)\big)^{\perp} \subset L_{Q^*}$ 结合, 证明了

$$\big(\mathrm{aff}(D)\big)^{\perp} \subset L_{Q^*} \subset R_{Q^*} \subset \big(\mathrm{aff}(D)\big)^{\perp}.$$

所以

$$L_{Q^*} = R_{Q^*} = \big(\mathrm{aff}(D)\big)^{\perp}.$$

现在我们来使用命题 1.4.4 的分解, 并论证

$$Q^* = L_{Q^*} + (Q^* \cap L_{Q^*}^{\perp}).$$

由于 $L_{Q^*} = \big(\mathrm{aff}(D)\big)^{\perp}$, 则

$$Q^* = \big(\mathrm{aff}(D)\big)^{\perp} + \tilde{Q},$$

其中 $\tilde{Q} = Q^* \cap \mathrm{aff}(D)$. 更进一步, 根据命题 1.4.2(c) 可得

$$R_{\tilde{Q}} = R_{Q^*} \cap R_{\mathrm{aff}(D)}.$$

根据 $R_{Q^*} = \left(\mathrm{aff}(D)\right)^\perp$，以及前文证出的 $R_{\mathrm{aff}(D)} = \mathrm{aff}(D)$，回收锥 $R_{\tilde{Q}}$ 只包含零向量，这说明 $\tilde{Q}$ 是紧集.

根据表达式 $Q^* = \left(\mathrm{aff}(D)\right)^\perp + \tilde{Q}$ 可知，Q^* 是紧集当且仅当 $\left(\mathrm{aff}(D)\right)^\perp = \{0\}$，这又等价于 $\mathrm{aff}(D) = \Re^n$. 根据假设 0 恰是 D 的相对内点，这也等价于 0 是 D 的内点.　　　　　　　　　□

4.5　对偶性与凸多面体

本节中，我们将假设集合 M 的上延伸集合

$$\overline{M} = M + \left\{(0,w) \mid w \geqslant 0\right\}$$

有部分的多面体结构. 在这一特殊情况下，我们将给出最大相交点问题解的存在性 (命题 4.4.1) 的加强版结论. 具体来讲，我们假设 $\overline{M}$ 可写作如下的向量和

$$\overline{M} = \tilde{M} - \left\{(u,0) \mid u \in P\right\}, \tag{4.24}$$

其中 $\tilde{M}$ 是凸集，P 是多面体. 此时，对应的集合

$$D = \left\{u \mid 存在 w \in \Re 使得 (u,w) \in \overline{M}\right\},$$

可以写作如下形式

$$D = \tilde{D} - P,$$

其中

$$\tilde{D} = \left\{u \mid 存在 w \in \Re 使得 (u,w) \in \tilde{M}\right\}. \tag{4.25}$$

为理解本小节的命题，我们首先回顾命题 4.4.1 和命题 4.4.2 的结论. 假设 $-\infty < w^*$：

(a) 如果 $0 \in \mathrm{ri}(D)$，也即如果

$$\mathrm{ri}(\tilde{D}) \cap \mathrm{ri}(P) \neq \emptyset, \tag{4.26}$$

则 $q^* = w^*$，且解集 Q^* 是非空的. 原因是根据命题 1.3.7 可知 $\mathrm{ri}(D) = \mathrm{ri}(\tilde{D}) - \mathrm{ri}(P)$.

(b) 如果 $0 \in \mathrm{int}(D)$，则 $q^* = w^*$，且解集 Q^* 是非空紧集. 该内点条件在以下两个条件满足之一时成立：

$$\mathrm{int}(\tilde{D}) \cap P \neq \emptyset$$

或

$$\tilde{D} \cap \mathrm{int}(P) \neq \emptyset.$$

如果进一步假设 P 是多面体, 我们能加强上述的结论. 具体来讲, 我们可以把条件 $\mathrm{ri}(\tilde{D}) \cap \mathrm{ri}(P) \neq \emptyset$ (式 (4.26)) 简化成

$$\mathrm{ri}(\tilde{D}) \cap P \neq \emptyset.$$

下述命题对此给出了证明, 其方法和命题 4.4.1 和命题 4.4.2 的证明方法类似. 其特别之处在于在证明中运用了多面体真分离定理 (命题 1.5.7).

命题 4.5.1 在 MC/MC 问题中, 假设:

(1) $-\infty < w^*$.

(2) 集合 $\overline{M}$ 形如

$$\overline{M} = \tilde{M} - \big\{ (u, 0) \mid u \in P \big\},$$

其中 $\tilde{M}$ 和 P 是凸集.

(3) 以下两个条件至少有一个满足: $\mathrm{ri}(\tilde{D}) \cap \mathrm{ri}(P) \neq \emptyset$, 或者 P 是多面体且 $\mathrm{ri}(\tilde{D}) \cap P \neq \emptyset$, 其中 $\tilde{D}$ 是式 (4.25) 中定义的集合.

此时 $q^* = w^*$, 且最大相交点问题的最优解集 Q^*, 是 P 的回收锥的极锥 R_P^* 的非空子集. 而且当 $\mathrm{int}(\tilde{D}) \cap P \neq \emptyset$ 时 Q^* 是紧集.

证明 我们考虑条件 (3) 的第二种情况, 即 P 是多面体且 $\mathrm{ri}(\tilde{D}) \cap P \neq \emptyset$. 第一种情况 (即 P 仅是凸集且 $\mathrm{ri}(\tilde{D}) \cap \mathrm{ri}(P) \neq \emptyset$) 可用与第二种情况类似的方法证明: 只需在下述分析中用超平面真分离定理 (命题 1.5.6) 来替代多面体真分离定理 (命题 1.5.7). 所以接下来我们只考虑条件 (3) 的第二种情况. 首先定义两个集合

$$C_1 = \big\{ (u, v) \mid 存在 (u, w) \in \tilde{M} 使得 v > w \big\},$$

$$C_2 = \big\{ (u, w^*) \mid u \in P \big\},$$

(见图 4.5.1).

易验证集合 C_1 与集合 C_2 是非空凸集, 且 C_2 还是多面体. 另外, 集合 C_1 与集合 C_2 没有公共点, 证明如下: 如果 $\overline{u}$ 满足 $\overline{u} \in P$ 且存在 $(\overline{u}, w)$ 使得 $w^* > w$, 则有 $(0, w) \in \overline{M}$, 这与 $(0, w^*)$ 是最小公共点矛盾. 于是, 根据命题 1.5.7, 必存在不包含 C_1 的超平面将 C_1 与 C_2 分离, 即存在某向量 $(\overline{\mu}, \beta)$ 使得

$$\beta w^* + \overline{\mu}' z \leqslant \beta v + \overline{\mu}' u, \qquad \forall\, (u, v) \in C_1,\, \forall\, z \in P, \qquad (4.27)$$

$$\inf_{(u,v)\in C_1}\big\{\beta v+\overline{\mu}'u\big\}<\sup_{(u,v)\in C_1}\big\{\beta v+\overline{\mu}'u\big\}. \tag{4.28}$$

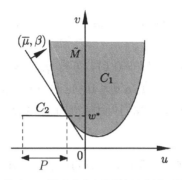

图 4.5.1　集合 C_1 与集合 C_2 的分离超平面的示意图. 图中

$$C_1=\big\{(u,v)\mid \text{存在}(u,w)\in\tilde{M}\text{ 使得}v>w\big\}, \qquad C_2=\big\{(u,w^*)\mid u\in P\big\},$$

详见命题 4.5.1 的证明.

根据式 (4.27)，由于 $(0,1)$ 是集合 C_1 的回收方向，则必有 $\beta\geqslant 0$. 如果 $\beta=0$，则对任给的向量 $\overline{u}\in\mathrm{ri}(\tilde{D})\cap P$，可从式 (4.27) 中推出

$$\overline{\mu}'\overline{u}\leqslant\inf_{u\in\tilde{D}}\overline{\mu}'u,$$

所以 $\overline{u}$ 是线性函数 $\overline{\mu}'u$ 在 $\tilde{D}$ 上的最小值解，再根据命题 1.3.4，可推出 $\overline{\mu}'u$ 在 $\tilde{D}$ 上取常数值. 另一方面，从式 (4.28) 中我们得出 $\inf_{u\in\tilde{D}}\overline{\mu}'u<\sup_{u\in\tilde{D}}\overline{\mu}'u$，这与该函数是常值函数矛盾. 所以 $\beta>0$，我们不妨假设 $\beta=1$.

因此，根据式 (4.27) 可得

$$w^*+\overline{\mu}'z\leqslant\inf_{(u,v)\in C_1}\big\{v+\overline{\mu}'u\big\}, \qquad\forall\, z\in P, \tag{4.29}$$

这意味着任意 $d\in R_P$ 都满足 $\overline{\mu}'d\leqslant 0$. 所以 $\overline{\mu}\in R_P^*$. 从式 (4.29) 中还可推出

$$\begin{aligned}
w^*&\leqslant\inf_{(u,v)\in C_1,\, z\in P}\big\{v+\overline{\mu}'(u-z)\big\}\\
&=\inf_{(u,v)\in\tilde{M}-\{(z,0)\mid z\in P\}}\big\{v+\overline{\mu}'u\big\}\\
&=\inf_{(u,v)\in\overline{M}}\big\{v+\overline{\mu}'u\big\}\\
&=q(\overline{\mu}).
\end{aligned}$$

再根据弱对偶性 $q^* \leqslant w^*$ 可得 $q(\overline{\mu}) = q^* = w^*$.

现在来证明 $Q^* \subset R_P^*$. 任取 μ 可得

$$q(\mu) = \inf_{(u,w)\in\overline{M}}\{w + \mu'u\} = \inf_{(u,w)\in\tilde{M},\, z\in P}\{w + \mu'(u - z)\},$$

所以当存在 $d \in R_P$ 使得 $\mu'd > 0$ 时, 可得 $q(\mu) = -\infty$. 因此如果 $\mu \in Q^*$, 我们得出所有 $d \in R_P$ 都满足 $\mu'd \leqslant 0$, 也即 $\mu \in R_P^*$.

当 $\mathrm{int}(\tilde{D}) \cap P \neq \emptyset$ 时, 我们可用类似于命题 4.4.2 中的方法证明 Q^* 是紧集 (见本命题之前的讨论). $\square$

现在我们来讨论命题 4.5.1 的一种特殊情况. 在这种情况下, $\tilde{M}$ 是对凸函数 f 的上图做线性变换得到的集合, 而 P 是多面体例如欧氏空间中的非负象限. 这一情况下的命题 4.5.1 常应用于有约束的优化问题的对偶性, 并将用于非线性 Farkas 引理的证明 (见 5.1 节).

命题 4.5.2 在 MC/MC 问题中, 假设:

(1) $-\infty < w^*$.

(2) 令 P 为多面体, A 为 $r \times n$ 矩阵, $b \in \Re^r$ 为一向量, $f : \Re^n \mapsto (-\infty, \infty]$ 为凸函数. 定义集合 $\overline{M}$ 为

$$\overline{M} = \big\{(u,w) \mid 存在(x,w) \in \mathrm{epi}(f) \text{ 使得} Ax - b - u \in P\big\}.$$

(3) 存在向量 $\overline{x} \in \mathrm{ri}\big(\mathrm{dom}(f)\big)$ 使得 $A\overline{x} - b \in P$.

则 $q^* = w^*$, 且最大相交点问题的最优解集 Q^* 是 P 的回收锥的极锥 R_P^* 的非空子集. 并且, 当 A 的秩为 r 且存在向量 $\overline{x} \in \mathrm{int}\big(\mathrm{dom}(f)\big)$ 使得 $A\overline{x} - b \in P$ 时, Q^* 是紧集.

证明 定义

$$\tilde{M} = \big\{(Ax - b, w) \mid (x, w) \in \mathrm{epi}(f)\big\}.$$

下列推导给出了 $\tilde{M}$ 与 $\overline{M}$ 的关系:

$$\begin{aligned}
\tilde{M} - &\big\{(z, 0) \mid z \in P\big\} \\
&= \big\{(u, w) \mid 存在(x, w) \in \mathrm{epi}(f) \text{ 和} z \in P \text{ 使得} u = Ax - b - z\big\} \\
&= \big\{(u, w) \mid 存在(x, w) \in \mathrm{epi}(f) \text{ 使得} Ax - b - u \in P\big\} \\
&= \overline{M}.
\end{aligned}$$

我们将沿用命题 4.5.1 的证明的思路. 并且, 式 (4.25) 中的集合 $\tilde{D}$ 可以写作

$$\tilde{D} = \big\{ u \mid 存在 w \in \Re \ 使得 \ (u, w) \in \tilde{M} \big\} = \big\{ Ax - b \mid x \in \mathrm{dom}(f) \big\}.$$

于是从条件 (3), 可推得命题 4.5.1 的相对内点条件也满足. 并且, 如果 A 的秩为 r, 可得所有向量 $\bar{x} \in \mathrm{int}\big(\mathrm{dom}(f)\big)$ 都满足 $A\bar{x} - b \in \mathrm{int}(\tilde{D})$. 最后, 应用命题 4.5.1 的结论即可完成证明. □

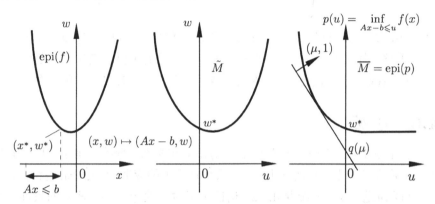

图 4.5.2　函数 $f(x)$ 在约束 $Ax \leqslant b$ 下的最小化问题的 MC/MC 示意图. 集合 $\overline{M}$ 为

$$\overline{M} = \big\{ (u, w) \mid \ 存在 (x, w) \in \mathrm{epi}(f) \ 使得 Ax - b \leqslant u \big\}$$

(见命题 4.5.2), 该集合亦可写作如下向量和:

$$\overline{M} = \tilde{M} + \big\{ (u, 0) \mid u \geqslant 0 \big\},$$

其中 $\tilde{M}$ 是通过对 $\mathrm{epi}(f)$ 做线性变换得到的

$$\tilde{M} = \big\{ (Ax - b, w) \mid (x, w) \in \mathrm{epi}(f) \big\}.$$

另外, 集合 $\overline{M}$ 还是摄动函数 $p(u) = \inf_{Ax-b \leqslant u} f(x)$ 的上图.

最后, 我们来讨论一种值得注意的特殊情况, 即集合 P 是欧氏空间的非负象限

$$P = \{ u \mid u \leqslant 0 \}.$$

这种情况对应着一类重要的优化模型. 为说明这点, 我们来分析凸函数 $f : \Re^n \mapsto (-\infty, \infty]$ 的最小化问题, 并令约束为 $Ax \leqslant b$. 此时, 命题 4.5.2 中的集合 $\overline{M}$ 恰等于摄动函数

$$p(u) = \inf_{Ax-b \leqslant u} f(x)$$

的上图 (见图 4.5.2). 相应的最小公共点问题的最优值等于优化问题的最优值 $p(0)$, 即

$$w^* = p(0) = \inf_{Ax \leqslant b} f(x)$$

(见 4.2.3 节). 相应的最大相交点问题等价于在 $\mu \in \Re^r$ 上最大化函数 q 如下

$$q(\mu) = \begin{cases} \inf_{x \in \Re^n} \left\{ f(x) + \mu'(Ax - b) \right\}, & \mu \geqslant 0, \\ -\infty, & \text{其他} \end{cases}$$

(见式 (4.11)), 这可以通过约束 $\mu \geqslant 0$ 下最大化拉格朗日函数 $f(x) + \mu'(Ax - b)$ 来求解. 命题 4.5.2 已给出了关于这一类问题的主要对偶结论: 当存在向量 $\overline{x} \in \text{ri}(\text{dom}(f))$ 使得 $A\overline{x} \leqslant b$ 时, 强对偶性成立并且对偶最优解存在.

4.6 小结

在本章中, 我们探讨了最小公共点/最大相交点问题的对偶性及其解集的性质, 并给出了几个命题及其在一些具体情况下的应用. 这几个命题包括:

(1) 命题 4.3.1 和命题 4.3.2, 论证了强对偶性 $q^* = w^*$ 成立的条件, 即 $\overline{M}$ 是凸集且 M 满足某些性质, 诸如 "下半连续性"、闭性和紧性等. 这两个命题并未解答原问题或对偶问题的解的存在性.

(2) 命题 4.4.1～ 命题 4.5.2, 基于几条关于相对内点的条件, 论证了 $q^* = w^*$ 以及最大相交点问题解集的非空性, 并描述了该解集的性质, 如其回收锥的结构和其紧性等.

命题 4.3.1 具有较强的一般性, 并将在 5.3.4 节 (不满足相对内点条件的凸规划问题, 见命题 5.3.7) 和 5.5.1 节 (最小最大值问题, 见命题 5.5.1) 中用于证明强对偶性. 命题 4.3.2 略特殊, 其假设集合 M(而非 $\overline{M}$) 有某种特殊的结构. 该命题能帮助我们更好地理解对偶性, 并将在 5.7 节用于分析原问题和对偶问题的对偶间隙.

命题 4.4.1 和命题 4.4.2 也具有较强的一般性, 并将在第 5 章中反复使用. 举例来讲, 它们将用于证明非线性 Farkas 引理 (命题 5.1.1) 的 (a) 部分, 而该部分的结论是凸规划的对偶分析的基础 (见 5.3 节). 命题 4.5.1 和命题 4.5.2 略特殊, 但也有着广泛的应用. 这两个命题假设了某多面体结构, 而该结构与线性约束下的对偶问题有着紧密联系 (见 4.5 节末的讨论). 这两个命题还将用于非线性 Farkas 引理的 (b) 部分的证明 (也将用于 Fenchel 对偶定理及锥对偶定理的证明, 见 5.3 节), 还将用于次微分的分析 (5.4 节) 以及其他的理论证明 (5.6 节).

第 5 章　对偶性与优化

本章中我们给出约束优化和最小最大理论的许多基本的解析结果. 这些理论结果包括对偶性和最优性条件. 我们还要给出次微分理论的核心内容和择一定理 (theorems of the alternative). 这些结果会引出更多的与优化相关的结果, 例如次梯度, 对偶最优解的灵敏度解释和线性规划问题解集合的紧性条件等. 我们最后会考虑非凸优化和最小最大问题, 并讨论对偶间隙的估计. 前一章中的 MC/MC 对偶性结果是我们用到的主要工具.

5.1　非线性 Farkas 引理

我们首先来证明 Farkas 引理的一个非线性版本. 它抓住了凸规划对偶性的本质. 该引理涉及非空凸集 $X \subset \Re^n$ 和函数 $f : X \mapsto \Re$ 及 $g_j : X \mapsto \Re$, $j = 1, \cdots, r$. 记 $g(x) = \bigl(g_1(x), \cdots, g_r(x)\bigr)'$, 并做如下假设.

假设 5.1.1　函数 f 和 g_j, $j = 1, \cdots, r$, 为凸, 且

$$f(x) \geqslant 0, \qquad \forall\, x \in X \text{ 且满足} g(x) \leqslant 0.$$

非线性 Farkas 引理断言, 在一定的条件下, 存在着通过原点的非垂直超平面, 它的正半空间包含集合

$$\bigl\{ \bigl(g(x), f(x)\bigr) \mid x \in X \bigr\}.$$

图 5.1.1 提供了几何解释, 并显示了与 MC/MC 框架的密切联系.

命题 5.1.1　(Nonlinear Farkas' Lemma). 令假设5.1.1成立, 并令 Q^* 为 r 维欧氏空间 $\Re^r$ 的由条件

$$Q^* = \bigl\{ \mu \mid \mu \geqslant 0,\ f(x) + \mu' g(x) \geqslant 0,\ \forall\, x \in X \bigr\}$$

给出的子集. 假定如下两个条件之一成立:

(1) 存在 $\overline{x} \in X$ 使得 $g_j(\overline{x}) < 0$ 对所有 $j = 1, \cdots, r$ 成立.

(2) 函数 g_j, $j = 1, \cdots, r$, 是仿射的, 且存在 $\overline{x} \in \text{ri}(X)$ 使得 $g(\overline{x}) \leqslant 0$ 成立.

那么, Q^* 是非空的, 且在条件(1)下它还是紧的.

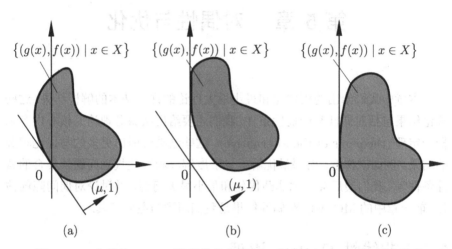

图 5.1.1 非线性 Farkas 引理的几何解释. 假定 $f(x) \geqslant 0$ 对所有满足 $g(x) \leqslant 0$ 的 $x \in X$ 成立, 该引理断言存在 $\Re^{r+1}$ 中的法向量为 $(\mu, 1)$ 的非竖直超平面, 它经过原点并且它的正半空间包含集合 $\{(g(x), f(x)) \mid x \in X\}$. 图 (a) 和 (b) 画出的是这样的超平面存在时的例子, 而图 (c) 给出的是它不存在的例子. 图 (a) 中存在一个点 $\overline{x} \in X$ 满足 $g(\overline{x}) < 0$.

证明 令条件 (1) 成立. 考虑 $\Re^{r+1}$ 的由

$$M = \{(u, w) \mid 存在 x \in X 使得 g(x) \leqslant u,\ f(x) \leqslant w\}$$

给出的子集所对应的 MC/MC 框架 (参见图 5.1.2). 我们要利用命题 4.4.1 和命题 4.4.2 来证明达到最大相交值的超平面的集合是非空和紧的. 为此, 要验证这些命题的假设是满足的. 特别地, 我们要证明:

(i) 相应的最小公共点问题 (min common problem)

$$w^* = \inf\{w \mid (0, w) \in M\},$$

的最优值 w^* 满足 $-\infty < w^*$.

(ii) 集合

$$\overline{M} = M + \{(0, w) \mid w \geqslant 0\},$$

是凸的 (注意这里 $\overline{M} = M$).

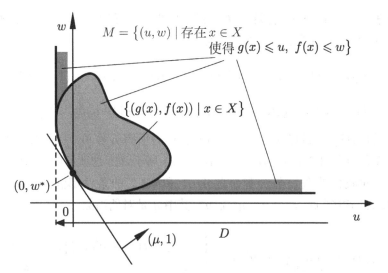

图 5.1.2　条件 (1) 下命题 5.1.1 证明中 MC/MC 框架用到的集合的图示.
我们有 $M = \overline{M} = \big\{(u,w) \mid$ 存在$x \in X$使得$g(x) \leqslant u,\ f(x) \leqslant w\big\}$ 并且
$D = \{u \mid$ 存在$w \in \Re$满足$(u,w) \in \overline{M}\} = \{u \mid$ 存在$x \in X$使得$g(x) \leqslant u\}$. 存
在 $\overline{x} \in X$ 使得 $g(\overline{x}) < 0$ 成立等价于 $0 \in \mathrm{int}(D)$. 注意 M 是凸的, 尽管集合
$\big\{(g(x), f(x)) \mid x \in X\big\}$ 不一定是凸的 (例如 $X = \Re$, $f(x) = x$, $g(x) = x^2$).

(iii) 集合

$$D = \big\{u \mid \text{存在 } w \in \Re \text{ 使得}(u,w) \in \overline{M}\big\}$$

包含原点为其内点.

为证 (i), 注意由于 $f(x) \geqslant 0$ 对所有满足 $g(x) \leqslant 0$ 的 $x \in X$ 成立, 我们
有 $w \geqslant 0$ 对所有 $(0,w) \in M$ 成立, 因此 $w^* \geqslant 0$.

为证 (iii), 注意 D 也可以写成

$$D = \big\{u \mid \text{存在 } x \in X \text{ 使得}g(x) \leqslant u\big\}.$$

由于 D 包含集合 $g(\overline{x}) + \{u \mid u \geqslant 0\}$, $g(\overline{x}) < 0$ 对某些 $\overline{x} \in X$ 成立的条件蕴
含着 $0 \in \mathrm{int}(D)$.

剩下 (ii) 待证, 即集合 $\overline{M}$ 为凸. 由于 $\overline{M} = M$, 我们要证 M 为凸. 为
此, 考虑向量 $(u,w) \in M$ 和 $(\tilde{u}, \tilde{w}) \in M$, 并且我们要证明它们的凸组合在
M 中. 由 M 的定义, 对某个 $x \in X$ 和 $\tilde{x} \in X$, 有

$$f(x) \leqslant w, \qquad g_j(x) \leqslant u_j, \quad \forall\, j = 1, \cdots, r,$$

$$f(\tilde{x}) \leqslant \tilde{w}, \qquad g_j(\tilde{x}) \leqslant \tilde{u}_j, \quad \forall\, j = 1, \cdots, r.$$

对于任意的 $\alpha \in [0,1]$, 把这些关系式分别乘上 α 和 $1-\alpha$, 并相加. 根据 f 和 g_j 对所有 j 都具备的凸性, 得到

$$f\big(\alpha x + (1-\alpha)\tilde{x}\big) \leqslant \alpha f(x) + (1-\alpha)f(\tilde{x}) \leqslant \alpha w + (1-\alpha)\tilde{w},$$

$$g_j\big(\alpha x + (1-\alpha)\tilde{x}\big) \leqslant \alpha g_j(x) + (1-\alpha)g_j(\tilde{x}) \leqslant \alpha u_j + (1-\alpha)\tilde{u}_j, \quad \forall\, j = 1, \cdots, r.$$

由 X 的凸性, 我们有 $\alpha x + (1-\alpha)\tilde{x} \in X$ 对所有 $\alpha \in [0,1]$ 成立, 所以上述不等式表明凸组合 $\alpha(u,w) + (1-\alpha)(\tilde{u}, \tilde{w})$ 属于 M. 这就证明了 M 为凸.

因此我们的假设蕴含着命题 4.4.1 和 4.4.2 的条件都满足. 根据命题 4.4.1, 我们得到 $w^* = q^* = \sup_\mu q(\mu)$, 其中 q 是对偶函数

$$q(\mu) = \inf_{(u,w) \in M}\{w + \mu' u\} = \begin{cases} \inf_{x \in X}\big\{f(x) + \mu'g(x)\big\}, & \mu \geqslant 0, \\ -\infty, & \text{其他.} \end{cases}$$

根据命题 4.4.2, 最优解集 $\tilde{Q} = \big\{\mu \mid q(\mu) \geqslant w^*\big\}$ 是非空和紧的. 进而, 根据 Q^* 的定义, 有

$$Q^* = \big\{\mu \mid \mu \geqslant 0,\, f(x) + \mu'g(x) \geqslant 0,\, \forall\, x \in X\big\} = \big\{\mu \mid q(\mu) \geqslant 0\big\}.$$

因此 Q^* 和 $\tilde{Q}$ 是闭的真凸函数 $-q$ 的水平集, 满足 $Q^* \supset \tilde{Q}$ (注意 $w^* \geqslant 0$). 由于 $\tilde{Q}$ 是非空和紧的, Q^* 也是如此 [参考命题 1.4.5(b)].

令条件 (2) 成立, 并令约束条件 $g(x) \leqslant 0$ 写作

$$Ax - b \leqslant 0,$$

其中 A 是 $r \times n$ 矩阵而 b 是 $\mathfrak{R}^n$ 中的向量. 我们引入具有多面体结构的 MC/MC 框架并利用命题 4.5.2, 其中 P 为非正象限, 而集合 $\overline{M}$ 有由

$$\overline{M} = \big\{(u,w) \mid Ax - b - u \leqslant 0,\, \text{对某个}\,(x,w) \in \mathrm{epi}(\tilde{f})\,\text{成立}\big\}.$$

定义, 其中

$$\tilde{f}(x) = \begin{cases} f(x), & x \in X, \\ \infty, & x \notin X. \end{cases}$$

由于由假设, $f(x) \geqslant 0$ 对满足 $Ax - b \leqslant 0$ 的所有 $x \in X$ 都成立, 最小公共点的值满足

$$w^* = \inf_{Ax - b \leqslant 0} \tilde{f}(x) \geqslant 0.$$

由命题 4.5.2 及其证明后面的讨论可知, 存在 $\mu \geqslant 0$ 使得

$$q^* = q(\mu) = \inf_{x \in \Re^n} \left\{ \tilde{f}(x) + \mu'(Ax - b) \right\}$$

成立. 由于 $q^* = w^* \geqslant 0$, 可知 $\tilde{f}(x) + \mu'(Ax - b) \geqslant 0$ 对所有 $x \in \Re^n$ 成立, 或者说 $f(x) + \mu'(Ax - b) \geqslant 0$ 对所有 $x \in X$ 成立, 于是 $\mu \in Q^*$. □

在非线性 Farkas 引理中, 通过选取 f 和 g_j 为线性函数, 并且选 X 为整个空间, 我们可得到 Farkas 引理 (参考 2.3.1 节) 的一个特例.

命题 5.1.2 (线性 Farkas 引理). 令 A 为 $m \times n$ 矩阵而 c 为 m 维欧氏空间 $\Re^m$ 中的向量.

(a) 方程组 $Ay = c, y \geqslant 0$ 有解当且仅当

$$A'x \leqslant 0 \quad \Longrightarrow \quad c'x \leqslant 0. \tag{5.1}$$

(b) 不等式组 $Ay \geqslant c$ 有解当且仅当

$$A'x = 0, \ x \geqslant 0 \quad \Longrightarrow \quad c'x \leqslant 0.$$

证明 (a) 如果 $y \in \Re^n$ 使得 $Ay = c, y \geqslant 0$ 成立, 那么 $y'A'x = c'x$ 对所有的 $x \in \Re^m$ 成立. 这意味着式 (5.1) 成立. 反之, 我们在条件 (2) 和 $f(x) = -c'x, g(x) = A'x$ 及 $X = \Re^m$ 的场景下运用非线性 Farkas 引理. 我们看到关系式 (5.1) 意味着存在 $\mu \geqslant 0$ 满足

$$-c'x + \mu'A'x \geqslant 0, \qquad \forall \, x \in \Re^m,$$

或者等价地, $(A\mu - c)'x \geqslant 0$ 对所有 $x \in \Re^m$ 或 $A\mu = c$ 成立.

(b) 这部分可以从把不等式组 $Ay \geqslant c$ 写成等价形式

$$Ay^+ - Ay^- - z = c, \qquad y^+ \geqslant 0, \ y^- \geqslant 0, \ z \geqslant 0,$$

并应用 (a) 部分得出. □

5.2 线性规划的对偶性

我们现在来推导优化中最重要的结果之一: 线性规划的对偶定理. 考虑问题

$$\text{minimize} \ \ c'x,$$
$$\text{subject to} \ \ a_j'x \geqslant b_j, \quad j = 1, \cdots, r,$$

其中 $c \in \Re^n$, $a_j \in \Re^n, b_j \in \Re$, $j = 1, \cdots, r$. 我们把该问题称为原问题. 考虑它的对偶问题

$$\text{maximize} \quad b'\mu,$$

$$\text{subject to} \quad \sum_{j=1}^{r} a_j \mu_j = c, \quad \mu \geqslant 0.$$

该问题是从 4.2.3 节的 MC/MC 对偶框架导出的. 我们把原 (始) 问题和对偶问题的最优值分别记作 f^* 和 q^*.

假定问题是可行的, 我们要证明 $f^* = q^*$. 虽然我们可以在 MC/MC 框架中利用第 4 章的对偶理论来分析, 我们在这里采用反映问题实质的线性 Farkas 引理 (命题 5.1.2) 来证明. 证明的第一步是证明弱对偶性, 即 $q^* \leqslant f^*$ 成立 (参考命题 4.1.2). [我们也可以用如下的简单方法来证明这个关系: 如果 x 和 μ 是原始问题的对偶问题的可行解, 那么我们就有 $b'\mu \leqslant c'x$. 事实上,

$$b'\mu = \sum_{j=1}^{r} b_j \mu_j + \left(c - \sum_{j=1}^{r} a_j \mu_j \right)' x = c'x + \sum_{j=1}^{r} \mu_j (b_j - a_j'x) \leqslant c'x, \quad (5.2)$$

其中不等式来源于 x 和 μ 的可行性. 对左边在所有可行的 μ 上取上确界, 对右边在所有可行的 x 上取下确界, 我们就得到 $q^* \leqslant f^*$] 第二步是在假定 f^* 或 q^* 为有限的情况下, 说明满足 $b'\mu^* = c'x^*$ 的可行向量 x^* 和 μ^* 的存在性. 这要根据 Farkas 引理, 如图 5.2.1 所示.

命题 5.2.1 (线性规划对偶定理).

(a) 如果 f^* 或 q^* 为有限, 那么 $f^* = q^*$, 并且原问题和对偶问题都有最优解.

(b) 如果 $f^* = -\infty$, 那么 $q^* = -\infty$.

(c) 如果 $q^* = \infty$, 那么 $f^* = \infty$.

证明 (a) 如果 f^* 为有限, 那么由命题 1.4.12, 原问题有最优解 x^*. 令

$$J = \left\{ j \in \{1, \cdots, r\} \mid a_j'x^* = b_j \right\}.$$

我们断言对所有满足使 $a_j'y \geqslant 0$ 对所有 $j \in J$ 均成立的 y,

$$c'y \geqslant 0 \quad (5.3)$$

成立. 事实上, 每个使得 $a'_j y \geqslant 0$ 对所有 $j \in J$ 均成立的 y 都是在 x^* 处的一个可行方向, 即 $x^* + \alpha y$ 对所有充分小的 $\alpha > 0$ 都是可行点. 于是可知不等式 $c'y < 0$ 将破坏 x^* 的最优性. 于是式 (5.3) 得证.

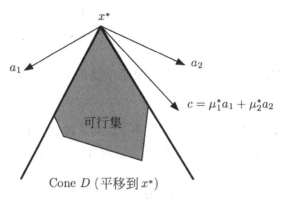

图 5.2.1　利用 Farkas 引理来证明线性规划的对偶定理的图示. 令 x^* 为原问题最优解, 并令 $J = \{j \mid a'_j x^* = b_j\}$. 那么, 我们有 $c'y \geqslant 0$ 对所有在 "可行方向" 的锥体 $D = \{y \mid a'_j y \geqslant 0, \forall j \in J\}$ 中的 y 成立 (参考命题 1.1.8). 由 Farkas 引理 [命题 5.1.2 (a)], 这意味着 c 可以用一些标量 $\mu^*_j \geqslant 0$ 表示成 $c = \sum_{j=1}^{r} \mu^*_j a_j, \quad \mu^*_j \geqslant 0, \forall j \in J, \quad \mu^*_j = 0, \forall j \notin J$ 与 x^* 做内积, 我们得到 $c'x^* = b'\mu^*$, 从而根据 $q^* \leqslant f^*$, 可证明 $q^* = f^*$, 进而 μ^* 是最优的.

由 Farkas 引理 [命题 5.1.2(a)], 式 (5.3) 意味着

$$c = \sum_{j=1}^{r} \mu^*_j a_j,$$

对某个满足

$$\mu^*_j \geqslant 0, \ \forall j \in J, \qquad \mu^*_j = 0, \ \forall j \notin J.$$

的 $\mu^* \in \Re^r$ 成立.

因此, μ^* 是对偶问题的可行解. 与 x^* 做内积, 并根据 $a'_j x^* = b_j$ 对 $j \in J$ 成立和 $\mu^*_j = 0$ 对 $j \notin J$ 成立的事实, 我们得到

$$c'x^* = \sum_{j=1}^{r} \mu^*_j a_j{}' x^* = \sum_{j=1}^{r} \mu^*_j b_j = b'\mu^*.$$

据此, 并利用式 (5.2), 可导出 $q^* = f^*$ 并且 μ^* 是最优解.

如果 q^* 是有限的, 仍根据命题 1.4.12, 对偶问题有最优解 μ^*, 结果可类似地证明.

(b) 如果 $f^* = -\infty$, 不等式 $q^* \leqslant f^*$ 意味着 $q^* = -\infty$.

(c) 如果 $q^* = \infty$, 不等式 $q^* \leqslant f^*$ 意味着 $f^* = \infty$. □

上述命题没有讨论的一种可能情况是 $f^* = \infty$ 和 $q^* = -\infty$ (原始和对偶问题均为不可行). 事实上这种情况是有可能出现的: 一个简单的例子是不可行的标量优化问题 $\min_{0 \cdot x \geqslant 1} x$. 它的对偶问题是不可行的标量优化问题 $\max_{0 \cdot \mu = 1, \, \mu \geqslant 0} \mu$.

与对偶定理有关的另外一个结果是下面的原始与对偶最优性的充要条件.

命题 5.2.2 (线性规划的最优性条件). 向量对 (x^*, μ^*) 构成原始和对偶问题的一对最优解当且仅当 x^* 是原问题的可行解, μ^* 是对偶问题的可行解, 并且

$$\mu_j^*(b_j - a_j'x^*) = 0, \qquad \forall \, j = 1, \cdots, r. \tag{5.4}$$

证明 如果 x^* 是原问题的可行解, 而 μ^* 是对偶问题的可行解, 那么 [参考式 (5.2)]

$$b'\mu^* = \sum_{j=1}^{r} b_j \mu_j^* + \left(c - \sum_{j=1}^{r} a_j \mu_j^*\right)' x^* = c'x^* + \sum_{j=1}^{r} \mu_j^*(b_j - a_j'x^*). \tag{5.5}$$

于是, 如果式 (5.4) 成立, 那么我们就有 $b'\mu^* = c'x^*$, 故式 (5.2) 意味着 x^* 是原问题的最优解而 μ^* 是对偶问题的最优解.

反之, 如果 (x^*, μ^*) 构成原问题和对偶问题的最优解对, 那么 x^* 是原问题的可行解, μ^* 是对偶问题的可行解, 根据对偶定理 [命题 5.2.1(a)], 有 $b'\mu^* = c'x^*$. 根据式 (5.5), 我们就得到式 (5.4). □

条件 (5.4) 被称为补充松弛量(complementary slackness)条件. 对于原问题的可行向量 x^* 和对偶问题的可行向量 μ^*, 补充松弛量条件可以写成几种等价的形式, 例如:

$$a_j'x^* > b_j \quad \Longrightarrow \quad \mu_j^* = 0, \qquad \forall \, j = 1, \cdots, r,$$

$$\mu_j^* > 0 \quad \Longrightarrow \quad a_j'x^* = b_j, \qquad \forall \, j = 1, \cdots, r.$$

5.3 凸规划的对偶性

我们现在来推导凸规划的对偶性的结果和最优性条件. 凸规划指的是代价函数和约束都是凸函数的问题.

5.3.1 强对偶定理 —— 不等式约束

首先讨论如下问题

$$\begin{aligned} &\text{minimize} \quad f(x), \\ &\text{subject to} \quad x \in X, \quad g(x) \leqslant 0, \end{aligned} \tag{5.6}$$

其中 X 是凸集, $g(x) = \big(g_1(x), \cdots, g_r(x)\big)'$, 和 $f : X \mapsto \Re$ 及 $g_j : X \mapsto \Re$, $j = 1, \cdots, r$, 是凸函数. 我们称该问题为原问题. 本节的对偶性结果均假定该问题是可行的, 即 $f^* < \infty$, 其中 f^* 是最优值:

$$f^* = \inf_{x \in X, \, g(x) \leqslant 0} f(x).$$

我们将建立原问题与从 4.2.3 节的 MC/MC 框架导出的对偶问题之间的联系. 所采用的基本分析工具是非线性 Farkas 引理 (命题 5.1.1).

考虑拉格朗日函数

$$L(x, \mu) = f(x) + \mu' g(x), \qquad x \in X, \; \mu \in \Re^r,$$

以及由

$$q(\mu) = \begin{cases} \inf_{x \in X} L(x, \mu), & \mu \geqslant 0, \\ -\infty, & \text{其他.} \end{cases}$$

给出的函数 q. 我们把 q 称作对偶函数 (dual function), 把问题

$$\begin{aligned} &\text{maximize} \quad q(\mu), \\ &\text{subject to} \quad \mu \in \Re^r \end{aligned}$$

称作对偶问题 (dual problem). 对偶问题的最优值为

$$q^* = \sup_{\mu \in \Re^r} q(\mu).$$

注意弱对偶关系 $q^* \leqslant f^*$ 成立 (参考命题 4.1.2).

为研究对偶问题的最优解的存在性, 当然可以使用 4.3~4.5 节的 MC/MC 一般性结论. 不过, 对于凸规划问题, 这些结果的实质都反映在 Farkas 引理 (命题 5.1.1) 中, 因此这里用 Farkas 引理展开分析. 为了看出这种联系, 假定最优值 f^* 是有限的. 于是有

$$0 \leqslant f(x) - f^*,$$

对任意满足 $g(x) \leqslant 0$ 的 $x \in X$ 成立, 因此通过以 $f(x) - f^*$ 代替 $f(x)$ 并应用非线性 Farkas 引理 (假定引理的两个条件之一成立), 可知集合

$$Q^* = \left\{ \mu \mid \mu^* \geqslant 0, \, 0 \leqslant f(x) - f^* + \mu^{*\prime} g(x), \, \forall \, x \in X \right\}$$

为非空 [如果引理的条件 (1) 满足, 还是紧的]. 向量 $\mu^* \in Q^*$ 刚好就是满足 $\mu^* \geqslant 0$ 和

$$f^* \leqslant \inf_{x \in X} \left\{ f(x) + \mu^{*\prime} g(x) \right\} = q(\mu^*) \leqslant q^*$$

条件的向量. 利用弱对偶关系 $q^* \leqslant f^*$, 我们看到 $f^* = q(\mu^*) = q^*$ 当且仅当 $\mu^* \in Q^*$, 即 Q^* 与对偶问题最优解的集相同. 我们把结论总结为一个命题.

命题 5.3.1 (凸规划的对偶性 —— 对偶问题最优解的存在性). 考虑问题 (5.6). 假定 f^* 为有限, 且如下两个条件之一成立:

(1) 存在 $\overline{x} \in X$ 使得 $g_j(\overline{x}) < 0$ 对所有 $j = 1, \cdots, r$ 成立.

(2) 函数 g_j, $j = 1, \cdots, r$, 为仿射, 并且存在 $\overline{x} \in \mathrm{ri}(X)$ 使得 $g(\overline{x}) \leqslant 0$ 成立.

那么 $q^* = f^*$ 成立, 并且对偶问题的最优解集为非空. 在条件 (1) 下该集合还是紧的.

上述命题中的内点条件 (1) 在非线性规划文献中被称为 Slater 条件.

5.3.2 最优性条件

下述命题给出了最优性的充要条件. 它是命题 5.2.2 中线性规划最优性条件的推广.

命题 5.3.2 (最优性条件). 考虑问题 (5.6). $q^* = f^*$ 成立, 并且 (x^*, μ^*) 是原问题和对偶问题的最优解对, 当且仅当 x^* 为可行, $\mu^* \geqslant 0$, 并且

$$x^* \in \arg\min_{x \in X} L(x, \mu^*), \qquad \mu_j^* g_j(x^*) = 0, \quad j = 1, \cdots, r. \tag{5.7}$$

证明 如果 $q^* = f^*$, 并且 x^* 和 μ^* 是原问题和对偶问题的最优解, 那么

$$f^* = q^* = q(\mu^*) = \inf_{x \in X} L(x, \mu^*) \leqslant L(x^*, \mu^*) = f(x^*) + \sum_{j=1}^{r} \mu_j^* g_j(x^*) \leqslant f(x^*),$$

其中最后一个不等式成立是因为 $\mu_j^* \geqslant 0$ 以及 $g_j(x^*) \leqslant 0$ 对所有 j 成立. 因此上式中所有等号成立并且式 (5.7) 成立.

反之，如果 x^* 为可行，$\mu^* \geqslant 0$，且式 (5.7) 得到满足，那么

$$q(\mu^*) = \inf_{x \in X} L(x, \mu^*) = L(x^*, \mu^*) = f(x^*) + \sum_{j=1}^{r} \mu_j^* g_j(x^*) = f(x^*).$$

注意到弱对偶关系 $q^* \leqslant f^*$，可知 $q^* = f^*$，x^* 是原问题的最优解，而 μ^* 是对偶问题的最优解。　　　　　　　□

注意上述命题的证明没有用到 f，g，或 X 的凸性假设，事实上这些假设不满足命题 5.3.2 也可能成立。另一方面，该命题仅仅在 $q^* = f^*$ 的情况下有用。而如果没有凸性假设，这很难得到保证。条件 $\mu_j^* g_j(x^*) = 0$ 被称为补充松弛量(complementary slackness)条件，是相应的线性规划条件 (5.4) 的推广形式。

在把命题 5.3.2 作为最优性的充分条件使用时，需要注意为了使 $x^* \in X$ 成为最优解，让 $L(x, \mu^*)$ 在 X 上对对偶问题的某个最优解 μ^* 达到最小并不充分。这个最小值有可能在某个不可行的 x^* 处 [违反约束 $g(x) \leqslant 0$] 达到或者在某个虽然可行，但非最优的 x^* 处达到 (这些点都必然违反补充松弛量条件)。

例 5.3.1　(二次规划的对偶性)。考虑二次规划问题

$$\begin{aligned} \text{minimize} \quad & \frac{1}{2} x'Qx + c'x, \\ \text{subject to} \quad & Ax \leqslant b, \end{aligned}$$

其中 Q 是对称正定的 $n \times n$ 矩阵，A 是 $r \times n$ 矩阵，b 是 $\Re^r$ 中的向量，而 c 是 $\Re^n$ 中的向量。这是在问题(5.6)中选取

$$f(x) = \frac{1}{2} x'Qx + c'x, \qquad g(x) = Ax - b, \qquad X = \Re^n$$

的情况。假定问题是可行的，则它有唯一的最优解 x^*，因为代价函数是严格凸的和强制(coercive)的。

对偶函数为

$$q(\mu) = \inf_{x \in \Re^n} L(x, \mu) = \inf_{x \in \Re^n} \left\{ \frac{1}{2} x'Qx + c'x + \mu'(Ax - b) \right\}.$$

在 $x = -Q^{-1}(c + A'\mu)$ 处达到下确界，该式代入到上述关系中，直接计算得到

$$q(\mu) = -\frac{1}{2} \mu' AQ^{-1}A'\mu - \mu'(b + AQ^{-1}c) - \frac{1}{2} c'Q^{-1}c.$$

通过添加负号的转换把最大化问题转化为最小化问题并舍弃常数项
$\frac{1}{2}c'Q^{-1}c$, 可以把对偶问题写成

$$\text{minimize} \quad \frac{1}{2}\mu'P\mu + t'\mu,$$
$$\text{subject to} \quad \mu \geqslant 0,$$

其中

$$P = AQ^{-1}A', \qquad t = b + AQ^{-1}c.$$

注意对偶问题的约束条件比原问题的约束条件要简单. 而且, 如果 A 的行数 r 比列数 n 小, 那么对偶问题会定义在比原问题更小的解空间上, 这对于算法设计有影响.

在条件 (2) 下应用命题 5.3.1, 我们看到 $f^* = q^*$, 并且对偶问题有最优解 (由于 $X = \Re^n$, 命题的相对内点条件自然满足).

按照命题 5.3.2 的最优性条件, (x^*, μ^*) 是原问题和对偶问题的最优解当且仅当 $Ax^* \leqslant b$, $\mu^* \geqslant 0$, 并且式 (5.7) 的两个条件成立. 这些条件中的第一个条件 $[x^*$ 在 $x \in \Re^n$ 上最小化 $L(x, \mu^*)\,]$ 给出

$$x^* = -Q^{-1}(c + A'\mu^*).$$

第二个条件即补充松弛量条件 $(Ax^* - b)'\mu^* = 0$, 在线性规划中碰到过 (参考命题 5.2.2). 可写为

$$\mu_j^* > 0 \quad \Longrightarrow \quad a_j'x^* = b_j, \qquad \forall\, j = 1, \cdots, r,$$

其中 a_j' 是 A 的第 j 行, 而 b_j 是 b 的第 j 个分量.

5.3.3　部分多面体约束

前面的含有不等式约束的问题 (5.6) 的分析可以通过在约束函数和抽象的约束集合 X 中引入更具体的多面体结构而变得更为细致. 首先考虑多面体与非多面体相混合约束的一些最简单的情形. 然后我们提供一个适合于同时包含多种不同的结构情形的一般的对偶定理.

考虑问题 (5.6) 的扩展. 其中包含附加的线性等式约束:

$$\begin{aligned}
&\text{minimize} \quad f(x), \\
&\text{subject to} \quad x \in X, \quad g(x) \leqslant 0, \quad Ax = b,
\end{aligned} \tag{5.8}$$

其中 X 是凸集, $g(x) = \big(g_1(x), \cdots, g_r(x)\big)'$, $f : X \mapsto \Re$ 和 $g_j : X \mapsto \Re$, $j = 1, \cdots, r$ 是凸函数, A 是 $m \times n$ 矩阵, 而 $b \in \Re^m$. 我们可以通过简单地把约束 $Ax = b$ 转化为等价的一组线性不等式约束

$$Ax \leqslant b, \qquad -Ax \leqslant -b, \tag{5.9}$$

来处理该问题, 相应的对偶变量为 $\lambda^+ \geqslant 0$ 和 $\lambda^- \geqslant 0$. 拉格朗日函数为

$$f(x) + \mu'g(x) + (\lambda^+ - \lambda^-)'(Ax - b),$$

并且通过引入没有符号限制的对偶变量

$$\lambda = \lambda^+ - \lambda^-, \tag{5.10}$$

可以把它写作

$$L(x, \mu, \lambda) = f(x) + \mu'g(x) + \lambda'(Ax - b).$$

于是对偶问题的形式为

$$\begin{aligned} \text{maximize} \quad & q(\mu, \lambda) \equiv \inf_{x \in X} L(x, \mu, \lambda), \\ \text{subject to} \quad & \mu \geqslant 0, \ \lambda \in \Re^m. \end{aligned}$$

在优化问题仅仅具有线性等式约束的特殊情况下

$$\begin{aligned} \text{minimize} \quad & f(x), \\ \text{subject to} \quad & x \in X, \quad Ax = b, \end{aligned} \tag{5.11}$$

拉格朗日函数为

$$L(x, \lambda) = f(x) + \lambda'(Ax - b),$$

而对偶问题为

$$\begin{aligned} \text{maximize} \quad & q(\lambda) \equiv \inf_{x \in X} L(x, \lambda), \\ \text{subject to} \quad & \lambda \in \Re^m. \end{aligned}$$

下述两个命题可以通过命题 5.3.1 [在处理线性约束的条件 (2) 之下] 和命题 5.3.2, 利用变换 (5.9) 和 (5.10) 得到. 证明的细节留给读者.

命题 5.3.3 (凸规划 —— 线性等式约束). 考虑问题 (5.11).

(a) 假定 f^* 为有限并且存在 $\overline{x} \in \mathrm{ri}(X)$ 使得 $A\overline{x} = b$ 成立. 那么 $f^* = q^*$ 并且对偶问题至少有一个最优解.

(b) $f^* = q^*$ 成立, 并且 (x^*, λ^*) 是原问题和对偶问题最优解对当且仅当 x^* 是可行的并且

$$x^* \in \arg\min_{x \in X} L(x, \lambda^*) \tag{5.12}$$

命题 5.3.4 (凸规划 —— 线性等式和不等式约束). 考虑问题 (5.8).

(a) 假定 f^* 为有限, 函数 g_j 为线性, 并且存在 $\bar{x} \in \mathrm{ri}(X)$ 满足 $A\bar{x} = b$ 和 $g(\bar{x}) \leqslant 0$. 那么 $q^* = f^*$ 并且对偶问题至少有一个最优解.

(b) $f^* = q^*$ 成立, 并且 (x^*, μ^*, λ^*) 是原问题和对偶问题最优解对当且仅当 x^* 是可行的, $\mu^* \geqslant 0$, 并且

$$x^* \in \arg\min_{x \in X} L(x, \mu^*, \lambda^*), \qquad \mu_j^* g_j(x^*) = 0, \quad j = 1, \cdots, r.$$

下面是上述命题 (a) 部分扩展到不等式约束为非线性的情形.

命题 5.3.5 (凸规划 —— 线性等式和非线性不等式约束). 考虑问题 (5.8). 假定 f^* 为有限, 存在 $\bar{x} \in X$ 满足 $A\bar{x} = b$ 和 $g(\bar{x}) < 0$, 并且存在 $\tilde{x} \in \mathrm{ri}(X)$ 满足 $A\tilde{x} = b$. 那么 $q^* = f^*$ 并且对偶问题至少有一个最优解.

证明 通过在条件 (1) 下应用命题 5.3.1, 我们可以看到存在 $\mu^* \geqslant 0$ 使得

$$f^* = \inf_{x \in X,\, Ax = b} \big\{ f(x) + \mu^{*\prime} g(x) \big\}$$

成立. 通过应用命题 5.3.3 来使上述问题最小化, 可知存在 λ^* 使得

$$f^* = \inf_{x \in X} \big\{ f(x) + \mu^{*\prime} g(x) + \lambda^{*\prime}(Ax - b) \big\} = \inf_{x \in X} L(x, \mu^*, \lambda^*) = q(\lambda^*, \mu^*)$$

成立. 根据弱对偶性, 我们有 $q(\mu^*, \lambda^*) \leqslant q^* \leqslant f^*$, 于是可知 $q^* = f^*$ 并且 (μ^*, λ^*) 是对偶问题最优解. $\qquad \square$

下述例子说明凸规划中可能出现 $q^* < f^*$ 的情况.

例 5.3.2 (强对偶反例). 考虑二维问题

$$
\begin{aligned}
&\text{minimize} \quad && f(x), \\
&\text{subject to} \quad && x_1 = 0, \qquad x \in X = \{x \mid x \geqslant 0\},
\end{aligned}
$$

其中

$$f(x) = e^{-\sqrt{x_1 x_2}}, \qquad \forall\, x \in X.$$

这里可以验证 f 是凸的(它的 Hessian 矩阵在 X 的内点集上是正定的). 由于为满足可行性我们必然有 $x_1 = 0$, 可知 $f^* = 1$. 另一方面, 对偶函数为

$$q(\lambda) = \inf_{x \geqslant 0} \left\{ e^{-\sqrt{x_1 x_2}} + \lambda x_1 \right\} = \begin{cases} 0, & \lambda \geqslant 0, \\ -\infty, & \text{其他}, \end{cases}$$

由于当 $\lambda \geqslant 0$ 时, 上述括号中的表达式对 $x \geqslant 0$ 是非负的, 而且可以通过取 $x_1 \to 0$ 和 $x_1 x_2 \to \infty$ 而逼近零. 可知 $q^* = 0$. 因此, 对偶间隙是存在的, $f^* - q^* = 1$. 这里命题5.3.3(a) 的相对内点假设没有得到满足.

下面的例子说明 $q^* = f^*$ 但不存在对偶最优解的情形. 取

$$X = \Re, \qquad f(x) = x, \qquad g(x) = x^2.$$

于是 $x^* = 0$ 是唯一的可行/最优解, 并且我们有

$$q(\mu) = \inf_{x \in \Re} \{ x + \mu x^2 \} = -\frac{1}{4\mu}, \qquad \forall \, \mu > 0,$$

和 $q(\mu) = -\infty$ 对 $\mu \leqslant 0$ 成立, 因此 $q^* = f^* = 0$. 不过, 不存在 $\mu^* \geqslant 0$ 使得 $q(\mu^*) = q^* = 0$ 成立. 这是一类典型的不存在拉格朗日乘子 (常在非线性规划中有定义; 参见 [Ber99]) 的约束优化问题, 原因是某种形式的 "正则性 (regularity)" 条件没有得到满足. 我们在 5.3.4 节还会回到这个例子上来.

约束条件的混合

最后我们来考虑本质上允许多面体和非多面体约束进行任意混合的更为细致的多面体结构. 特别地, 考虑问题

$$\begin{aligned} &\text{minimize} && f(x), \\ &\text{subject to} && x \in X, \quad g(x) \leqslant 0, \quad Ax = b, \end{aligned} \tag{5.13}$$

其中 X 是多面体集合 P 和凸集 C 的交集,

$$X = P \cap C,$$

$g(x) = \big(g_1(x), \cdots, g_r(x)\big)'$, 函数 $f : \Re^n \mapsto \Re$ 和 $g_j : \Re^n \mapsto \Re$, $j = 1, \cdots, r$, 定义在 $\Re^n$ 上, A 是 $m \times n$ 矩阵, 而 $b \in \Re^m$.

我们假设函数 g_j 中有一部分是多面体的, 即, 每个这样的函数都由有限个线性函数取最大值来给定 (参见 2.3.3 节). 我们还假定 f 和 g_j 在 C 上 (而不是在 X 上) 为凸. 这个更强的凸性假设对利用 X 的 (部分) 多面体特性非常重要 (例如, 在例 5.3.2 中该假设就不成立, 结果导致了对偶间隙).

命题 5.3.6 (凸规划 —— 混合多面体和非多面体约束). 考虑问题 (5.13). 假定 f^* 是有限的,并且对某个满足 $1 \leqslant \bar{r} \leqslant r$ 的 $\bar{r}$,函数 g_j, $j = 1, \cdots, \bar{r}$,都是多面体的,而函数 f 和 g_j, $j = \bar{r} + 1, \cdots, r$,在 C 上都是凸的. 进一步假定

(1) 集合

$$\tilde{P} = P \cap \{x \mid Ax = b, \, g_j(x) \leqslant 0, \, j = 1, \cdots, \bar{r}\}$$

中存在向量 $\tilde{x} \in \mathrm{ri}(C)$.

(2) 存在 $\bar{x} \in \tilde{P} \cap C$ 使得 $g_j(\bar{x}) < 0$ 对所有 $j = \bar{r} + 1, \cdots, r$ 成立.
于是 $q^* = f^*$ 并且对偶问题至少有一个最优解.

证明 考虑问题

$$\begin{aligned} &\text{minimize} \quad f(x), \\ &\text{subject to} \quad x \in \tilde{P} \cap C, \; g_j(x) \leqslant 0, \; j = \bar{r} + 1, \cdots, r, \end{aligned}$$

它等价于问题 (5.13). 我们利用命题 5.3.1 和假设 (2) 来证明存在 $\mu_j^* \geqslant 0$, $j = \bar{r} + 1, \cdots, r$,使得

$$f^* = \inf_{x \in \tilde{P} \cap C} \left\{ f(x) + \sum_{j = \bar{r} + 1}^{r} \mu_j^* g_j(x) \right\} \tag{5.14}$$

成立.

下面考虑上式中的最小化问题. 我们为多面体集合 P 和多面体函数 $g_j(x) \leqslant 0$, $j = 1, \cdots, \bar{r}$ 引入以线性不等式和线性函数形式给出的显式表示.

$$P = \{x \mid e_{i0}' x \leqslant d_{i0}, \, i = 1, \cdots, m_0\},$$

$$g_j(x) = \max_{i = 1, \cdots, m_j} \{e_{ij}' x - d_{ij}\}, \qquad j = 1, \cdots, \bar{r},$$

其中 e_{ij} 是 $\Re^n$ 中的某些向量,而 d_{ij} 是相应的标量. 我们把式 (5.14) 写作

$$f^* = \inf_{x \in C, \, Ax = b, \, e_{ij}' x - d_{ij} \leqslant 0, \, j = 0, \cdots, \bar{r}, \, i = 1, \cdots, m_j} \left\{ f(x) + \sum_{j = \bar{r} + 1}^{r} \mu_j^* g_j(x) \right\}. \tag{5.15}$$

现在利用假设 (1) 和命题 5.3.4 来分析上式右侧中的最小化问题,以证明存在向量 λ^* 和标量 $\nu_{ij}^* \geqslant 0$ 使得

$$
\begin{aligned}
f^* \;&= \inf_{x \in C} \Big\{ f(x) + \sum_{j=\bar{r}+1}^{r} \mu_j^* g_j(x) + \lambda^{*\prime}(Ax - b) \\
&\quad + \sum_{j=0}^{\bar{r}} \sum_{i=1}^{m_j} \nu_{ij}^*(e_{ij}'x - d_{ij}) \Big\} \\
&\leqslant \inf_{x \in C \cap P} \Big\{ f(x) + \sum_{j=\bar{r}+1}^{r} \mu_j^* g_j(x) + \lambda^{*\prime}(Ax - b) \\
&\quad + \sum_{j=0}^{\bar{r}} \sum_{i=1}^{m_j} \nu_{ij}^*(e_{ij}'x - d_{ij}) \Big\}
\end{aligned}
$$

成立 (不等式成立是因为我们是在 C 的一个子集上取下确界). 由于对所有 $x \in P$, 都有 $\nu_{i0}^*(e_{i0}'x - d_{i0}) \leqslant 0$, 可知

$$
\begin{aligned}
f^* \;&\leqslant \inf_{x \in C \cap P} \Big\{ f(x) + \sum_{j=\bar{r}+1}^{r} \mu_j^* g_j(x) + \lambda^{*\prime}(Ax - b) \\
&\quad + \sum_{j=1}^{\bar{r}} \sum_{i=1}^{m_j} \nu_{ij}^*(e_{ij}'x - d_{ij}) \Big\} \\
&\leqslant \inf_{x \in C \cap P} \Big\{ f(x) + \sum_{j=\bar{r}+1}^{r} \mu_j^* g_j(x) + \lambda^{*\prime}(Ax - b) \\
&\quad + \sum_{j=1}^{\bar{r}} \Big(\sum_{i=1}^{m_j} \nu_{ij}^* \Big) g_j(x) \Big\} \\
&= \inf_{x \in C \cap P} \big\{ f(x) + \mu^{*\prime} g(x) + \lambda^{*\prime}(Ax - b) \big\} \\
&= q(\mu^*, \lambda^*),
\end{aligned}
$$

其中 $\mu^* = (\mu_1^*, \cdots, \mu_r^*)$ 满足

$$
\mu_j^* = \sum_{i=1}^{m_j} \nu_{ij}^*, \qquad j = 1, \cdots, \bar{r}.
$$

根据弱对偶关系 $q(\mu^*, \lambda^*) \leqslant q^* \leqslant f^*$, 可知 $q^* = f^*$ 并且 (μ^*, λ^*) 是对偶问题的最优解. $\qquad\square$

注意上述命题包含了命题 5.3.3(a), 5.3.4(a) 和 5.3.5 作为特例.

5.3.4　对偶性与原问题最优解的存在性

到目前为止, 我们在约束优化问题中建立强对偶性都是基于非线性 Farkas 引理. 它提供了能保证对偶问题有最优解 (即使原问题可能没有最优解; 参见命题 5.3.1 的条件). 我们现在来给出另外一种方法. 它在某些紧性条件下可以保证强对偶性并且原问题有最优解 (即使可能对偶问题没有最优解).

我们集中讨论凸规划问题

$$
\begin{aligned}
&\text{minimize} \quad && f(x), \\
&\text{subject to} \quad && x \in X, \quad g(x) \leqslant 0,
\end{aligned}
\tag{5.16}
$$

其中 X 是凸集, $g(x) = \left(g_1(x), \cdots, g_r(x)\right)'$, 和 $f : X \mapsto \Re$ 及 $g_j : X \mapsto \Re$, $j = 1, \cdots, r$, 是凸函数. 我们考虑具有 $M = \mathrm{epi}(p)$ 的 MC/MC 框架, 其中 p 为摄动函数 (perturbation function)

$$p(u) = \inf_{x \in X, g(x) \leqslant u} f(x)$$

(参见 4.2.3 节). 根据命题 4.3.1, 我们可知强对偶性成立, 如果 p 是闭的严格凸函数 (也见图 4.2.1). 据此, 令

$$F(x, u) = \begin{cases} f(x), & x \in X, \ g(x) \leqslant u, \\ \infty, & \text{其他}, \end{cases}$$

并且注意到

$$p(u) = \inf_{x \in \Re^n} F(x, u),$$

故 p 可以通过部分地最小化 F 得到. 通过利用 3.3 节相应的分析我们得到如下命题.

命题 5.3.7 假定问题 (5.16) 为可行, 凸函数 f 和 g_j 为闭, 且函数

$$F(x, 0) = \begin{cases} f(x), & g(x) \leqslant 0, \ x \in X, \\ \infty, & \text{其他}, \end{cases}$$

具有紧的水平集 (level sets). 那么 $f^* = q^*$ 并且原问题的最优解集是非空的和紧的.

证明 把命题 3.3.2 用于函数 F, 可知部分最小化函数 p 是凸的和闭的. 根据命题 4.3.1, 可知 $f^* = q^*$. 进而, 由于 $F(x, 0)$ 具有紧的水平集, $F(x, 0)$ 的最小点的集合是非空的和紧的. 而该集合等于原问题的最优解集合. □

上述命题的紧性假设可以被满足, 特别是在 X 是紧的, 或者是在 X 是闭的而 f 具有紧的水平集的情况下. 更一般地, 该假设被满足, 如果 X 是闭的, 而 X, f, 和 g_j, $j = 1, \cdots, r$, 没有公共的非零回收方向. 不过该命题不能保证对偶问题最优解的存在性, 如下面的例子所示.

例 5.3.3 (对偶问题最优解的不存在性). 考虑下面的曾在例 5.3.2 后面讨论过的一维问题, 其中

$$f(x) = x, \qquad g(x) = x^2, \qquad X = \Re.$$

它的摄动函数如图 5.3.1 所示. 它是凸的和闭的. 原问题也有唯一的最优解 $x^* = 0$, 并且没有对偶间隙, 这些都和上述命题一致 (紧性假设被满足). 对偶函数是

$$q(\mu) = \inf_{x\in\Re} \left\{ x + \mu x^2 \right\} = \begin{cases} -1/(4\mu), & \mu > 0, \\ -\infty, & \mu \leqslant 0. \end{cases}$$

因此对偶问题没有最优解, 这在图 5.3.1 中也是显而易见的.

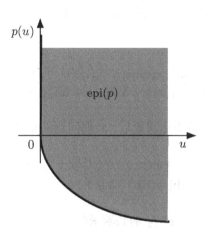

图 5.3.1　例 5.3.3 的摄动函数 p:　$p(u) = \inf_{x^2 \leqslant u} x = -\sqrt{u}$ 若 $u \geqslant 0$; $=$ ∞ 若 $u < 0$. 这里 p 在 0 处下半连续而且没有对偶间隙. 不过, 对偶问题没有最优解.

与命题 5.3.7 有关的一个结果是, 如果 x^* 是拉格朗日函数 $L(\cdot, \mu^*)$ 对于某个对偶问题最优解 μ^* 在 X 上的唯一最小解, 并且如果 X, $F(\cdot, 0)$ 和 $L(\cdot, \mu^*)$ 都是闭的, 那么 x^* 是原问题的唯一最优解. 原因是 $L(x, \mu^*) \leqslant F(x, 0)$ 对所有 $x \in X$ 成立, 这意味着 $F(\cdot, 0)$ 具有紧的水平集, 因此原问题有最优解. 根据命题 5.3.2, 所有原问题的最优解在 X 上都使 $L(\cdot, \mu^*)$ 达到最小, 可知 x^* 是原问题的唯一最优解.

5.3.5　Fenchel 对偶性

我们现在来分析另外一类重要的优化框架. 它可以被嵌入到我们已经讨论过的凸规划框架之中. 考虑优化问题

$$\begin{aligned} \text{minimize} \quad & f_1(x) + f_2(Ax), \\ \text{subject to} \quad & x \in \Re^n, \end{aligned} \tag{5.17}$$

其中 A 是 $m \times n$ 矩阵, $f_1 : \Re^n \mapsto (-\infty, \infty]$ 和 $f_2 : \Re^m \mapsto (-\infty, \infty]$ 是闭的凸函数, 并且我们假定存在一个可行解. 我们把它转化为下述以 $x_1 \in \Re^n$ 和

$x_2 \in \Re^m$ 为变量的等价问题:

$$
\begin{aligned}
&\text{minimize} && f_1(x_1) + f_2(x_2), \\
&\text{subject to} && x_1 \in \operatorname{dom}(f_1), \; x_2 \in \operatorname{dom}(f_2), && x_2 = Ax_1.
\end{aligned} \tag{5.18}
$$

我们可以把该问题视为具有线性等式约束 $x_2 = Ax_1$ 的凸规划问题 [参见问题 (5.11)]. 对偶函数是

$$
\begin{aligned}
q(\lambda) &= \inf_{x_1 \in \operatorname{dom}(f_1), \, x_2 \in \operatorname{dom}(f_2)} \left\{ f_1(x_1) + f_2(x_2) + \lambda'(x_2 - Ax_1) \right\} \\
&= \inf_{x_1 \in \Re^n} \left\{ f_1(x_1) - \lambda' A x_1 \right\} + \inf_{x_2 \in \Re^n} \left\{ f_2(x_2) + \lambda' x_2 \right\}.
\end{aligned}
$$

通过改变符号转化为最小化问题后, 对偶问题的形式如下

$$
\begin{aligned}
&\text{minimize} && f_1^\star(A'\lambda) + f_2^\star(-\lambda), \\
&\text{subject to} && \lambda \in \Re^m,
\end{aligned} \tag{5.19}
$$

其中 $f_1^\star$ 和 $f_2^\star$ 分别是 f_1 和 f_2 的共轭函数:

$$
f_1^\star(\lambda) = \sup_{x \in \Re^n} \left\{ \lambda' x - f_1(x) \right\}, \quad f_2^\star(\lambda) = \sup_{x \in \Re^n} \left\{ \lambda' x - f_2(x) \right\}. \qquad \lambda \in \Re^n.
$$

注意原问题和对偶问题具有相似/对称的形式. 图 5.3.2 说明了问题 (5.17) 和 (5.19) 之间的对偶性.

我们现在应用命题 5.3.3 到原问题 (5.18) 上, 并得到如下命题.

命题 5.3.8 (Fenchel 对偶性).

(a) 如果 f^* 是有限的, 并且 $\big(A \cdot \operatorname{ri}(\operatorname{dom}(f_1))\big) \cap \operatorname{ri}(\operatorname{dom}(f_2)) \neq \emptyset$, 那么 $f^* = q^*$, 并且对偶问题至少有一个最优解.

(b) $f^* = q^*$ 成立, 并且 (x^*, λ^*) 是原问题和对偶问题的最优解对当且仅当

$$
x^* \in \arg\min_{x \in \Re^n} \left\{ f_1(x) - x' A' \lambda^* \right\} \text{ 并且 } Ax^* \in \arg\min_{z \in \Re^n} \left\{ f_2(z) + z' \lambda^* \right\}. \tag{5.20}
$$

证明 (a) 利用相对内点的笛卡儿积公式 (参见命题 1.3.10), 可知如果对某个 $\overline{x}_1 \in \operatorname{ri}(\operatorname{dom}(f_1))$ 和 $\overline{x}_2 \in \operatorname{ri}(\operatorname{dom}(f_2))$, 我们有 $\overline{x}_2 = A\overline{x}_1$, 那么命题 5.3.3(a) 的相对内点假设用到问题 (5.18) 上就被满足. 这等价于我们的相对内点假设, 因此可以应用命题 5.3.3(a), 从而可导出期望的结果.

(b) 类似地, 我们可以应用命题 5.3.3(b) 到问题 (5.18) 上. $\qquad\square$

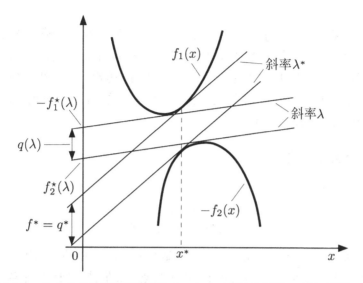

图 5.3.2　在 A 为单位矩阵情形下的 Fenchel 对偶性的图示. 对偶函数值 $q(\lambda)$ 的构造如图所示. 当 λ 变化时, 对偶值 $q(\lambda) = -\big(f_1^\star(\lambda) + f_2^\star(-\lambda)\big)$ 在向量 λ^* 处达到最大. 该向量使得相应的超平面在一个公共点 x^* 处支撑 f_1 和 f_2 的上图. x^* 是原问题的最优解.

注意当 $\mathrm{dom}(f_1) = \Re^n$, $\mathrm{dom}(f_2) = \Re^m$, 并且 f_1 和 f_2 是可微的情况下, 最优性条件 (5.20) 等价于

$$A'\lambda^* = \nabla f_1(x^*), \qquad \lambda^* = -\nabla f_2(Ax^*);$$

见图 5.3.2. 通过利用次梯度该条件将会被推广到不可微的情形 (参见 5.4.1 节, 共轭次梯度定理 (Conjugate Subgradient Theorem) 的推论).

通过对换原问题和对偶问题 (对称的) 的角色, 并把上述条件应用到对偶问题 (5.19) 上, 我们可以得到关于强对偶性的的另外一些准则. 特别地, 如果 q^* 是有限的, 并且 $\mathrm{ri}\big(\mathrm{dom}(f_1^\star)\big) \cap \big(A' \cdot \mathrm{ri}\big(-\mathrm{dom}(f_2^\star)\big)\big) \neq \emptyset$, 那么 $f^* = q^*$ 并且对偶问题至少有一个最优解.

最后, 我们注意到如果 f_1 和 f_2 中存在多面体结构, 那么可以得到一个更精细的 Fenchel 对偶定理. 例如, 如果 f_1 是多面体的, 那么命题 5.3.8(a) 的相对内点条件可以换成更弱条件 $A \cdot \mathrm{dom}(f_1) \cap \mathrm{ri}\big(\mathrm{dom}(f_2)\big) \neq \emptyset$. 这可以通过在前面的证明中应用命题 5.3.6 而不是命题 5.3.3(a) 导出. 更一般地, 如果 f_1 的形式为

$$f_1(x) = \begin{cases} \tilde{f}(x), & x \in X, \\ \infty, & x \notin X, \end{cases}$$

其中 X 是多面体集而 $\tilde{f} : \Re^n \mapsto \Re$ 是凸集 C 上的函数并且满足 $X \subset \mathrm{ri}(C)$，那么可以证明相同的结论. 类似地，如果 f_1 和 f_2 都是多面体的，那么相对内点条件是必要性的. 这种情况下，问题 (5.17) 等价于一个线性规划. 而对线性规划强对偶性成立，并且仅仅在 f^* 为有限的条件下，对偶问题的最优解就存在 (参见命题 5.2.1).

5.3.6 锥对偶性

考虑问题

$$
\begin{aligned}
&\text{minimize} \quad f(x), \\
&\text{subject to} \quad x \in C,
\end{aligned}
\tag{5.21}
$$

其中 $f : \Re^n \mapsto (-\infty, \infty]$ 是闭的真凸函数而 C 是 $\Re^n$ 中的闭凸锥. 该问题被称为锥规划，并且它的一些特例 (半正定规划，二阶锥规划) 有许多应用. 这方面我们推荐参考文献诸如 [BeN01]，[BoV04].

我们在 A 等于单位阵并且定义

$$
f_1(x) = f(x), \qquad f_2(x) = \begin{cases} 0, & x \in C, \\ \infty, & x \notin C. \end{cases}
$$

的情况下应用 Fenchel 对偶性. 相应的共轭函数为

$$
f_1^\star(\lambda) = \sup_{x \in \Re^n} \left\{ \lambda' x - f(x) \right\}, \qquad f_2^\star(\lambda) = \sup_{x \in C} \lambda' x = \begin{cases} 0, & \lambda \in C^*, \\ \infty, & \lambda \notin C^*, \end{cases}
$$

其中

$$
C^* = \{ \lambda \mid \lambda' x \leqslant 0, \, \forall\, x \in C \}
$$

是 C 的极锥 (注意 $f_2^\star$ 是 C 的支撑函数，参见例 1.6.1). 对偶问题 [参见式 (5.19)] 为

$$
\begin{aligned}
&\text{minimize} \quad f^\star(\lambda), \\
&\text{subject to} \quad \lambda \in \hat{C},
\end{aligned}
\tag{5.22}
$$

其中 f^* 是 f 的共轭函数, 而 $\hat{C}$ 是负极锥 (negative polar cone) (也称作 C 的对偶锥):

$$
\hat{C} = -C^* = \{ \lambda \mid \lambda' x \geqslant 0, \, \forall\, x \in C \}.
$$

注意原问题和对偶问题之间的对称性. 强对偶关系 $f^* = q^*$ 可以写成

$$
\inf_{x \in C} f(x) = -\inf_{\lambda \in \hat{C}} f^\star(\lambda).
$$

下述命题描述了命题 5.3.8 中保证没有对偶间隙并且对偶问题具有最优解的条件.

命题 5.3.9 (锥对偶定理). 假定原始的锥问题 (5.21) 的最优值为有限, 并且 $\mathrm{ri}\big(\mathrm{dom}(f)\big) \cap \mathrm{ri}(C) \neq \emptyset$. 那么, 不存在对偶间隙, 并且对偶问题(5.22)有最优解.

利用原问题和对偶问题的对称性, 我们还可以得出如果对偶的锥问题 (5.21) 的最优值为有限并且 $\mathrm{ri}\big(\mathrm{dom}(f^\star)\big) \cap \mathrm{ri}(\hat{C}) \neq \emptyset$, 那么不存在对偶间隙并且原问题有最优解. 通过使用命题 5.3.6 (参考上节末的讨论) 来利用 f 和/或 C 的多面体结构也是有可能的. 进而, 我们可以利用命题 5.3.8(b) 来推导原问题和对偶问题的最优性条件.

5.4 次梯度与最优性条件

本节中我们将介绍凸函数的次梯度的概念. 次梯度的概念是针对不可微函数提出的, 相当于可微函数的梯度. 对于可微函数, 其最小化问题的最优性条件与梯度紧密相关. 相应的, 不可微函数的最小化问题的最优性条件则与次梯度的概念紧密相关. 因此, 次梯度在各种不可微函数优化算法中有广泛的应用.

我们将结合最小公共点/最大相交点问题 (MC/MC) 来理解次梯度的概念. 在特定的 MC/MC 问题中, 次微分 (次梯度的集合) 可视作取得最大相交点的超平面的集合. 基于这一几何视角, 并应用第 4 章的 MC/MC 理论、非线性 Farkas 引理 (命题 5.1.1) 以及约束对偶原理 (命题 5.3.6), 我们将推出次微分理论的几个基本结论.

令 $f : \Re^n \mapsto (-\infty, \infty]$ 为真的凸函数. 令向量 $g \in \Re^n$ 满足

$$f(z) \geqslant f(x) + g'(z - x), \qquad \forall \, z \in \Re^n, \tag{5.23}$$

我们称 g 为 f 在 $x \in \mathrm{dom}(f)$ 处的**次梯度**. 函数 f 在 x 处的所有次梯度的集合称为**f 在 x 处的次微分**, 记为 $\partial f(x)$. 约定当 $x \notin \mathrm{dom}(f)$ 时, 次微分 $\partial f(x)$ 是空集. 一般来说, 次微分 $\partial f(x)$ 是闭的凸集, 这是因为次梯度不等式 (5.23) 指出次微分是一系列闭半空间的交集. 需注意, 我们仅考虑 f 是真函数的情况 (次梯度的概念对非真函数没有意义).

如图 5.4.1 所示, g 是 f 在 x 处的次梯度当且仅当 $\Re^{n+1}$ 中法向量为 $(-g, 1)$ 并通过 $\big(x, f(x)\big)$ 的超平面恰能支撑 f 的上图. 这一几何视角指出了

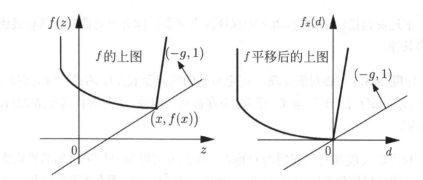

图 5.4.1 凸函数 f 的次微分 $\partial f(x)$ 及其与 MC/MC 框架的联系示意图. 次梯度不等式 (5.23) 等价于

$$f(z) - z'g \geqslant f(x) - x'g, \qquad \forall\, z \in \Re^n. \tag{5.24}$$

因此, 如左图所示, g 是 f 在 x 处的次梯度当且仅当 $\Re^{n+1}$ 中法向量为 $(-g, 1)$ 且通过 $(x, f(x))$ 的超平面恰支撑 f 的上图. 如右图所示, 当 M 为 f_x 的上图时 (f_x 是对 f 平移得到的函数), 相应的 MC/MC 最大相交点问题的解集恰为次微分 $\partial f(x)$.

次梯度与 MC/MC 问题的密切联系. 具体来讲, 任给 $x \in \mathrm{dom}(f)$, 令 f_x 为把 f 平移 $-\big(x, f(x)\big)$ 得到的函数:

$$f_x(d) = f(x + d) - f(x), \qquad d \in \Re^n.$$

于是次微分 $\partial f(x)$ 恰为如下集合 M 对应的最大相交点问题的解集

$$M = \mathrm{epi}(f_x) = \mathrm{epi}(f) - \big\{ \big(x, f(x)\big) \big\} \tag{5.25}$$

(见图 5.4.1 的左图). 基于这一关系, 我们将使用 MC/MC 理论来推导次梯度的存在性, 详见如下命题.

命题 5.4.1 令 $f : \Re^n \mapsto (-\infty, \infty]$ 为真的凸函数. 任给向量 $x \in \mathrm{ri}\big(\mathrm{dom}(f)\big)$, 次微分 $\partial f(x)$ 可以写为

$$\partial f(x) = S^\perp + G,$$

其中 S 是平行于 $\mathrm{dom}(f)$ 的仿射包的子空间, G 是非空紧凸集. 并且, 当 $x \in \mathrm{int}\big(\mathrm{dom}(f)\big)$ 时, $\partial f(x)$ 是非空紧集.

证明 对式 (5.25)中定义的集合 M 应用命题 4.4.1及 4.4.2可得结论. $\square$

根据上述命题，**如果 f 是实值函数，则对任意 $x \in \Re^n$，次微分 $\partial f(x)$ 都是非空紧集.** 如果 f 是扩充实值函数，$\partial f(x)$ 则可能是无界集，并且当 $x \notin \text{dom}(f)$ 时或者当 x 属于 $\text{dom}(f)$ 的边界时，$\partial f(x)$ 可能是空集. 例如，令 f 为

$$f(x) = \begin{cases} -\sqrt{x}, & 0 \leqslant x \leqslant 1, \\ \infty, & \text{其他}. \end{cases}$$

其次微分是

$$\partial f(x) = \begin{cases} -\dfrac{1}{2\sqrt{x}}, & 0 < x < 1, \\ \left[-\dfrac{1}{2}, \infty\right), & x = 1, \\ \emptyset, & x \leqslant 0 \text{ 或者 } 1 < x. \end{cases}$$

于是在 $\text{dom}(f)$ 的边界上 (即 0 和 1 两点)，该函数的次微分要么是空集要是无界集.

次梯度的一个重要的性质是：如果 f 在 $x \in \text{int}\big(\text{dom}(f)\big)$ 处可微，其梯度 $\nabla f(x)$ 恰是 f 在 x 处的唯一次梯度. 根据命题 1.1.7(a) 易知 $\nabla f(x)$ 满足次梯度不等式 (5.23)，所以 $\nabla f(x)$ 是次梯度. 再来验证唯一性，已知当 g 是 f 在 x 处的次梯度时满足

$$f(x) + \alpha g'd \leqslant f(x + \alpha d) = f(x) + \alpha \nabla f(x)'d + o(|\alpha|), \quad \forall \, \alpha \in \Re, \, d \in \Re^n.$$

令 $d = \nabla f(x) - g$ 可得

$$0 \leqslant \alpha\big(\nabla f(x) - g\big)'d + o(|\alpha|) = \alpha\big\|\nabla f(x) - g\big\|^2 + o(|\alpha|).$$

于是，

$$\big\|\nabla f(x) - g\big\|^2 \leqslant -\frac{o(|\alpha|)}{\alpha}, \qquad \forall \, \alpha < 0,$$

令 $\alpha \uparrow 0$，可得 $\nabla f(x) - g = 0$.

我们来考虑当 f 是凸集的示性函数的情形.

例 5.4.1 (示性函数的次微分). 令 C 为非空凸集，其示性函数为

$$\delta_C(x) = \begin{cases} 0, & x \in C, \\ \infty, & x \notin C. \end{cases}$$

我们来推导该函数的次微分. 对任意 $x \notin C$，$\partial \delta_C(x) = \emptyset$. 对任意 $x \in C$，$g \in \partial \delta_C(x)$ 当且仅当

$$\delta_C(z) \geqslant \delta_C(x) + g'(z - x), \qquad \forall \, z \in C,$$

也即对任意 $z \in C$ 都满足 $g'(z-x) \leqslant 0$. 任给 $x \in C$, 所有满足上述关系的 g 的集合被称为 C **在 x 处的法锥**(normal cone), 记为 $N_C(x)$:

$$N_C(x) = \big\{ g \mid g'(z-x) \leqslant 0, \, \forall \, z \in C \big\}.$$

于是法锥 $N_C(x)$ 恰为 $C - \{x\}$ 的极锥, 其中 $C - \{x\}$ 是由把 C 平移 $-x$ 得到的集合 (见图 5.4.2).

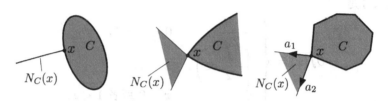

图 5.4.2 凸集 C 在 $x \in C$ 处的法锥示意图, 也即 C 的示性函数在 x 处的次微分. 对任意 $x \in \text{int}(C)$, $N_C(x) = \{0\}$; 对任意 $x \notin \text{int}(C)$, 其处的法锥包含至少一条射线. 在右图中的多面体情形下, $N_C(x)$ 是由 x 处有效的不等式约束对应的超平面的法向量生成的锥体.

最后, 我们给出实值凸函数的一个重要性质.

命题 5.4.2 (次微分的有界性与函数的 Lipschitz 连续性). 令 $f : \Re^n \mapsto \Re$ 为实值凸函数, 令 X 为 n 维欧氏空间 $\Re^n$ 中的非空紧集. 则

(a) 集合 $\cup_{x \in X} \partial f(x)$ 是非空有界集.

(b) 函数 f 在 X 上是 Lipschitz 连续的, 即存在正标量 L 使得

$$\big| f(x) - f(z) \big| \leqslant L \, \|x - z\|, \qquad \forall \, x, z \in X.$$

证明 (a) 用命题 5.4.1 易证非空性. 为证明有界性, 我们用反证法, 即假设存在序列 $\{x_k\} \subset X$ 以及无界的序列 $\{g_k\}$ 满足

$$g_k \in \partial f(x_k), \qquad 0 < \|g_k\| < \|g_{k+1}\|, \quad k = 0, 1, \cdots.$$

记 $d_k = g_k / \|g_k\|$. 根据 $g_k \in \partial f(x_k)$, 则

$$f(x_k + d_k) - f(x_k) \geqslant g_k' d_k = \|g_k\|.$$

由于 $\{x_k\}$ 与 $\{d_k\}$ 都是有界的序列, 二者分别包含收敛的子序列, 所以不妨假设 $\{x_k\}$ 与 $\{d_k\}$ 都是收敛序列. 于是根据 f 的连续性 (见命题 1.3.11), 上述不等式的左侧是有界的. 所以不等式右侧也是有界的, 这与 $\{g_k\}$ 的无界性矛盾.

(b) 令 x 与 z 为 X 中的两个向量. 根据次梯度不等式 (5.23), 可得

$$f(x) + g'(z - x) \leqslant f(z), \qquad \forall\, g \in \partial f(x),$$

所以

$$f(x) - f(z) \leqslant \|g\| \cdot \|x - z\|, \qquad \forall\, g \in \partial f(x).$$

根据 (a) 的结论, $\cup_{y \in X} \partial f(y)$ 是有界集, 即存在常数 $L > 0$ 使得

$$\|g\| \leqslant L, \qquad \forall\, g \in \partial f(y), \quad \forall\, y \in X, \tag{5.26}$$

所以

$$f(x) - f(z) \leqslant L\,\|x - z\|.$$

交换 x 与 z 的位置, 我们可类似地推出

$$f(z) - f(x) \leqslant L\,\|x - z\|,$$

结合上述两个不等关系, 可知

$$\big|f(x) - f(z)\big| \leqslant L\,\|x - z\|,$$

这证明了 f 在 X 上的 Lipschitz 连续性. $\qquad\qquad\square$

上述命题 (b) 部分的证明给出了确定函数的 Lipschitz 常数的方法, 即该常数恰为 $\cup_{x \in X} \partial f(x)$ 中所有次梯度的范数的最大值, 详见式 (5.26).

5.4.1 共轭函数的次梯度

本节将推导真凸函数 $f : \Re^n \mapsto (-\infty, \infty]$ 的次微分与其共轭函数 $f^\star$ 的次微分之间的重要关系. 根据共轭性的定义, 有如下关系

$$x'y \leqslant f(x) + f^\star(y), \qquad \forall\, x \in \Re^n,\ y \in \Re^n.$$

这一关系被称为 **Fenchel 不等式**. 上述不等式成立的充要条件是, 向量 x 取得如下定义式中的上确界

$$f^\star(y) = \sup_{z \in \Re^n} \big\{ y'z - f(z) \big\}.$$

满足这一条件的 (x, y) 与 f 和 $f^\star$ 的次微分有重要联系, 详见如下命题及图 5.4.3.

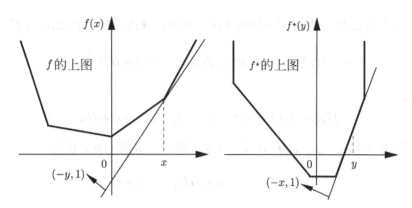

图 5.4.3 Fenchel 不等式取等号时的示意图，即 $x'y = f(x) + f^\star(y)$. 当 f 是闭函数时，该式等价于

$$y \in \partial f(x) \qquad 且 \qquad x \in \partial f^\star(y).$$

真凸函数 f 在 x 处取得最小值当且仅当 $0 \in \partial f(x)$ (可用次梯度不等式 (5.23) 得到)，至此我们得出一个重要推论：真凸闭函数 f 的最小解集恰为 $\partial f^\star(0)$，而其共轭函数 $f^\star$ 的最小解集恰为 $\partial f(0)$.

命题 5.4.3 (共轭次梯度定理). 令 $f : \Re^n \mapsto (-\infty, \infty]$ 为真凸函数，令 $f^\star$ 为其共轭函数. 任给 (x, y)，下列两个关系是等价的：

(i) $x'y = f(x) + f^\star(y)$.

(ii) $y \in \partial f(x)$.

如果 f 是闭函数，(i) 与 (ii) 亦等价于

(iii) $x \in \partial f^\star(y)$.

证明 一对向量 (x, y) 满足 (i) 当且仅当定义式 $f^\star(y) = \sup_{z \in \Re^n} \{y'z - f(z)\}$ 中的上确界当 $z = x$ 时取得，而且根据式 (5.24)，这当且仅当 $y \in \partial f(x)$ 时成立. 这证明了 (i) 和 (ii) 是等价的. 如果 f 是闭函数，则根据共轭定理 (命题 1.6.1(c))，f 等于 $f^\star$ 的共轭函数，所以可交换 f 和 $f^\star$ 并用刚证明的等价性来证明 (i) 也等价于 (iii). $\qquad\square$

共轭次梯度定理的条件 (iii) 的闭函数假设是必要的，原因是根据共轭定理 (命题 1.6.1(d))，$f^\star$ 的共轭是 $\mathrm{cl}\, f$，所以 $x \in \partial f^\star(y)$ 意味着

$$x'y = (\mathrm{cl}\, f)(x) + f^\star(y)$$

(根据 (i) 和 (ii) 的等价性). 另一方面，对任意 $x \in \partial f^\star(y)$，可能出现 $(\mathrm{cl}\, f)(x) < f(x)$ 的情况，此时 $x'y < f(x) + f^\star(y)$ (举例来讲，令 f 是区间 $(-1, 1)$ 的示性函数，则有 $f^\star(y) = |y|$，$x = 1$，$y = 0$).

共轭次梯度定理的一个应用在于, 我们可以把 Fenchel 对偶定理的充要最优性条件 (5.20) 等价地写作

$$A'\lambda^* \in \partial f_1(x^*), \qquad \lambda^* \in -\partial f_2(Ax^*)$$

(如图 5.3.2 所示).

下述的命题给出了共轭次梯度定理的几个有用的推论.

命题 5.4.4　令 $f : \Re^n \mapsto (-\infty, \infty]$ 为真的闭凸函数, 令 f^* 为其共轭函数.

(a) f^* 在向量 $y \in \mathrm{int}\big(\mathrm{dom}(f^*)\big)$ 处可微, 当且仅当 $x'y - f(x)$ 在 $x \in \Re^n$ 上有唯一一点取到其的上确界.

(b) 函数 f 的最小化问题的解集为

$$\arg \min_{x \in \Re^n} f(x) = \partial f^\star(0).$$

证明　根据命题 5.4.3 可以证明如下关系

$$\arg \max_{x \in \Re^n} \big\{ x'y - f(x) \big\} = \partial f^\star(y),$$

而从该关系易推出待证的两个结论.　　　　　　　　　　　　　　□

命题 5.4.4(a), 基于 f 的严格凸性 (保证了 $x'y - f(x)$ 在 $x \in \Re^n$ 上有唯一一点取到其的上确界), 刻画了 f^* 的可微性. 这一点是 Legendre 变换的基础, 也是共轭变换的前身 (见 [Roc70] 第 26 节). 命题 5.4.4(b) 证明了 f 的最小解集是非空紧集当且仅当 $0 \in \mathrm{int}\big(\mathrm{dom}(f^*)\big)$ (见命题 5.4.1).

在下例中, 我们将应用共轭次梯度定理, 对 MC/MC 对偶问题的最优解做出重要的阐释.

例 5.4.2　(对偶问题最优解与原问题的灵敏度). 令集合 M 为某函数 $p : \Re^n \mapsto [-\infty, \infty]$ 的上图, 我们来分析相应的 MC/MC 框架. 此时的对偶函数为

$$q(\mu) = \inf_{u \in \Re^m} \big\{ p(u) + \mu'u \big\} = -p^\star(-\mu),$$

其中 $p^\star$ 是 p 的共轭函数 (详见 4.2.1 节). 假设 p 是真凸函数, 则强对偶关系成立, 即

$$p(0) = w^* = q^* = \sup_{\mu \in \Re^m} \big\{ -p^\star(-\mu) \big\}.$$

令 Q^* 为对偶问题的最优解集，即

$$Q^* = \left\{ \mu^* \mid p(0) + p^\star(-\mu^*) = 0 \right\}.$$

则根据命题 5.4.3 可得，$\mu^* \in Q^*$ 当且仅当 $-\mu^* \in \partial p(0)$，也即

$$Q^* = -\partial p(0).$$

根据上述分析，对偶问题的最优解可以理解为原问题的最优解的某种灵敏度 (假设强对偶关系成立). 最有趣的一种情形是，当 p 是在 0 点可微的凸函数时，$-\nabla p(0)$ 恰等于唯一的对偶最优解 μ^*. 例如 5.3 节中的约束优化问题

$$\text{minimize} \quad f(x),$$
$$\text{subject to} \quad x \in X, \quad g(x) \leqslant 0,$$

其中

$$p(u) = \inf_{x \in X,\, g(x) \leqslant u} f(x),$$

则有

$$\mu_j^* = -\frac{\partial p(0)}{\partial u_j}, \qquad j = 1, \cdots, r.$$

这里 μ_j^* 是代价函数最优值随着第 j 个约束 $g_j(x) \leqslant 0$ 被违反时的变化率.

例 5.4.3 (支撑函数的次微分). 令 $\sigma_X(\overline{y})$ 是为非空集合 X 在 $\overline{y}$ 处的支撑函数，我们来推导其次微分. 由于 σ_X 是 X 的示性函数的共轭函数 (详见例 1.6.1)，所以该函数是真的闭凸函数. 为计算 $\partial \sigma_X(\overline{y})$，我们引入如下真的闭凸函数

$$r(y) = \sigma_X(y + \overline{y}), \qquad y \in \Re^n,$$

并注意如下关系

$$\partial \sigma_X(\overline{y}) = \partial r(0).$$

函数 r 的共轭函数是

$$r^\star(x) = \sup_{y \in \Re^n} \left\{ y'x - \sigma_X(y + \overline{y}) \right\},$$

也即

$$r^\star(x) = \sup_{y \in \Re^n} \left\{ (y + \overline{y})'x - \sigma_X(y + \overline{y}) \right\} - \overline{y}'x,$$

于是
$$r^\star(x) = \delta(x) - \overline{y}'x,$$

其中 δ 是 $\mathrm{cl}\big(\mathrm{conv}(X)\big)$ 的示性函数 (详见例 1.6.1). 在命题 5.4.4(b) 中令 $r = f^\star$, 可知 $\partial r(0)$ 是 $\delta(x) - \overline{y}'x$ 的最小解集, 也即 $\partial \sigma_X(\overline{y})$ 是 $\overline{y}'x$ 在 $x \in \mathrm{cl}\big(\mathrm{conv}(X)\big)$ 上的最大解集 (见图 5.4.4).

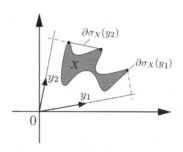

图 5.4.4　任给向量 y, 集合 X 的支撑函数的偏微分 $\partial \sigma_X(y)$ 等价于 $y'x$ 在 $x \in \mathrm{cl}\big(\mathrm{conv}(X)\big)$ 上的最大值解集 (见例 5.4.3).

例 5.4.4　(实值多面体函数的次微分). 我们来推导如下形式的实值多面体函数的次微分
$$f(x) = \max\{a_1'x + b_1, \cdots, a_r'x + b_r\},$$

其中 $a_1, \cdots, a_r \in \Re^n$ 且 $b_1, \cdots, b_r \in \Re$. 任给 $\overline{x} \in \Re^n$, 考虑在 $\overline{x}$ 处所有 "有效" 的函数的指标集, 也即使得 $f(\overline{x})$ 的定义式中在 x 处达到最大值的指标集:
$$A_{\overline{x}} = \big\{ j \mid a_j'\overline{x} + b_j = f(\overline{x}) \big\}.$$

再考虑如下函数
$$r(x) = \max \big\{ a_j'x \mid j \in A_{\overline{x}} \big\},$$

该函数的上图是由把 $\mathrm{epi}(f)$ 平移 $-\big(\overline{x}, f(\overline{x})\big)$ 得到的, 于是 "无效" 的函数 $a_j'x + b_j$ (使得 $j \notin A_{\overline{x}}$) 都可以忽略 (详见图 5.4.5). 从图中很容易看出,
$$\partial f(\overline{x}) = \partial r(0).$$

又由于 r 是有限集 $\{a_j \mid j \in A_{\overline{x}}\}$ 的支撑函数, 根据例 5.4.3 的结论, 可推出 $\partial r(0)$ 是该集合的凸包. 因此,
$$\partial f(\overline{x}) = \mathrm{conv}\big(\{a_j \mid j \in A_{\overline{x}}\}\big).$$

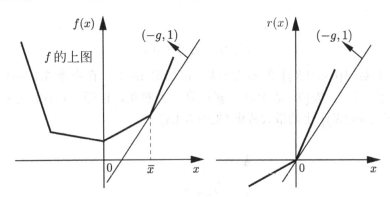

图 5.4.5 左图为函数

$$f(x) = \max\{a_1'x + b_1, \cdots, a_r'x + b_r\}$$

在 $\overline{x}$ 处的偏微分示意图 (见例 5.4.4). 右图中的函数为

$$r(x) = \max\{a_j'x \mid j \in A_{\overline{x}}\},$$

其中 $A_{\overline{x}} = \{j \mid a_j'\overline{x} + b_j = f(\overline{x})\}$. 我们将证明 $\partial f(\overline{x}) = \partial r(0)$, 并据此证明 $\partial f(\overline{x}) = \operatorname{conv}(\{a_j \mid j \in A_{\overline{x}}\})$ (因为 r 是有限集 $\{a_j \mid j \in A_{\overline{x}}\}$ 的支撑函数, 详见例 5.4.3).

为验证 $\partial f(\overline{x}) = \partial r(0)$, 注意所有 $g \in \partial r(0)$ 都满足

$$f(x) - f(\overline{x}) \geqslant r(x - \overline{x}) \geqslant r(0) + g'(x - \overline{x}) = g'(x - \overline{x}), \qquad \forall\, x \in \Re^n.$$

可推出 $g \in \partial f(\overline{x})$ 且 $\partial r(0) \subset \partial f(\overline{x})$. 从反方向来说, 令 $g \in \partial f(\overline{x})$. 则足够接近 $\overline{x}$ 的向量 x 将满足 $f(x) - f(\overline{x}) = r(x - \overline{x})$, 所以不等式 $f(x) - f(\overline{x}) \geqslant g'(x - \overline{x})$ 意味着

$$r(x - \overline{x}) \geqslant r(0) + g'(x - \overline{x}).$$

根据 r 的定义, 我们推出

$$r(x - \overline{x}) \geqslant r(0) + g'(x - \overline{x}), \qquad \forall\, x \in \Re^n,$$

所以 $g \in \partial r(0)$, 并且 $\partial f(\overline{x}) \subset \partial r(0)$.

5.4.2 次微分运算

我们将应用 5.3 节的结论把常微分的基本定理推广到次微分的更一般情形. 可微函数满足如下微分法则

$$\nabla F(x) = A'\nabla f(Ax),$$

其中 $F(x) = f(Ax)$, f 是可微的函数, A 是线性变换. 下列命题是该运算法则在次微分情形的推广.

命题 5.4.5 (链式法则). 令 $f : \Re^m \mapsto (-\infty, \infty]$ 是凸函数，令 A 是 $m \times n$ 的矩阵，并令函数

$$F(x) = f(Ax)$$

是真函数. 则

$$\partial F(x) \supset A' \partial f(Ax), \qquad \forall\, x \in \Re^n.$$

并且，如果 f 是多面体函数或者 A 的值域包含至少一个 $\mathrm{dom}(f)$ 的相对内点，则

$$\partial F(x) = A' \partial f(Ax), \qquad \forall\, x \in \Re^n.$$

证明　任给 $x \notin \mathrm{dom}(F)$，则 $\partial F(x) = A' \partial f(Ax) = \emptyset$. 任给 $x \in \mathrm{dom}(F)$，如果 $d \in A' \partial f(Ax)$，则存在 $g \in \partial f(Ax)$ 使得 $d = A'g$. 对任意的 $z \in \Re^n$，可得

$$
\begin{aligned}
F(z) - F(x) - (z-x)'d &= f(Az) - f(Ax) - (z-x)'A'g \\
&= f(Az) - f(Ax) - (Az - Ax)'g \\
&\geqslant 0,
\end{aligned}
$$

其中的不等号来自于 $g \in \partial f(Ax)$. 因此 $d \in \partial F(x)$，并且 $\partial F(x) \supset A' \partial f(Ax)$.

为证明反方向的包含关系，令 $d \in \partial F(x)$，我们可把 x 看作由 d 定义的某个优化问题的解，进而证出 $d \in A' \partial f(Ax)$. 事实上，有如下关系

$$F(z) \geqslant F(x) + (z-x)'d \geqslant 0, \qquad \forall\, z \in \Re^n,$$

或者

$$f(Az) - z'd \geqslant f(Ax) - x'd, \qquad \forall\, z \in \Re^n.$$

因此 (Ax, x) 是如下优化问题的最优解 (y, z)：

$$
\begin{aligned}
&\text{minimize} \quad f(y) - z'd \\
&\text{subject to} \quad y \in \mathrm{dom}(f), \quad Az = y.
\end{aligned}
\tag{5.27}
$$

如果 f 是多面体的，则 $\mathrm{dom}(f)$ 是多面体，且以上问题中的 f 可以用一实值多面体函数等价地替代，于是我们可以应用命题 5.3.6. 如果 A 的值域包含 $\mathrm{ri}\big(\mathrm{dom}(f)\big)$ 中的向量，我们可以应用命题 5.3.3. 在两种情况中，都可以得出结论：不存在对偶间隙，且存在对偶最优解 λ 使得

$$(Ax, x) \in \arg \min_{y \in \Re^m,\, z \in \Re^n} \big\{ f(y) - z'd + \lambda'(Az - y) \big\}$$

(见式 (5.12)). 由于上式中的最小化对变量 z 无约束, 则必有 $d = A'\lambda$, 于是

$$Ax \in \arg\min_{y \in \Re^m} \{f(y) - \lambda'y\},$$

或者

$$f(y) \geqslant f(Ax) + \lambda'(y - Ax), \qquad \forall\, y \in \Re^m.$$

因此 $\lambda \in \partial f(Ax)$, 所以 $d = A'\lambda \in A'\partial f(Ax)$. 可推出 $\partial F(x) \subset A'\partial f(Ax)$.

$\square$

根据上述命题的证明, 命题 5.4.5 中 f 是多面体函数的假设可以替换为如下更具一般性的假设: 存在凸函数 $\tilde{f} : \Re^n \mapsto \Re$ 及多面体集合 X 使得

$$f(x) = \begin{cases} \tilde{f}(x), & x \in X, \\ \infty, & x \notin X, \end{cases} \tag{5.28}$$

其中 $\tilde{f}$ 在凸集 C(使得 $X \subset \mathrm{ri}(C)$) 上是凸函数 [在式 (5.27) 中把 f 换作 $\tilde{f}$, 把 $\mathrm{dom}(f)$ 换作 $C \cap X$, 并使用命题 5.3.6].

命题 5.4.5 的一种特殊情况如下.

命题 5.4.6 (多个函数的和函数的次微分). 令 $f_i : \Re^n \mapsto (-\infty, \infty]$, $i = 1, \cdots, m$, 为凸函数, 并假设函数 $F = f_1 + \cdots + f_m$ 是真函数. 则有

$$\partial F(x) \supset \partial f_1(x) + \cdots + \partial f_m(x), \qquad \forall\, x \in \Re^n.$$

并且, 如果 $\cap_{i=1}^m \mathrm{ri}\big(\mathrm{dom}(f_i)\big) \neq \emptyset$, 则有

$$\partial F(x) = \partial f_1(x) + \cdots + \partial f_m(x), \qquad \forall\, x \in \Re^n.$$

同样的结论还在下列更一般的条件下成立: 存在满足 $1 \leqslant \overline{m} \leqslant m$ 的 $\overline{m}$, 使得每个 $i = 1, \cdots, \overline{m}$ 对应的函数 f_i 是多面体函数且

$$\left(\cap_{i=1}^{\overline{m}} \mathrm{dom}(f_i) \right) \cap \left(\cap_{i=\overline{m}+1}^{m} \mathrm{ri}\big(\mathrm{dom}(f_i)\big) \right) \neq \emptyset. \tag{5.29}$$

证明 我们可以把 F 写为 $F(x) = f(Ax)$, 其中 A 是使得 $Ax = (x, \cdots, x)$ 的矩阵, 函数 $f : \Re^{mn} \mapsto (-\infty, \infty]$ 形如

$$f(x_1, \cdots, x_m) = f_1(x_1) + \cdots + f_m(x_m).$$

如果 $\cap_{i=1}^m \mathrm{ri}\big(\mathrm{dom}(f_i)\big) \neq \emptyset$, A 的值域包含 $\mathrm{ri}\big(\mathrm{dom}(f)\big)$ 中的点 (详见命题 1.3.17 的证明). 此时用命题 5.4.5 可推出结论. 如果在稍弱的条件 (5.29) 下, 我们则需对命题 5.4.5 进行修改. 此时的优化问题 (5.27) 形如

$$\text{minimize} \quad \sum_{i=1}^m \big(f_i(y_i) - z_i'd_i\big),$$

$$\text{subject to} \quad y_i \in \mathrm{dom}(f_i), \quad z_i = y_i, \quad i = 1, \cdots, m.$$

应用命题 5.3.6 及条件 (5.29), 不难证明强对偶关系成立且对偶最优解存在. 该证明过程与命题 5.4.5 的证明类似, 不再赘述. □

举一个简单例子来说明条件 (5.29) 的必要性. 定义函数 f_1, f_2 如下: 在 $x \geqslant 0$ 时令 $f_1(x) = -\sqrt{x}$, 在 $x < 0$ 时令 $f_1(x) = \infty$, 且令 $f_2(x) = f_1(-x)$. 于是 $\partial f_1(0) = \partial f_2(0) = \emptyset$, 但是 $\partial(f_1 + f_2)(0) = \Re$.

5.4.3 最优性条件

根据次梯度的定义, 向量 x^* 使得凸函数 f 在 $\Re^n$ 上取得最小解的充要条件是 $0 \in \partial f(x^*)$. 我们将把该最优性条件推广到有约束的一般优化问题.

命题 5.4.7 令 $f : \Re^n \mapsto (-\infty, \infty]$ 为真凸函数, 令 X 为 n 维欧氏空间 $\Re^n$ 的非空凸子集, 并假设下列四个条件中至少有一条满足:

(1) $\mathrm{ri}\big(\mathrm{dom}(f)\big) \cap \mathrm{ri}(X) \neq \emptyset$.

(2) f 是多面体函数, 且 $\mathrm{dom}(f) \cap \mathrm{ri}(X) \neq \emptyset$.

(3) X 是多面体, 且 $\mathrm{ri}\big(\mathrm{dom}(f)\big) \cap X \neq \emptyset$.

(4) f 与 X 都是多面体的, 且 $\mathrm{dom}(f) \cap X \neq \emptyset$.

此时, 向量 x^* 使得 f 在 X 上取得最小值当且仅当存在 $g \in \partial f(x^*)$ 使得 $-g$ 属于法锥 $N_X(x^*)$, 即

$$g'(x - x^*) \geqslant 0, \qquad \forall \, x \in X. \tag{5.30}$$

证明 该优化问题等价于

$$\text{minimize} \quad f(x) + \delta_X(x),$$

$$\text{subject to} \quad x \in \Re^n,$$

其中 δ_X 是集合 X 的示性函数. 易得出, x^* 是该问题的最优解当且仅当

$$0 \in \partial(f + \delta_X)(x^*) = \partial f(x^*) + \partial \delta_X(x^*) = \partial f(x^*) + N_X(x^*),$$

其中第一个等式关系可通过条件 (1)~(4) 和命题 5.4.6 推出, 第二个等式关系来自例 5.4.1 中 δ_X 的次微分的推导. 因此 x^* 是最优解当且仅当存在 $g \in \partial f(x^*)$ 使得 $-g \in N_X(x^*)$. □

当 f 是实值函数时, 上述命题的相对内点条件 (1) 自动满足 (即 $\text{dom}(f) = \Re^n$). 并且如果 f 是可微的, 最优性条件 (5.30) 可简化为命题 1.1.8 的条件, 即

$$\nabla f(x^*)'(x - x^*) \geqslant 0, \qquad \forall \, x \in X.$$

另外, 条件 (2) 和 (4) 也可以进行简化, 比如 f 只需形如式 (5.28) 而不一定是多面体函数.

5.4.4　方向导数

常见的优化算法通常基于迭代地改善代价函数. 这一迭代过程通常是由代价函数的方向导数来引导的. 令 $f : \Re^n \mapsto (-\infty, \infty]$ 为真的凸函数, 任给 $x \in \text{dom}(f)$ 及方向向量 $d \in \Re^n$, 相应的方向导数的定义为

$$f'(x; d) = \lim_{\alpha \downarrow 0} \frac{f(x + \alpha d) - f(x)}{\alpha}. \tag{5.31}$$

我们先来说明定义式 (5.31) 的一个重要性质. 随着 $\alpha \downarrow 0$, 式中的比值是单调非增的, 所以其极限值存在 (如图 5.4.6 所示). 为验证这一性质, 我们任取 $\overline{\alpha} > 0$, 根据 f 的凸性可知所有 $\alpha \in (0, \overline{\alpha})$ 都满足

$$f(x + \alpha d) \leqslant \frac{\alpha}{\overline{\alpha}} f(x + \overline{\alpha} d) + \left(1 - \frac{\alpha}{\overline{\alpha}}\right) f(x) = f(x) + \frac{\alpha}{\overline{\alpha}} \big(f(x + \overline{\alpha} d) - f(x)\big),$$

所以

$$\frac{f(x + \alpha d) - f(x)}{\alpha} \leqslant \frac{f(x + \overline{\alpha} d) - f(x)}{\overline{\alpha}}, \qquad \forall \, \alpha \in (0, \overline{\alpha}). \tag{5.32}$$

因此定义式 (5.31) 中的极限值是有定义的 (取实数值, 或 ∞, 再或 $-\infty$), 并且方向导数 $f'(x; d)$ 可以等价地定义为

$$f'(x; d) = \inf_{\alpha > 0} \frac{f(x + \alpha d) - f(x)}{\alpha}, \qquad d \in \Re^n. \tag{5.33}$$

还可以证明, 对所有 $x \in \text{dom}(f)$, 函数 $f'(x; \cdot)$ 都是凸的. 为证明这一点, 只需要证明所有使得 $f'(x; d) < w$ 的 (d, w) 的集合是凸集, 之后使用 f

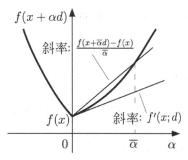

图 5.4.6 凸函数 f 的方向导数的示意图. 当 $\alpha \downarrow 0$ 时, 比值 $\dfrac{f(x + \alpha d) - f(x)}{\alpha}$ 单调非增的且收敛到 $f'(x; d)$ (见式 (5.32) 和式 (5.33)).

的凸性和式 (5.33) 即可得到结论. 如果 $x \in \operatorname{int}\big(\operatorname{dom}(f)\big)$, 则有 $f'(x; d) < \infty$ 且 $f'(x; -d) < \infty$ (见式 (5.33)), 于是 $f'(x; \cdot)$ 的凸性意味着

$$0 = f'(x; 0) \leqslant \frac{1}{2} f'(x; -d) + \frac{1}{2} f'(x; d),$$

或者

$$-f'(x; -d) \leqslant f'(x; d), \qquad \forall\, x \in \operatorname{int}\big(\operatorname{dom}(f)\big),\ d \in \Re^n.$$

这一不等式关系, 与 $f'(x; d) < \infty$ 以及 $f'(x; -d) < \infty$ 结合, 可以证明出

$$-\infty < f'(x; d) < \infty, \qquad \forall\, x \in \operatorname{int}\big(\operatorname{dom}(f)\big),\ d \in \Re^n,$$

也即 $f'(x; \cdot)$ 是实值函数. 更具一般性, 同样的论证还可得出对所有 $x \in \operatorname{ri}\big(\operatorname{dom}(f)\big)$ 和所有属于 $\operatorname{aff}\big(\operatorname{dom}(f)\big)$ 的平行子空间的方向向量 d, $f'(x; d)$ 都取实数值.

方向导数还与次微分 $\partial f(x)$ 的支撑函数有紧密的联系, 详见如下命题.

命题 5.4.8 (次微分的支撑函数). 令 $f : \Re^n \mapsto (-\infty, \infty]$ 为真凸函数, 令 $(\operatorname{cl} f')(x; \cdot)$ 为所有方向导数 $f'(x; \cdot)$ 的闭包.

(a) 对所有使得 $\partial f(x)$ 非空的向量 $x \in \operatorname{dom}(f)$, $(\operatorname{cl} f')(x; \cdot)$ 是 $\partial f(x)$ 的支撑函数.

(b) 对所有 $x \in \operatorname{ri}\big(\operatorname{dom}(f)\big)$, $f'(x; \cdot)$ 是闭函数且是 $\partial f(x)$ 的支撑函数.

证明 (a) 给定 $x \in \operatorname{dom}(f)$. 根据次梯度不等式, 我们得出

$$g \in \partial f(x) \qquad \text{当且仅当} \qquad \frac{f(x + \alpha d) - f(x)}{\alpha} \geqslant g'd,\ \forall\, d \in \Re^n,\ \alpha > 0.$$

因此，根据方向导数的等价定义式 (5.33)，

$$g \in \partial f(x) \qquad \text{当且仅当} \qquad f'(x;d) \geqslant g'd, \ \forall \ d \in \Re^n. \tag{5.34}$$

令 δ 为 $f'(x; \cdot)$ 的共轭函数

$$\delta(y) = \sup_{d \in \Re^n} \big\{ d'y - f'(x;d) \big\}.$$

由于对任意 $\gamma > 0$ 都满足 (使用式 (5.33))

$$f'(x; \gamma d) = \gamma f'(x;d),$$

可推出

$$\gamma \delta(y) = \sup_{d \in \Re^n} \big\{ \gamma d'y - \gamma f'(x;d) \big\} = \sup_{d \in \Re^n} \big\{ (\gamma d)'y - f'(x;\gamma d) \big\},$$

于是

$$\delta(y) = \gamma \delta(y), \qquad \forall \ \gamma > 0.$$

这说明 δ 函数的取值只能是 0 或 ∞，所以 δ 是某闭凸集合的示性函数. 我们称该集合为 Y，其定义如下

$$
\begin{aligned}
Y &= \big\{ y \mid \delta(y) \leqslant 0 \big\} \\
&= \Big\{ y \mid \sup_{d \in \Re^n} \big\{ d'y - f'(x;d) \big\} \Big\} \\
&= \big\{ y \mid d'y \leqslant f'(x;d), \ \forall \ d \in \Re^n \big\}.
\end{aligned}
$$

再结合式 (5.34)，可推出 $Y = \partial f(x)$.

综上，凸函数 $f'(x; \cdot)$ 的共轭函数恰为次微分 $\partial f(x)$ 的示性函数，并且此函数是真函数. 根据共轭定理 (命题 1.6.1)，可知 $f'(x; \cdot)$ 也是真函数，再根据闭凸集的示性函数和支撑函数之间的共轭性 (详见例 1.6.1)，可知 $(\mathrm{cl}\, f')(x; \cdot)$ 是次微分 $\partial f(x)$ 的支撑函数.

(b) 任给向量 $x \in \mathrm{ri}\big(\mathrm{dom}(f)\big)$，根据定义式 (5.31)，$f'(x;d)$ 是有限值当且仅当 d 属于平行于 $\mathrm{aff}\big(\mathrm{dom}(f)\big)$ 的子空间 S. 因此，集合 S 重合于 $f'(x; \cdot)$ 的定义域，也重合于其相对内部. 于是，根据命题 1.3.15，函数 $f'(x; \cdot)$ 和 $(\mathrm{cl}\, f')(x; \cdot)$ 相等，又由于 $\partial f(x) \neq \emptyset$，根据 (a) 可推出待证的结论. $\qquad \square$

一般来讲，任何使得 $\partial f(x) \neq \emptyset$ 的向量 $x \in \mathrm{dom}(f)$ 都满足

$$f'(x;d) \geqslant \sup_{g \in \partial f(x)} d'g, \qquad \forall \ d \in \Re^n.$$

这一关系可从上述的证明中推出 (见式 (5.34)). 然而, 当 x 属于 $\mathrm{dom}(f)$ 的相对边界时, 即使 $\partial f(x) \neq \emptyset$, 不等号也常能严格成立. 因此, 在命题 5.4.8(a) 中必须用函数 $(\mathrm{cl}\, f')(x;\cdot)$ 而非 $f'(x;\cdot)$. 举例来讲, 考虑如下二元函数

$$f(x_1, x_2) = \begin{cases} 0, & x_1^2 + (x_2 - 1)^2 \leqslant 1, \\ \infty, & \text{其他.} \end{cases}$$

该函数在原点的次微分是

$$\partial f(0) = \{x \mid x_1 = 0,\ x_2 \leqslant 0\},$$

而令 $d = (1, 0)$ 时, 方向导数为

$$f'(0; d) = \infty > 0 = \sup_{g \in \partial f(0)} d'g.$$

上式取严格不等号的原因在于 $f'(0;\cdot)$ 不是闭函数, 所以不等于 $(\mathrm{cl}\, f')(0;\cdot)$ (也即 $\partial f(0)$ 的支撑函数, 易用上述定理验证). 因此,

$$\infty = f'(0; d) > (\mathrm{cl}\, f')(0; d) = \sup_{g \in \partial f(0)} d'g = 0.$$

例 5.4.5 (取最大函数的方向导数和次微分). 我们来推导如下函数的方向导数

$$f(x) = \max\big\{f_1(x), \cdots f_r(x)\big\},$$

其中 $f_j : \Re^n \mapsto \Re$, $j = 1, \cdots, r$, 是凸函数. 对任意 $x \in \Re^n$, 定义集合

$$A_x = \big\{j \mid f_j(x) = f(x)\big\}.$$

任给 $x, d \in \Re^n$ 和 $\alpha > 0$, 有如下关系

$$\frac{f(x + \alpha d) - f(x)}{\alpha} \geqslant \frac{f_j(x + \alpha d) - f_j(x)}{\alpha}, \qquad \forall\, j \in A_x,$$

在上式两侧分别令 $\alpha \downarrow 0$, 可得

$$f'(x; d) \geqslant f_j'(x; d), \qquad \forall\, j \in A_x. \tag{5.35}$$

任取标量序列 $\{\alpha_k\}$ 使得 $\alpha_k \downarrow 0$, 并令 $x_k = x + \alpha_k d$. 对每一个 k, 取某个 $\bar{j}$ 值使得对无限个 k 都满足 $\bar{j} \in A_{x_k}$. 我们只需考虑满足条件的 k 组成的子序列, 所以不妨假设 $\bar{j} \in A_{x_k}$ 对所有 k 都成立. 于是

$$f_{\bar{j}}(x_k) \geqslant f_j(x_k), \qquad \forall\, k,\, j,$$

令 $k \to \infty$ 并使用 f_j 的连续性，我们可得

$$f_{\bar{j}}(x) \geqslant f_j(x), \qquad \forall \, j.$$

可推出 $\bar{j} \in A_x$，于是

$$f'(x; d) = \lim_{k \to \infty} \frac{f(x + \alpha_k d) - f(x)}{\alpha_k} = \lim_{k \to \infty} \frac{f_{\bar{j}}(x + \alpha_k d) - f_{\bar{j}}(x)}{\alpha_k} = f'_{\bar{j}}(x; d).$$

再结合式 (5.35)，我们得出

$$f'(x; d) = \max \big\{ f'_j(x; d) \mid j \in A_x \big\}, \qquad \forall \, x, d \in \Re^n.$$

根据命题 5.4.8(b)，$f'_j(x; \cdot)$ 是 $\partial f_j(x)$ 的支撑函数. 于是上述等式证明了 $f'(x; \cdot)$ 是 $\cup_{j \in A_x} \partial f_j(x)$ 的支撑函数，也是 $\mathrm{conv}\big(\cup_{j \in A_x} \partial f_j(x)\big)$ 的闭包函数. 根据命题 5.4.1，集合 $\partial f_j(x)$ 是紧集，所以 $\cup_{j \in A_x} \partial f_j(x)$ 是紧集，而又根据命题 1.2.2 可知 $\mathrm{conv}\big(\cup_{j \in A_x} \partial f_j(x)\big)$ 也是紧集. 另一方面，根据命题 5.4.8(b)，函数 $f'(x; \cdot)$ 还是次微分 $\partial f(x)$ 的支撑函数. 于是得出结论:

$$\partial f(x) = \mathrm{conv}\big(\cup_{j \in A_x} \partial f_j(x)\big).$$

在凸优化算法中，方向导数和次梯度一般只用于 f 是实值函数的情形. 此时方向导数总是实值的，并且总是对应的次微分 (非空紧集) 的支撑函数.

5.5 最小最大理论

我们将应用第 4 章的 MC/MC 理论来证明最小最大等式以及鞍点的存在性.

假设 5.5.1 (凸/凹闭函数). 集合 X 与 Z 分别是 n 维欧氏空间 $\Re^n$ 与 m 维欧氏空间 $\Re^m$ 的非空子集，$\phi : X \times Z \mapsto \Re$ 是二元函数，使得对任意 $z \in Z$，函数 $\phi(\cdot, z) : X \mapsto \Re$ 都是闭的和凸的，而对任意 $x \in X$，函数 $-\phi(x, \cdot) : Z \mapsto \Re$ 也都是闭的和凸的.

分析如下函数

$$p(u) = \inf_{x \in X} \sup_{z \in Z} \big\{ \phi(x, z) - u'z \big\}, \qquad u \in \Re^m, \tag{5.36}$$

我们定义其上图为 M，并构造相应的 MC/MC 框架 (见 4.2.5 节). 在假设 5.5.1 下，p 是凸函数. 原因在于 p 是通过对某个函数做部分最小化得到

的, 即

$$p(u) = \inf_{x \in \Re^n} F(x, u),$$

其中

$$F(x, u) = \begin{cases} \sup_{z \in Z} \big\{ \phi(x, z) - u'z \big\}, & x \in X, \\ \infty, & x \notin X, \end{cases}$$

是一系列凸函数的上确界函数, 所以也是凸函数 (见命题 1.1.6 和命题 3.3.1).

5.5.1　最小最大对偶定理

我们将应用 MC/MC 强对偶定理 (命题 4.3.1) 来证明下列命题.

命题 5.5.1　假设式 (5.36) 定义的函数 p 满足 $p(0) < \infty$, 或者满足 $p(0) = \infty$ 且对任意 $u \in \Re^m$ 满足 $p(u) > -\infty$. 则

$$\sup_{z \in Z} \inf_{x \in X} \phi(x, z), = \inf_{x \in X} \sup_{z \in Z} \phi(x, z)$$

当且仅当 p 在 $u = 0$ 处下半连续.

证明　证明的思路是构造恰当的集合 M, 使得本命题的假设恰等价于该集合对应的 MC/MC 框架下的强对偶定理 (命题 4.3.1) 的假设.

令集合 M 为函数 p 的上图, 则

$$M = \overline{M} = \big\{ (u, w) \mid u \in \Re^m, \ p(u) \leqslant w \big\},$$

此前已指出 p 是凸函数, 所以集合 M 是凸集. 因此, MC/MC 强对偶定理的条件 (2) 满足.

根据 p 的定义, 可知

$$w^* = p(0) = \inf_{x \in X} \sup_{z \in Z} \phi(x, z).$$

于是, 假设 "$p(0) < \infty$, 或 $p(0) = \infty$ 且对任意 $u \in \Re^m$ 满足 $p(u) > -\infty$" 等价于 MC/MC 强对偶定理的条件 (1).

最后根据 M 的定义, "p 在 $u = 0$ 处下半连续" 的条件, 即对任意使得 $u_k \to 0$ 的序列 $\{u_k\}$ 都满足

$$p(0) \leqslant \liminf_{k \to \infty} p(u_k),$$

也等价于 "对所有序列 $\{(u_k, w_k)\} \subset M$ 都满足 $w^* \leqslant \liminf_{k \to \infty} w_k$". 因此, 根据 MC/MC 强对偶定理的结论, p 在 $u = 0$ 处的下半连续性等价于 $q^* = w^*$, 这一等式又等价于最小最大等式 (详见命题 4.2.1 及之后的讨论). $\square$

上述命题关于 p 的有限性的假设是必要的. 举例来讲, 令 x 和 z 是标量且

$$\Phi(x, z) = x + z, \qquad X = \{x \mid x \leqslant 0\}, \qquad Z = \{z \mid z \geqslant 0\}.$$

易知

$$p(u) = \inf_{x \leqslant 0} \sup_{z \geqslant 0} \{x + z - uz\} = \begin{cases} \infty, & u < 1, \\ -\infty, & u \geqslant 1, \end{cases}$$

所以 p 是闭的凸函数, 但并不满足有限性. 此时,

$$\sup_{z \in Z} \inf_{x \in X} \phi(x, z) = -\infty < \infty = \inf_{x \in X} \sup_{z \in Z} \phi(x, z).$$

我们将应用 MC/MC 框架的最优解存在性的结论 (见 4.4 节中的命题 4.4.1 和命题 4.4.2), 来研究最小最大等式中上确界可达到的条件. 为此, 我们还需要额外的假设: 0 属于 $\mathrm{dom}(p)$ 的相对内部, 并且 $p(0) > -\infty$. 结论详见如下命题, 该结论还说明最小最大等式中的上确界是可以取到的 (根据命题 4.4.1 和命题 4.4.2).

命题 5.5.2 假设 $0 \in \mathrm{ri}\big(\mathrm{dom}(p)\big)$ 且 $p(0) > -\infty$. 则

$$\sup_{z \in Z} \inf_{x \in X} \phi(x, z) = \inf_{x \in X} \sup_{z \in Z} \phi(x, z),$$

上式左侧在 Z 上的上确界是有限值且可以被取到. 并且, 使得该上确界取到的 $z \in Z$ 的集合是紧集当且仅当 0 是 $\mathrm{dom}(p)$ 的内点.

至此, 我们已经证明的两个最小最大定理指出, 函数 p 在 $u = 0$ 的邻域的性质对于最小最大等式的成立与否至关重要. 为说明这一点, 我们给出一个具体的实例.

例 5.5.1 令

$$X = \big\{x \in \Re^2 \mid x \geqslant 0\big\}, \quad Z = \big\{z \in \Re \mid z \geqslant 0\big\}, \quad \phi(x, z) = e^{-\sqrt{x_1 x_2}} + z x_1,$$

易验证凸/凹闭函数假设 5.5.1 成立 (这相当于例 5.3.2 中的约束最小化问题, 改写成了最小最大问题.) 对所有 $z \geqslant 0$, 都满足

$$\inf_{x \geqslant 0} \phi(x, z) = \inf_{x \geqslant 0} \left\{ e^{-\sqrt{x_1 x_2}} + z x_1 \right\} = 0,$$

原因是括号中的表达式对所有 $x \geqslant 0$ 都是非负的, 并当 $x_1 \to 0$ 和 $x_1 x_2 \to \infty$ 时该表达式的值趋近于 0. 于是

$$\sup_{z \geqslant 0} \inf_{x \geqslant 0} \phi(x, z) = 0.$$

可得出, 对所有 $x \geqslant 0$,

$$\sup_{z \geqslant 0} \phi(x, z) = \sup_{z \geqslant 0} \left\{ e^{-\sqrt{x_1 x_2}} + z x_1 \right\} = \begin{cases} 1, & x_1 = 0, \\ \infty, & x_1 > 0. \end{cases}$$

因此,

$$\inf_{x \geqslant 0} \sup_{z \geqslant 0} \phi(x, z) = 1,$$

所以

$$\inf_{x \geqslant 0} \sup_{z \geqslant 0} \phi(x, z) > \sup_{z \geqslant 0} \inf_{x \geqslant 0} \phi(x, z).$$

此时, 函数 p 形如

$$p(u) = \inf_{x \geqslant 0} \sup_{z \geqslant 0} \left\{ e^{-\sqrt{x_1 x_2}} + z(x_1 - u) \right\} = \begin{cases} \infty, & u < 0, \\ 1, & u = 0, \\ 0, & u > 0. \end{cases}$$

可见 p 在原点并非下半连续的, 所以命题 5.5.1 的假设并不满足, 而最小最大等式也不成立.

下面的例子说明, 即使最小最大等式成立, 如果命题 5.5.2 的相对内点条件不满足, 等式在 $z \in Z$ 上的上确界也不一定能取到.

例 5.5.2 令

$$X = \Re, \qquad Z = \{ z \in \Re \mid z \geqslant 0 \}, \qquad \phi(x, z) = x + z x^2,$$

则假设 5.5.1 成立 (该问题相当于例 5.3.3 中的有约束最小化问题, 但被改写成了最小最大问题). 对所有 $z \geqslant 0$, 都满足

$$\inf_{x \in \Re} \phi(x, z) = \inf_{x \in \Re} \left\{ x + z x^2 \right\} = \begin{cases} -1/(4z), & z > 0, \\ -\infty, & z = 0. \end{cases}$$

因此,

$$\sup_{z \geqslant 0} \inf_{x \in \Re} \phi(x, z) = 0.$$

可得出, 对任意的 $x \in \Re$ 都满足

$$\sup_{z \geqslant 0} \phi(x, z) = \sup_{z \geqslant 0} \left\{ x + zx^2 \right\} = \begin{cases} 0, & x = 0, \\ \infty, & x \neq 0. \end{cases}$$

因此,

$$\inf_{x \in \Re} \sup_{z \geqslant 0} \phi(x, z) = 0,$$

且最小最大等式成立. 然而优化问题

$$\text{maximize} \quad \inf_{x \in \Re} \phi(x, z),$$

$$\text{subject to} \quad z \in Z$$

并没有最优解. 此时

$$F(x, u) = \sup_{z \geqslant 0} \{ x + zx^2 - uz \} = \begin{cases} x, & x^2 \leqslant u, \\ \infty, & x^2 > u, \end{cases}$$

并且

$$p(u) = \inf_{x \in \Re} \sup_{z \geqslant 0} F(x, u) = \begin{cases} -\sqrt{u}, & u \geqslant 0, \\ \infty, & u < 0. \end{cases}$$

易见 $0 \notin \text{ri}(\text{dom}(p))$, 命题 5.5.2 的假设不满足.

5.5.2 鞍点定理

将应用上一小节的两个最小最大定理 (命题 5.5.1 和命题 5.5.2) 推出使得最小最大等式成立和鞍点存在的更具体的条件. 我们沿用假设 5.5.1. 在上一小节的分析中, 我们强调了如下函数的重要性

$$p(u) = \inf_{x \in \Re^n} F(x, u), \tag{5.37}$$

其中

$$F(x, u) = \begin{cases} \sup_{z \in Z} \left\{ \phi(x, z) - u'z \right\}, & x \in X, \\ \infty, & x \notin X. \end{cases} \tag{5.38}$$

上一小节还指出了验证最小最大等式和鞍点存在性的两个步骤:

(1) 证明 p 是闭的和凸的, 于是根据命题 5.5.1 最小最大等式成立.

(2) 验证 $\sup_{z \in Z} \phi(x, z)$ 在 $x \in X$ 上的下确界及 $\inf_{x \in X} \phi(x, z)$ 在 $z \in Z$ 上的上确界都能取到, 于是可证明鞍点的集合是非空的 (见命题 3.4.1).

第 (1) 步需要两种类型的条件:

(a) 关于凸/凹闭函数的假设 5.5.1. 该假设保证了 F 是闭的和凸的 (由一系列闭的凸函数在 $z \in Z$ 上处处取上确界得到), 也保证了 p 是凸的.

(b) 使得 p 的定义式中的部分最小化能保持函数闭性的条件, 也保证了 p 是闭的.

第 (2) 步则需要 Weierstrass 定理的条件, 或者其他能保证最优解存在性的条件 (详见 3.3 节). 幸运的是, 使得 F 的定义式中的部分最小化保持闭性的条件, 也通常能保证对应的最优解的存在性.

下列的经典鞍点定理用的正是这样的分析思路.

命题 5.5.3 (经典鞍点定理). 如果 X 和 Z 是紧集, 则函数 ϕ 的鞍点的集合是非空紧集.

证明　我们注意到 F 是闭的凸函数. 根据 F 的凸性和命题 3.3.1, 可知式 (5.37) 中的 p 是凸函数. 再根据 Z 是紧集而 F 是 $X \times \Re^m$ 上的实值函数, 并根据 X 的紧性及命题 3.3.3, 可推出 p 是实值函数所以也是连续的. 因此, 根据命题 5.5.1 可证明最小最大等式.

最后, 函数 $\sup_{z \in Z} \phi(x, z)$ 等于函数 $F(x, 0)$, 所以其是闭函数. 而根据 Weierstrass 定理, 该函数在 $x \in X$ 上最小值的解集是非空紧集. 类似地, 函数 $\inf_{x \in X} \phi(x, z)$ 在 $z \in Z$ 上的最大值的解集也是非空紧集. 根据命题 3.4.1 可推出, 所有鞍点的集合是非空紧集. □

我们将用类似的思路来证明几个更具一般性的鞍点定理. 我们定义函数 $t : \Re^n \mapsto (-\infty, \infty]$ 如下

$$t(x) = \begin{cases} \sup_{z \in Z} \phi(x, z), & x \in X, \\ \infty, & x \notin X, \end{cases}$$

以及函数 $r : \Re^m \mapsto (-\infty, \infty]$ 如下

$$r(z) = \begin{cases} -\inf_{x \in X} \phi(x, z), & z \in Z, \\ \infty, & z \notin Z. \end{cases}$$

需注意，根据假设 5.5.1，函数 t 是对一系列闭的凸函数取上确界，所以也是闭的凸函数. 并且，由于对任意 x 都满足 $t(x) > -\infty$，我们可得

$$t \text{ 是真函数当且仅当 } \inf_{x \in X} \sup_{z \in Z} \phi(x, z) < \infty.$$

类似地，函数 r 也是闭的和凸的，并且

$$r \text{ 是真函数当且仅当 } -\infty < \sup_{z \in Z} \inf_{x \in X} \phi(x, z).$$

接下来的两个命题给出了最小最大等式成立的条件. 这两个命题还将用于判断鞍点集合的非空性和紧性.

命题 5.5.4 假设 t 是真函数，且对任意 $\gamma \in \Re$ 其水平集 $\{x \mid t(x) \leqslant \gamma\}$ 都是紧集. 则

$$\sup_{z \in Z} \inf_{x \in X} \phi(x, z) = \inf_{x \in X} \sup_{z \in Z} \phi(x, z).$$

上式右侧表达式在 X 上的下确界可以取得，且其最优解集是非空紧集.

证明 函数 p 是通过对式 (5.38) 中的函数 F 做部分最小化得到的，也即

$$p(u) = \inf_{x \in \Re^n} F(x, u)$$

(见式 (5.37)). 须知

$$t(x) = F(x, 0),$$

所以 F 是真函数，这是因为 t 是真函数且 F 是闭函数 (根据回收锥定理，即命题 1.4.1，集合 epi(F) 包含竖直直线当且仅当 epi(t) 也包含竖直直线). 更进一步，t 的水平集的紧性假设可以转化为命题 3.3.2 中的紧性的假设 (用 0 当作向量 $\bar{x}$)，根据该命题可推出 p 是真的闭函数，且 $p(0)$ 是有限值. 我们应用命题 5.5.1 可证明最小最大等式成立. 最后，最小最大等式右侧的表达式在 X 上的下确界恰在 t 的最小解集上取到. 又由于 t 是真函数且其水平集是紧集，其最小解集是非空紧集. $\qquad\square$

例 5.5.3 我们来证明

$$\min_{\|x\| \leqslant 1} \max_{z \in S+C} x'z = \max_{z \in S+C} \min_{\|x\| \leqslant 1} x'z,$$

其中 S 是某子空间, C 是 $\Re^n$ 中的非空凸紧集. 我们定义集合

$$X = \big\{x \mid \|x\| \leqslant 1\big\}, \qquad Z = S + C,$$

及函数

$$\phi(x,z) = x'z, \qquad \forall\, (x,z) \in X \times Z,$$

易验证假设 5.5.1 是满足的, 所以可以应用命题 5.5.4. 易知

$$t(x) = \begin{cases} \sup_{z \in S+C} x'z, & \|x\| \leqslant 1, \\ \infty, & \text{其他}, \end{cases}$$

$$\quad = \begin{cases} \sup_{z \in C} x'z, & x \in S^{\perp}, \|x\| \leqslant 1, \\ \infty, & \text{其他}. \end{cases}$$

由于变量为 x 的函数 $\sup_{z \in C} x'z$ 是连续的, t 的水平集都是紧集. 我们可用命题 5.5.4 证明最小最大等式成立. 此外, 还可以验证存在至少一个鞍点, 我们在下文将对此给出证明.

命题 5.5.5 假设 t 是真函数, 且 t 的回收锥和其不变空间 (constancy space) 重合. 则有

$$\sup_{z \in Z} \inf_{x \in X} \phi(x,z) = \inf_{x \in X} \sup_{z \in Z} \phi(x,z),$$

且上式右侧的表达式在 X 上的下确界可以取到.

证明 证明与命题 5.5.4 类似. 只需用命题 3.3.4 替代命题 3.3.2.　　□

结合上述两个命题, 我们可以得出鞍点存在性的条件.

命题 5.5.6 假设 t 和 r 中至少一个是真函数.

(a) 如果对任意 $\gamma \in \Re$, 函数 t 和 r 分别的水平集 $\big\{x \mid t(x) \leqslant \gamma\big\}$ 和 $\big\{z \mid r(z) \leqslant \gamma\big\}$ 都是紧集, ϕ 的鞍点的集合是非空紧集.

(b) 如果 t 与 r 的回收锥分别与 t 与 r 的不变空间重合, 则 ϕ 的鞍点的集合是非空紧集.

证明 不妨假设 t 是真函数. 如果相反 r 是真函数, 只需交换 x 和 z 再做分析.

(a) 根据命题 5.5.4，可推出最小最大等式成立，并且 $\sup_{z\in Z}\phi(x,z)$ 在 X 上的下确界是有限的，并且可以在一个非空紧集上取得. 因此，

$$-\infty < \sup_{z\in Z}\inf_{x\in X}\phi(x,z) = \inf_{x\in X}\sup_{z\in Z}\phi(x,z) < \infty,$$

我们再交换 x 和 z，并再次应用命题 5.5.4 可证明 $\inf_{x\in X}\phi(x,z)$ 在 Z 上的上确界可以在一个非空紧集上取到.

(b) 证明与 (a) 类似，只需用命题 5.5.5 来代替命题 5.5.4. $\square$

例 5.5.2 (续) 为说明命题 5.5.4 和命题 5.5.6 的区别，我们令

$$X = \Re, \qquad Z = \{z\in\Re \mid z\geqslant 0\}, \qquad \phi(x,z) = x + zx^2.$$

通过简单计算易验证

$$t(x) = \begin{cases} 0, & x = 0, \\ \infty, & x \neq 0, \end{cases} \qquad r(z) = \begin{cases} \dfrac{1}{4z}, & z > 0, \\ \infty, & z \leqslant 0. \end{cases}$$

因此，t 满足命题 5.5.4 的假设，并且最小最大等式成立. 但是 r 不满足命题 5.5.6 的假设，于是鞍点不存在，因为 $-r(z) = \inf_{x\in\Re}\Phi(x,z)$ 对 z 的上确界不能被取到.

例 5.5.3 (续) 令

$$X = \big\{x \mid \|x\| \leqslant 1\big\}, \qquad Z = S + C, \qquad \phi(x,z) = x'z,$$

其中 S 是某子空间，C 是 $\Re^n$ 中的非空凸紧集. 易知

$$t(x) = \begin{cases} \sup_{z\in S+C} x'z, & \|x\| \leqslant 1, \\ \infty, & \text{其他,} \end{cases}$$

$$= \begin{cases} \sup_{z\in C} x'z, & x\in S^{\perp}, \|x\| \leqslant 1, \\ \infty, & \text{其他,} \end{cases}$$

$$r(z) = \begin{cases} \sup_{\|x\|\leqslant 1} -x'z, & z\in S+C, \\ \infty, & \text{其他,} \end{cases}$$

$$= \begin{cases} \|z\|, & z\in S+C, \\ \infty, & \text{其他.} \end{cases}$$

由于 t 和 r 的水平集都是紧集, 根据命题 5.5.6(a) 可知最小最大等式成立, 并且 ϕ 的所有鞍点组成非空紧集.

我们将给出使得 t 的水平集是紧集的几个简单的充分条件. 具体来讲, 当如下两个条件之一成立时, 水平集 $\{x \mid t(x) \leqslant \gamma\}$ 是紧集:

(1) 集合 X 是紧集 (由于 t 是闭函数, 集合 $\{x \mid t(x) \leqslant \gamma\}$ 是闭集且被包含于 X).

(2) 存在 $\overline{z} \in Z$ 和 $\overline{\gamma} \in \Re$ 使得集合

$$\{x \in X \mid \phi(x, \overline{z}) \leqslant \overline{\gamma}\}$$

是非空紧集 (由于所有集合 $\{x \in X \mid \phi(x, \overline{z}) \leqslant \gamma\}$ 都是紧集, 而非空水平集 $\{x \mid t(x) \leqslant \gamma\}$ 是 $\{x \in X \mid \phi(x, \overline{z}) \leqslant \gamma\}$ 的子集).

此外, 上述两个条件中的任意一个都能保证 r 是真函数; 举条件 (2) 为例, 根据 Weierstrass 定理, 函数

$$r(\overline{z}) = -\inf_{x \in X} \phi(x, \overline{z})$$

中在 $x \in X$ 上的下确界可以取到, 于是 $r(\overline{z}) < \infty$.

利用对称性可知, r 的水平集的紧性在如下两个条件之一满足时成立:

(1) 集合 Z 是紧集.

(2) 存在 $\overline{x} \in X$ 和 $\overline{\gamma} \in \Re$ 使得集合

$$\{z \in Z \mid \phi(\overline{x}, z) \geqslant \overline{\gamma}\}$$

是非空紧集.

于是上述两个条件中的任何一个都能保证 t 是真函数.

至此, 将上述讨论与命题 5.5.6(a) 结合, 我们可推导出经典鞍点定理 (命题 5.5.3) 的推广版结论. 如下命题所述, 该命题还给出了鞍点存在的充分条件.

命题 5.5.7 (鞍点定理). 当如下任意一条件成立时, 函数 ϕ 的鞍点的集合是非空紧集:

(1) X 和 Z 是紧集.

(2) Z 是紧集, 且存在 $\overline{z} \in Z$ 和 $\overline{\gamma} \in \Re$ 使得水平集

$$\{x \in X \mid \phi(x, \overline{z}) \leqslant \overline{\gamma}\}$$

是非空紧集.

(3) X 是紧集, 且存在 $\bar{x} \in X$ 和 $\bar{\gamma} \in \Re$ 使得水平集

$$\{z \in Z \mid \phi(\bar{x}, z) \geqslant \bar{\gamma}\}$$

是非空紧集.

(4) 存在 $\bar{x} \in X$、$\bar{z} \in Z$ 和 $\bar{\gamma} \in \Re$, 使得水平集

$$\{x \in X \mid \phi(x, \bar{z}) \leqslant \bar{\gamma}\}, \qquad \{z \in Z \mid \phi(\bar{x}, z) \geqslant \bar{\gamma}\},$$

是非空紧集.

证明 根据上述命题之前的讨论, 可知在假设 5.5.1 下 t 和 r 都是凸函数且其水平集都是紧集. 再使用命题 5.5.6(a) 可证得结论. □

5.6 择一定理

优化中的择一定理 (Theorems of the alternative) 是处理仿射不等式 (有可能是严格的) 的可行性的重要工具. 我们要证明这类定理是 MC/MC 对偶性 (参见命题 4.4.1 和命题 4.4.2) 的特殊情况. 这个联系在某些经典定理的证明中得以体现.

可追溯到 1873 年的 Gordan 定理就是其中一例. 该定理的传统版本是说存在一个向量 $x \in \Re^n$ 使得 $a_1'x < 0, \cdots, a_r'x < 0$, 成立, 当且仅当 $\text{cone}(\{a_1, \cdots, a_r\})$ 不包含直线 (对于某个 $d \neq 0$, 同时包含向量 d 和 $-d$); 见下述命题的 (i) 和 (ii) 对于 $b = 0$ 的情况. 我们下面给出该定理的一个稍微扩展的版本.

命题 5.6.1 (Gordan 定理). 令 A 为 $m \times n$ 矩阵, b 为 m 维欧氏空间 $\Re^m$ 中的向量. 则一下各条是等价的:

(i) 存在向量 $x \in \Re^n$ 使

$$Ax < b$$

成立.

(ii) 对于任意向量 $\mu \in \Re^m$,

$$A'\mu = 0, \quad b'\mu \leqslant 0, \quad \mu \geqslant 0 \quad \Longrightarrow \quad \mu = 0.$$

(iii) 任意具有

$$\{\mu \mid A'\mu = c, b'\mu \leqslant d, \mu \geqslant 0\} \tag{5.39}$$

形式的多面体集都是紧的, 其中 $c \in \Re^n$ 而 $d \in \Re$.

证明　我们先证明 (i) 和 (ii) 等价, 然后再证明 (ii) 和 (iii) 等价. 只要考虑合适的 MC/MC 框架, (i) 和 (ii) 的等价性在几何上是显然的 (见图 5.6.1). 为了完整性起见, 我们给出证明的细节 (有些冗长). 考虑集合

$$M = \big\{(u,w) \mid w \geqslant 0,\ Ax - b \leqslant u \text{ 对于某个} x \in \Re^n \text{成立}\big\},$$

它在 u 轴上的投影

$$D = \{u \mid Ax - b \leqslant u \text{ 对于某个} x \in \Re^n \text{成立}\},$$

和相应的 MC/MC 框架. 令 w^* 和 q^* 分别是最小公共点和最大相交点处的值. 易见, 系统 $Ax \leqslant b$ 有解当且仅当 $w^* = 0$. 并且, 如果 (ii) 成立, 那么有

$$A'\mu = 0, \quad \mu \geqslant 0 \qquad \Longrightarrow \qquad b'\mu \geqslant 0.$$

根据线性版本的 Farkas 引理 (命题 5.1.2), 这意味着系统 $Ax \leqslant b$ 有解. 总之, (i) 和 (ii) 都蕴含着系统 $Ax \leqslant b$ 有解, 进而等价于 $w^* = q^* = 0$. 因此, 在证明 (i) 和 (ii) 的等价性过程中, 我们可以假定系统 $Ax \leqslant b$ 有解, 并且 $w^* = q^* = 0$.

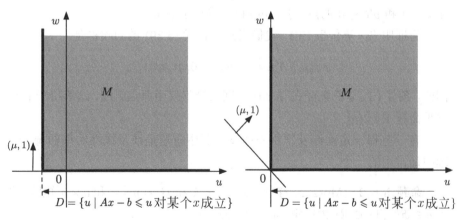

图 5.6.1　用于证明 Gordan 定理条件 (i) 和 (ii) 的等价性的 MC/MC 框架. 我们考虑集合 $M = \big\{(u,w) \mid w \geqslant 0,\ Ax - b \leqslant u \text{对某个} x \in \Re^n \text{成立}\big\}$, 它在 u 轴上的投影 $D = \{u \mid Ax - b \leqslant u \text{对某个} x \in \Re^n \text{成立}\}$, 以及相应的 MC/MC 框架. 如左图所示, Gordan 定理的条件 (i) 等价于 $0 \in \text{int}(D)$, 也等价于 0(水平位置的超平面) 是最大相交点问题的唯一最优解. 可知最后这个条件可以写成 $\mu \geqslant 0,\quad 0 \leqslant \mu'(Ax - b) + w,\quad \forall\, x \in \Re^n,\ w \geqslant 0 \quad \Longrightarrow \quad \mu = 0.$ 它等价于条件 (ii). 右图中, 条件 (i) 和 (ii) 都违反了.

最大相交点问题的代价函数是

$$q(\mu) = \inf_{(u,w) \in M} \{w + \mu'u\}.$$

由于 M 包含具有任意大的分量的向量 (u,w)[对于每个 $(u,w) \in M$, 我们有 $(\overline{u}, \overline{w}) \in M$ 对所有 $\overline{u} \geqslant u$ 和 $\overline{w} \geqslant w$ 成立], 所以可知 $q(\mu) = -\infty$ 对所有不在非负象限的 μ 成立, 并且我们有

$$q(\mu) = \begin{cases} \inf_{Ax-b \leqslant u} \mu'u, & \mu \geqslant 0, \\ -\infty, & \text{其他}. \end{cases}$$

或者等价地,

$$q(\mu) = \begin{cases} \inf_{x \in \Re^n} \mu'(Ax - b), & \mu \geqslant 0, \\ -\infty, & \text{其他}. \end{cases} \tag{5.40}$$

我们现在指出条件 (i) 等价于 0 点是 D 的内点 (注意如果 $\overline{x}$ 满足条件 $A\overline{x} - b < 0$, 那么集合 $\{u \mid A\overline{x} - b \leqslant u\}$ 包含 0 点作为其内点, 并且包含在集合 D 中). 根据命题 4.4.2, 可知 (i) 等价于 $w^* = q^* = 0$ 并且最大相交点问题的最优解集合是非空的和紧的. 因此, 利用 q 式 (5.40) 形式, 我们可以看到 (i) 等价于 $\mu = 0$ 是唯一满足 $q(\mu) \geqslant 0$ 的 $\mu \geqslant 0$ 点, 或者等价地, 满足 $A'\mu = 0$ 和 $\mu'b \leqslant 0$ 的点. 于是可知 (i) 等价于 (ii).

为证明 (ii) 等价于 (iii), 我们指出集合式 (5.39) 的回收锥是

$$\{\mu \mid A'\mu = 0, \, b'\mu \leqslant 0, \, \mu \geqslant 0\}.$$

因此, 条件 (ii) 是说集合式 (5.39) 的回收锥仅仅由原点组成, 这等价于 (iii); 参见命题 1.4.2(a). $\qquad \square$

有一些择一定理涉及严格不等式. 下述命题是涉及线性约束的择一定理中最常用的一个.

命题 5.6.2 (Motzkin 移项定理). 令 A 和 B 为 $p \times n$ 和 $q \times n$ 矩阵, 并令 $b \in \Re^p$ 和 $c \in \Re^q$ 为向量. 联立不等式组

$$Ax < b, \qquad Bx \leqslant c$$

有解当且仅当对应所有满足 $\mu \geqslant 0$, 和 $\nu \geqslant 0$ 条件的 $\mu \in \Re^p$ 和 $\nu \in \Re^q$, 以下两个条件成立:

$$A'\mu + B'\nu = 0 \qquad \Longrightarrow \qquad b'\mu + c'\nu \geqslant 0 \tag{5.41}$$

$$A'\mu + B'\nu = 0, \ \mu \neq 0 \qquad \Longrightarrow \qquad b'\mu + c'\nu > 0 \qquad (5.42)$$

证明　考虑集合

$$M = \big\{(u, w) \mid w \geqslant 0, \ Ax - b \leqslant u \text{对于某个满足} Bx \leqslant c \text{条件的} x \text{成立}\big\},$$

它在 u 上的投影

$$D = \{u \mid Ax - b \leqslant u \text{对于某个满足} Bx \leqslant c \text{条件的} x \text{成立}\},$$

以及相应的 MC/MC 框架. 最大相交点问题的代价函数是

$$q(\mu) = \begin{cases} \inf_{(u,w)\in M}\{w + \mu'u\}, & \mu \geqslant 0, \\ -\infty, & \text{其他}, \end{cases}$$

或者

$$q(\mu) = \begin{cases} \inf_{Ax-b\leqslant u, \, Bx\leqslant c} \mu'u, & \mu \geqslant 0, \\ -\infty, & \text{其他}. \end{cases} \qquad (5.43)$$

类似于 Gordan 定理 (命题 5.6.1) 的证明, 并且利用 Farkas 引理 (命题 5.1.2) 的线性版本, 我们可以假定系统 $Ax \leqslant b, \ Bx \leqslant c$ 有解.

至此, 联立不等式组 $Ax < b, \ Bx \leqslant c$ 有解当且仅当 0 是 D 的内点, 于是由命题 4.4.2, 可知联立不等式组 $Ax < b, \ Bx \leqslant c$ 有解当且仅当最大相交点问题的最优解集是非空的和紧的. 由于 $q(0) = 0$, 并且 $\sup_{\mu\in\Re^m} q(\mu) = 0$, 同时利用式 (5.43), 我们可以看到对偶最优解的集合是非空的和紧的当且仅当 $q(\mu) < 0$ 对所有满足 $\mu \neq 0$ 条件的 $\mu \geqslant 0$ 成立 [如果 $q(\mu) = 0$ 对某个非零的 $\mu \geqslant 0$ 成立, 从式 (5.43) 可以看到一定有 $q(\gamma\mu) = 0$ 对所有 $\gamma > 0$ 成立]. 我们将要通过证明 "这些条件成立" 当且仅当 "条件 (5.41) 和 (5.42) 对所有 $\mu \geqslant 0$ 和 $\nu \geqslant 0$ 成立" 来完成证明.

利用对偶性和化简对偶问题来计算式 (5.43) 右侧的关于 (x, u) 的线性规划问题的下确界. 特别地, 对于所有的 $\mu \geqslant 0$, 通过直接的计算, 我们有

$$q(\mu) = \inf_{Ax-b\leqslant u, \, Bx\leqslant c} \mu'u = \sup_{A'\mu+B'\nu=0, \, \nu\geqslant 0} (-b'\mu - c'\nu).$$

(在这些关系中, μ 是固定的; 下确界是对 (x, u) 取的, 上确界是对 ν 取的.) 利用该等式, 我们可以看到 "$q(0) = 0$ 和 $q(\mu) < 0$ 对所有满足 $\mu \neq 0$ 条件的 $\mu \geqslant 0$ 成立", 当且仅当 "条件 (5.41) 和 (5.42) 对所有满足 $\mu \neq 0$ 条件的 $\mu \geqslant 0$ 成立". □

让我们来推导另外一个有趣的择一定理. 像 Gordan 和 Motzkin 定理一样, 可以通过适当的 MC/MC 框架来证明这个定理. 我们将要给出一个利用 Motzkin 的不同的证明 (实际上, 作为包含线性等式和不等式的最一般的择一定理, Motzkin 定理也可以类似地用于证明 Gordan 定理. 不过, 我们已给出的基于 MC/MC 框架的证明要来得更加直观).

命题 5.6.3 (Stiemke 移项定理). 令 A 为 $m \times n$ 矩阵, 而 c 为 $\Re^m$ 中的向量. 联立不等式组

$$Ax = c, \qquad x > 0$$

有解, 当且仅当

$$A'\mu \geqslant 0 \text{ 且 } c'\mu \leqslant 0 \qquad \Longrightarrow \qquad A'\mu = 0 \text{ 且 } c'\mu = 0.$$

证明　首先考虑 $c = 0$ 的情况, 即, 我们要证明联立不等式组 $Ax = 0$, $x > 0$ 有解当且仅当

$$A'\mu \geqslant 0 \qquad \Longrightarrow \qquad A'\mu = 0.$$

事实上, 我们可以把联立不等式组 $Ax = 0$, $x > 0$ 等价地写成

$$-x < 0, \qquad Ax \leqslant 0, \qquad -Ax \leqslant 0$$

的形式, 以便可以在建立对应关系 $A \sim -I$, $B \sim [A \quad -A]$, $b \sim 0$, $c \sim 0$ 的情况下应用 Motzkin 定理. 我们得到联立不等式组有解当且仅当联立不等式组

$$-y + A'z^+ - A'z = 0, \qquad y \geqslant 0, \qquad z^+ \geqslant 0, \qquad z^- \geqslant 0,$$

没有满足 $y \neq 0$ 条件的解, 或者等价地, 通过引入变换 $\mu = z^+ - z^-$, 当且仅当联立约束条件

$$A'\mu \geqslant 0, \qquad A'\mu \neq 0$$

无解.

现在假定 $c \neq 0$, 并且我们指出联立不等式组 $Ax = c$, $x > 0$ 有解当且仅当联立不等式组

$$(A \quad -c) \begin{pmatrix} x \\ z \end{pmatrix} = 0, \qquad x > 0, \, z > 0,$$

有解. 通过应用对 $c = 0$ 的情况已经证明的结果, 我们可以看到上述联立不等式组有解当且仅当

$$\begin{pmatrix} A' \\ -c' \end{pmatrix} \mu \geqslant 0 \quad \Longrightarrow \quad \begin{pmatrix} A' \\ -c' \end{pmatrix} \mu = 0,$$

或者等价地, 当且仅当

$$A'\mu \geqslant 0 \ \text{且} \ c'\mu \leqslant 0 \quad \Longrightarrow \quad A'\mu = 0 \ \text{且} \ c'\mu = 0.$$

$\square$

图 5.6.2 中给出了 Stiemke 定理对于 $c = 0$ 情形的一个几何解释.

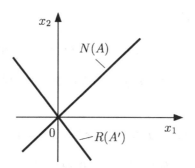

图 5.6.2　Stiemke 定理对于 $c = 0$ 情形的一个几何解释. A 的化零空间 $N(A)$ 与非负象限的内部相交当且仅当 A' 的值空间 $R(A')$ 与非负象限仅仅在原点相交.

线性规划问题的解集合的紧性

　　Gordan 定理和 Stiemke 定理 (命题 5.6.1 和命题 5.6.3) 可以用来为线性规划问题的原始和对偶最优解集合的紧性提供充要条件 (参见例 4.2.1). 我们称原始线性规划问题

$$\begin{aligned} &\text{minimize} \quad c'x, \\ &\text{subject to} \quad a'_j x \geqslant b_j, \quad j = 1, \cdots, r, \end{aligned} \tag{5.44}$$

是严格可行的, 如果存在一个原始可行向量 $x \in \Re^n$ 满足 $a'_j x > b_j$ 对所有 $j = 1, \cdots, r$ 成立. 类似地, 我们说对偶线性规划

$$\begin{aligned} &\text{minimize} \quad b'\mu, \\ &\text{subject to} \quad \sum_{j=1}^{r} a_j \mu_j = c, \quad \mu \geqslant 0 \end{aligned} \tag{5.45}$$

是严格可行的, 如果存在对偶可行向量 μ 满足 $\mu > 0$. 我们有如下的命题.(b) 部分要求定义约束的矩阵的秩为 n, 即原始向量 x 的维数.

命题 5.6.4 考虑原始和对偶线性规划 [参见式 (5.44)，式 (5.45)]，并且假设它们的公共最优值是有限的. 那么：

(a) 对偶最优解集是紧的当且仅当原问题是严格可行的.

(b) 假定集合 $\{a_1, \cdots, a_r\}$ 包含 n 个线性无关向量，原始最优解集是紧的当且仅当对偶问题是严格可行的.

证明 首先指出，由对偶定理 (命题 5.2.1)，原始问题的最优值的有界性蕴含着对偶最优解集，记作 D^*，是非空的.

(a) 对偶最优解集是

$$D^* = \{\mu \mid \mu_1 a_1 + \cdots + \mu_r a_r = c, \ \mu_1 b_1 + \cdots + \mu_r b_r \geqslant q^*, \ \mu \geqslant 0\},$$

结论从 Gordan 定理 (定理 5.6.1) 中的等价条件 (i) 和 (iii) 可以得出.

(b) 原始最优解集是

$$P^* = \{x \mid c'x \leqslant f^*, \ a_j'x \geqslant b_j, \ j = 1, \cdots, r\}.$$

对偶问题是严格可行的，如果存在 $\mu > 0$ 使得 $A\mu = c$ 成立，其中 A 是具有列向量 $a_j, \ j = 1, \cdots, r$ 的矩阵. 根据 Stiemke 移项定理 (命题 5.6.3)，我们可以看到这是对的当且仅当在 P^* 的回收锥

$$R_{P^*} = \{d \mid c'd \leqslant 0, \ a_j'd \geqslant 0, \ j = 1, \cdots, r\}$$

中的每个向量 d，都满足 $c'd = 0$ 和 $a_j'd = 0$ 对所有 j 成立，或者就是 $a_j'd = 0$ 对所有 j 成立 (因为 c 是 $a_1, \cdots, a_r$ 的线性组合，根据对偶问题的可行性). 由于集合 $\{a_1, \cdots, a_r\}$ 包含 n 个线性无关的向量，可知 R_{P^*} 仅仅由原点组成. 于是，根据命题 1.4.2(a)，可知 P^* 是紧的. □

举一个对偶问题是严格可行，但原始最优解集不是紧的例子. 考虑问题

$$\text{minimize} \quad x_1 + x_2,$$
$$\text{subject to} \quad x_1 + x_2 \geqslant 1.$$

对偶问题

$$\text{maximize} \quad \mu,$$
$$\text{subject to} \quad \begin{pmatrix} 1 \\ 1 \end{pmatrix} \mu = \begin{pmatrix} 1 \\ 1 \end{pmatrix}, \quad \mu \geqslant 0$$

是严格可行的，但原始问题有无界的最优解集. 这里的困难在于命题 5.6.4(b) 的线性无关假设被违反了 (因为 $n = 2$ 但是 $r = 1$).

5.7 非凸问题

本节中我们把注意力集中在没有保证强对偶性的凸结构的 MC/MC 框架上. 我们的目标是来估计对偶间隙 (duality gap). 首先考虑集合 M 是函数 $p : \Re^n \mapsto [-\infty, \infty]$ 的上图的情形. 那么 $w^* = p(0)$, 并且如 4.2.1 节讨论过的, $q(\mu) = -p^\star(-\mu)$, 其中 $p^\star$ 是 p 的共轭函数. 因此

$$q^* = \sup_{\mu \in \Re^n} q(\mu) = \sup_{\mu \in \Re^n} \left\{ 0 \cdot (-\mu) - p^\star(-\mu) \right\} = p^{\star\star}(0), \tag{5.46}$$

其中 $p^{\star\star}$ 是 $p^\star$ 的共轭函数 (p 的双重共轭). 对偶间隙为

$$w^* - q^* = p(0) - p^{\star\star}(0),$$

并且可以解释成 p 在 0 点处的 "非凸性度量 (measure of nonconvexity)".

接下来考虑 M 形如

$$M = \tilde{M} + \left\{ (u, 0) \mid u \in C \right\}$$

的情形, 其中 $\tilde{M}$ 是紧集, 而 C 是闭凸集, 或者更一般地, 其中 $\mathrm{conv}(M)$ 是闭的, 而 $q^* > -\infty$. 那么, 根据命题 4.3.2(c), 对偶间隙 $w^* - q^*$ 等于 $w^* - \overline{w}^*$, 其中 w^* 和 $\overline{w}^*$ 分别是对应于集合 M 和 $\mathrm{conv}(M)$ 的最小公共值.

无论哪种情况, 我们都看到对偶间隙的估计应该是依赖于 M 在竖直轴方向与它的凸包相差多少. 如我们现在要讨论的, 能够得到的有意义的这类估计的一种特殊情形是可分的优化问题.

5.7.1 可分问题中的对偶间隙

假定 x 由 m 个分量 $x_1, \cdots, x_m$ 组成, 而相应的维数是 $n_1, \cdots, n_m$, 问题具有形式

$$\begin{aligned} & \text{minimize} \quad \sum_{i=1}^m f_i(x_i), \\ & \text{subject to} \quad \sum_{i=1}^m g_i(x_i) \leqslant 0, \quad x_i \in X_i, \quad i = 1, \cdots, m, \end{aligned} \tag{5.47}$$

其中 $f_i : \Re^{n_i} \mapsto \Re$ 和 $g_i : \Re^{n_i} \mapsto \Re^r$ 为给定函数, X_i 是 $\Re^{n_i}$ 的给定子集. 一类重要的非凸实例就是当函数 f_i 和 g_i 是线性的, 而集合 X_i 为有限, 这种情况下, 我们就得到离散/整数规划问题.

我们称一个形如式 (5.47) 的问题为可分 (separable). 它的一个突出特点在于在对偶函数

$$q(\mu) = \inf_{\substack{x_i \in X_i \\ i=1,\cdots,m}} \left\{ \sum_{i=1}^{m} \left(f_i(x_i) + \mu' g_i(x_i) \right) \right\} = \sum_{i=1}^{m} q_i(\mu)$$

的计算中涉及的最小化问题被分解成为 m 个更简单的最小化问题

$$q_i(\mu) = \inf_{x_i \in X_i} \left\{ f_i(x_i) + \mu' g_i(x_i) \right\}, \qquad i = 1, \cdots, m.$$

这些问题的最小化常能通过要么解析要么计算的方法很方便地完成. 这种情形下对偶函数可以很容易地进行评价.

当代价函数或约束条件是非凸的时候, 可分结构带来多少有些意想不到的帮助. 特别地, 在这种情况下, 对偶间隙事实上相对较小, 并且常可以证明随着可分项数 m 的增加对偶间隙会相对于原始问题的最优值而衰减到零. 这样, 我们常能够从对偶问题的最优解得到原问题的近似最优解. 在整数规划问题中, 这有可能避免需要类似分支定界那样的高计算量的求解过程.

小的对偶间隙源自可以达到的约束-代价对所构成的集合

$$S = \left\{ \left(g(x), f(x) \right) \mid x \in X \right\}$$

的结构, 其中

$$g(x) = \sum_{i=1}^{m} g_i(x_i), \qquad f(x) = \sum_{i=1}^{m} f_i(x_i).$$

注意该集合在非线性 Farkas 引理 (见图 5.1.2) 的证明中起到了核心作用. 在可分问题的情形中, 它可以写成 m 个集合的向量和形式, 这些集合每一个对应一个可分项, 即

$$S = S_1 + \cdots + S_m,$$

其中

$$S_i = \left\{ \left(g_i(x_i), f_i(x_i) \right) \mid x_i \in X_i \right\}.$$

关键的事实是一般而言, 由大量可能为非凸但大致类似的集合构成的向量和 "趋向于为凸". 这里的意思是, 它的凸包中的任意向量都可以用该集合中的一个向量来充分近似. 这样, 对偶间隙就趋向于相对很小. 解析的证明是基于以下定理. 该定理大概是说不管 m 的值是多少, m 个凸集中最多有 $r + 1$ 个对它们的向量和的非凸性有贡献.

命题 5.7.1 (Shapley-Folkman 定理). 令 S_i, $i = 1, \cdots, m$, 为 $r+1$ 维欧氏空间 $\Re^{r+1}$ 的非空子集, 满足 $m > r+1$, 并令 $S = S_1 + \cdots + S_m$. 那么每个向量 $s \in \text{conv}(S)$ 可以表示为 $s = s_1 + \cdots + s_m$, 其中 $s_i \in \text{conv}(S_i)$ 对所有 $i = 1, \cdots, m$ 成立, 并且 $s_i \notin S_i$ 最多对 $r+1$ 个指标 i 成立.

证明　显然我们有 $\text{conv}(S) = \text{conv}(S_1) + \cdots + \text{conv}(S_m)$ (因为凸组合与线性变换可以交换顺序). 因此, 任意的 $s \in \text{conv}(S)$ 都可以写成 $s = \sum_{i=1}^{m} y_i$ 其中 $y_i \in \text{conv}(S_i)$, 使得 $y_i = \sum_{j=1}^{t_i} a_{ij} y_{ij}$ 对某个 $a_{ij} > 0$, $\sum_{j=1}^{t_i} a_{ij} = 1$ 和 $y_{ij} \in S_i$ 成立. 考虑 $\Re^{r+1+m}$ 的下述向量:

$$z = \begin{pmatrix} s \\ 1 \\ 1 \\ \vdots \\ 1 \end{pmatrix}, \quad z_{1j} = \begin{pmatrix} y_{1j} \\ 1 \\ 0 \\ \vdots \\ 0 \end{pmatrix}, \quad \cdots, \quad z_{mj} = \begin{pmatrix} y_{mj} \\ 0 \\ 0 \\ \vdots \\ 1 \end{pmatrix},$$

满足 $z = \sum_{i=1}^{m} \sum_{j=1}^{t_i} a_{ij} z_{ij}$. 我们现在把 z 看作是锥体中由向量组 z_{ij} 生成的向量, 并且利用 Caratheodory 定理 [命题 1.2.1(a)] 写出 $z = \sum_{i=1}^{m} \sum_{j=1}^{t_i} b_{ij} z_{ij}$ 对某些非负标量 b_{ij} 成立, 其中最多有 $r+1+m$ 个是严格正的. 特别注意 z 的第一个分量, 我们有

$$s = \sum_{i=1}^{m} \sum_{j=1}^{t_i} b_{ij} y_{ij}, \qquad \sum_{j=1}^{t_i} b_{ij} = 1, \quad \forall\, i = 1, \cdots, m.$$

令 $s_i = \sum_{j=1}^{t_i} b_{ij} y_{ij}$, 满足 $s = s_1 + \cdots + s_m$ 并且 $s_i \in \text{conv}(S_i)$ 对所有的 i 成立. 对于每个 $i = 1, \cdots, m$, 至少有一个 $b_{i1}, \cdots, b_{it_i}$ 一定是正的, 因此最多只有 $r+1$ 个其他系数 b_{ij} 可以是正的 (因为 b_{ij} 中最多有 $r+1+m$ 是正的). 可知对于至少 $m-r-1$ 个指标 i, $b_{ik} = 1$ 对某个 k 使得 $b_{ij} = 0$ 对所有 $j \neq k$ 成立. 对这些指标, 我们有 $s_i \in S_i$. □

现在我们来用 Shapley-Folkman 定理估计带有 0-1 整数约束的线性规划问题

$$\text{minimize} \quad \sum_{i=1}^{m} c_i x_i,$$

$$\text{subject to} \quad \sum_{i=1}^{m} a_{ji} x_i \leqslant b_j, \quad j = 1, \cdots, r, \tag{5.48}$$

$$x_i = 0 \text{ 或 } 1, \quad i = 1, \cdots, m$$

的对偶间隙. 用 f^* 和 q^* 分别表示原始和对偶问题的最优值. 注意 "松弛的 (relaxed)" 线性规划问题, 其中整数约束被替换为 $x_i \in [0,1]$, $i = 1, \cdots, m$, 具有相同的对偶问题, 因此它的最优值是 q^*. 集合 S 可以写成

$$S = S_1 + \cdots + S_m - (b, 0),$$

其中 $b = (b_1, \cdots, b_r)$, 并且每个 S_i 只由两个对应于 $x_i = 0, 1$ 的元素组成, 即

$$S_i = \big\{ (0, \cdots, 0, 0), (a_{1i}, \cdots, a_{ri}, c_i) \big\}.$$

因此, S 总共由 2^m 个点组成. 一个自然的想法是求解 "松弛" 后的规划问题, 然后想办法适当地对松弛问题最优解的分数 (即非整数) 部分 "取整 (round)" 来得到一个整数解, 从而得到原始整数规划问题 (5.48) 的一个次优解.

记

$$\gamma = \max_{i=1,\cdots,m} |c_i|, \qquad \delta = \max_{i=1,\cdots,m} \delta_i,$$

其中

$$\delta_i = \begin{cases} 0, & a_{1i}, \cdots, a_{ri} \geqslant 0, \\ 0, & a_{1i}, \cdots, a_{ri} \leqslant 0, \\ \max_{j=1\cdots,r} |a_{ji}|, & \text{其他.} \end{cases} \tag{5.49}$$

注意 δ_i 是当分数变量 $x_i \in (0,1)$ 经适当取整 (向上或向下) 后约束被违反的最大程度的一个上界. 下述命题表明这样的取整过程能够得到的结果. [1]

命题 5.7.2 假定松弛版本的线性/整数规划问题 (5.48) 是可行的. 那么存在 $\overline{x} = (\overline{x}_1, \cdots, \overline{x}_m)$, 满足 $\overline{x}_i \in \{0, 1\}$ 对所有 i 成立, 使得问题(5.48)的不等式约束的违反程度最多是 $(r+1)\delta$, 而代价最多是 $q^* + (r+1)\gamma$.

证明 我们指出松弛问题, 作为一个具有紧的约束集合的可行线性规划问题, 具有最优值 q^* 的最优解. 由于

$$\mathrm{conv}(S) = \mathrm{conv}(S_1) + \cdots + \mathrm{conv}(S_m) - (b, 0),$$

我们看到 $\mathrm{conv}(S)$ 是松弛问题的约束 - 代价对的集合, 因此它包含满足 $u^* \leqslant 0$ 条件的形如 (u^*, q^*) 的向量. 根据 Shapley-Folkman 定理, 存在最多

---

[1]用基于单纯形理论的不同方法可以证明一个稍微更强一些的界 [分别用 $r\gamma$ 和 $r\delta$ 代替 $(r+1)\gamma$ 和 $(r+1)\delta$] 不过, 这里给出的证明可以推广到 f_i 和 g_i 是非线性的情况 (见后面的命题 5.7.4).

有 $r+1$ 个元素的指标集 I 使得 (u^*, q^*) 可以写成

$$u^* = \sum_{i \in I} \overline{u}_i + \sum_{i \notin I} u_i, \qquad q^* = \sum_{i \in I} \overline{w}_i + \sum_{i \notin I} w_i,$$

其中 $(\overline{u}_i, \overline{w}_i) \in \text{conv}(S_i)$ 对于 $i \in I$ 和 $(u_i, w_i) \in S_i$ 对于 $i \notin I$ 成立. 每对 (u_i, w_i), $i \notin I$ 对应于一个整数分量 $\overline{x}_i \in \{0, 1\}$. 每对 $(\overline{u}_i, \overline{w}_i)$, $i \in I$ 可以被替换/取整为 S_i 的两个元素 (u_i, w_i) 之一, 同样给出一个整数分量 $\overline{x}_i \in \{0, 1\}$, 带来的代价增加最多是 γ, 而每个不等式约束的水平的增加最多是 δ_i. 我们因此得到整数向量 $\overline{x}$. 它对每个不等式约束的违反最多是 $(r+1)\delta$, 代价最多是 $q^* + (r+1)\gamma$. □

上述证明也给出了在命题中得到向量 $\overline{x}$ 的取整机制. 实际中, 单纯形方法给出松弛问题的不超过 r 个非整数分量的解, 然后可以像证明中指出的那样取整得到 $\overline{x}$. 注意 $\overline{x}$ 也许是不可行的, 并且确实有可能出现松弛问题可行, 而原始的整数规划问题不可行的情况. 例如约束条件 $x_1 - x_2 \leqslant -1/2$, $x_1 + x_2 \leqslant 1/2$ 对于松弛问题是可行的, 但对原始整数规划问题不可行.

另一方面, 如果对每个 j, 每个约束系数 $a_{j1}, \cdots, a_{jm}$ 要么是 0, 要么具有相同的符号, 那么我们有 $\delta = 0$, 并且可以求出 $(r+1)\gamma$- 最优的可行解. 假设这个条件成立, 我们来考虑一系列类似问题, 其中不等式约束的个数 r 保持固定, 但维数 m 增长到无穷大. 假定

$$\beta_1 m \leqslant |f^*| \leqslant \beta_2 m$$

对某个 $\beta_1, \beta_2 > 0$ 成立, 我们看到取整误差 $(r+1)\gamma$ (它限制了对偶间隙 $f^* - q^*$) 相对于 f^* 逐渐消失, 即它与 f^* 之比随 $m \to \infty$ 趋向于 0. 特别地, 我们有

$$\lim_{m \to \infty} \frac{f^* - q^*}{f^*} \to 0.$$

我们现在把前面的命题的分析思路推广到非线性可分问题 (5.47) 并且获得类似的结果. 特别地, 在前面讨论过的并行条件 $\delta = 0$ 的假设下, 要证明对偶间隙满足

$$f^* - q^* \leqslant (r+1) \max_{i=1, \cdots, m} \gamma_i,$$

其中对每个 i, γ_i 是依赖于函数 f_i, g_i 和 X_i 的非负标量. 这表明当 $m \to \infty$ 时, 对偶间隙相对于 f^* 随 $m \to \infty$ 逐渐消失. 我们首先在 MC/MC 框架中当集合 M 是向量和形式情况下推导一个一般的估计, 然后再推广到可分问题的情形.

命题 5.7.3 考虑对应于由

$$M = M_1 + \cdots + M_m$$

给定的集合 $M \subset \Re^{n+1}$ 的 MC/MC 框架, 其中集合 M_i 形如

$$M_i = \tilde{M}_i + \{(u, 0) \mid u \in C_i\}, \qquad i = 1, \cdots, m,$$

并且对每个 i, $\tilde{M}_i$ 是紧的, 而 C_i 是凸的, $C_1 + \cdots + C_m$ 是闭的. 对于 $i = 1, \cdots, m$, 令

$$D_i = \{u_i \mid 存在 w_i 满足 (u_i, w_i) \in M_i\},$$

并假设对每个向量 $(u_i, w_i) \in \operatorname{conv}(M_i)$, 我们有 $u_i \in D_i$. 令

$$\gamma_i = \sup_{u_i \in D_i} \inf \{\overline{w}_i - w_i \mid (u_i, \overline{w}_i) \in M_i, (u_i, w_i) \in \operatorname{conv}(M_i)\}.$$

假设 w^* 和 q^* 是有限的, 那么我们有

$$w^* - q^* \leqslant (n+1) \max_{i=1, \cdots, m} \gamma_i.$$

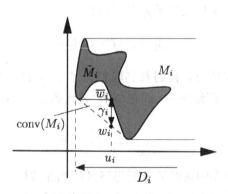

图 5.7.1 命题 5.7.3 中界的系数 γ_i 的几何解释. 针对的是 $M_i = \tilde{M}_i + \{(u, 0) \mid u \in C_i\}$ 和 $C_i = \{u \mid u \geqslant 0\}$ 的情形.

证明 注意 γ_i 的意思是我们可以用一个向量 $(u_i, \overline{w}_i) \in M_i$ 来近似任意向量 $(u_i, w_i) \in \operatorname{conv}(M_i)$, 同时带来的垂直分量 w_i 上的增加 $\overline{w}_i - w_i$ 最多为 $\gamma_i + \epsilon$, 其中 ϵ 可为任意小 (参见图 5.7.1).

证明的思路是利用 Shapley-Folkman 定理, 用 $(u_1 + \cdots + u_m, \overline{w}_1 + \cdots + \overline{w}_m) \in M$ 来近似向量 $(u_1 + \cdots + u_m, w_1 + \cdots + w_m) \in \operatorname{conv}(M)$, 使得

$\overline{w}_i = w_i$ 对除了最多 $n+1$ 个指标 i 以外都成立, 而对这些例外的指标满足 $\overline{w}_i - w_i \leqslant \gamma_i + \epsilon$.

根据命题 4.3.2(c) 的结果, q^* 是有限的, 并且等于对应于

$$\mathrm{conv}(M) = \mathrm{conv}(\tilde{M}_1) + \cdots + \mathrm{conv}(\tilde{M}_m) + \{(u,0) \mid u \in C_1 + \cdots + C_m\}$$

的 MC/MC 问题的最优值. 由于 $\tilde{M}_i$ 是紧的, $\mathrm{conv}(\tilde{M}_i)$ 也是紧的 (参见命题 1.2.2). 由于 $C_1 + \cdots + C_m$ 是闭的, $\mathrm{conv}(M)$ 是闭的 (参见命题 1.4.14), 并且可知向量 $(0, q^*)$ 属于 $\mathrm{conv}(M)$. 根据 Shapley-Folkman 定理 (命题 5.7.1), 存在最多有 $n+1$ 个元素的指标子集 I 使得

$$0 = \sum_{i=1}^{m} u_i, \qquad q^* = \sum_{i \in I} w_i + \sum_{i \notin I} \overline{w}_i$$

成立, 其中 $(u_i, w_i) \in \mathrm{conv}(M_i)$ 对 $i \in I$ 而 $(u_i, \overline{w}_i) \in M_i$ 对 $i \notin I$ 成立. 根据假设, 对于任意的 $\epsilon > 0$ 和 $i \in I$, 存在形如 $(u_i, \overline{w}_i) \in M_i$ 的向量满足 $\overline{w}_i \leqslant w_i + \gamma_i + \epsilon$. 因此, $(0, \overline{w}) \in M$, 其中

$$\overline{w} = \sum_{i \in I} \overline{w}_i + \sum_{i \notin I} \overline{w}_i.$$

于是, $w^* \leqslant \overline{w} = \sum_{i \in I} \overline{w}_i + \sum_{i \notin I} \overline{w}_i$, 并且可知

$$w^* \leqslant \sum_{i \in I} \overline{w}_i + \sum_{i \notin I} \overline{w}_i \leqslant \sum_{i \in I} (w_i + \gamma_i + \epsilon) + \sum_{i \notin I} \overline{w}_i \leqslant q^* + (n+1) \max_{i=1,\cdots,m} (\gamma_i + \epsilon).$$

通过取 $\epsilon \downarrow 0$, 可得所欲证的结果. $\qquad \square$

我们现在把上述命题用到本节的一般性的可分问题上来.

命题 5.7.4 考虑可分问题 (5.47). 假定集合

$$\tilde{M}_i = \big\{ \big(g_i(x_i), f_i(x_i)\big) \mid x_i \in X_i \big\}, \qquad i = 1, \cdots, m$$

是非空的和紧的, 并且对于每个 i 和任意给定的 $x_i \in \mathrm{conv}(X_i)$, 存在 $\tilde{x}_i \in X_i$ 使得

$$g_i(\tilde{x}_i) \leqslant (\check{\mathrm{cl}}\, g_i)(x_i) \tag{5.50}$$

成立, 其中 $\check{\mathrm{cl}}\, g_i$ 是分量为 g_i 相应分量函数的凸闭包. 于是,

$$f^* - q^* \leqslant (r+1) \max_{i=1,\cdots,m} \gamma_i,$$

其中

$$\gamma_i = \sup \left\{ \tilde{f}_i(x_i) - (\mathrm{cl}\, f_i)(x_i) \mid x_i \in \mathrm{conv}(X_i) \right\}, \tag{5.51}$$

$\check{\mathrm{cl}}\, f_i$ 是 f_i 的凸闭包, 而 $\tilde{f}_i$ 由

$$\tilde{f}_i(x_i) = \inf \left\{ f_i(\tilde{x}_i) \mid g_i(\tilde{x}_i) \leqslant (\check{\mathrm{cl}}\, g_i)(x_i),\ \tilde{x}_i \in X_i \right\}, \quad \forall\, x_i \in \mathrm{conv}(X_i)$$

给定.

注意式 (5.50) 是向量 (而不是标量) 不等式, 因此它不是自动得到满足的. 在整数规划问题 (5.48) 的情况下, 如果对于每一个 i, 所有的系数 $a_{1i}, \cdots, a_{ri}$ 都具有相同的符号 [参见式 (5.49)], 那么该不等式是满足的. 如果 X_i 是凸的, 并且 g_i 的分量在 X_i 上是凸的, 那么它也是满足的. 我们通过先证明以下引理来证明命题 5.7.4. 该引理可以用图 5.7.1 来示意.

引理 5.7.1 令 $h: \Re^n \mapsto \Re^r$ 和 $\ell: \Re^n \mapsto \Re$ 为给定的函数, 并且令 X 为非空集合. 记

$$\tilde{M} = \left\{ \big(h(x), \ell(x) \big) \mid x \in X \right\}, \qquad M = \tilde{M} + \left\{ (u,0) \mid u \geqslant 0 \right\}.$$

那么每个 $(u, w) \in \mathrm{conv}(M)$ 都满足

$$(\check{\mathrm{cl}}\, h)(x) \leqslant u, \qquad (\check{\mathrm{cl}}\, \ell)(x) \leqslant w,$$

对某个 $x \in \mathrm{conv}(X)$ 成立, 其中 $\check{\mathrm{cl}}\, \ell$ 是 ℓ 的凸闭包, 而 $\check{\mathrm{cl}}\, h$ 是分量为 h 的相应分量函数的凸闭包.

证明 任意的 $(u, w) \in \mathrm{conv}(M)$ 都可以写成

$$(u, w) = \sum_{j=1}^{s} \alpha_j \cdot (u_j, w_j),$$

其中 s 是某个正整数且

$$\sum_{j=1}^{s} \alpha_j = 1, \qquad \alpha_j \geqslant 0, \quad (u_j, w_j) \in M, \quad j = 1, \cdots, r.$$

由 M 的定义, 存在 $x_j \in X$ 使得 $h(x_j) \leqslant u_j, \ell(x_j) = w_j$ 成立. 令 $x = \sum_{j=1}^{s} \alpha_j x_j$, 使得 $x \in \mathrm{conv}(X)$. 那么,

$$(\check{\mathrm{cl}}\, h)(x) \leqslant \sum_{j=1}^{s} \alpha_j (\check{\mathrm{cl}}\, h)(x_j) \leqslant \sum_{j=1}^{s} \alpha_j h(x_j) \leqslant u,$$

$$(\check{\mathrm{cl}}\,\ell)(x) \leqslant \sum_{j=1}^{s} \alpha_j (\check{\mathrm{cl}}\,\ell)(x_j) \leqslant \sum_{j=1}^{s} \alpha_j \ell(x_j) = w,$$

这里我们用到了凸闭包的定义和命题 1.3.14. □

命题 5.7.4 的证明 记

$$M_i = \tilde{M}_i + \{(u,0) \mid u \geqslant 0\},$$

并考虑对应于

$$M = M_1 + \cdots + M_m$$

的 MC/MC 框架. 通过对 $C = \{u \mid u \geqslant 0\}$ 应用命题 4.3.2(c), 我们有

$$w^* = \inf_{(0,w) \in M} w, \qquad q^* = \inf_{(0,w) \in \mathrm{conv}(M)} w.$$

现在运用命题 5.7.3 的结果来推导期望的界.

为此, 我们利用引理 5.7.1 来断言对每个 $i = 1, ..., m$ 和向量 $(u_i, w_i) \in \mathrm{conv}(M_i)$, 都存在 $x_i \in \mathrm{conv}(X_i)$ 满足

$$(\check{\mathrm{cl}}\,g_i)(x_i) \leqslant u_i, \qquad (\check{\mathrm{cl}}\,f_i)(x_i) \leqslant w_i.$$

由于根据 γ_i 的定义 (5.51), 有 $\tilde{f}_i(x_i) \leqslant (\check{\mathrm{cl}}\,f_i)(x_i) + \gamma_i$, 我们得到

$$\tilde{f}_i(x_i) \leqslant w_i + \gamma_i.$$

从 $\tilde{f}_i$ 的定义可知存在 $\tilde{x}_i \in X_i$ 使得

$$g_i(\tilde{x}_i) \leqslant (\check{\mathrm{cl}}\,g_i)(x_i) \leqslant u_i, \qquad f_i(\tilde{x}_i) \leqslant w_i + \gamma_i$$

成立. 因此, $\big(u_i, f_i(\tilde{x}_i)\big) \in M_i$, 并且通过令 $\overline{w}_i = f_i(\tilde{x}_i)$, 我们有对于每个向量 $(u_i, w_i) \in \mathrm{conv}(M_i)$, 存在形如 $(u_i, \overline{w}_i) \in M_i$ 且满足 $\overline{w}_i - w_i \leqslant \gamma_i$ 的向量. 通过应用命题 5.7.3, 我们就得到

$$w^* - q^* \leqslant (r+1) \max_{i=1,...,m} \gamma_i.$$

□

举例说明. 考虑整数规划问题 (5.48) 的特殊情况, 其中 f_i 和 g_i 是线性的, 而 $X_i = \{0, 1\}$. 那么假设 (5.50) 等价于 $\delta_i = 0$ [参考式 (5.49)], 并且命题 5.7.2 和命题 5.7.4 给出相同的估计. 关于命题 5.7.4 的对偶间隙估计的进一步讨论和图示, 可以参考 [Ber82] 的 5.6.1 节. 该估计提示约束数目固定的许多非凸/整数可分问题随着维数的增加会变得容易求解, 因为相应的对偶间隙将逐渐消失.

5.7.2 最小最大问题中的对偶间隙

考虑涉及定义在非空集合 X 和 Z 上的函数 $\phi: X \times Z \mapsto \Re$ 的最小最大问题. 我们在 4.2.5 节和 5.5 节看到最小最大理论可以在涉及集合

$$M = \mathrm{epi}(p)$$

的 MC/MC 框架内展开, 其中 $p: \Re^m \mapsto [-\infty, \infty]$ 是由

$$p(u) = \inf_{x \in X} \sup_{z \in Z} \{\phi(x, z) - u'z\}, \qquad u \in \Re^m$$

给定的函数. 假定 $(-\hat{\mathrm{cl}}\,\phi)(x, \cdot)$ 对所有的 $x \in X$ 都是真的, 使得相应的对偶函数为

$$q(\mu) = \inf_{x \in X} (\hat{\mathrm{cl}}\,\phi)(x, \mu)$$

(参考命题 4.2.1). 于是我们有

$$\sup_{z \in Z} \inf_{x \in X} \phi(x, z) \leqslant \sup_{z \in Z} \inf_{x \in X} (\hat{\mathrm{cl}}\,\phi)(x, z) = \sup_{\mu \in \Re^m} q(\mu) = q^*.$$

进而, $q^* = p^{\star\star}(0)$ [参考式 (5.46)], 使得

$$\sup_{z \in Z} \inf_{x \in X} \phi(x, z) \leqslant q^* = p^{\star\star}(0) \leqslant p(0) = w^* = \inf_{x \in X} \sup_{z \in Z} \phi(x, z)$$

成立.

于是在 "infsup" 和 "supinf" 之间的间隙可以分解为两项之和:

$$\inf_{x \in X} \sup_{z \in Z} \phi(x, z) - \sup_{z \in Z} \inf_{x \in X} \phi(x, z) = \overline{G} + \underline{G},$$

其中

$$\overline{G} = \inf_{x \in X} \sup_{z \in Z} \phi(x, z) - p^{\star\star}(0) = p(0) - p^{\star\star}(0),$$

$$\underline{G} = q^* - \sup_{z \in Z} \inf_{x \in X} \phi(x, z) = \sup_{z \in \Re^m} \inf_{x \in X} (\hat{\mathrm{cl}}\,\phi)(x, z) - \sup_{z \in Z} \inf_{x \in X} \phi(x, z).$$

$\overline{G}$ 项是 MC/MC 框架的对偶间隙. 它可以归因于缺乏凸性和/或 p 取了闭包, 并且考虑到 p 的定义, 它也可以归因于 ϕ 相对于 x 缺乏凸性和/或取了闭包. $\underline{G}$ 项可以归因于 ϕ 相对于 z 缺乏凹性和/或上半连续性.

当 ϕ 对于 x 具有可分形式, 而 ϕ 对于 z 是凹的和上半连续的情况下, 我们有 $\underline{G} = 0$, 同时类似于命题 5.7.4, 可以用 Shapley-Folkman 定理来估计 $\overline{G}$. 类似地, 如果 ϕ 对于 z 是可分的, 并且 ϕ 对于 x 是凸的和下半连续的, 或者如果 ϕ 对于 x 和 z 都是可分的, 那么我们可以进行对偶间隙的估计.

附录 A 数 学 背 景

本附录中列出基本的定义、记号的约定和线性代数及实分析中的一些结果. 我们假定读者熟悉这些内容, 因此没有给出证明. 要了解更多的相关材料, 我们推荐以下教材: Hoffman 和 Kunze 写的 [HoK71], Lancaster 和 Tismenetsky 写的 [LaT85], Strang 的 [Str09], 以及 Trefethen 和 Bau 写的 [TrB97] (线性代数), 还有 Ash 的 [Ash72], Ortega 和 Rheinboldt 写的 [OrR70], 以及 Rudin 的 [Rud76] (实分析).

集合的记号

如果 X 是一个集合而 x 是 X 的一个元素, 我们写成 $x \in X$. 集合可以采用 $X = \{x \mid x \text{ 满足性质 } P\}$ 的形式来定义一个集合, 以表示所有元素均满足性质 P 的集合. 两个集合 X_1 和 X_2 的并, 记作 $X_1 \cup X_2$, 而它们的交记作 $X_1 \cap X_2$. 符号 $\exists$ 和 $\forall$ 的意思分别是 "存在" 和 "对所有". 空集记作 $\emptyset$.

实数集 (也称作标量集) 记作 $\Re$. 扩充了 $+\infty$ 和 $-\infty$ 的集合 $\overline{\Re}$ 被称为扩充的实数集 (set of extended real numbers). 对于所有实数 x, 我们有 $-\infty < x < \infty$, 而对所有扩充的实数 x, 则有 $-\infty \leqslant x \leqslant \infty$. 我们用 $[a, b]$ 来表示满足 $a \leqslant x \leqslant b$ 条件的 (可能是扩充的) 实数 x 的集合. 定义中用圆括号, 而不是方括号, 来表示严格的不等式. 因此, $(a, b]$, $[a, b)$, 和 (a, b) 分别表示满足条件 $a < x \leqslant b$, $a \leqslant x < b$, 和 $a < x < bx$ 的所有 x 的集合. 进而, 我们采用算术法则的自然扩展: $x \cdot 0 = 0$ 对所有扩充的实数 x 成立, $x \cdot \infty = \infty$ 成立, 如果 $x > 0$, $x \cdot \infty = -\infty$ 成立, 如果 $x < 0$, $x + \infty = \infty$ 和 $x - \infty = -\infty$ 对每个标量 x 成立. 表达式 $\infty - \infty$ 则是无意义的, 并且不允许出现.

Inf 和 Sup 符号

非空的标量的集合 X 的上确界 (supremum), 记作 $\sup X$, 定义为满足

条件 "对所有 $x \in X$ 都满足 $y \geqslant x$" 的最小标量 y. 如果不存在这样的标量, 我们就说 X 的上确界是 ∞. 类似地, X 下确界 (infimum) 记作 $\inf X$, 定义为 满足条件 "对所有 $x \in X$ 都满足 $y \leqslant x$" 的最大标量 y, 并约定如果不存在 这样的标量时等于 $-\infty$. 对于空集, 我们约定

$$\sup \emptyset = -\infty, \qquad \inf \emptyset = \infty.$$

如果 $\sup X$ 等于属于集合 X 的标量 $\overline{x}$, 那么我们称 $\overline{x}$ 为 X 的最大点 (maximum point) 并且写作 $\overline{x} = \max X$. 类似地, 如果 $\inf X$ 等于属于集 合 X 的标量 $\overline{x}$, 那么我们称 $\overline{x}$ 为 X 的最小点 (minimum point) 并且写作 $\overline{x} = \min X$. 因此, 当我们在 $\sup X$ (或相应地 $\inf X$) 的地方写出 $\max X$ (或 $\min X$) 的形式时, 我们是为了强调: 要么显然, 要么通过之前的分析, 要么 是将要给出证明, 集合 X 的最大 (或相应地最小) 在该集合上的某个点处可 以达到.

向量的记号

我们用符合 $\Re^n$ 来表示 n 维实向量的集合. 对于任意的 $x \in \Re^n$ 我们 用 x_i 来表示它的第 i 个坐标 (coordinate), 并称之为该向量的第 i 个分量 (component). 除了特别说明, 通常 $\Re^n$ 中的向量都被视为列向量. 对于任 意的 $x \in \Re^n$, x' 表示 x 的转置. 它是 n 维行向量. 两个向量 $x, y \in \Re^n$ 的内 积 (inner product) 定义为 $x'y = \sum_{i=1}^n x_i y_i$. 两个满足条件 $x'y = 0$ 的向量 $x, y \in \Re^n$ 被称为是正交的 (orthogonal).

如果 x 是 $\Re^n$ 中的向量, 则记号 $x > 0$ 和 $x \geqslant 0$ 分别表示 x 的所有分量 都是正的和非负的. 对于两个向量 x 和 y, 记号 $x > y$ 指的是 $x - y > 0$. 记 号 $x \geqslant y$, $x < y$, 等也有相应的解释.

函数的记号

如果 f 是函数, 我们就用记号 $f : X \mapsto Y$ 来表示 f 定义在非空集合 X (它的定义域 (domain)) 上, 并在集合 Y (它的值域 (range)) 中取值. 因 此, 当用到记号 $f : X \mapsto Y$ 的时候, 我们已经隐含地假设了 X 是非空的. 如果 $f : X \mapsto Y$ 是函数, 并且 U 和 V 分别是 X 和 Y 的子集, 那么集合 $\{f(x) \mid x \in U\}$ 称为是 U 在 f 之下的像 (image) 或向前像 (forward image), 而集合 $\{x \in X \mid f(x) \in V\}$ 成为是 V 在 f 之下的原像 (inverse image).

A.1 线性代数

如果 X 是集合而 λ 是标量，那么我们用 λX 来表示集合 $\{\lambda x \mid x \in X\}$. 如果 X_1 和 X_2 是 $\Re^n$ 的两个子集，我们用 $X_1 + X_2$ 来表示集合

$$\{x_1 + x_2 \mid x_1 \in X_1,\, x_2 \in X_2\},$$

称该集合为X_1 和 X_2 的向量和 (vector sum). 我们用类似的记号表示有限个子集的和. 当其中一个子集仅由单个向量 $\bar{x}$ 构成时，我们把求和的记号简化为

$$\bar{x} + X = \{\bar{x} + x \mid x \in X\}.$$

我们还用记号 $X_1 - X_2$ 来表示集合

$$\{x_1 - x_2 \mid x_1 \in X_1,\, x_2 \in X_2\}.$$

给定集合 $X_i \subset \Re^{n_i}$, $i = 1, \cdots, m$, X_i 的笛卡儿积 (Cartesian product)，记作 $X_1 \times \cdots \times X_m$, 定义为集合

$$\big\{(x_1, \cdots, x_m) \mid x_i \in X_i,\, i = 1, \cdots, m\big\}$$

它被视为 $\Re^{n_1 + \cdots + n_m}$ 的子集.

子空间和线性无关性

$\Re^n$ 的非空子集 S 称为是子空间 (subspace)，如果对于任意得 $x, y \in S$ 和任意的 $a, b \in \Re$, $ax + by \in S$ 都成立. $\Re^n$ 中的仿射集 (affine set) 是平移后的子空间，即它是一个具有 $X = \bar{x} + S = \{\bar{x} + x \mid x \in S\}$ 形式的集合 X, 其中 $\bar{x}$ 是 $\Re^n$ 中的向量，而 S 是 $\Re^n$ 的一个子空间. 我们把 S 称为是平行于 X 的子空间. 注意只可能有一个子空间与仿射集按此方式关联 [为证明确实如此，令 $X = x + S$ 和 $X = \bar{x} + \bar{S}$ 为仿射集 X 的两种表示. 则，我们一定有 $x = \bar{x} + \bar{s}$ 对某个 $\bar{s} \in \bar{S}$ 成立 (因为 $x \in X$), 于是 $X = \bar{x} + \bar{s} + S$ 成立. 因为我们还有 $X = \bar{x} + \bar{S}$, 可知 $S = \bar{S} - \bar{s} = \bar{S}$]. 非空集合 X 是子空间的充要条件是它包含原点，并且包含所有穿过它内部不同两点的整条直线，即，包含 0 和所有具有 $\alpha x + (1 - \alpha)y$ 形式的点，其中 $\alpha \in \Re$ 并且满足 $x \neq y$ 条件的 $x, y \in X$. 类似地，X 是仿射的充要条件是它包含所有穿过它内部不同两点的整条直线. $\Re^n$ 中有限个点 $\{x_1, \cdots, x_m\}$张成的子空间，记作

$\text{span}(x_1, \cdots, x_m)$，定义为包含所有形如 $y = \sum_{k=1}^{m} \alpha_k x_k$ 的向量 y 所构成的子空间，其中 α_k 是标量.

向量 $x_1, \cdots, x_m \in \Re^n$ 称为是线性无关的 (linearly independent)，如果不存在标量 $\alpha_1, \cdots, \alpha_m$，其中至少有一个为非零，满足条件 $\sum_{k=1}^{m} \alpha_k x_k = 0$. 等价的定义是 $x_1 \neq 0$，并且对于任意的 $k > 1$，向量 x_k 不属于 $x_1, \cdots, x_{k-1}$ 张成的子空间.

如果 S 是 $\Re^n$ 的包含非零向量的子空间，S 的一组基 (basis) 定义为一组线性无关的向量，使得它们所张成的子空间等于 S. 给定的子空间的所有基都含有相同个数的向量. 该个数称为是 S 的维数 (dimension). 我们约定，子空间 $\{0\}$ 的维数是零. 每个非零维子空间都有正交基 (即，基中的任意一对不同的向量都是正交的). 仿射集 $\bar{x} + S$ 的维数定义为相应的子空间 S 的维数. $(n-1)$-维仿射集称为是超平面 (hyperplane). 它是有单个线性等式定义的集合，即 $\{x \mid a'x = b\}$ 形式的集合，其中 $a \neq 0$ 并且 $b \in \Re$.

给定任意集合 X，和集合 X 所有元素都正交的向量集合是一个记作 $X^\perp$ 的子空间：

$$X^\perp = \{y \mid y'x = 0, \forall\, x \in X\}.$$

如果 S 是子空间，$S^\perp$ 称为是 S 的正交补 (orthogonal complement). 任何向量 x 都可以唯一地分解为 S 中的一个向量和 $S^\perp$ 中的一个向量的和的形式. 此外，我们有 $(S^\perp)^\perp = S$.

矩阵

对于任意矩阵 A，我们用 A_{ij}，$[A]_{ij}$ 或 a_{ij} 来表示它的第 ij 个元素. A 的转置 (transpose)，记作 A'，定义为 $[A']_{ij} = a_{ji}$. 对于任意两个具有相容的维数的矩阵 A 和 B，乘积矩阵 AB 的转置满足 $(AB)' = B'A'$. 方的和可逆的矩阵 A 的逆记作 A^{-1}.

如果 X 是 $\Re^n$ 的子集，而 A 是 $m \times n$ 矩阵，那么 X 在 A 之下的像记作 AX (或者为了记号上更清晰，记作 $A \cdot X$)：

$$AX = \{Ax \mid x \in X\}.$$

如果 Y 是 $\Re^m$ 的子集，Y 在 A 之下的原像记作 $A^{-1}Y$：

$$A^{-1}Y = \{x \mid Ax \in Y\}.$$

令 A 为方阵. 我们称 A 为对称 (symmetric) 如果 $A' = A$ 成立. 对称矩阵具有实的特征值并且相应的特征向量构成正交集. 我们说 A 是对角形的 (diagonal) 如果 $[A]_{ij} = 0$ 只要是 $i \neq j$. 我们用 I 来表示单位阵 (这是对角线元素都是 1 的对角形矩阵).

对称的 $n \times n$ 矩阵 A 称为是正定的 (positive definite), 如果 $x'Ax > 0$ 对所有 $x \in \Re^n$, $x \neq 0$ 成立. 它称为是半正定的 (positive semidefinite), 如果 $x'Ax \geqslant 0$ 对所有 $x \in \Re^n$ 成立. 贯穿本书, 正定的概念都只针对对称矩阵使用. 因此, 每当我们说一个矩阵是 (半) 正定时, 我们都隐含地假定该矩阵为对称, 尽管我们常为了清楚起见会加上 "对称" 一词. 半正定矩阵 A 可以写作 $A = M'M$ 对某个矩阵 M 成立. 对称矩阵是 (半) 正定的, 当且仅当它的特征值是正的 (非负的).

令 A 为 $m \times n$ 矩阵. A 的值空间 (range space), 记作 $R(A)$, 定义为满足条件 "$y \in \Re^m$ 使得 $y = Ax$ 对某个 $x \in \Re^n$ 成立" 的所有向量的集合. A 的(化) 零空间 (nullspace), 记作 $N(A)$, 定义为满足 "$x \in \Re^n$ 使得 $Ax = 0$ 成立" 的所有向量的集合. 可以证明 A 的值空间和零空间都是子空间. A 的秩 (rank) 是 A 的值空间的维数. A 的秩等于 A 的列中的线性无关向量的最大个数, 也等于 A 的行中的线性无关向量的最大个数. 矩阵 A 和它的转置 A' 具有相同的秩. 我们说 A 是满秩 (full rank)的, 如果它的秩等于 $\min\{m, n\}$. 这种情形成立当且仅当要么 A 的所有行都是线性无关的, 要么 A 的所有列是线性无关的.

$m \times n$ 矩阵 A 的值空间等于它的转置的零空间的正交补, 即 $R(A) = N(A')^{\perp}$. 该结果的另一种叙述方式是给定向量 $a_1, \cdots, a_n \in \Re^m$ (A 的列) 和向量 $x \in \Re^m$, 我们有 $x'y = 0$ 对所有满足 $a_i'y = 0$ for all i 的 y 当且仅当 $x = \lambda_1 a_1 + \cdots + \lambda_n a_n$ 对某些标量 $\lambda_1, \cdots, \lambda_n$ 成立. 这是 Farkas 引理的一种特殊情况. 该引理是约束优化的结果, 将在 2.3.1 节讨论.

函数 $f : \Re^n \mapsto \Re$ 称为是仿射的 (affine), 如果它形如 $f(x) = a'x + b$, 其中 $a \in \Re^n$ $b \in \Re$. 类似地, 函数 $f : \Re^n \mapsto \Re^m$ 称为是仿射的 (affine), 如果它形如 $f(x) = Ax + b$, 其中 A 是 $m \times n$ 的矩阵, 并且 $b \in \Re^m$. 如果 $b = 0$, f 称为是线性函数 (linear function) 或是线性变换 (linear transformation). 有时, 稍微滥用一下术语, 包含线性函数的等式或不等式, 如 $a'x = b$ 或 $a'x \leqslant b$, 分别称为线性等式或不等式 (linear equation or inequality).

A.2 拓扑性质

定义 A.2.1 $\Re^n$ 上的范数 (norm) $\|\cdot\|$ 是一个对每个 $x \in \Re^n$ 分配一个标量的函数, 具有以下性质:

(a) $\|x\| \geqslant 0$ 对所有的 $x \in \Re^n$ 成立.

(b) $\|\alpha x\| = |\alpha| \cdot \|x\|$ 对每一个 α 和每一个 $x \in \Re^n$ 成立.

(c) $\|x\| = 0$ 当且仅当 $x = 0$.

(d) $\|x + y\| \leqslant \|x\| + \|y\|$ 对所有 $x, y \in \Re^n$ 成立 (这条性质被称为三角不等式 (triangle inequality)).

向量 $x = (x_1, \cdots, x_n)$ 的欧氏范数 (Euclidean norm) 定义为

$$\|x\| = (x'x)^{1/2} = \left(\sum_{i=1}^{n} |x_i|^2 \right)^{1/2}.$$

本书将几乎只用欧氏范数. 特别地, 除非特别说明, $\|\cdot\|$ 将默认表示欧氏范数, 也称 $\Re^n$ 为欧氏空间. Schwarz 不等式表述为对于任意得两个向量 x 和 y, 我们都有

$$|x'y| \leqslant \|x\| \cdot \|y\|,$$

其中等式成立的充要条件是 $x = \alpha y$ 对某个标量 α 成立. Pythagorean 定理 (勾股定理) 表述为对于任意的两个正交向量 x 和 y, 我们有

$$\|x + y\|^2 = \|x\|^2 + \|y\|^2.$$

序列 (Sequences)

标量的序列 $\{x_k \mid k = 1, 2, \cdots\}$ (或者简记作 $\{x_k\}$) 称为是收敛的 (converge), 如果存在标量 x 使得对于任意得 $\epsilon > 0$, 我们都有 $|x_k - x| < \epsilon$ 对于每个大于某个整数 K (依赖于 ϵ) 的数 k 都成立. 这样的标量 x 称为是 $\{x_k\}$ 的极限 (limit), 而序列 $\{x_k\}$ 称为是收敛到 x; 用符号表示为, $x_k \to x$ 或者 $\lim_{k\to\infty} x_k = x$. 如果对每个标量 b 总存在某个 K (依赖于 b) 使得 $x_k \geqslant b$ for all $k \geqslant K$, 我们就写成 $x_k \to \infty$ 和 $\lim_{k\to\infty} x_k = \infty$. 类似地, 如果对于每个标量 b 总存在某个整数 K 使得 $x_k \leqslant b$ 对所有 $k \geqslant K$ 成立, 我们就写成 $x_k \to -\infty$ 和 $\lim_{k\to\infty} x_k = -\infty$. 不过要注意, "$\{x_k\}$ 收敛" 或 "$\{x_k\}$ 的极限是存在的" 或 "$\{x_k\}$ 具有极限" 这样的说法隐含地表明 $\{x_k\}$ 的极限是一个标量.

标量序列 $\{x_k\}$ 称为是上方有界的 (bounded above) (相应地, 下方有界 (bounded below)), 如果存在某个标量 b 使得 $x_k \leqslant b$ (相应地, $x_k \geqslant b$) 对所有的 k 成立. 它称为是有界的 (bounded), 如果它同时是上方有界和下方有界的. 序列 $\{x_k\}$ 称为是单调不增的 (nonincreasing) (相应地, 不减的 (nondecreasing)), 如果 $x_{k+1} \leqslant x_k$ (相应地, $x_{k+1} \geqslant x_k$) 对所有 k 成立. 如果 $x_k \to x$ 并且 $\{x_k\}$ 是单调不增 (不减) 的, 我们会采用符号 $x_k \downarrow x$ (相应地 $x_k \uparrow x$).

命题 A.2.1 每个有界且单调不增或单调不减的标量序列都是收敛的.

注意单调不减序列 $\{x_k\}$ 要么是有界的 (这时根据上述命题它会收敛到某个标量 x), 要么是无界的 (这时 $x_k \to \infty$). 类似的, 单调不增序列 $\{x_k\}$ 要么是有界且收敛的, 要么是无界的且有 $x_k \to -\infty$.

给定标量序列 $\{x_k\}$, 令

$$y_m = \sup\{x_k \mid k \geqslant m\}, \qquad z_m = \inf\{x_k \mid k \geqslant m\}.$$

序列 $\{y_m\}$ and $\{z_m\}$ 是分别是不增的和不减的, 因此 $\{x_k\}$ 只要是分别为上方有界或下方有界就一定有极限 (命题 A.2.1). y_m 的极限记作 $\limsup_{k\to\infty} x_k$, 并称为 $\{x_k\}$ 的上极限 (upper limit). z_m 的极限记作 $\liminf_{k\to\infty} x_k$, 并称为 $\{x_k\}$ 的下极限 (lower limit). 如果 $\{x_k\}$ 是上方无界的, 我们写成 $\limsup_{k\to\infty} x_k = \infty$, 而如果它是下方无界的, 我们写成 $\liminf_{k\to\infty} x_k = -\infty$.

命题 A.2.2 令 $\{x_k\}$ 和 $\{y_k\}$ 为标量序列.

(a) 我们有

$$\inf\{x_k \mid k \geqslant 0\} \leqslant \liminf_{k\to\infty} x_k \leqslant \limsup_{k\to\infty} x_k \leqslant \sup\{x_k \mid k \geqslant 0\}.$$

(b) $\{x_k\}$ 收敛当且仅当

$$-\infty < \liminf_{k\to\infty} x_k = \limsup_{k\to\infty} x_k < \infty.$$

进而如果 $\{x_k\}$ 收敛, 那么它的极限就等于 $\liminf_{k\to\infty} x_k$ 和 $\limsup_{k\to\infty} x_k$ 的公共标量值.

(c) 如果 $x_k \leqslant y_k$ 对所有的 k 成立, 那么

$$\liminf_{k\to\infty} x_k \leqslant \liminf_{k\to\infty} y_k, \qquad \limsup_{k\to\infty} x_k \leqslant \limsup_{k\to\infty} y_k.$$

(d) 我们有

$$\liminf_{k\to\infty} x_k + \liminf_{k\to\infty} y_k \leqslant \liminf_{k\to\infty}(x_k + y_k),$$

$$\limsup_{k\to\infty} x_k + \limsup_{k\to\infty} y_k \geqslant \limsup_{k\to\infty}(x_k + y_k).$$

$\Re^n$ 中的向量序列 $\{x_k\}$ 称为是收敛到某个 $x \in \Re^n$, 如果对于每个 i, x_k 的第 i 个分量都收敛到 x 的第 i 个分量. 我们还是用符号 $x_k \to x$ 和 $\lim_{k\to\infty} x_k = x$ 来表示向量序列的收敛. 序列 $\{x_k\}$ 称为是有界的, 如果它的每个相应的分量序列都是有界的. 易知 $\{x_k\}$ 为有界当且仅当存在标量 c 使得 $\|x_k\| \leqslant c$ 对所有 k 成立. $\{x_k\}$ 的一个无穷子集称为是 $\{x_k\}$ 的子列 (subsequence). 因此子列自身可以被视为一个序列, 可以被表示为一个集合 $\{x_k \mid k \in \mathcal{K}\}$, 其中 $\mathcal{K}$ 是正整数的一个无穷子集 (我们也会用到符号 $\{x_k\}_{\mathcal{K}}$).

向量 $x \in \Re^n$ 称为是序列 $\{x_k\}$ 的极限点 (limit point), 如果存在 $\{x_k\}$ 的子列收敛于 x. [1] 以下是常用的一个经典结果.

命题 A.2.3 (Bolzano-Weierstrass 定理). $\Re^n$ 中的每个有界序列都至少有一个极限点.

$o(\cdot)$ 记号

对于函数 $h : \Re^n \mapsto \Re^m$, 我们写作 $h(x) = o(\|x\|^p)$, 其中 p 是正整数, 如果

$$\lim_{k\to\infty} \frac{h(x_k)}{\|x_k\|^p} = 0,$$

对于任意满足 "$x_k \to 0$ 并且 $x_k \neq 0$ 对于所有的 k 成立" 条件的序列 $\{x_k\}$ 都成立.

闭集和开集

我们称 x 为是 $\Re^n$ 中的子集 X 的闭包点 (closure point), 如果存在序列 $\{x_k\} \subset X$ 收敛到 x. X 的闭包 (closure), 记作 $\mathrm{cl}(X)$, 是 X 的所有闭包点构成的集合.

---

[1] 某些学者倾向于采用另外一个序列的 "聚点 (cluster point)" 的说法, 而用 "集合 S 的极限点" 的说法来表示这样的点 $\overline{x}$: $\overline{x} \notin S$ 成立, 并且存在序列 $\{x_k\} \subset S$ 收敛到 $\overline{x}$. 在这样的约定下, $\overline{x}$ 是序列 $\{x_k \mid k = 1, 2, \cdots\}$ 的聚点当且仅当 $(\overline{x}, 0)$ 是集合 $\{(x_k, 1/k) \mid k = 1, 2, \cdots\}$ 的极限点. 我们用到的 "极限点" 概念在优化中相当常见, 应该不至于引起任何困惑.

定义 A.2.2 $\Re^n$ 的子集 X 称为是闭的 (closed), 如果它等于自己的闭包. 它称为是开的 (open), 如果它的补集 $\{x \mid x \notin X\}$ 是闭的. 它称为是有界的 (bounded), 如果存在标量 c 使得 $\|x\| \leqslant c$ 对于所有 $x \in X$ 成立. 它称为是紧的 (compact), 如果它同时是闭的和有界的.

给定 $x^* \in \Re^n$ 和 $\epsilon > 0$, 集合 $\{x \mid \|x - x^*\| < \epsilon\}$ 和 $\{x \mid \|x - x^*\| \leqslant \epsilon\}$ 称为是以 x^* 为中心的开球 (open sphere) 和闭球 (closed sphere). 根据上述定义, 可知 $\Re^n$ 的子集 X 是开的, 当且仅当对于每个 $x \in X$ 存在一个以 x 为中心且包含于 X 的开球. 向量 x 的邻域 (neighborhood) 是包含 x 的开集.

定义 A.2.3 我们称 x 是 $\Re^n$ 的子集 X 的内点 (interior point), 如果存在 x 的邻域包含于 X. X 的所有内点构成的集合称为是 X 的内点集或内部 (interior), 记作 $\mathrm{int}(X)$. 向量 $x \in \mathrm{cl}(X)$ 但不是 X 的内点称为是 X 的边界点. X 的边界点构成的集合称为是 X 的边界.

命题 A.2.4 (a) 有限个闭集的并集仍是闭的.

(b) 任意个闭集的交集仍是闭的.

(c) 任意个开集的并集仍是开的.

(d) 有限个开集的交集仍是开的.

(e) 一个集合是开的当且仅当它的所有元素都是内点.

(f) $\Re^n$ 的每个子空间都是闭的.

(g) 集合 X 是紧的当且仅当每个由 X 的元素构成的序列都有子列收敛到 X 的某个元素.

(h) 如果 $\{X_k\}$ 是非空紧集的序列, 满足 $X_{k+1} \subset X_k$ 对所有 k 成立, 那么交集 $\cap_{k=0}^{\infty} X_k$ 是非空的和紧的.

$\Re^n$ 中集合的拓扑性质, 如是开的、闭的或紧的, 不依赖于所采用的范数. 这是如下命题的推论.

命题 A.2.5 (范数等价性质 (Norm Equivalence Property)).

(a) 对于 $\Re^n$ 上的任意两个范数 $\|\cdot\|$ 和 $\|\cdot\|'$, 都存在标量 c, 使得

$$\|x\| \leqslant c\|x\|', \qquad \forall\, x \in \Re^n.$$

(b) 如果 $\Re^n$ 的子集相对于某个范数是开的 (相应地, 闭的、有界的或紧的), 那么它相对于其他所有范数也是开的 (相应地, 闭的、有界的或紧的).

连续性

令 $f : X \mapsto \Re^m$ 为一函数，其中 X 是 $\Re^n$ 的子集，而 x 是 X 中的向量. 如果存在向量 $y \in \Re^m$ 使得序列 $\{f(x_k)\}$ 收敛到 y 对于每个满足 $\lim_{k \to \infty} x_k = x$ 的序列 $\{x_k\} \subset X$ 都成立，那么我们就写成 $\lim_{z \to x} f(z) = y$. 如果存在向量 $y \in \Re^m$ 使得序列 $\{f(x_k)\}$ 收敛到 y 对于每个满足 $\lim_{k \to \infty} x_k = x$ 和 "$x_k \leqslant x$ (相应地，$x_k \geqslant x$) 对所有 k 成立" 的序列 $\{x_k\} \subset X$ 都成立，我们就写作 $\lim_{z \uparrow x} f(z) = y$ [相应地，$\lim_{z \downarrow x} f(z)$].

定义 A.2.4 令 X 是 $\Re^n$ 的子集.

(a) 函数 $f : X \mapsto \Re^m$ 称为是在 $x \in X$ 处连续 (continuous)，如果 $\lim_{z \to x} f(z) = f(x)$.

(b) 函数 $f : X \mapsto \Re^m$ 称为是在向量 $x \in X$ 处右连续 (right-continuous) (相应地，左连续 (left-continuous))，如果 $\lim_{z \downarrow x} f(z) = f(x)$ 成立 [相应地，$\lim_{z \uparrow x} f(z) = f(x)$ 成立].

(c) 实值函数 $f : X \mapsto \Re$ 称为是在 $x \in X$ 处上半连续 (upper semicontinuous) (相应地，下半连续 (lower semicontinuous))，如果 $f(x) \geqslant \limsup_{k \to \infty} f(x_k)$ [相应地，$f(x) \leqslant \liminf_{k \to \infty} f(x_k)$] 对每个收敛到 x 的 $\{x_k\} \subset X$ 都成立.

如果 $f : X \mapsto \Re^m$ 在它的定义域的子集中的每个向量处都是连续的，我们就称 f 在该子集上连续. 如果 $f : X \mapsto \Re^m$ 在它的定义域中的每个向量处都连续，我们称 f 是连续的 (没有限定条件). 对右连续、左连续、上半连续和下半连续函数，我们采用类似的术语.

命题 A.2.6 (a) $\Re^n$ 上的任意向量范数都是连续函数.

(b) 令 $f : \Re^m \mapsto \Re^p$ 和 $g : \Re^n \mapsto \Re^m$ 为连续函数. 复合函数 $f \cdot g : \Re^n \mapsto \Re^p$，定义为 $(f \cdot g)(x) = f(g(x))$，是连续函数.

(c) 令 $f : \Re^n \mapsto \Re^m$ 为连续，且令 Y 为 $\Re^m$ 的开 (相应地，闭的) 子集. 那么 Y 的原像 $\{x \in \Re^n \mid f(x) \in Y\}$ 是开的 (相应地，闭的).

(d) 令 $f : \Re^n \mapsto \Re^m$ 为连续，且 X 为 $\Re^n$ 的紧子集. 那么 X 的像 $\{f(x) \mid x \in X\}$ 是紧的.

如果 $f : \Re^n \mapsto \Re$ 是连续函数，且 $X \subset \Re^n$ 是紧的，根据命题 A.2.6(b)，集合

$$V_\gamma = \{x \in X \mid f(x) \leqslant \gamma\}$$

对于所有 $\gamma \in \Re$ 且满足 $\gamma > f^*$, 都是非空的和紧的, 其中

$$f^* = \inf_{x \in X} f(x).$$

由于 f 的最小点集合对任意满足 "$\gamma_k \downarrow f^*$ 并且 $\gamma_k > f^*$ 对于所有 k 成立" 条件的序列都是非空紧集合 V_{γ_k} 的交集, 根据命题 A.2.4(h), 最小点集合是非空的. 这就证明了经典的 Weierstrass 定理. 该定理及其推广在 3.2 节有更多的讨论.

命题 A.2.7 (连续函数的 Weierstrass 定理). 连续函数 $f : \Re^n \mapsto \Re$ 在 $\Re^n$ 的任意紧子集上都能够取到最小值.

A.3 导数

令 $f : \Re^n \mapsto \Re$ 为函数, 固定 $x \in \Re^n$, 考虑表达式

$$\lim_{\alpha \to 0} \frac{f(x + \alpha e_i) - f(x)}{\alpha},$$

其中 e_i 是第 i 个单位向量 (除了第 i 个分量为 1 外, 其他分量均为 0). 如果上述极限存在, 它称为是 f 在向量 x 处的第 i 个偏导数 (partial derivative), 并把它记作 $(\partial f / \partial x_i)(x)$ 或 $\partial f(x) / \partial x_i$ (x_i 在本节将表示向量 x 的第 i 个分量). 假定所有这些偏导数都是存在的, f 在 x 处的梯度 (gradient) 定义为列向量

$$\nabla f(x) = \begin{pmatrix} \frac{\partial f(x)}{\partial x_1} \\ \vdots \\ \frac{\partial f(x)}{\partial x_n} \end{pmatrix}.$$

对于任意的 $d \in \Re^n$, 我们定义 f 在向量 x 处在 d 方向上的单边方向导数 (directional derivative) 为

$$f'(x; d) = \lim_{\alpha \downarrow 0} \frac{f(x + \alpha d) - f(x)}{\alpha},$$

当然要假定该极限是存在的.

如果 f 在向量 x 处的方向导数对任意方向都存在, 并且 $f'(x; d)$ 是 d 的线性函数, 我们称 f 在 x 处是可微的 (differentiable). 可知 f 在 x 处为可微当且仅当梯度 $\nabla f(x)$ 存在并且满足 $\nabla f(x)'d = f'(x; d)$ 对所有 $d \in \Re^n$ 成立, 或等价地

$$f(x + \alpha d) = f(x) + \alpha \nabla f(x)'d + o(|\alpha|), \qquad \forall \, \alpha \in \Re.$$

函数 f 称为在 $\Re^n$ 的子集 S 上可微, 如果它在每个 $x \in S$ 处可微. 函数 f 称为 (没有限制) 可微 (differentiable), 如果它在所有 $x \in \Re^n$ 处都是可微的.

如果 f 在开集 S 上为可微并且 $\nabla f(\cdot)$ 在所有 $x \in S$ 处都是连续的, f 称为是在 S 上连续可微. 于是可知对于任意 $x \in S$ 和范数 $\|\cdot\|$,

$$f(x + d) = f(x) + \nabla f(x)'d + o(\|d\|), \qquad \forall\, d \in \Re^n.$$

如果函数 $f: \Re^n \mapsto \Re$ 的每个偏导数都是 x 在开集 S 上连续可微函数, 我们就称 f 在 S 上为二次连续可微. 我们用

$$\frac{\partial^2 f(x)}{\partial x_i \partial x_j}$$

来表示 $\partial f / \partial x_j$ 在向量 $x \in \Re^n$ 处的第 i 个偏导数. f 在 x 处的Hessian 矩阵, 记作 $\nabla^2 f(x)$, 定义为上述二阶导数作为分量的矩阵. 矩阵 $\nabla^2 f(x)$ 是对称的. 下述定理对我们非常有用.

命题 A.3.1 (均值定理 (Mean Value Theorem)). 令 $f: \Re^n \mapsto \Re$ 为在开球 S 上可微, 令 x 为 S 中的向量, 并令 d 满足 $x + d \in S$. 那么存在 $\alpha \in [0, 1]$ 使得

$$f(x + d) = f(x) + \nabla f(x + \alpha d)'d.$$

如果进而 f 在 S 上是二次连续可微的, 那么存在 $\alpha \in [0, 1]$ 使得

$$f(x + d) = f(x) + \nabla f(x)'d + \frac{1}{2}d'\nabla^2 f(x + \alpha d)d.$$

附录 B 注释和文献来源

凸分析和优化的文献非常丰富. 给出完整的文献列表已经超出了本书的范围. 作为替代, 我们在此简要概述一下相关的研究历史, 并列出一些主要的工作.

在凸分析方面的早期经典工作中, 我们需要特别提及的是 Caratheodory 的 [Car11], Minkowski 的 [Min11] 和 Steinitz 的 [Ste13], [Ste14], [Ste16]. 特别地, Caratheodory 给出了以他的名字命名的凸包定理, 而 Steinitz 建立了相对内点集和回收锥的理论. Minkowski 的贡献在于提出了凸集的超平面分离理论和支撑函数 (共轭凸函数的前身). 另外, Minkowski 和 Farkas 的贡献 (自 1894 年起的约 30 年间发表的匈牙利文文献) 在于奠定了多面体凸性的基础.

Fenchel 的工作为开启现代凸分析提供了工具, 在优化和博弈论中得到了广泛的应用. 在他 1951 年的演讲 [Fen51] 中, Fenchel 奠定了凸对偶理论的基础, 并且与 von Neumann 关于鞍点和博弈论的相关工作 [Neu28], [Neu37] 以及 Kuhn 和 Tucker 关于非线性规划的工作 [KuT51] 一起, 引发大量的关于凸性及相关的优化问题的大量工作. 此外, Fenchel 发展了本书中的若干基本结果, 包括共轭凸函数的理论 (一种较为特殊的形式是 Legendre 更早引入的), 和次梯度理论.

有一些和凸分析及优化有关的著作. Rockafellar 的书 [Roc70], 被公认为经典的凸分析专著, 内容很详细. 它对后来的凸优化著作具有很大影响. Rockafellar 和 Wets 的书 [RoW98] 是关于变分分析方面的巨作, 包括经典分析、凸性、凸和非凸 (可能是非光滑) 函数的优化等广泛的主题. Stoer 和 Witzgal 的书 [StW70] 与 Rockafellar 的书 [Roc70] 的主题比较类似, 但内容没有那么综合. Ekeland 和 Temam 的书 [EkT76] 以及 Zalinescu 的书 [Zal02] 发展的是无穷维空间的内容. Hriart-Urruty 和 Lemarechal 的书 [HiL93] 强调对偶与不可微优化算法. Rockafellar 的书 [Roc84] 侧重在网络优化中的凸性和对偶性问题以及一类重要的被称为 monotropic 规划的推广问题.
Bertsekas 的书 [Ber98] 也给出了这方面的详细内容, 主要参考了 Monty 在
网络优化方面的早期工作 [Min60]. Schrijver 的书 [Sch86] 给出了多面体凸
性及在整数规划和组合优化问题上的详细介绍, 并引用了许多历史文献.
Bonnans 和 Shapiro 的书 [BoS00] 强调了灵敏度分析, 并且还讨论了无穷
维问题. Borwein 和 Lewis 的书 [BoL00] 以更简洁的方式叙述了 Rockafellar
和 Wets 的 [RoW98] 中的许多概念. 作者早期与 Nedić 和 Ozdaglar 合著
的 [BNO03] 也同时涉及凸分析和变分分析. Ben-Tal 和 Nemirovski 的书
[BeN01] 着重介绍锥规划和半正定规划 [也可参见 Nemirovski 2005 年的讲
义 (在线)]. Auslender 和 Teboulle 的书 [AuT03] 强调凸和非凸优化问题的
解的存在性问题以及在对偶理论和变分不等式方面的相关问题. Boyd 和
Vanderbergue 的书 [BoV04] 讨论了凸优化的许多应用.

我们在此还要提及一些侧重凸集的几何与其他性质的书. 这些书与对
偶性和优化的联系比较有限: Bonnesen 和 Fenchel 的书 [BoF34], Eggleston
的书 [Egg58], Klee 的书 [Kle63], Valentine 的书 [Val64], Grunbaum 的书
[Gru67], Webster 的书 [Web94], 以及 Barvinok 的书 [Bar02].

MC/MC 框架最初是作者与 A. Nedić 和 A. Ozdaglar 合作研究中引入
的. 在 [BNO03] 一书中有描述. 本书中的表述则更为完善. 特别地, 本书包
括了条理更为清晰的证明和一些新的结果, 尤其是在与最小最大问题 (4.2.5
节和 5.7.2 节) 和非凸问题的联系方面 (5.7 节推广了 [Ber82] 中 5.6.1 节的
对偶间隙的估计).

前　言

随着治水思路的变革,围绕新时期防洪减灾体系的建立,引发了诸多专家、领导的热切关注。水利部前部长汪恕诚 2003 年发表的《中国防洪减灾的新策略》一文中强调,治河必须要适应洪水规律,符合工程措施与非工程措施相结合的治水理念。海河水利委员会主任任宪韶在 2007 年工作会议上作了题为《全面推进四大体系建设,保障流域经济社会又好又快发展》报告,重点指出:防洪减灾保障体系和水管理能力保障体系建设是推进海河水利改革与发展的重要举措。其中,洪水风险分析及洪水预警智能决策系统的开发和建设必将大大提高防汛决策的现代化水平,对扭转重工程、轻软件,加强非工程措施在防汛减灾中的作用,使现代高科技为防汛决策服务,实现防汛决策快速、准确和科学化,具有重大意义。

防洪非工程措施就是通过法令、政策、经济和防洪工程以外的技术手段,以减少洪水灾害损失的工作,通过合理规划管理、搬迁安置、预报预警、防洪保险等方式,调度可能受灾害影响的人、物和资产,以减轻对洪灾的影响程度,提高抗御灾害的能力。防洪非工程措施并不能减少洪水的来量,而是利用自然和社会条件去适应洪水特性规律,减少洪水的破坏和洪水所造成的损失。在防洪非工程措施的研究中,防汛指挥决策支持系统一直是人们普遍关注的问题。因为防汛决策属于事前决策,决策的正确与否关系到人民群众的生命财产安全,关系到国民经济的发展,还涉及到社会政治问题。如果调度决策得当,其经济效益和社会效益十分可观,如果调度决策失误,将造成十分严重的损失。防洪调度决策得当与否,关键在于决策者能否利用现代科学技术,快速而准确地掌握各种信息,发挥其智能,直接参与洪水调度方案制定的全过程。防洪决策支持系统是多种防洪非工程措施的集成系统,它以计算机技术、网络通信技术和遥感技术等为基础,通过对各种防汛信息的自动采集、实时传输、综合分析和智能处理,及时、正确地实施防汛抢险救灾指挥调度。它是防洪非工程措施的主要研究内容之一,在整个防汛指挥决策系统中有着举足轻重的作用。因此,在新技术突飞猛进的今天,如何利用新理论新技术,研究适合当代新技术特点的防洪决策支持系统,提高防洪决策水平,具有重要的理论价值和重大的经济、社会价值,其意义深远。

本书紧紧围绕水库防洪应急体系建设与洪水预报开展研究工作,通过开展相关学科的交叉研究,进行防洪应急知识与相关学科知识的融合,这也正是本书研究的特色。为了研究解决水库防洪应急体系建设与洪水预报研究工作,本书首先探讨了洪涝灾害预警的要素、洪涝灾害预警响应机制及防洪应急响应管理;其次,研究了水库应急预案编制的内容和编制方法;再次,研究了串联水库防洪应急关键技术,对洪水预报模型进行了理论探讨和实例研究;最后,以半湿润半干旱区某水库洪水演算与预报系统为例,研究了基于3S技术的防洪应急信息系统建设。根据这一总体研究思路,本书内容共分为7章。各章作者为:第1章,徐建新;第2章,徐建新和张运凤;第3章,张运凤;第4章,谷红梅;第5章、第6章,雷宏军;第7章,徐建新。全书由张运凤统稿。

由于时间仓促,加之作者水平有限,书中难免存在不足和局限性,敬请广大读者和同行批评指正。

作者

2009 年 5 月于华北水利水电学院

目　录

第1章 绪 论

随着人类社会经济的不断发展,洪涝灾害的影响与日俱增。面对在全球不断发生的严重洪涝灾害,人们发现无论采用多么先进的工程技术,如何增加对防洪减灾的投入,根治洪水灾害的梦想仍无法实现。非但如此,随着人类社会经济的不断发展,洪水灾害所造成的经济损失与日俱增,人类社会在其发展过程中还要和洪涝灾害长期共存。但是,人们可以通过现代化的管理手段和科学有效的防洪减灾措施,尽可能地减少洪水灾害所造成的各种损失和危害。因此,近年来人们逐步把精力转向另一个研究方向——洪涝灾害的预防和管理研究,对洪涝灾害的整治也由过去以工程预防为主,逐渐转变为以水资源保障、改善环境及生态系统等多目标的综合整治,在可持续发展的前提下,协调流域内人与水的关系,防洪减灾逐步从工程措施转向非工程措施,并且取得了显著成就。

1.1 选题背景及意义

郑州市是河南省省会,地处中华腹地,九州通衢,北临黄河,西依嵩山。全市总面积 7 446.2 km²。境内主要河系有黄河水系和淮河水系。黄河自巩义曹柏坡入境,经南河渡、沙鱼沟、荥阳汜水镇、广武乡、惠济区花园口和中牟县万滩、东漳乡入开封市境。郑州境内河段长 150 km,在邙山岭桃花峪以下河床变宽,地势平坦,流速减缓,造成泥沙淤积,河床逐年高出两岸地面 3 m 以上,最高达 10 m,形成"悬河","善淤、善决、善徙",在历史上为险工地段。黄河在郑州境内的支流有伊洛河、汜水河和枯河。郑州境内属淮河流域的主要河流有贾鲁河、双泊河、颍河、运粮河等。贾鲁河上源较多,多在新密市北部山谷,主要支流有两条。西支古称"京水",亦称贾峪河,源于新密市袁庄乡南弯长里沟,向东北流经荥阳上湾、寺河两个小型水库,经张庄入郑州市中原区常庄水库,在赵坡村与东支汇流。东支有三源。西源于新密市白寨乡杨树岗圣水峪,由圣水峪河经申河、全垌入尖岗水库;中源于二七区侯寨乡三李西的冰泉、温泉流经三李村、全垌东入圣水峪河;东源于侯寨乡刘家沟九娘娘庙泉,流入尖岗水库,在赵坡村与西支汇流入西流湖,经石佛、老鸦陈在皋村穿东风渠(平交)向东经周庄、姚桥、中牟县大吴村、白沙乡、城关镇、邵岗乡、韩寺乡的胡辛庄东南入开封县,经尉氏、扶沟、西华至周口市汇入沙颍河。贾鲁河在郑州境内河长 137 km,流域面积 2 750 km²。贾鲁河主要支流有索须河、魏河(又名贾鲁支河。1913 年经魏联奎治理后遂称魏河)、金水河、熊耳河、七里河、潮河、丈八沟、石沟、小清河、东风渠、马河等。其中,尖岗水库位于淮河流域颍河水系贾鲁河干流上游,坝址位于郑州市西南尖岗村西,总库容6 820 万 m³,控制流域面积113 km²,是一座以防洪、城市应急供水为主的中型水库。下游紧邻陇海、京广铁路和郑州市区。常庄水库位于贾鲁河支河贾峪河下游,坝址在郑州市西南中原区须水镇王垌村东,水库控制流域面积 82 km²,总库容 1 740 万 m³,兴利库容 714 万 m³。水库距省会城区西环路仅 2 km。下游紧邻下游水厂、电厂、京广、陇海铁路干线,310 国道、郑洛高速公路,位置十分重要。郑州市水库防洪体系建设保障着郑州市城市安全以及水库安全正常运行。

贾鲁河流域降雨丰枯不定,全年降雨的约 80% 多集中在 7~9 月,大大超过河道现状的宣泄能力。多年来,围绕提高防汛调度决策的现代化管理水平,郑州市水利局在防洪、水资源信息管理的软硬件建设方面已经投入了大量资金,取得了卓有成效的成绩,在历年的防汛抗灾工作中发挥了很好的作用。然而与国内外先进水平相比,郑州市防汛调度工作还处在比较落后的状态,其主要表现在以下几个方面:

(1)信源缺乏,信息传输现代化程度不高。在防汛信息采集和传输方面,信源缺乏,监测点少,传输时间不能保证,自动化和现代化程度不高,加之防汛通信处于较低水平,目前尚不能满足防洪减灾决策对信息的准确性和实时性的要求。

(2)数据库及信息查询方面有待规范、改善和提高。在数据库及信息查询方面,目前虽然已建立了一些专业数据库,但各库信息分散,规范程度不够,尤其数据表结构与全国防汛指挥系统不完全一致,将会影响到联网后数据库的效能发挥。此外,目前系统尚不具备对原始数据进行深度处理的数据挖掘功能,难以在大量的数据中快速有效地提取最有用的综合信息,并对信息进行良好的表达与有机组织和显示,影响了防汛专家对经验决策指导作用的发挥。

(3)洪水预报和洪水调度仿真模型有待建立。在指挥决策支持方面,缺乏可用的支撑性洪水预报和洪水调度仿真模型,难以超前预测水情的变化以及调度方案的实施后果,在紧急情况下只能凭经验判断和粗略估算进行指挥和调度,很难在变动环境中作出合理可行、易于实施的调度决策。

(4)防汛决策应用软件系统需整合升级。尽管目前已开发出几个防汛应用软件系统,但系统功能单一、数据分散,风格不统一,运行环境不一致,未能形成集天气形势分析、暴雨洪水、防洪排涝调度、河系水情仿真、汛期发展态势分析和防洪决策后果预估于一体的防汛决策支持系统,难以在面临各种复杂情况时,从综合防灾的角度出发,对决策过程中的各环节及其相互作用作出及时合理的定量和定性分析。如果不能迅速取得这些关键的信息,就会贻误战机,造成不必要的损失,甚至带来决策失误的严重后果。

这种落后状况与郑州市的经济发展状况不相匹配,并已成为城市发展的制约因素。国内外长期防洪减灾实践表明,在重视防洪工程措施的同时,必须配套建设完善的非工程措施体系,才能有效地减少洪灾造成的损失。而建设现代化的防洪减灾系统,已成为国内外防洪建设的迫切需求。

防洪减灾决策是关系国计民生的大事。其决策属事前决策、风险决策和群体决策,是一个非常复杂的过程。为实现防洪决策目标、掌握防洪形势的发展变化,要实时地进行水情、雨情、工情等防汛信息的接收处理;进行暴雨、洪水预测预报;制订几种可行的防洪调度方案;预测和估算洪灾损失;为洪泛区人员迁安提供咨询;选择实施决策方案并进行防洪组织管理等多项工作。在决策分析中不但要用行之有效的模型、方法对确定性问题求解,还要根据协议、规则、规定和防洪专家的经验,解决半结构化和非结构化的问题。由于洪水的突发性,历史上不重复性和复杂的社会政治经济等条件,还要能按决策者的意图,迅速、灵活、智能地制订出各种可行方案和应急措施,使决策者能有效地应用历史经验减少风险,筛选满意方案组织实施,以达到在保证工程安全的前提下,充分发挥防洪工程效益,尽可能减少洪灾损失,使对环境的不利影响降到最小。

研究水库防洪应急体系,建设郑州市水库防洪应急信息系统,实现水库雨情、水情实时测报、分析,建立洪水预报模型,开发洪水预报系统,利用计算机平台对洪水演进过程及所造成的危害进行三维模拟,实现洪水调度、闸门自动化控制,为尖岗水库防汛抢险、预防洪水灾害提供技术支撑,为领导防汛决策、调度提供技术支持。

建立防洪应急信息系统,首先就要系统研究洪水和洪涝灾害,按照洪涝灾害规律规范管理灾情信息、备灾、预警、应急救助、恢复重建等业务环节,这是做好防洪减灾,提高中国抗洪救灾管理水平的重要工作。

1.2　洪涝灾害与防洪减灾

1.2.1　洪水与洪涝灾害种类

洪涝灾害通常是洪水灾害和涝淹灾害的合称。所谓洪水灾害,主要是指短期内大量降雨引起江河泛滥,淹没城镇、村庄或田地所形成的灾害;涝淹灾害则是指长期大雨或暴雨洪水使河流水位超过河滩地面溢流现象的统称,常由出现洪水地区上游或当地的暴雨或融水所致。

造成洪涝灾害的原因很多,如降雨量、降雨强度、降雨持续时间、地形、地貌、江河的宽窄及其淤积和弯曲程度、植被状况、所处的季节和作物所处的生育期等。其中降雨量过多和降水强度过大是导致洪涝灾害的根本原因。在洪涝灾害中,对我国影响较大的是洪水灾害。

按照成因不同,洪水灾害又常分为暴雨洪水、融雪洪水、冰凌洪水、溃坝洪水等。

1.2.1.1　暴雨洪水

暴雨洪水指暴雨引起的江河水量迅速增加并随之水位急剧上升的现象。中国河流的主要洪水大都是暴雨洪水,它多发生在夏、秋季节,南方一些地区春季也有发生。另外还有作为激发条件的洪水,包括山洪和泥石流。山洪指山区荒溪或干沟中发生的暴涨暴落的洪水。山洪因其所流经的沟道坡度陡峻,地质条件复杂,具有历时短、流速快、冲刷力强、挟带泥石多、破坏力大等特点。由暴雨引起的山洪历时不过几十分钟到几小时,很少持续一天或几天。中国山区面积占总面积的2/3,全国半数以上的县都有山区,山洪现象颇为普遍,常造成人民生命财产的损失。泥石流指突然暴发的含大量泥沙和石块的特殊山洪,由暴雨引起的居多,它来势迅猛、历时短暂、破坏力极大,常造成生命财产重大损失。

1.2.1.2　融雪洪水

融雪洪水指以积雪融水为主要来源而形成的洪水,主要分布在新疆阿尔泰和东北一些地区。由于河流冬季的积雪较厚,随着春季气温大幅度升高,各处积雪同时融化,江河流量或水位突增形成融雪洪水。发生时间一般在4～5月份。

1.2.1.3　冰凌洪水

冰凌洪水指江河中大量冰凌壅积成为冰塞或冰坝,使水位大幅度升高。当堵塞部分由于壅积很高、水压过大被冲开时,上游的水位迅速降落,而流量却迅速增加,形成历时短暂、急剧涨落的洪峰。在我国北方的河流,如黄河上游宁夏至包头一段及下游兰考至河口一段,松花江下游干流的通河以下河段,都存在这种现象。

1.2.1.4　溃坝洪水

溃坝洪水指大坝或其他建筑物在蓄水状态下发生瞬时溃决而形成的向下游急速推进的特大洪流,习惯上把因地震、滑坡或冰川堵塞河道引起水位上涨后,堵塞处突然崩溃而暴发的洪水也归入溃坝洪水。虽然溃坝洪水发生的概率很低,发生范围也不太大,但由于溃坝发生和溃坝洪水的形成通常历时短暂,且难以预测,峰高量大,变化急骤,危害特大,因此世界各国都非常重视这种灾害现象,目前已展开广泛研究,并有各种溃坝洪水的计算方法。

1.2.2　洪涝灾害的特点

我国是一个洪涝灾害频繁的国家。特殊的地理气候条件和复杂的地质地形条件、独有的地貌特征、密集的人口分布和人类活动的影响，为洪涝、台风及泥石流等洪涝灾害的发生提供了复杂的孕灾环境。

1.2.2.1　范围广

除沙漠、极端干旱地区和高寒地区外，我国约有 2/3 的国土面积都存在着不同程度和不同类型的洪涝灾害。年降水量较多且 60% ~ 80% 集中在汛期 6 ~ 9 月的东部地区，常常发生暴雨洪水；占国土面积 70% 的土地、丘陵和高原地区常因暴雨发生山洪、泥石流；沿海省、自治区、直辖市每年都有部分地区遭受风暴潮引起的洪水的袭击；我国北方的黄河、松花江等河流有时还会因冰凌引起洪水；新疆、青海、西藏等地时有融雪洪水发生；水库垮坝和人为扒堤决口造成的洪水也时有发生。

1.2.2.2　发生频繁

据《明史》和《清史稿》资料统计，明清两代(1368 ~ 1911 年)的 543 年中，范围涉及数州县的水灾共有 424 次，平均每 4 年发生 3 次，其中范围超过 30 州县的共有 190 次，平均每 3 年 1 次。新中国成立以来，洪涝灾害年年都有发生，只是大小有所不同而已。仅 20 世纪 90 年代的 10 年间，中国七大流域洪涝灾害就多达 10 余次。

1.2.2.3　突发性强

我国东部地区常常发生强度大、范围广的暴雨，而江河防洪能力又较低，因此洪涝灾害的突发性强。济南市 2007 年 7 月 18 日傍晚一场特大暴雨，从当天下午 5 时开始，3 h 内最大降水量 180 mm，暴雨造成护城河水暴涨，共造成 25 人死亡，171 人受伤；山区泥石流突发性更强，一旦发生，人民群众往往来不及撤退，造成重大伤亡和经济损失：如 1991 年四川华莹山一次泥石流死亡 200 多人，1991 年云南昭通一次山体滑坡死亡 200 多人；风暴潮也是如此，如 1992 年 8 月 31 日至 9 月 2 日，受天文高潮及 16 号台风影响，从福建的沙城到浙江的瑞安、敖江，沿海潮位都超过了新中国成立以来的最高潮位，上海潮位达 5.04 m，天津潮位达 6.14 m，许多海堤漫顶，被冲毁。

1.2.2.4 季节性明显

洪水集中出现的季节时段称之为汛期,各大江河每年汛期来临的时间有一定规律,它主要决定于夏季雨带的南北位移和秋季频繁台风暴雨。一般年份4月初至6月初,珠江流域进入主汛期。6月中旬至7月初,雨带北移至江淮流域,华南前汛期结束,江淮梅雨期开始。7月中下旬江淮梅雨结束,华北和东北地区进入全年雨季全盛期。各地汛期时间有规律,自南往北错后。

1.2.2.5 洪水峰高量大

受流域暴雨、地形、植被等因素的影响,一些河流常可以形成极大的洪峰流量。例如1975年8月河南西部特大暴雨,林庄站6 h雨量830.1 mm,汝河板桥水库(集水面积768 km²)洪峰流量达13 000 m³/s;1998年的长江特大洪水,几次洪峰流量在50 000~60 000 m³/s,其中第6次洪峰过宜昌站洪峰流量竟达到63 600 m³/s,都接近世界相同流域面积最大纪录。大江大河一次大洪水总水量很大,例如长江汉口站1954年一次洪水总量高达6 000亿m³,相当于全国平均径流总量的22%;海河"63·8"特大洪水,南系三河8月份总径流量相当于全流域平均年径流量的1.32倍。洪水量高度集中,不仅对防洪减灾带来很大困难,而且对水资源的开发利用也很不利。

1.2.2.6 年际变化不稳定

暴雨区域大洪水年和枯水年洪峰流量变幅很大,例如海河支流滹沱河黄壁庄站,在实测资料中,最大洪峰流量13 100 m³/s(1956年),最枯年份年最大流量仅140 m³/s(1920年),相差几乎近100倍。从最大洪峰流量与最小洪峰流量多年平均值之比来看,长江及长江以南地区变化幅度较小,一般为2~3倍,淮河、黄河中游为4~8倍,海滦河、辽河最不稳定,一般可达5~10倍。

1.2.2.7 损失严重

一是洪水突发事件造成的损失占GDP的比重过大。与发达国家相比,我国洪水突发事件造成的经济损失偏重,影响偏大。20世纪90年代以来我国年均损失在1 100亿元左右,约占同期全国GDP的1.8%。遇到发生流域性大洪水的年份,如1991年、1994年、1996年和

1998 年,该比例达到 3% ~4%。二是洪水突发事件造成的损失占自然灾害损失比重大。据联合国 1986 ~1995 年自然灾害统计资料,洪水灾害发生次数占全部自然灾害发生次数的 32%,造成的经济损失和人员死亡数分别占全部自然灾害造成经济损失和人员死亡数的 31% 和 55%。而我国则更加突出,2001 ~2006 年我国自然灾害直接经济损失为 11 635 亿元,其中洪水灾害 6 468 亿元,占总数的 55%。

1.2.2.8　预测预报难度大

我国洪涝灾害突发事件的预测预报和监测能力与全球气候条件的复杂性和频繁变化不相适应。目前,我国气象、水文、小流域山洪与地质灾害的监测体系还不够完善,监测点的总量和布局不能满足防灾预报要求,特别是小尺度、短历时、高强度的灾害性天气预报难以定时定量。对台风规律的认识水平有限,台风的预测预报精度还不够高,尤其是台风登陆后的路径、影响范围、降雨强度等致灾重要因素方面的预报存在偏差。

1.3　洪涝灾害对社会和经济发展的影响

洪涝灾害频繁发生,不仅破坏人类赖以生存的生态环境,而且造成人民生命财产的重大损失,严重影响经济发展和社会进步,是当今人类面临的最严重的问题之一。

1.3.1　对社会的影响

对社会的影响,主要指由于突发洪涝灾害对社会稳定、社会生产发展的制约、社会秩序、政府的各项工作等的影响。由于洪涝灾害造成大的人员伤亡、灾民生活困难,加上疫病流行等,使我国历史上一些大的洪涝灾害往往伴随社会动荡、朝代更迭。新中国成立后,我国政府高度重视防御洪水突发事件的工作,在发生大的洪涝灾害时保证了社会的稳定,但各级政府投入的人力、精力、财力均非常大,大量的灾民安置、生产恢复、疫病的控制预防、人员转移安置(仅 2005 年在防御台风和山洪灾害过程中就提前转移危险地区群众 1 800 多万人)等社会问题出现,给各级政府带来沉重负担。

1.3.2 对经济的影响

1.3.2.1 洪涝灾害严重影响农村经济发展

洪涝灾害对农业生产特别是粮食生产的影响很大。《中国水旱灾害》对粮食产量的变化和粮食损失的分析研究认为:如把水旱灾害损失的水平降低 1/2,按目前的生产水平即可减少 100 亿 kg 的粮食损失。如华北地区的河北、山东、山西都是农业大省,人口众多,粮食生产至关重要。虽然新中国成立以来华北地区粮食产量一直呈增长趋势,但水旱灾害的频繁发生,使粮食生产出现低谷和徘徊,遭受相当大的损失。从各省来看(见表 1-1),在 1950～1990 年的 41 年间,河北省因水灾减产粮食 1 957.8 万 t,年均减产 47.74 万 t;山西省在这 41 年中,因河道洪水及涝渍灾害造成农业减产,损失粮食 77.03 万 t;山东省因水冲淹及减产粮食 1 929.03 万 t。

表 1-1 1950～1990 年华北三省因洪涝灾害减产粮食统计

省份	河北	山西	山东
总量(万 t)	48 585	22 711	60 451
粮食减产(万 t)	1 957.8	77.03	1 929.03
百分比(%)	4.03	0.34	3.19

资料来源:河北省水利厅编《河北省水旱灾害》,中国水利水电出版社,1998 年,第 139、232、333 页;山西省水利厅水旱灾害编委会编《山西水旱灾害》,黄河水利出版社,1996 年,第 148、365 页;山东省水利厅水旱灾害编委会编《山东水旱灾害》,黄河水利出版社, 1996 年,第 150、223、259 页。

洪涝灾害对农村经济的影响巨大。从统计数字看,新中国成立后,洪涝灾害造成的经济损失数额巨大,如山西省 1949～1990 年间,洪涝灾害直接经济损失 471.42 亿元,占农业总产值的 34.99%;河南省 1950～1990 年的 41 年间洪涝灾害造成的损失量为 623.58 亿元,占农业总产值的 13.76%;山东省 1949～1989 年间洪灾直接经济损失 95.10 亿元,巨额的经济损失,势必会给农村经济造成剧烈冲击,减缓经济发展速度。

1.3.2.2　城市洪涝灾害损失不断上升

我国正处于城市化快速发展的重要时期,城市化增大了洪涝灾害发生的频率,同时城市洪涝灾害损失也以前所未有的速度增长。

随着经济的发展,洪涝灾害所造成的社会经济影响在表现形式上发生了较大的变化,经济损失的重点由农村逐步向城市转移;建筑物等固定资产损失的比重减小,因交通、水电、通信等命脉系统中断所造成的经济损失增加;直接损失的比重减小,间接损失的比重增加;因洪涝死亡人数大大减少,但洪涝灾害所引发的城市环境问题,以及生命线系统中断引发的社会问题趋于严重。如 1994 年和 1999 年的珠江大水,造成梧州全市工业停产,交通、通信全部中断,损失惨重,经济发展受到严重影响。2004 年 6、7 月,在不到一个月的时间里,狂风暴雨几乎横扫了中国从北到南的大多数省市。据不完全统计,仅 7 月的前 20 天,就有河南、湖南、湖北等 17 个省市出现了因强降雨引发的洪涝等灾害,3 000 多万人受灾,至少 50 人因灾死亡,直接经济损失接近 90 亿元。

1.3.3　对环境的影响

洪涝灾害不仅危害人民生命财产的安全,减缓工农业生产的发展速度,对生态环境也产生严重的影响。在山丘区,暴雨洪水能引起严重的水土流失,山洪泥石流以及黄河等高含沙河流决溢也会对土地资源造成严重的破坏。水土流失不仅使土层减薄,降低土壤肥力,而且会大量沙压、"石化"耕地,减少耕地面积。黄土高原严重水土流失区每年剥蚀表土近 10 mm,土壤和其中所含氮、磷、钾肥料大量流失。历史上黄河每次决口,都使河流、城镇和交通受到严重破坏。洪水还对水环境造成污染,使病菌蔓延,有毒物质扩散,直接危及人民的身体健康。

1.4　防洪减灾的主要措施和研究趋势

随着人类社会经济的不断发展,洪涝灾害的影响与日俱增。人类在与洪水不断斗争中,积累了丰富的经验,取得了巨大的成就,但无论采用多么先进的工程技术,都无法根治洪水带来的灾害。人类社会在其发展过程中还要和洪水灾害长期共存,但是人们可以通过现代化的管理手段和科学有效的防洪减灾措施,尽可能地减少洪水灾害所造成的各种损失和危害程度。并开始逐步把精力转向另一个研究方向——洪涝灾害的预防和管理研究,对洪涝灾害的整治由过去以工程预防为主,逐渐转变为以水资源保障、改善环境及生态系统等多目标的综合整治,在可持续发展的前提下,协调流域内人与水的关系,防洪减灾逐步从工程措施转向非工程措施,并且取得了显著成就。

1.4.1　防洪减灾措施分类

1.4.1.1　工程防洪措施与非工程防洪措施的定义

目前,国际上普遍将防洪措施划分为工程防洪措施和非工程防洪措施。一般认为,凡是借助工程手段处置天然洪水,起防洪减灾作用的措施,统称为工程防洪措施;而对于非工程防洪措施则很难给出一个定义,只能对它略作分类说明。其中最具代表性的非工程防洪措施的定义是指通过对受洪水威胁地区的人、事、物的合理安排,以达到减轻洪灾损失的目的。两类措施的主要区别如表1-2所示。

表 1-2　工程防洪措施与非工程防洪措施比较

项目	工程防洪措施	非工程防洪措施
实施策略	1. 增大河道泄洪能力 2. 拦蓄洪水控制泄量 3. 滞洪减流	1. 灾前规划 2. 预警与救灾 3. 恢复与洪水保障
主要实施措施	1. 整治河道、修筑堤防、加宽河道断面、人工裁弯取直 2. 筑坝建库 3. 开辟分(蓄)洪区、设置临时扒口	1. 土地合理利用规划、水土保持 2. 建立洪水预报预警系统、抗洪抢险、居民应急转移 3. 加强洪泛区管理,设立洪水保险体系

1.4.1.2　历史回顾与未来展望

长期以来,人们过分依赖工程措施来防御洪涝灾害,但是近年来,随着科技的进步以及国内外防洪工作的发展,人们已经认识到了人类不可能单纯依赖防洪工程完全控制洪水,免除洪水灾害。尽管大多数工程措施昂贵,而且往往改变已有的环境,但是它所带给人们的只是一种安全的幻想,这种构筑于"钢筋混凝土"上的安全可能是暂时的。这往往造成对资金和环境资源的浪费,而且一旦工程防洪措施失事将给人身安全造成更大的威胁,特别是那些居住在大型水利工程下游的人们。

时至今日,虽然工程防洪措施依然流行,但是侧重点已经明显向大力发展非工程防洪措施方向倾斜。国内外很多专家学者都认为,目前的防洪减灾措施不能只是唯一地依赖于防洪,而更大程度上要加强洪水管理战略,包括土地利用管理、保险、避洪和应急准备等非工程防洪措施,惟有如此,才能更有效地减少灾害损失,保障人民生产生活的顺利进行。

1.4.2　国内外防洪减灾概况

世界各国的防洪措施大同小异,一般都是根据洪灾成因和特点采用堤防、水库和分(滞)洪工程对洪水进行拦蓄、排泄和分滞。由于这些工程措施的防洪标准都不可能太高,因此近年来国内外特别强调对洪水的控制管理,并加强洪水预报、建立统一的调度中心和警报系统,用计算机进行洪水预报和调度,并实行洪水保险等非工程措施,以减免超标准洪水可能造成的损失。以工程措施为主,非工程措施为辅,建立完整的防洪体系,已成为国内外防洪减灾的普遍对策。

1.4.2.1　工程措施

1)防洪堤(墙)

防洪堤(墙)是世界各国的主要工程措施,大都用于城市地域宽阔的江河湖海沿岸,堤线走向、堤距按统一规划,断面尺寸则根据安全经济等具体条件确定,如美国密西西比河下游 6.5 万 km^2 的冲积平原和沿岸城市的 250 万人口及工业交通均靠堤防保护,现有干堤总长 3 540

km,主要为土堤。有的城市由于沿河两岸建筑物和其他设施靠近河流,建设场地受限制或拆迁费用太高修建土堤不经济时,则采用浆砌石或混凝土防洪墙。

2)分洪工程

分洪工程作为城市防洪减灾手段由来已久。如美国加州首府萨克拉门托市,在上游利用分洪工程把 100 年一遇洪峰流量的 80% 由分洪道宣泄,萨克拉门托市的河道只承担 20%;密西西比河下游的阿肯色市 100 年一遇洪峰流量为 77 100 m^3/s,通过老河口、摩甘扎、邦内特卡雷三处分洪后,到其下游新奥尔良市洪峰流量则降至 3 600 m^3/s,确保了新奥尔良市的安全。

3)水库工程

水库是构成防洪工程体系的重要组成部分,和堤防、蓄滞洪区共同组成了拦、排、滞、分相结合的防洪工程体系,三者互为补充,缺一不可。在防洪区上游河道适当位置兴建能调蓄洪水的综合利用水库,利用水库库容拦蓄洪水,削减进入下游河道的洪峰流量,达到减免洪水灾害的目的。水库对洪水的调节作用有两种不同方式,一种起滞洪作用,另一种起蓄洪作用。统计资料显示,水库工程在防洪减灾工程体系中发挥了巨大作用。

4)蓄(滞)洪工程

一般土地私有国家征收土地费用较高,因此不适合于建设大面积的蓄滞洪区。但是在用其他手段难以解决洪水出路时,也少量设置蓄滞洪区。如美国密西西比河下游的新马德里蓄洪区,面积达 600 km^2。日本建有一些小型的面积仅数平方公里的滞洪池,土地由国家收购,不得居住,一般情况下除汛期分洪外,平时还可作为自然保护区使用。

1.4.2.2 非工程措施

20 世纪 60 年代以来,国内外在防洪理论和策略上有新的发展和突破,认为城市防洪安全靠工程措施既非人力所能及,也未必经济合理,采用工程措施和非工程措施相结合的方法已成为许多国家城市防洪对策的普遍趋势。

面对防洪形势的变化与日益提高的防洪减灾安全保障的要求,各国政府均十分重视防洪减灾法制体系建设,不断总结在治水历程中的经验教训,提高洪涝灾害的管理和协调能力。例如美国政府应对洪涝灾害的具体做法是:

(1)防洪法制体系。美国在1960年颁布了《防洪法》,1968年国会通过了《国家洪水保险法》,1973年又通过了《洪水预防法》,1975年制定了《洪泛区管理的全国统一计划》等,现已在全国普遍实行。自此,由单纯依靠工程技术防洪转变为以工程与非工程措施相结合、兼顾自然资源机能及可持续发展的洪泛区管理为主的防洪方略。

(2)防洪组织体系。美国联邦政府参与防洪救灾的部门主要有陆军工程师团、气象团、地质调查局、垦务局和联邦应急管理局(Federal Emergency Management Agency, FEMA),各州以及州以下的市、县也设有相应的救灾部门,负责处理本辖区内发生的紧急灾害。

陆军工程师团隶属国防部,其主要职责是负责全美防洪工程的规划、设计、建设、管理及防洪标准、规范的制定;气象局隶属商务部海洋大气管理局,主要任务是负责气象监测和水情、气象的预警预报,发布洪水预报等。地质调查局隶属内务部,在防洪方面承担的主要任务是与陆军工程师团、应急管理局及州、地方政府配合,做好垦务局管辖范围内有防洪任务水库的防洪调度和管理工作,垦务局按照陆军工程师团在工程设计阶段确定的防洪调度方案实施调度。应急管理局直接对总统负责,其承担的有关防洪任务主要有两个方面:一是制定灾害发生前的各种减灾措施,包括拟定国家减灾计划、管理洪泛区、实施洪水保险、培训救灾人员、组织救灾演习、社会防灾意识的宣传教育等;二是灾害发生后,组织抢险救灾。

美国防洪主要依靠州政府和州以下的县、地方政府组织完成,联邦政府只是负责协助并提供救灾物资与资金。对于发生的一般洪水灾害,各州政府均有相应的应急处理减灾计划,由各州自行处理。当洪水灾害超过州政府的处理能力时,由州政府向联邦应急管理局报告,联邦应急管理局立即派人到达现场调查,在向总统报告灾害情况的同时,应急管理局协调各部门做好进入灾区的一切准备,一旦总统发出命令,联邦应急管理局根据联邦应急计划(Federal Response Plan)立即指挥各部门救灾。

联邦应急计划是美国联邦政府应付灾害的主要措施,在该计划中,地方、州、联邦各级均有不同的分工和责任:

地方一级:市、镇长等负责建立地方紧急活动中心和州长的联系。另设一名初期指挥官,负责初期的现场防汛指挥。

州一级:州长负责建立州紧急活动中心,发布州紧急事态公告,建立与 FEMA 地方局局长的联系,提出发布总统公告请求等。同时,设州协调官协调全州的救灾活动和联邦的联系。

联邦一级:联邦总统发布总统公告,任命联邦协调官。FEMA 总局局长负责起草总统公告。FEMA 地方局局长负责建立地区活动中心,派遣应急先遣队,并向 FEMA 总局局长汇报。联邦协调官负责现场救灾办公室的工作及联邦救灾活动的指挥。

(3)洪水管理。为应对洪水,美国于 1968 年制定了《国家洪水保险计划》(简称 NFIP),认为洪水保险是理想的救灾措施,为了实施该计划,联邦救灾总署组织绘制了洪水保险图(FIRM)。为了鼓励社区参加 NFIP 以及个人投保,联邦政府对于在联邦救灾总署的洪水保险图公布以前兴建的建筑物给予保险费补贴,否则按照保险计算的保险费收费(目前享受保险费补贴的占投保客户的 41%)。

联邦救灾总署在洪水保险图制定时将行洪河道划分为行洪区(Flood Way)和非行洪区(Flood plain),规定在行洪区内不准修建任何建筑物;在非行洪区可以修建建筑物,但兴建新建筑必须购买洪水保险,具体控制措施是规定业主为修建建筑物向银行贷款时必须先购买洪水保险。

(4)洪水预报、预警系统。美国已将全国划分成 13 个流域,每个流域均建立了洪水预报系统,每天进行 1 次洪水预报(可实时预报),最长的洪水预报是 3 个月。短期洪水预报只能由国家海洋天气局向社会发布。

美国国家海洋天气局的洪水预报(模型)系统主要包括三大部分,即资料率定系统、1~7 d 洪水预报和中长期概率分析预报系统。依靠地理信息系统技术,天气局可将洪水预报结果转绘成沿河洪水淹没相遇图,用户可通过互联网进行网上查询。天气局主要通过 3 种渠道获取气象预报资料:卫星遥感资料、雷达测雨资料(已经有 170 个雷达覆盖全国)及融雪资料。目前, 雷达资料应用模型已经建立,卫星云图资料应用模型正在研究建立;同时,天气局正在研究如何将卫星、雷达资料与地面实际资料结合的运用问题。

具体洪水预报有 3 种形式:①山洪预报;②河流洪水位预报;③洪水资源预报。洪水预报是政府防洪减灾决策的依据,而干旱时洪水资源预报对较为干旱地区更为重要。

1.4.3　防洪减灾的研究趋势

随着各国对洪涝灾害的重视和工作进展的深入,防洪减灾的研究呈现出以下趋势:

(1)随着城市化进展,森林砍伐过量,水土流失严重,生态平衡受到破坏,洪水对城市威胁日趋频繁与严重。人们在进行防洪减灾研究时更加注重水土保持和生态环境的防治。

(2)20 世纪 60 年代以来,国外在防洪理论和策略上有了新的发展和突破,人们深刻认识到在采用改造自然的工程措施的同时,必须辅以适应自然的非工程防洪措施。

(3)广泛应用计算机和自动测报装置,利用微波、防洪和兴利的现代化调度系统,以减少洪涝灾害损失。

(4)为了降低城区径流系数,日本等国采用调节池、渗透坛、渗透槽、渗透路面为主的渗透方式,不仅有利于雨水的就地处理,还可以控制径流;不仅有利于地下水保护和贮存,还可将雨水用于防灾和环境建设。

(5)考虑城市地价昂贵,采用建造地下河、综合利用天然洼地、滞洪区是节约用地的有效措施。为了形成良好的河岸空间,在河流整治时,注意防洪建设与美化环境相协调。

(6)以法治河亦是城市防洪发展的必然趋势。美国早在 1917 年国会就通过第一部防洪法,其后经多次修改或补充,对工程规划、设计、建设、投资分摊均做了明确规定,为城市建设和管理提供了可靠保证。

1.5 我国防洪减灾的主要措施和新要求

我国防洪减灾的历史可以追溯到公元前 16 世纪至公元前 15 世纪。公元前 250 年已修建了分洪工程;19 世纪末,开始利用水库防洪。中华人民共和国成立以来,我国主要河流相继建成了以水库、堤防、蓄滞洪区为主的防洪工程体系和以洪水预报、警报、通信等为主的防洪非工程体系相结合的防洪管理体系,并且越来越重视洪水管理在防洪减灾中的作用。

1.5.1 防洪减灾的主要措施

(1)建立了行政领导负责制。新中国成立以来,人民政府高度重视防洪减灾,建立和完善了各级政府防汛抗旱行政首长负责制,实行统一指挥,统一决策部署。在各级政府和防汛抗旱指挥部的统一领导和指挥下,各有关部门按照各自的职责分工,密切配合,形成合力,使防汛抗旱工作的各个环节形成有机的整体,提高了防灾抗灾的整体能力。

(2)建立并形成了一整套行之有效的工作体制和机制。建立完善了各级政府防汛抗旱指挥机构,明确了责任。建立了国家防汛抗旱总指挥部(简称国家防总)以及黄河、长江、松花江、海河、淮河、珠江防汛(抗旱)总指挥部;县级以上地方人民政府设立了防汛抗旱指挥机构;电力、通信、石油、铁路、公路、航运、工矿等部门和单位也设立防汛机构。完善了各级防汛抗旱指挥部成员单位职责。

(3)建立和完善了法规和应急预案体系。首先是建立了以《防洪法》、《防汛条例》、《水库大坝安全管理条例》、《蓄滞洪区补偿暂行办法》等为主的法规体系,其次是制定了《国家防汛抗旱应急预案》以及江河湖库和城市防御洪水方案、洪水调度方案、抗旱预案等各类预案,基本形成了门类齐全、配套完善、操作性强的防洪抗旱预案体系。1985年,国务院批转了水利电力部关于黄河、长江、淮河、永定河防御特大洪水方案。目前,全国有 600 多座城市基本编制了城市防洪预案,受台风威胁地区有 371 个县级市编制了政府防台风预案,有 5 386 座病险水库编制了防洪抢险预案,238 个县级市编制了防山洪灾害预案;完成了天津等 5 城市抗旱预案试点工作;《旱情紧急情况下黄河水量调度预案》等一批预案陆续颁发,大大地推动了洪水干旱突发事件应对预案体系的建设。在预案方面,国家防总组织制定完善了国家防汛抗旱应急预案、主要江河及其重要支流防御洪水方案或洪水调度方案。

(4)大力兴建防洪抗旱工程体系。新中国成立以后,我国大力兴建防洪抗旱工程,在上游山区修建综合利用的山谷水库,拦蓄洪水,积极开展水土保持工作;在中下游进行河道整治,修筑堤防、海塘,利用低洼地区作为分蓄洪区,增加入海水道,扩大排洪能力等。目前,我国现有堤防 27 万 km,水库 8.5 万座,形成了约 600 亿 m^3 的年供水能力,开辟了蓄滞洪区 98 处,滞蓄洪量容积近 1 000 亿 m^3,灌溉面积 5 625 万 hm^2,除涝面积 2 120 万 hm^2,水土流失治理面积 92 万 km^2;236 座城市的防洪标准达到国家规定的标准。

(5)大力加强非工程措施建设。首先是加强了水文、气象测报和信息系统的建设,其次是建立健全了由群众抢险队伍、专业抢险队伍和部队抢险队伍组成的抢险队伍,再次是加强了防汛物资储备。

我国的防洪减灾效益十分显著。统计资料显示,1949 ~ 2006 年全国主要江河防洪减灾效益巨大,直接减灾经济效益达 3.5 万亿元。防洪减少粮食损失 5.83 亿 t,年均减少粮食损失 1 023 万 t。新中国成立后黄河中下游岁岁安澜,直接经济效益在 3 600 亿元以上。洪灾死亡人口大大减少。我国因洪涝年均死亡人数由 1949 年的 4 832 人减为"十五"期间的 1 537 人。

1.5.2　防洪减灾存在的问题

洪涝灾害是一个自然现象,类似 1998 年的流域性大洪水随时还有可能发生。随着经济的发展和人口的增加,人与水争地加剧,相当一部分河道萎缩、湖泊消亡,自然蓄洪、泄洪能力降低,使本来标准就不高的防洪工程承受着越来越大的防洪压力。当前,我国防御突发洪水事件主要存在以下几方面的问题:

(1)工程条件不足。我国大江大河现有防洪标准在不使用蓄滞洪区的情况下,一般只能防御 20～30 年一遇的洪水,长江中下游干流的防洪标准仅 10～20 年一遇。面广量大的中小河流防洪标准更低,一般只能防御小洪水,中等洪水就常常泛滥成灾。作为防洪重点的 600 多座城市,有 403 座防洪能力低于国家规定的防洪标准,甚至有 70 多座城市基本没有防洪工程。更为严重的是,这些低标准的防洪工程由于大都修建于五六十年代,有的先天不足,有的年久失修,有的水毁后没能及时修复。同时,由于蓄滞洪区内居民缺乏安全避洪设施,加之区内经济发展和人口增加,蓄滞洪区的运用难度越来越大。因此,我国防洪抗灾能力依然不高,不仅大洪水、特大洪水容易出问题,中小洪水也常常造成十分紧张的局面。

(2)部分地区防洪意识不强,对防洪减灾缺乏足够的准备。由于洪涝灾害频繁发生和防洪减灾工作的深入,全民水患意识不断增强,防洪减灾准备工作越来越充分。但是每年总有一些地区由于防洪意识不强,缺乏足够的防洪减灾准备,不注重防洪建设,不注重平常投入,不认真研究防洪问题,不提高防洪减灾能力,更有甚者缩窄阻塞河道、围垦侵占湖泊,给防洪减灾带来诸多的隐患。人与水争地,生态环境恶化危害严重。

(3)预测预报预警能力偏低。近年来,在全球气候变化的大背景下,我国局部暴雨、山洪、超强台风和极端高温干旱等灾害呈现多发并发的趋势,特别是局部暴雨、山洪、滑坡和泥石流等灾害点多面广、突发性强、危害大。这些灾害大多发生在边远山区,由于这些地区交通和通信不便,监测和预测预报能力偏低,灾害预报精度和准确率还不够高,预警信息发布不够及时,预案体系不够完善,群众防灾意识不强,往往造成大量人员伤亡和严重经济损失。水库特别是中小水库通信预警和水雨情测报等设施落后的局面尚未根本改善。城市局部暴雨和内涝问题日益突出,重大灾害事件时有发生。

(4)防洪抗洪保障能力亟待加强。防洪抗洪减灾工作牵涉面广,必须采取综合措施,加强部门配合、地区协调以及全社会的共同参与。目前,我国的防汛经费投入渠道还比较单一,社会化投入机制尚未完全建立,难以满足防灾减灾的需要。堤防保护区、洪泛区、蓄滞洪区、河道和防洪规划保留区内的防汛抗旱社会管理相对薄弱。防汛抢险队伍数量不足,规模偏小,装备落后,抢险服务能力偏低。社会化灾后保障能力不够,洪涝灾害救助主要依靠政府投入和社会捐助,洪水保险仅停留在研究层面,还没有形成操作性强的制度。全社会的水患意识还需要进一步增强,特别是工矿企业、城市社区、边远山区以及农民、中小学生、进城务工人员的防灾避险知识和自救互救能力亟待提高。

(5)全民自防自救能力有待提高。近年来,虽然加强了公民防御突发洪水自防自救能力知识的宣传教育力度,群众的防灾意识和自救能力有了一定的提高,但部分地区干部群众侥幸心理依然存在,对突发性暴雨洪水准备不足,加上多年来形成的人与水争地、与山争地、削坡建房等生产生活方式一时难以改变,房子多建在高风险地带,灾害不可避免。

(6)一些地方防汛抗旱机构建设滞后。近几年来,个别地方防汛抗旱应急反应能力和处置能力不强的问题一直没有很好地解决,一个重要原因是机构建设不适应当前防汛抗旱工作的要求。一些基层防办没有固定的工作人员,仍然存在"汛前凑班子,汛后散摊子"现象。

1.5.3　防洪减灾新的要求

防洪减灾是各级政府的一项重要工作。采取正确的、科学的应对洪水措施,提升防御洪水突发事件管理能力,对维护社会稳定,促进农业稳定发展和农民持续增收,保障我国经济平稳较快发展,具有十分重要的意义。因此,我们必须深入贯彻落实科学发展观,夯实防洪减灾基础,完善体制机制,加强能力建设,强化应急管理,全面提升防洪减灾工作水平。

(1)正确认识自然规律。要正确认识自然规律,通过不断规范人类活动减少损失。建立现代化的社会管理、风险管理的体制和机制。要理性协调人与洪水的关系,承担适度风险,规范洪水调控行为,合理地利用洪水资源以满足经济社会可持续发展需要的一系列活动。

(2)夯实工程基础,增强保障经济社会发展能力。完善的工程体系是防汛抗旱工作的重要基础保障,要紧紧抓住中央扩大内需、增加水利投资这一重要机遇,大力推进防汛工程建设。一要加大大江大河大湖治理力度,完善巩固堤防达标建设及河道治理,如期完成病险水库除险加固任务。二要加强中小河流治理,尽快提高其防洪标准和抗洪能力,提高山前平原及河谷地区工矿、城镇、交通干线等基础设施的防洪能力。三要加强重点蓄滞洪区建设,尤其是加强长江、黄河、淮河、海河等流域使用频率较高、对防御流域洪水和保护重点城市作用突出的重点蓄滞洪区建设。四要提高山洪灾害防御能力,抓紧实施全国山洪灾害防治规划。五要加强防台风能力建设。六要加强水资源调控和配置工程建设,提高水资源的时空调控能力。

(3)着力加强应急管理能力建设,确保人民群众生命财产安全。要认真总结防汛抗旱应急管理的成功经验,通过全方位推进应急管理体制机制建设,显著提高应急能力,最大程度地减少突发水旱灾害事件造成的危害,保障人民群众生命财产安全。

(4)加强和完善各项防洪应急预案编制,形成完整的防汛预案体系。要围绕"以人为本"这个主线,在防洪减灾工作中,始终把确保人民生命安全和维护社会稳定放在工作的首位。大力督促基层完善责任制体系及防御预案体系,提高各级政府和基层的应急处置能力。各地要认真贯彻落实《国家突发公共事件总体应急预案》、《国家防汛抗旱应急预案》和《关于全面加强应急管理工作的意见》,结合本地工作实际,修订完善各类防汛抗旱预案,形成完整的防汛抗旱预案体系。各地要督促有关部门、基层单位制定和完善本部门、本单位防汛抗旱预案,明确水旱灾害的防范措施和处置程序,构建覆盖各地区、各行业、各单位的防汛抗旱预案体系。要加强对预案的动态管理,针对防汛抗旱工作中存在的问题及时进行修订,不断增强预案的针对性和实效性。

(5)坚持人水和谐,实现洪水资源化管理。坚持人与自然和谐、与水和谐是落实科学发展观的基本要求。落实到水旱灾害防御工作中,就要求我们既要考虑防御洪涝灾害,又要考虑尽可能消除或减少对大自然产生的负面作用;既要考虑洪水对经济社会的影响,又要考虑经济社会发展对水与生态环境的影响;既要确定合理的防洪标准,科学安排洪水出路,又要合理利用雨洪资源,着力解决好水资源短缺问题;既要保障生活、生产用水需求,又要满足生态用水需要。

第 2 章　防洪应急体系研究

　　任何防洪工程措施和非工程措施都不能彻底消灭洪水和消除洪水灾害,因此做好洪涝灾害突发事件防范与处置工作,使洪涝灾害处于可控状态,保证抗洪抢险工作高效有序进行,最大程度地减少人员伤亡和财产损失,就显得尤为重要。

2.1　我国现有防洪应急体系

　　凡事预则立,不预则废;没有规矩不成方圆。应急预案是应急管理的基础和支撑,也是由被动抗灾向主动防灾转变的依据。如果没有预案在先,势必仓促上阵,被动应付,甚至会造成工作失误。建立完善的防洪应急体系是防洪减灾非工程措施的核心内容之一。

　　国家防总已组织制定完善了国家防汛抗旱应急预案、主要江河及其重要支流防御洪水方案或洪水调度方案。全国有防汛抗旱任务的县级以上防汛抗旱指挥机构基本都制定了本辖区的防汛抗旱应急预案,全国 8 万多座水库水电站,大多制定了防汛抢险应急预案和调度运用计划,97 处重点蓄滞洪区所在地制定蓄滞洪区运用方案和人员转移安置预案,1 500 多个山丘区市县制定了防御山洪预案,371 个沿海市县制定了防台风预案,全国所有的省、自治区、直辖市中有 89% 的地级市和 83% 的县制定了抗旱预案。2008 年,国家防总颁布实施了国家防总应急响应工作规程,规范了国家防总、防总各成员单位、流域防总及省级防指之间的应急响应工作程序,提高了工作效率和水平,确保了抢险救灾工作高效有序的进行。可以说,我国目前已基本形成较完善的防洪应急体系建设。

　　城市、水库、水电站等防洪应急预案,其编制目的是要做好洪涝、山洪、台风暴潮等灾害事件的防范与处置工作,以保证城市、水库等抗洪抢险救灾工作高效有序进行,最大限度地减少人员伤亡和灾害损失,保障城市经济社会安全稳定和可持续发展。而完整的洪涝灾害预警预报体系建设则能够为防汛抗洪提供准确的信息和决策依据,以减轻或避免灾害损失。

中国政府历来重视灾害预警工作。新中国成立 50 多年来,逐步建立并不断完善了我国的灾害监测预警系统,主要包括灾害及其相关要素和现象的观测网络,观测资料的收集传输和交换的电信系统,灾害全程动态监测及资料处理、分析、模拟和预报警报制作系统,预报警报的传播、分发和服务系统等。

我国在进行大规模水利建设的同时,洪涝灾害预警工作也得到了迅速的发展,从中央到地方的各级防汛部门都开展了洪水预报工作。我国大江大河初步建立了基于暴雨预测技术、洪水监测技术、洪水预报技术、警示信息发布技术等先进的洪灾预警系统,并不断地进行完善。

2.2　洪涝灾害预警概述

洪涝灾害预警是防洪应急预案编制的核心内容之一。洪涝灾害预警系统建设的主要目标是利用先进专业技术和现代高新信息化技术,对洪水及可能造成的灾害进行及时、准确的预测,并发布必要的预警信号,尽可能减少洪水造成的人员伤亡和财产损失,以保障防洪安全,因此广义的洪涝灾害预警包括暴雨预警、水情预警、泥石流预警、风暴潮预警、灾情预警等。此外,随着中国城市化进程的加快,城市暴雨洪涝预警、监测的评估体系也逐渐提上议事日程。

具体来说,洪涝灾害预警就是根据洪水形成和运动规律,利用过去和现时的水文气象资料,结合降水预报,预测未来一定时段内的洪水情况。洪涝灾害预警包括河道洪水预报、流域洪水预报和水库洪水预报等。主要预警项目有最高洪水位、洪峰流量、洪水过程、洪水总量等。通常,情报搜集系统通过卫星云图、雷达测雨站、地面雨量站、水文站、水位站以及从各级气象部门获取可靠的雨量、水情、气象预报和情报,再通过电话、电报、电传、微波、传真等各种通信手段,及时将这些情报报送防洪主管部门和负责进行洪涝灾害预警的部门。各级洪涝灾害预警部门根据所收到的情报,运用各自掌握的预报方法预报所管辖范围内河道水位、洪峰流量、洪峰到达时间和持续时间等洪水要素的未来过程。当洪水实际发生时,如果所出现的洪水要素与预报结果的误差超过一定幅度,还要应用各种预报校正技术随时修正已作出的预报。预报结果要通过各种通信手段报送主管洪涝灾害的决策机构,并通知沿河各有关水文、防汛部门。国内的洪水警报一般分为五个级别(见表 2-1)。

表 2-1　洪水警报级别

级别	内容	建议采取措施
注意报	有可能发生洪水灾害	注意洪水情报
准备报	发生洪水灾害的可能性增大	做好防洪的物资准备
行动报	洪水随时可能发生	开展防洪和避难活动
待命报	洪峰已顺利通过,但仍有再次出现的可能	原地待命,进一步观察水情变化
解除报	发生洪水的危险已经消除	各种防洪和避难活动可以解除

随着科学技术的飞速发展和人们对自然界认识水平的进步,洪灾预警技术得到了迅速提高。目前,我国大江大河已初步建立了基于暴雨预测技术、洪水监测技术、洪水预报技术、警示信息发布技术等先进的洪灾预警系统,并不断进行完善。同时,充分发挥地理信息系统(GIS)、遥感系统(RS)、卫星定位系统(GPS)、网络系统(WEB)、数据库(DB)等信息技术优势,逐步提高防洪减灾预警系统的水平。

但是,与发达国家相比,我国目前洪涝灾害的预警总体水平仍然较低。美国、日本和欧洲许多国家已经建立较为完善的气象预测、洪水监测、洪水预报、灾害损失评估等一体化的洪灾预警体系。从洪水预警系统应用较多的 3S 技术来看,美国在 1973 年就通过对密西西比河流域洪水前后的陆地卫星图像对比分析,及时了解水位的变化和洪水的情况,现在技术已经比较成熟。而我国 3S 技术应用方面起步较晚,"七五"期间才开始尝试利用遥感和地理信息系统技术相结合开展洪水灾害监测预报与评估等研究工作,至 1998 年采用微波雷达技术对"'98大洪水"灾区进行全方位的遥感监测。但是,我国对于洪水灾害的遥感监测应用所得到的结果基本上仅仅限于淹没范围和淹没区内土地利用类型的空间分布,距离防洪减灾预警实际需求尚有差距。

近年来,如何真正地发挥洪水预测预报技术、洪水仿真技术和地理信息系统等现代高新技术的作用,进一步完善洪涝灾害预警系统和管理信息系统,是我国防洪减灾的重要问题。

2.3 洪涝灾害预警的要素

洪涝灾害预警的要素是指预警过程中包含的具体组成部分,即预警信号的主要构成部分。从民政系统灾害管理工作者的角度来看,灾情预警需要传递以下信息:①信息来源、日期和时间;②紧急区域的具体位置;③灾害危险的性质;④灾害可能构成的后果;⑤灾害可能持续的时间和空间范围;⑥在可能的灾情区域内要采取的基本措施。因此,洪涝灾害预警要素主要包括以下内容:预警信号的发布主体、发布时间、发布对象、时效性、强度和范围、可能造成的影响、应采取的预防措施和查询单位等。

2.3.1 发布主体

灾害预警信号的发布主体必须是符合国家有关规定具有相关职能的单位。比如,各级气象部门在其职权范围内,可发布台风、暴雨等气象灾害的预报警报;而地震灾害的预报警报由于准确性较低且社会影响大,一般由地方或中央政府决定发布与否;其他各类灾害预警信号的发布也要根据国家有关规定、法规来执行。对于灾害管理工作者而言,在收到预警信号后,首先要确认信号来源的权威性和准确性,在必要情况下可向有关部门核实预警信号。

2.3.2　发布时间

大部分灾害的发生和发展是非常迅速的,随着灾害过程的发展,灾害预警信号的发布单位经常要不断修正原有的预报、警报,同时发布新的预报、警报信号。因此,灾害管理工作者在应用预警信息时,一定要注意预警信号的发布时间。通常来说,同一单位发布的灾害预警信号以最新的为准,并且要根据预警信号的变化来调整灾害管理工作的部署。

2.3.3　发布对象

对于不同的灾害种类而言,灾害预警信号的发布对象存在一定的差别。少数预测准确性较低的灾害或较为敏感的灾害类型(如地震),其发布对象是各级政府的相关决策机构;而大部分灾害预警信号(特别是突发性重大灾害)的服务对象是全社会,尤其是容易遭受灾害影响地区的人民群众。灾害管理工作者应通过各种手段(下文将详细论述),使可能受灾的每个人都获得预警信息。

2.3.4　时效性

时效性指灾害可能出现的开始时间及受灾害影响的时段。一般来讲,灾害预警的时效性越强,准确性相对也就越高;反之,时效性越差,准确性相对就差一些。如季度预报对决策者只有参考作用,而3~5 d 的暴雨预报就比 24 h 或以内的暴雨预报警报粗略一些,因此准确性也相对差一些。作为灾害管理人员,要特别重视短临预报警报(即时效性在数小时之内),同时对于时效性较差的预警也要统筹考虑。

2.3.5　强度和范围

灾害的强度是灾情警报的核心内容,而灾害可能发生的范围,则是政府决策者和可能受灾的群众最关心的问题。目前,灾害强度由多种不同的表示方式:台风多用风力(或风速)和降雨强度来表示,暴雨用一定时段的雨量(如 24 h 雨量)来表示。受到目前预警技术水平的限制,专业部门往往会降低一个预警档次,因此灾害管理人员需要在工作安排上,考虑可能出现强或特强灾害时的相应对策,并且预警范围边缘地区的灾害管理工作者同样要做好防范措施。

2.3.6　查询单位

灾害管理工作者在接到预警信号后,一旦遇到对其中内容不能准确理解或者把握的情况,或者对于预警信号有更高的需求时,应该及时向预警信号的发布单位进行查询,以便更好地部署工作。

2.4　洪涝灾害预警传播与预警响应机制

洪涝灾害是一种突发性灾害,因此洪涝灾害的预警具有非常强的时效性,其预警信号通过两个环节才能产生实际的减灾效益:①预警信号必须在灾害发生前能够传播到各级政府的决策机构、灾害管理部门、可能受到灾害影响的能源、工矿企业和交通运输等部门及广大的民众;②各级政府决策机构、灾害管理部门和民众有时间在灾害前做好各种物质上和思想上的准备,并在灾前和灾害来临时将其付诸实践。也就是说,灾害预警是通过承灾体(广义的承灾体包括受灾地区和主管部门)对灾害的了解和采取相应的正确对策(响应),来实现其减灾效益的。

可见,洪涝灾害预警信息的传播及其防洪应急响应,是洪涝灾害管理工作中十分重要的问题。

2.4.1　预警传播机制

目前,我国洪水警报一般是由各级防汛指挥部发布,而防汛指挥部一般是由地方行政领导、军队和水行政主管部门的领导和技术人员组成。洪水警报系统可以利用专用电台、对讲机、警报器、巡回车发布警报,也可以临时利用广播电台和电视台等大众传播媒介,保证通知到处于危险区域内的每一户和每一个人。对于公众而言,灾害预警信息必须言简意赅、直截了当、信息确凿、含义明确,精确行话和专业术语要变成简单、朴实、明确的公众用语,以便让公众准确地获得将要面临的危险信号。研究表明,灾害信号的接受者对于灾害预警反应的好坏取决于每个人的经验、信念以及预警内容的变化情况,包括:信息内容明确、信息连贯性、信息的频率、信息源的权威性、过去预警的权威性、危机或者灾难发生的频率。

从上述影响因素可以看出,灾害管理工作者需要注意:洪涝灾害预警的覆盖面要广,发布手段要多样化,以便根据不同用户的具体需要,采取不同形式发布灾害预警信息。在日常情况下,通过编制科普教材、挂图、音像制品,定期或不定期举办防灾减灾知识培训班、辅导站和开展广播电视宣传教育等途径传播减灾救灾知识,为灾情预警信号的传播做好铺垫。

在灾害来临前,需区别对待以下情况:

对于较为落后、偏远,容易与洪涝灾害伴生其他地质灾害的地区,群测群防预警体系(村级监测网、乡镇级监测网和县区级监测网等三级)是经济可行的途径。要使用尽可能简单的,易于理解、易于接受的语言或方式发布预警,包括书面报告或通知、无线电通信、广播系统、信号旗、扬声器、警报器、钟和通信员等;对于较为发达的地区,要充分利用电视、广播、报纸、传真、互联网、手机短信等手段即时向社会发布预警信号,灾害主管部门通过与广播电台、电视台、城市建设、信息管理部门进行沟通,及时播发预警信号。

此外,在预警信息的传递和发布过程中,灾害管理人员需要注意两类情形的出现:

(1)避免"预警过度":即超过公众承受能力的、长期的持续预警或多次重复的无效预警,同时应注意考虑洪涝灾害预警的及时解除问题。

(2)预警和80/20法则:经验表明,被预警区域中的20%的人会做出与预警相背的选择,这就是所谓的80/20法则。这20%包括以下人员:表示未曾获取预警信号;表示喜欢自己证实消息来源的可靠性;害怕灾害导致的不利后果;别的原因(如有一些贵重物品在危险地区);

相信他们比预警中的建议懂得更多。因此,灾害管理工作者需要采取合作策略来控制好这 20% 的人,并配备潜在的抢救方案来解决实际危机。

2.4.2 预警响应机制

发出预警信号只是预警的第一步,良好的预警响应则是取得预期效果的重要保障。政府决策部门、其他社会组织和可能受灾的群众,在收到预警信息后,所采取的一切防洪减灾措施都属防洪预警响应机制的范畴。在洪涝预警信息发布之后,应根据中期、短期等分阶段采取不同的预警响应,响应行动应视预期灾害的强度、范围及承灾体的具体情况而有所不同。

中期预报:预警信号发布之后,重点监视区所在地政府应当在洪涝防灾指挥机构的统一组织下,根据洪涝灾害预测情况制定洪涝防灾计划,确定防灾措施和应急方案,其主要内容是:危房及设施的检查和加固,洪涝防灾体系的建立和技术研究,避难路线的设定,抢救队伍的组织和技能训练,快速通信的保证以及由洪涝可能引起的滑坡、泥石流等其他地质灾害的防范措施。

短期预报:预警信号发布之后,有关地区的各级政府应按救灾预案紧急行动,即准备好抢险救灾所必需的一切条件和物资;危险地带或危险建筑内的人员和设施的撤离安排;警告系统的建立和实时通信系统的保障;维护社会生活和工作的正常秩序,加强治安管理;抢险救灾准备工作等。

另外,预警响应中有两个问题要特别注意。一是响应的启动时间要掌握好,过早地响应不仅会造成人力财力的浪费,还会使人们对迟迟未到的灾害是否能来产生怀疑,从而放松了准备工作;而过晚的预警响应,则会因时间匆促,造成准备不足。适宜的预警响应启动时间取决于灾害的种类和强度、预警的准确率、资源和能力及各种复杂的社会因素,需决策部门综合慎重考虑确定。二是响应要适度,过度的响应与对预警不作响应同样都是有害的。

2.5　防洪应急响应管理和紧急救助管理

中国政府历来重视洪涝灾害预警管理,并积极进行防洪应急响应的管理工作。防洪应急响应是降低洪涝灾害损失,减少人员伤亡的有效措施。

2.5.1　防洪应急响应管理的目标

防洪应急响应时期是一个过渡时期,一般是指受到洪水袭击和破坏后,到洪水退去生活秩序基本恢复正常,并开始恢复重建工作之间的一个过渡阶段。因此,防洪应急响应管理的主要目标是减少人员伤亡,降低财产损失,将洪灾对人们的生产生活带来的影响减小到最低水平。

在洪灾即将发生前和发生后采取的对策是为了尽可能地挽救生命、保护财产安全,并减少洪灾所引起的危害。这样洪水过程结束后,能让灾区通过尽可能短的灾害恢复重建阶段,恢复到正常的社会生活中去。当然,之后还要继续做一些工作:如开展救助活动;使一些救助活动转变为更加正规的恢复计划;使一些暂时性的措施转变为主要的恢复计划;评估所有紧急状态后的行动和要求,并把它们调整为一个完整的恢复计划等,将紧急救援时期和恢复重建时期衔接起来。

2.5.2　防洪应急响应管理的基本内容

防洪应急响应管理的最基本的内容是信息管理和紧急救助管理。这两个部分影响到整个应急响应管理的反应速度和救助效果,没有准确及时的信息、充足的抗灾救灾物资储备,再好的计划管理和内行的工作人员都会显得毫无用处。

作为洪涝灾害应急时期的信息管理,应该做到如下几点:

(1)在保证快的前提下,尽可能全面地提供灾区当地的雨情、水情、影响范围及发展趋势等与紧急救助相关的各类灾情相关信息;

(2)根据所掌握的灾害情况及时决策,组织开展各类紧急救援行动;

（3）加强灾情信息的发布,组织做好灾区群众的安抚工作;

（4）维护和管理紧急时期灾区查灾报灾系统,保证灾情和救灾决策能及时通畅地上下传送。

作为应急时期的紧急救助管理主要的工作内容是:

（1）根据灾前预测及预警的可能结果,包括灾害影响范围、影响时段,有针对性地提前组织准备抗洪救灾物资储备;

（2）洪涝灾害来临后,应根据情况及时提供各类物资,保证紧急救援行动的高效有序进行;

（3）为灾区灾民提供完备的基本生活物资和医疗救助服务;

（4）为灾区的其他应急响应工作提供完备的后勤保障。

2.5.3　防洪应急响应的信息管理

2.5.3.1　灾情的收集和报告

洪涝灾害发生后,尽可能全面地为防洪应急决策提供灾区当地的雨情、水情、影响范围、发展趋势等与紧急救助相关的各类灾情相关信息。县（市、区）、乡（镇）要及时组织有关部门和人员及时核查统计汇总灾害损失情况,并逐级上报,省级相关部门要把灾情及时向国务院及有关部门报告。

2.5.3.2　建立灾区巡查及直报制度

洪涝灾害发生后,对于危险地区和重点地区除尽快组织人员转移外,还要组织安排人员昼夜不间断地拉网式巡查,一旦发现问题及时向以上各级部门通报处理。

灾情直报制度是查灾报灾制度的一个极为有效的补充,作为查灾报灾系统来说,需采用各种高科技手段来保证灾情信息的及时、全面和准确,但作为一个宏观管理的灾情系统,对于一些局部地区,难免会出现一些遗漏。而就洪涝灾害本身的特点来说,在大的形势影响下,灾害发生往往始于一个极小的局部,然后迅速扩大,最后发展成为一个灾难性的后果,正所谓"千里之堤,溃于蚁穴",而巡查直报制度解决了查灾报灾系统的最后一个问题。与查灾报灾系统类似,巡查直报制度也是一个完整的体系,由指挥、技术支撑和信息采集网络几个部分组成,功能与查灾报灾系统大体一致,在实际指挥和技术支撑方面可以与查灾报灾系统合一,从某种意义上来说可以看做是查灾报灾系统的有效延伸。

2.5.3.3 灾情信息的发布

灾情报告应当由指挥系统负责发布,由信息发布组(主要成员是各级民政部门救灾工作负责人)具体执行。在收集和掌握有关灾情信息后,决策指挥机构应该在尽可能短的时间内做出决策并将决策意见迅速逐级传达并执行;同时灾情应该通过新闻媒体向社会进行公布,可以起到安抚民心的作用,也能引起社会关注,动员社会力量来支援灾区。

2.5.4 防洪应急响应管理的抢险救援

2.5.4.1 紧急救援行动准备

1)抢险队伍组成

抢险队伍一般由专业抢险队伍、武警官兵抢险队伍和群众抢险队伍组成。

专业抢险队伍主要由洪涝灾害出险水利工程管理单位的技术人员和专家组成的抢险技术骨干,负责跟踪不同险情时投入的人员、时间和技术要求等。

武警官兵和群众抢险队伍主要参加出险水利工程的抢险救灾和当地灾民的救助等。当有特大、重大灾害发生后,由各省军区及各军分区、省武警总队协调驻军和武警部队、民兵及预备役部队参加抢险救灾,卫生部门和红十字会组织医疗队参加抢救伤病员。驻军及武警部队在参加抢险救灾时,经请示上级领导同意后,可动用部分部队车、船、飞机、通信等装备。

2)救援物资储备

紧急救援物资包括抢险物资和救助物资两大部分。抢险物资主要包括抢修水利设施、抢修道路、抢修电力、抢修通信、抢救伤员、卫生防疫药品和其他紧急抢险所需的物资。救助物资包括粮食、方便食品、帐篷、衣被、饮用水和其他生存性救助所需物资等。抢险物资由水利、交通、经贸、通信、建设、卫生、电力等部门储备和筹集;救助物资由民政、粮食、供销等部门储备和筹集。

2.5.4.2　紧急救援的主要内容

（1）转移安置。发生洪涝灾害对人的居住和生活造成威胁时,必须进行转移安置,转移安置在农村一般由县（市、区）或乡级政府组织实施,在城市由市政府组织实施。安置地点一般采取就近安置,安置方式可采取投亲靠友、借住公房、搭建帐篷等。由政府发出转移安置通知或进行动员,安排运输力量,按指定的路线进行转移,保证转移安置地和灾区的社会治安;保障转移安置后灾民的生活,解决饮水、食品、衣物的调集和发放;在灾区要防止次生灾害,如火灾、疫病等的发生;对转移安置灾民情况进行登记;转移安置情况及需解决的困难要及时逐级上报。

（2）紧急抢救、抢险行动。洪涝灾害来临后,很多地区将出现山洪暴发、河道水位猛涨、堤防出险、道路被毁、交通中断、无水无电等情况,这时需要组织军队、武警部队及群众进行紧急抢救和抢险工作,同时组织交通、水利、电力、铁路、通信等有关部门对道路、桥梁、电力、通信等设施进行抢修。

（3）搜救。洪涝灾害过程中经常出现人员被洪水围困或被水冲走失踪的情况,这时一方面通知有关部门协调组织军队、武警部队和公安等有关部门对失踪和被困人员进行紧急搜救;另一方面划出危险区,将危险区内的人员尽快转移,并设置路障防止其他人员误入。

（4）紧急医疗救治。洪涝灾害过程中常常发生人员溺水、人员被倒塌房屋砸伤、碰伤以及心理创伤等情况,这时应组织卫生系统医护人员对伤员进行紧急救治。

（5）调运和征用灾区急需的救援物资。对于灾区急需的救灾物资,如果救灾储备不足,紧急状态下采取征用或采购的办法,灾后由政府有关部门结算。救灾物资运输的道路、工具、经费,救灾物资的安全、保管、登记、发放、使用按有关规定办理。

（6）组织救灾捐赠。洪涝灾害往往给受灾地区造成很大破坏甚至是毁灭性的灾害,这时可以根据灾区的急需情况确定捐赠物资的品种、数量,通过政府发文或新闻媒介,发动社会力量向灾区捐款捐物。民政部门和红十字会分别按有关规定负责管理捐赠款物的接收、分配、运输、发放工作。省级重点接收兄弟省(市、区)和境外捐赠,省内各市、县(市、区)之间捐赠由捐赠方直接捐给受赠方。

2.5.5　防洪应急响应管理的资金管理

防洪应急响应时期的应急救灾资金主要用于灾民的紧急转移和应急时期的生活安置。国家财政每年预算安排有大笔特大自然灾害救济补助费。这笔款分到各省(市、区)时,要按灾情轻重及辖区大小分别对待。此外,地方各级政府根据灾情轻重与人民生活困难程度,还从其他方面调剂部分经费用于救灾,在经济状况较好的地方,地方财政预算中安排有后备基金,可直接从中拨付,而无需去挤占其他费用。

2.5.5.1　救灾资金的使用原则

救灾资金的使用原则是专款专用、重点使用。

专款专用包括两层含义:一是救灾资金必须用于受灾群众的生活安排,不能用于和生活安排无关的其他任何项目;二是救灾资金必须按民政部、财政部下拨文件中指明的用途进行使用,在指明用途之外,即使是用于其他方面的灾民生活救济,也属于违反中央救灾资金的使用原则。

重点使用的原则是指要把有限的资金用到最需要的地方,用到最困难的灾民身上。对省级而言,轻灾区和重灾区必须有所区别,发达地区和贫困地区必须有所区别;对基层而言,有自救能力、有部分自救能力和无自救能力必须有所区别。在同样受灾的情况下,灾区敬老院可给予优先、重点救助,但未受灾地区的敬老院不能使用救灾款进行救助,没有受到灾害破坏的敬老院也不能用救灾款进行新建、扩建、翻建等。

2.5.5.2　救灾资金的使用范围

救灾资金主要由四部分组成,即新灾救济资金、恢复重建资金、春荒冬令救济资金以及采购和管理中央救灾储备物资资金。

(1)新灾救济资金(包括救灾应急资金):用于应对突发性灾害,重点解决灾害发生发展过程中,灾民紧急抢救、转移安置所需要的费用,重点解决在紧急救援阶段灾民无力克服的临时吃、穿、住、医等生活困难。

(2)恢复重建资金:解决灾后恢复阶段灾民的生活困难,重点解决因灾倒塌房屋的恢复重建和损坏房屋的修缮补助。

(3)春荒、冬令救济资金:春荒救济时段为3月至5月(一季作物区为3月至7月),冬令救济时段为12月至翌年2月底,春荒和冬令救济主要解决这两个时段的灾民口粮、衣被和治病救济。

(4)采购和管理中央救灾储备物资资金:用于民政部、财政部采购和管理中央救灾储备物资。采购物资经费由民政部、财政部直接使用,管理费用由两部下达给代储单位。

2.5.5.3 救灾资金的申请、办理和拨付

1)申请

自然灾害发生后,省级民政部门应立即搜集了解、汇总统计有关情况,根据灾情评估、核定的方法判断灾害是否为特大自然灾害,灾民生活困难的情况有多严重,地方自力是否能够解决,在地方自力无法完全解决的情况下,向中央提出救灾资金申请。

(1)救灾应急资金的申请:由省民政厅、财政厅联合向民政部、财政部提出书面申请即可。内容包括灾害发生背景、灾区初步损失情况、紧急转移安置灾民数量以及申请救灾应急资金的理由和数量。

(2)新灾救济资金和春荒、冬令灾民生活救济资金的申请:由省政府向国务院提出书面申请,同时省民政厅、财政厅向民政部、财政部提出书面申请,两厅的申请报告必须附有核定后的分县统计数据表。新灾救济资金申请报告分县统计表的内容包括:紧急转移安置灾民数量、因灾倒塌房屋数量、需衣被救济人口数量、需治病救济人口数量、损坏房屋数量,地方各级政府已投入和计划安排的新灾救济资金数量。春荒、冬令灾民生活救济资金申请报告分县统计表的内容包括:农作物受灾情况、需口粮救济人口数量、需救济粮数量,需衣被救济人口数量、需治病救济人口数量,地方各级政府计划安排的救济资金数量。

2)办理

(1)应急救灾款的拨付:根据国务院指示或省级民政和财政部门

救灾应急资金申请,民政部首先召集灾害相关部门和专家进行会商,根据会商结果确定是否应安排应急救灾款,安排的数量是多少,商财政部协调一致后进行办理。

(2)新灾和春荒、冬令灾民生活救济资金拨付:收到有关省的申请报告后,民政部首先要对申请报告中的灾情进行评估核定,主要方式是根据县级民政部门建立的倒房户、需救济人口台账,入户抽查。根据灾情评估结果,按照中央救灾资金的补助标准,提出补助方案商财政部,两部协商一致后进行办理。

3)拨付

拨付分两个层次,中央到省级的拨付,省级向下的再拨付。

中央救灾资金拨付到省的程序也由民政部、财政部执行。在拨款方案确定后 3 个工作日内,由财政部、民政部联合发文将中央救灾资金下达有关省财政部门和民政部门,同时报国务院办公厅,抄送国家审计署、省人民政府办公厅和财政部驻该省财政监察专员办事处。春荒救济资金在 2 月中旬前下拨,冬令救济资金在 11 月中旬以前下拨。

中央救灾资金在省级的拨付涉及以下问题:

(1)拨付程序。接到财政部、民政部拨款文件后,由省级民政部门提出拨款方案,商同级财政部门确定后,由财政部门和民政部门联合下文拨付,同时将拨款文件报送民政部、财政部。

(2)拨付时间。拨付时间是根据灾害发生、发展和灾民生活安排的需要制定的。救灾应急资金要求在 10 日内由省级下达到县级,县级应在 5 日内落实到灾民手中。新灾救济资金和春荒、冬令灾民生活救济资金应在 30 日内下达到县级,县级要在 15 日内落实到灾民手中,时间是 45 天。

(3)请款报告要求。请拨应急资金只需民财两厅的报告即可;请拨冬令、春荒和新灾救济资金都需省政府给国务院报告。省政府报告不需要附分县灾情数字,两厅报两部的报告必须附分县灾情,注意两份报告的数字必须一致。

(4)必须坚持联合发文。在民政部、财政部文号变更之前,个别省已经由财政办文,并且只由财政一家办文,今后必须改过来,改为联合发文,两家签发,两家盖章。

2.6　洪灾评估管理

全面、准确、及时、科学地评估洪水灾害,可以提高防洪减灾体系整体科学水平,最大限度地减少经济损失。灾情大小是防汛抢险及救灾的人力、财力和物力分配的依据;是补助资金和保险赔偿的依据;是确定防洪减灾资金投入的方向、数量和工程规模等的依据。因此,开展洪涝灾情评估管理非常必要。

2.6.1　洪灾评估形式和程序

2.6.1.1　洪灾评估的基本形式

由于洪水灾害评估涉及社会各个方面,往往面广量大、情况复杂、时间紧、基础工作差,目前国内尚没有一套比较完整、科学、可操作性强的统计计算办法,对洪灾评估的形式也多种多样,如根据洪水灾害本身的发展演变过程分为洪水灾害影响评估、洪水灾害预评估、洪水灾害实时评估和洪水灾害灾后评估;根据洪水灾害系统的构成,洪灾评估分为孕灾环境与致灾因子危险性评估、承灾体易损性评估和洪水灾害损失评估。本书中,我们以洪涝灾害过程为线索介绍评估。从过程看,洪灾评估通常划分为灾前评估、灾中评估和灾后评估。

1)灾前评估

灾前评估是指在洪灾发生之前,对洪水可能造成的灾情进行合理的预测。其具体内容包括:

(1)收集有关灾害的各种资料,估算不同频率的典型洪水在现状地形与工程条件下的淹没范围和水深分布,即研究洪水发生频率与洪水强度的关系,绘制洪水风险图。

(2)调查承灾区的人口和资产分布,以及遭遇不同淹没水深时不同类别资产的损失率,即研究洪水强度与损失率的关系。

(3)根据采集的水情信息,结合洪水预报的结果,模拟洪水的淹没(演进)过程,分析洪水可能造成的淹没范围和水深分布,估算洪水可能造成的经济损失,协助防洪调度系统生成防洪调度预案。

2)灾中评估

灾中评估是指在洪灾发生过程中,快速判断洪水的影响范围、受灾人口、淹没损失,以及对交通、电力、供水、供气等基础设施的破坏等损失程度进行实时动态评估,其主要目标是为决策人员提供实时的洪灾变化情况并对其发展趋势进行分析,是制定紧急救援对策的主要依据。其具体内容包括:

(1)借助遥感、遥测等技术,跟踪洪水演进过程,实时更新洪水行为特征(淹没范围和水深分布),计算每一时刻洪水的淹没损失。

(2)评估灾区对洪灾的应急反应能力和紧急救助能力,包括工程减灾措施、减灾组织管理、紧急救援人员、救灾物资及装备情况等。

(3)针对灾情提出具体的洪灾应急与救助紧急措施。

3)灾后评估

灾后评估是指洪灾过程结束之后对受灾区域造成的人口与经济损失以及洪灾对生态环境和社会经济产生的负面影响进行调查评估,是制定灾后恢复重建政策的主要依据。

(1)根据最终得到的淹没范围、水深、历时等灾情数据,对灾区进行准确的人口、经济、资源、环境、社会损失评估,确定灾区恢复重建的具体需求。

(2)由各地上报的灾情统计结果,按灾度等级标准划分洪灾等级,为制定救灾援灾方案、保险理赔方案、恢复重建方案等提供科学依据。

(3)评价防洪决策成效,计算防洪减灾效益,通过比较模型估算的损失和实际造成的损失,对灾情预测模型、损失评估模型、洪水预报模型等进行修正。

2.6.1.2　洪灾评估的程序

由于洪灾的突发性和灾害发生后对信息需求的时效性,洪灾评估经常是从模糊到具体,从大致估计到逐渐精确的一个过程。不断提供的洪灾评估,往往后一次是对前一次的补充和修正,并且一次比一次更接近于实际情况。

洪灾评估总体包括以下几个程序:

（1）现场实地调查、数值模拟或遥感分析确定洪水淹没范围、淹没水深、淹没历时等致灾特性。

（2）搜集社会经济调查资料、社会经济统计资料以及空间地理信息资料，运用面积权重法、回归分析法等对社会经济数据进行空间求解，生成具有空间属性的社会经济数据库，反映社会经济指标的分布差异。

（3）选取具有代表性的典型地区、典型单元、典型部门等分别作洪灾损失调查统计，根据调查资料估算不同淹没水深（历时）条件下，各承灾体洪灾损失率。建立淹没水深（历时）与各类承灾体洪灾损失率关系表、关系曲线或回归方程。

（4）确定洪灾评估的方法和模型，计算出洪灾经济损失。

（5）对各种评估结果进行比较和综合判断。

（6）为决策机构提供评估结果及可供选择的辅助决策方案。

2.6.2　洪灾评估指标体系

洪灾损失评估主要是对洪水灾害给人类生存和发展所造成的危害或破坏程度大小的一种定量评估。洪水灾害损失评估是一项较为复杂的工作，涉及自然、技术、经济、社会、政治等诸多因素，目前国内外尚无统一的洪水灾情评估指标体系。

洪涝灾害通常是由孕灾环境、致灾因子与承灾体三者之间相互作用而产生的一种十分复杂的变异现象。洪灾损失评估的关键则是承灾体的易损性，它反映了特定社会的人们生存与发展所依赖的自然环境与社会环境对灾害冲击的承受能力和脆弱程度。本书根据承灾体的特点，将洪涝灾害损失分为人员伤亡损失、经济财产损失、生态环境损失和灾害救援损失。相应的灾害评估指标有：人员伤亡损失指标、洪灾经济财产损失指标、生态环境损失指标和灾害救援指标。

2.6.2.1　人员伤亡损失指标

洪灾引起的人员伤亡损失是衡量洪灾后果的一个重要方面。对于因灾死亡或受伤的每一个人，从人道上讲具有相同的价值；从社会经济角度看具有不同价值。作为灾情的准确评价，需要有所区别。这里引用人力资本概念,以人的劳动价值损失来度量因灾伤亡带来的损失。一个人的劳动价值是其未来的劳动收入经贴现折算为现在的价值,并考虑年龄、文化程度、身体状况等因素。可表现为

$$PE = \sum_{i=1}^{M} PE_i = \sum_{i=1}^{M} \sum_{t=1}^{T_i} Y_{it} P_{it} (1+r)^{-t} \tag{2-1}$$

式中:PE 为一次洪灾造成的人员伤亡损失;M 是人员伤亡总数;PE_i 为第 i 个人的劳动价值损失;Y_{it} 是预期此人在第 t 年所得劳动收入价值;P_{it} 是此人从现在起活到第 t 年的概率;r 为社会贴现率;T_i 为预期此人从现在起的最大寿命。

2.6.2.2　洪灾经济财产损失指标

洪灾经济财产损失分为直接经济损失和间接经济损失。直接经济损失指洪水直接造成的物质方面的损失,间接经济损失系指生产和服务性活动受阻或中断所造成的经济损失。目前洪灾经济财产损失多考虑与淹没深度的关系,如果在洪水淹没区内土地利用状况的类别很多,则应分别对农业(包括农、林、牧、副、渔五业)用地、工商业用地、交通运输设施及住宅用地等分别进行调查统计,以便求出各种不同土地利用条件下不同淹没程度的洪灾损失率。

1)洪灾直接经济损失

目前,按洪灾损失率计算的洪灾直接经济损失评估模型为

$$S_D = \sum_{j=1}^{M} S_{Dj} = \sum_{i=1}^{N} \sum_{j=1}^{M} \sum_{k=1}^{L} \beta_{ijk}(h,t) V_{ijk} \tag{2-2}$$

式中:S_D 为洪灾损失率计算的一次洪灾引起的直接经济损失值;S_{Dj} 为第 j 类财产的直接经济损失值;β_{ijk} 为第 k 种淹没程度下第 i 个经济分区内第 j 类财产的损失率,它是淹没深度 h 和淹没持续时间 t 的函数;V_{ijk} 为第 k 种淹没程度下第 i 个经济分区内第 j 类财产值;N 为淹没区内按经济发展水平划分的分区数;M 为第 i 个经济区内的财产种类;L 为淹没程度等级。

2)洪灾间接经济损失

由于间接经济损失比较难以界定,且大多与人们在灾中和灾后采取的行为息息相关,因而对间接经济损失作出准确的评估是十分困难

的。目前国内外比较多的是采用经验系数法进行估算,即假定洪水给不同部门、行业造成的间接经济损失与其直接经济损失之间存在一定的比例关系。这种关系可表示为

$$S_I = \sum_{j=1}^{M} A_j (S_D)_j \tag{2-3}$$

式中:S_I 为洪水给淹没区造成的间接损失值;A_j 为第 j 类财产的关系系数。

国内有人提出用下列式子计算关系系数 A_j:

$$A_j = K \cdot N_D^{(2-\sqrt{H_D})} \tag{2-4}$$

式中:K 为修正系数,与经济发达程度成反比;N_D 为 S_D 的倍数;H_D 为灾度。

则一次洪灾引起的经济损失为

$$S_O = S_D + S_I \tag{2-5}$$

2.6.2.3　生态环境损失指标

洪灾对自然生态环境造成的损失评估是一个比较困难的问题。自然生态系统一般可分为物理化学系统和生物系统,前者是洪水的主要载体,包括地形、地质及土地利用方式等,洪水对物理系统造成影响的主要是自然地质问题、环境工程地质问题、水质问题等;生物系统主要指生活在陆地上和水体中的野生动植物体受到洪水泛滥引起的水体水量剧变和水质变化的影响。尽管生态环境损失评估很困难,但原则上仍然可用恢复费用与损失效益之和来表示,即一次洪灾引起的环境损失值为

$$E = \sum_{t=1}^{T_2} (C_t + G_t)(1 + r)^{-t} \tag{2-6}$$

式中:C_t、G_t 分别为第 t 年生态环境的恢复费用和损失效益;r 为贴现率;T_2 是生态环境恢复到灾前水平所需年数。

2.6.2.4　灾害救援指标

灾害救援损失,指的是灾害事件发生后的救灾和灾区恢复的投入部分,它包括为救灾和灾区恢复工作所投入的全部社会产品的总量,包括政府、企业和个人提供的资金、人力、物力、技术等。之所以把这部分

投入作为损失来看待,就在于它们没有直接创造新的社会财富,而是弥补洪涝灾害所造成的社会生产的停滞。一次洪灾引起的灾害救援损失值为

$$H = \sum_{i=1}^{T_3} (a_t + b_t)(1 + r)^{-t} \tag{2-7}$$

式中:a_t、b_t 分别为第 t 年的救灾及灾区恢复的投入部分;T_3 是恢复灾前水平所需年限。

由上述分析可知,由第 j 场洪水引起的洪灾所造成的总损失是人员伤亡损失、经济财产损失、生态环境损失及灾害救援损失之和,其值为

$$L_j = PE + S_O + E + H \tag{2-8}$$

2.6.3   洪灾评估方法

洪灾评估的形式多种多样,但评估的基本原理是一样的。灾害特征、不同的灾害阶段、救灾决策的需求差别都影响着评估方法的选择。常用的评估方法主要有以下几种。

2.6.3.1   风险评估法

风险评估法就是在区域洪灾风险分析的基础上,把各种风险因素发生的概率、损失幅度及其他因素的风险指标值综合成单指标值,以表示该地区发生风险的可能性及其损失程度,并与根据该地区经济的发展水平确定的、可接受的风险标准进行比较,进而确定该地区的风险等级,由此确定是否应该采取相应的风险处理。

洪灾风险评估一般采用如下表达式:

$$R = FC \tag{2-9}$$

式中:R 为洪灾风险;F 为洪灾的发生概率;C 为洪灾损失率。

在实际评估中,F 采用特定地区在特定时段内发生洪灾的年数与总年数的比率,C 采用评估地区洪灾的平均损失率。

2.6.3.2   经验预测评估法

经验预测评估法主要是通过灾害性天气预报或已经开始出现的灾害性天气,根据它与洪涝损失之间的专家经验,粗略评估未来洪涝灾

害损失的等级。其基本思路如下：

(1)灾害性天气(台风、暴雨等)强度和范围预报；

(2)拟评估地区洪灾损失危险性分析；

(3)历史洪灾成灾条件分析；

(4)预报灾害等级。

一般开始可将灾害等级分得粗一些，以便于尽快为政府部门提供参考。由于灾情的出现一般都迟于灾害性天气，如暴雨发生后，先渗入土壤一部分后，流入河、湖、水库，经过相当时间的累积效应，河、湖、水库达到警戒水位，并且暴雨引起的汇水持续超过排水能力时，才可能发生垮坝、决堤事件，形成洪水灾害。本地降水造成的涝渍灾害也需要一定时间的累积。所以，在实际灾害管理工作中用已经开始出现的降雨量预测评估灾情，具有很重要的实际意义。

2.6.3.3　灾害情景分析

汛前防汛预案的制定、汛中防洪调度和抢险救灾方案的制定等，为了将洪涝损失减到最小，均需要对可能发生的灾情作出合理的预测。灾害情景分析的内容主要包括：不同雨情、水情及不同调度方案条件下，水灾影响范围、严重程度、受灾人口、需要避难救援的人口、重要企事业单位以及水灾对交通、电力、供水、供气、通信等网络系统的影响，并将这些情景信息标在一张灾害情景图上，分析不同情景之间的规律、动态，综合分析灾害变动趋势。

2.6.3.4　历史相似评估

在历史灾情资料库中找出与所评估灾害强度和范围相似的若干个灾害事例，根据相似程度分别给予一定的权重，结合经济密度、承灾体易损度变化、物价变化及相似个例的灾情损失，可以得到所评估灾害个例的损失值。在用历史相似评估方法时，一是注意相似个例不能选得太多，一般选相似程度较高的 2~3 个即可；二是相似个例尽量选用相近地区近期的个例，因地区差别太大或年代相距太远，往往使评估的准确度降低。

2.6.3.5　抽样推断评估方法

采用社会经济统计学中的抽样方法评估洪涝灾害损失程度。按照随机原则选取受灾单位,实地收集受灾体损失数值,组成样本体。结合与受灾体密切联系的背景数据,以样本体损失推断总体损失。

2.6.3.6 遥感监测评估

遥感技术的日渐成熟为灾情的实时监测、快速提取提供了一种崭新的手段。将遥感图像与数字高程模型(Distial Elveatino Mdoel,DEM)进行复合,通过比较洪灾发生前后的遥感图像,可以估算出淹没区的面积,并根据 DEM 数据中高程—面积、高程—容积以及面积—容积的基本关系,最后估算出淹没区内各个点的淹没水深和淹水历时。采用遥感监测评估灾情并以对灾情进行跟踪监测具有时效快、准确性高的特点,是一个很有发展前途的方法。但目前中国卫星尚无合成孔径雷达等微波遥感设备,在有云时看不到地面受灾情况,而飞机微波遥感作业,则需要很大的经费投入,限制了其应用范围和次数。随着中国科学技术和经济的发展,遥感监测评估将会发挥越来越大的作用。

第 3 章 水库防洪应急预案编制研究

为了充分利用水资源,人类在江河上修建了大量的水库。作为拦蓄巨大能量的水利设施,在创造巨大财富的同时,水库始终存在着失事的风险。水库一旦因某种原因垮坝失事(如地震、库区山体滑坡、特大洪水、地基缺陷、泄流能力不足、运行不当、恐怖主义或战争等),将给下游广大地区人民生命财产安全和环境带来巨大的灾难。人类历史上,因水库失事而导致的人间悲剧有很多。如法国雷朗(Le Reyran)河上的玛尔帕塞拱坝、意大利的瓦依昂水库、我国的板桥、石漫滩、沟后水库等失事案例,都造成了巨大的人员伤亡和财产损失。如何通过采取必要的技术手段和管理措施来"兴其利而避其害"是水库安全管理的重要内容。

我国是世界上水库最多的国家。据统计,我国现有 8.7 万座水库,其中病险水库超过 3 万座,约占全国水库总数的 40%。这些病险水库不仅不能正常发挥工程效益,而且成为安全度汛的薄弱环节和心腹之患,严重影响下游生命财产、基础设施和生态与环境的安全,制约当地经济社会的可持续发展。如何控制这些病险水库存在的隐患,从根本上提高我国大坝安全管理水平,充分发挥水库作为经济社会发展最重要基础设施的功能,已成为当前迫切需要解决的热点问题。

3.1 水库防洪应急预案编制意义

我国政府历来重视水库的安全工作,自 1999 年以来中央财政投入了 200 多亿元对 1 500 座病险水库实施除险加固,但就我国目前的经济实力,要在短期内通过工程措施加固所有病险水库是不可能的,有必要研究通过非工程措施以降低和控制水库风险。水库防洪应急预案是控制水库风险最重要、最有效的非工程措施,可以提高对水库防洪突发事件防范能力,规范突发事件灾难的应急管理和应急响应程序,及时有效地实施应急转移与救援工作,最大限度地减少人员伤亡和财产损失,维护公众生命安全和社会稳定。编制水库防洪应急预案的意义在于:

(1)水库大坝安全管理实际工作的迫切需要;

(2)尽快提高我国水库大坝安全管理水平,落实"以人为本"科学发展观的需要;

(3)有效降低病险水库大坝风险的需要;

(4)提高水库突发事件特别是提高溃坝灾害防控能力的需要;

(5)加强水库大坝安全保障体系建设,实现从"工程安全管理"到"工程风险管理"的理念转变的需要。

3.2　水库防洪应急预案国内外研究现状

水库作为特殊的建筑,其安全性质与房屋等建筑物完全不同,水库的安全出现问题,将会引发下游一定范围的人员和财产、环境损失。因此,世界各国对水库及大坝的安全管理都高度重视,在研究溃坝洪水可能对下游带来的危险的同时,也在采取积极主动的防范措施,并广泛开展对由洪水或突发事件造成的水库险情应急预案研究。

3.2.1　国外研究现状

世界上不少国家都有水库溃坝的惨痛教训,在水库和大坝的应急管理方面积累了大量的经验和教训。水库险情预计和洪水应急处理预案在西方发达国家已有 30 多年的历史。如法国要求对高于 20 m 的大坝和库容超过 1 500 万 m³ 的水库,均需设置报警系统,并提出垮坝后水库的淹没范围、冲击波到达时间、淹没持续时间和相应的居民疏散计划等;葡萄牙大坝安全条例(1990)也要求大坝业主提交有关溃坝所引起洪水波传播的研究报告,编制下游预警系统、应急计划和疏散计划等;美国的《国家大坝安全计划》强调要求采取险情预计、报警系统、撤退计划等应急措施,以便万一发生不测时,将损失减少到最小程度。

在国外,EPP(应急预案)和 OMS(运行维护与监测手册)是水库大坝安全管理的重要组成部分,是降低水库洪水风险的有效途径和手段。下面简要介绍美国、英国、澳大利亚等国的水库和大坝应急预警措施。

3.2.1.1　美国大坝安全管理

美国的大坝安全工作是通过制定和实施各级大坝安全计划来落实的。其主要内容包括大坝的日常监测和维护、定期检查、补强加固、应急行动计划、宣传教育、注册及安全报告等。美国联邦应急管理局(FEMA)负责制定统一协调的"国家大坝安全计划"。各联邦机构和各州政府以及大坝业主都有责任制定和执行各自的大坝安全计划。

1)大坝定期检查

大坝定期检查必须在大坝业主编制的大坝安全计划中都有安排。定期检查主要包括对勘测、设计、施工和运行文件的审核,大坝及其附属结构的现场检查以及大坝安全评价等,定期检查可以及时发现大坝老化、破坏的早期信号,及时处理问题,做到防患于未然。

2)大坝安全监测

大坝安全监测是保证大坝安全的重要手段。美国历来重视大坝安全监测,并研制开发出许多性能优良的大坝安全监测仪器和自动数据采集系统(ADAS)。ADAS监测效率高,能提供在时间和空间上连续的信息,并为实现大坝安全在线监控打下基础。与此同时,运行人员仍然重视全面、规范的人工观测和巡查,并由经验丰富的工程师对监测资料和巡查记录进行分析,据此掌握大坝运行性态。

3)大坝的维修加固

及时对病险水库进行除险加固,是发挥水库效益、减少隐患的重要工程措施。资金是大坝维修加固的关键问题,由于美国联邦政府提供了主要的资金来源,使得水库大坝的维修加固工作取得了相当大的进展,且这些水库的效益十分可观,因此业主也有能力投入资金进行水库大坝的除险加固,在水库管理上形成了良性循环。

4)应急行动计划

应急行动计划(EAP)是大坝安全计划的核心内容。为了保护下游地区免遭大坝失事或泄水的危害,大坝业主和管理部门都必须制定简洁明了的应急行动计划。

应急行动计划包括:通知流程图;业主和地方政府责任;紧急事故的确定、评价和定级;通知顺序;预防措施;淹没图和附录等。业主负责编制和维护应急行动计划,编写通知流程。地方政府官员负责在受灾地区发布警报和指挥撤离工作。为了保证应急行动计划随时都处于可执行状态,必须对它进行检查、修订、演练和修改。检查和修改的主要内容有:应急行动计划中的专项措施和通信指南中的姓名、电话号码、无线电频率及有关的团体、机构等。任何一个应急安全管理系统的关键是通信系统,因此必须向执行 EAP 的管理人员提供必需的通信设备,以便他们及时通报危险情况,业主必须根据 FEMA 制定的"演练设计大纲",编制并实施应急演练计划,定期对事故发生期间承担任务的全体人员进行应急行动训练,以提高紧急应变能力。内务部垦务局(USBR)提出了一项安全预警和紧急撤离的实施方案,根据这个方案,他们与下游沿河的安全管理部门及公众一起研究大坝一旦发生紧急事故时,将如何应对,向他们提供淹没图和其他技术资料,并帮助地方应急机构制定、修改大坝报警计划和紧急撤离计划,以确保地方负责的应急计划的落实。

3.2.1.2　英国水库安全管理

1930 年英国颁布了《水库法》,这是世界上第一部水库安全法。该法对水库安全起到了良好的作用,但是在其执行过程中,其法律权威还不够,许多水库并没有进行定期检查,也不执行有关建设、运行和维护的规定。为此政府在 1975 年对原有法律作了扩展和改进,修订颁布了新的《水库法》。新颁布的《水库法》根据职责和义务,将责任人和组织机构分为水库业主(或运行管理者)、执法局、环境部、合格土木工程师(qualified civil engineer)专家组 4 类。从法制和技术两个方面进行管理,通过四者的相互配合和制约,共同保障水库安全运行。

1)水库安全检查

英国《水库法》规定,应由经政府委任的检查专家组对水库大坝定期进行安全检查,检查工程师的工作要求在《水库法》的正式附件中有明确规定。同时,环境部组织力量编写了《大坝工程实用手册》,为检查工程师提供指导。

英国《水库法》规定,当出现以下情况时必须对水库进行检查,并向业主报告检查结果:①对于新建大坝,在专家组工程师出具水库合格证明书后的 2 年内;②工程实施了可能影响水库安全的变更,但未经专家组工程师监督;③在先前检查之后的 10 年内,或上次检查报告中建议的更短的时间内;④受业主聘用的监督工程师(supervising engineer)建议的任何时间。

检查报告的标准格式一般包括大坝详图、监测记录及运行记录、现场检查说明、洪水及泄洪能力、工程评价、地震研究、监测要求、记录的完整性以及检查的结论和建议。有关水库安全的建议具有法律效力,必须简单明了,便于业主执行。贯彻执行这些建议的具体方法要点往往在报告以外提出,并向业主仔细解释自己的见解,这是检查工程师的一项技术职责。

大坝竣工后,不再聘用专家组工程师时,业主为了保证水库安全运行,可以随时聘用监督专家组的工程师。监督工程师的主要职责包括:①向业主通报有关水库安全的任何情况;②指导业主做好水库记录,并确保业主遵守水库法规;③每年至少向业主提交一份书面报告,报告应包括检查工程师或专家组工程师已提出的应密切关注的所有问题;④如有必要,则应向业主提出进行水库安全检查的建议。

2)水库监测

英国《水库法》规定,对那些需要监测的水库应安装仪器仪表,并进行观测。观测数据应填入记录表中,以便日后他人制成图表进行分析。最好能把测得的数据与以前的数据进行比较,以便及时发现测值的异常变化。

从事水库监测的工程师必须从专业人员中挑选,并可被业主雇用。监测的内容和技术要求须经检查专家组审查批准。用于监测水库大坝的仪器和装置应由专业人员进行定期检查和鉴定,应不断改进监测方法,更新监测设施,但仍须重视监测人员的日常观测,并保证必要的观测精度。

3)水库安全技术指南

英国建筑业研究与信息协会(CIRIA)编制有专门指导水库检查

的《大坝安全导则》。《大坝安全导则》详细描述了过去筑坝使用过的设计、施工方法,还特别指出与现代坝工技术的不同之处,并介绍了采用地球物理勘探或地质雷达等手段对隐蔽部位进行勘查的方法。

在过去的20多年中,建筑研究院、CIRIA和土木工程师协会收集了大量的水库工程经验,编写出版了一系列技术指南,如:①《洪水研究报告》(水文研究院,1975);②《洪水与水库安全指南》(土木工程师协会,1978,1996);③《明渠溢洪道流量分析指南》(埃利斯,1989);④《堤坝安全指南》(建筑研究院,1990);⑤《蓄洪水库设计(城市防洪)》(霍尔等,1992);⑥《坝面砌体的特性和剥落保护》(赫伯特等,1993);⑦《小型土石坝水库》(肯纳德等,1996);⑧《土石堤坝缺陷勘查和排除指南》(查尔斯等,1996);⑨《英国大坝地震风险指南》(建筑研究院,1997);⑩《大坝管道和阀门指南》(CIRIA,1997)等。这些指南只是为从事水库安全工作的人们提供指导,并不是法律规定,也不是行动准则,不会使人们的工程见解受到约束。

3.2.1.3 澳大利亚大坝安全管理

1976年澳大利亚国家大坝委员会主持制定了《大坝安全管理导则》。1990~1994年又进行了全面修订,修订本对大坝安全的要求不仅在于大坝的设计和施工,而且还形成了一个大坝长期安全巡检复查的体制。《大坝安全管理导则》已在全澳大利亚各州实施,各州以立法的形式予以确认。该导则主要内容简介如下。

(1)大坝安全的主要责任由大坝业主承担。无论从法律上和道义上,大坝业主都有责任采取一切必要的措施来防止大坝的失事,万一失事,亦应将其影响减轻到最低限度。大坝一旦失事造成生命财产损失,业主及其设计单位、承包商及其他有关方都可能受到起诉,直至原告追究到有责任和有能力赔偿的一方为止。政府部门,作为许多大坝的所有者或主管者,亦对公众社区负有对所辖大坝失事的责任。

(2)按照大坝安全计划的规定来管理大坝,就能确保大坝的安全。这个计划的要点是:①大坝设计、施工符合现行规范;②大坝运行管理遵守安全程序;③预防性的维护工作正常进行;④大坝安全监察按计划进行,业主对大坝安全状况有清楚的了解;⑤定期对大坝安全进行复查;⑥大坝安全计划执行人员具有足够的素质,有培训计划;⑦有关各方责任明确,经费到位,等等。

(3)根据不同的风险程度,将大坝划分为三个级别:

高风险坝:一旦失事将会导致一定数量的人身伤亡,对下游社区和重要设施造成巨大的经济损失。大坝的修复将很困难,因此大坝安全运行对各方均非常重要。

中风险坝:一旦失事,下游虽无城市设施,无集中的居住区,但失事后会淹没有限土地、公路、铁路等。大坝修复是可能的,供电供水可以替代。

低风险坝:失事后不会造成人身伤亡,经济损失也很小,例如只是农舍、农田、小路等有少量损失。大坝修复容易,间接损失亦不大。

(4)从大坝安全的角度,对大坝的勘查、设计、施工及初次蓄水均提出了要求。大坝业主应当保存完整的设计文件和施工报告,水库第一次蓄水应进行技术安全鉴定,其结果应归档保存。

(5)大坝的运行维护应有规程,并按规程要求正常进行。规程每隔 5 年应当重新审查一次,如有需要应及时修改。

(6)大坝安全监察是保证大坝安全的重要措施,其主要内容包括:

①安全检查。按不同目的分 5 种检查类别,相应由不同的人员来进行。

第一种是全面检查,由大坝工程师和专家进行,在查阅资料文件的基础上,复核工程标准,在现场做彻底的检查,找各种缺陷,测试各种设施等;

第二种是中间检查,由大坝工程师进行,内容少一些;

第三种是常规性检查,由运行人员进行;

第四种是特殊检查,例如地震、大洪水或水位降低之后检查等;

第五种是事故检查,在发现某种事故之后进行。各种检查均应有报告文档。各类检查的频率依大坝不同风险程度而定。

②安全监测。监测项目有降雨、库水位、渗流量及化学分析、孔隙水压力、外部变形、内部变形、内部压力、地震等内容,依不同坝型而定,

项目可以增减。

有些缺陷是肉眼检查发现而监测仪器并没有发现，有些问题又是监测仪器发现而肉眼却看不见。对这些检查结果或监测数据应做出正确的解释。

③大坝安全监察评估。大坝安全评估应由大坝工程师来做，他们了解大坝的历史，包括应用的标准和规范，用的参数以及设计中有哪些限制，并且还了解大坝实际工作性状。

(7)安全复查。安全复查是一件复杂而细致的工作，包括对水位条件、大坝结构、水力学、岩土工程设计各个方面，以及对历次的安全监察报告、记录进行分析。无论哪一座坝都不能说是百分之百安全的，由于自然或人为的原因，材料特性和施工过程中的种种原因，总会有些不确定的因素存在。一旦在安全监察中发现大坝存在某种问题，或由于大坝年代已久，或规范标准改变等原因，就要进行安全复查。复查人员由大坝工程师、地质工程师、水文专家等来担任。

安全复查报告应有原设计的背景材料，应综合分析各种信息而不是单独分析某一种现象，有时还要求补充一些勘测试验工作，然后才能下结论。对于一些往往缺乏资料的坝则更是如此。结论中应对坝的基础、坝体、溢洪道、过流孔口、机械设备和监测系统等的安全性状做出建议，提出修补措施及实施时间。

(8)事故行动方案。确保大坝安全是一方面，另一方面应制定大坝万一失事的行动预案，明确以下内容：①大坝失事的可能方式；②失事时业主和运行人员应当采取何种行动；③对下游社区及时发出警报，社区应当采取什么行动。

对高、中风险的大坝必须制定行动预案。

其他如挪威、加拿大、俄罗斯、日本等国也都在水库和大坝的安全、应急方面有相应的措施和举措。

水库的防洪应急管理是一个动态的概念，随着科学技术的进步及对水库大坝安全技术的深入探讨，以及社会、经济及环境的不断变化，水库大坝安全管理技术也不断得到发展。因此，了解国外的水库应急管理的发展趋势，对于构建我国水库防洪应急管理体系具有重要的指导意义。

总体上看,国外目前的水库和大坝安全管理的共性是:

在机构设置方面,总体趋势是:由水库业主负责水库大坝的安全监测和安全检查,监管机构负责制定有关的标准和准则,并监督业主执行有关法律、法规、标准和准则。

在管理办法方面,更加明显重视水库大坝安全的社会及环境影响;另外,采用水库安全风险分析方法进行水库安全管理也是一个显著的趋势。

3.2.2　国内研究现状

我国是水库建设的大国,目前共有 8 万多座水库在运行。长期以来,我国在水库安全技术领域一直存在着重建设轻管理现象,即十分注重除险加固工程措施的研究与实施,而忽视了非工程措施的研究与建设。从 2000 年后,通过国际交流,水库与大坝风险管理理念在我国得到越来越多人的接受和认可,控制水库风险的非工程措施已逐渐得到重视。

1991 年 3 月 22 日,国务院第 78 号令颁布的《水库大坝安全管理条例》,2005 年,国家防汛抗旱办公室编制发行了《洪水风险图编制导则》(试行),2006 年 1 月 8 日,国务院发布了《国家突发公共事件总体应急预案》,其后各级政府纷纷出台各类应急预案,水利部也于2006 年 4 月 11 日发布了《关于加强水库安全管理工作的通知》,要求所有水库尽快制定突发事件应急预案,提高应对水库大坝突发事件的能力。国家防汛抗旱办公室还在 2006 年出台完成了《水库防洪应急预案编制导则》(简称《编制导则》)的编制。目前,大多数大型水库和重要中型水库均按照《洪水风险图编制导则》(试行)及《水库防洪应急预案编制导则》要求编制各自水库的防洪应急预案。

由于《水库防洪应急预案编制导则》主目录仅有"总则、工程概况、应急组织保障、主要措施"四项,按照该导则编制出的水库防洪应急预案目次不全、内容不连贯、要点不明显、结构也比较散乱。国家防汛抗旱总指挥部对编制导则进行了修订,于 2006 年 3 月正式下发《水库防汛抢险应急预案编制大纲》(以下简称《编制大纲》)。《编制大纲》主目录依次是"总则、工程概况、突发事件危害性分析、险情监测与报告、险情抢护、应急保障、预案启动与结束、附件"八项,每项又有详细的分条目及要求,目次齐全,结构合理且要求明确,编制起来可循序渐进、一气呵成,目前已成为我国编制水库防洪应急预案的指南。

3.3 水库防洪应急预案的主要内容——以郑州市尖岗水库为例

一般来讲,引起水库紧急情况的原因不外乎工程事件和自然事件。工程事件如工程质量缺陷、未按照标准建设等原因造成的病险水库。对病险水库进行除险加固是消除该类事故的主要手段。随着工程技术水平的提高,由工程事件造成的大坝溃决等事故已明显减少。自然事件如因暴雨、泥石流、山洪暴发等引起的溃坝,目前来讲还属于不可控因素,人们只能采取适当的措施减小事故后果的严重性。

水库防洪应急预案就是当由此类自然事件或人为事故发生时保护大坝下游、减少洪灾损失的基本手段。根据《编制大纲》规定,对大型水库和重要的中型水库都要编制、测试、发布并维护防洪应急预案。水库防洪应急预案是一个经当地政府批准的正式书面计划,它确定了一旦水库出现紧急情况,水库管理人员应遵循的程序和方法。通过水库防洪应急预案,应该明确在危急时刻及时调动联络水库主管部门、水库管理人员、当地政府、防汛机构、消防部门、军队、警察等机构或人员的各自责任和行动计划。

一般讲,水库防洪应急预案应包括以下几个方面的基本内容:

(1)评估事故的可能特征及其对水库下游造成的后果;

(2)减少溃坝所造成洪水损失的措施,如预警系统、下游居民疏散和救助计划、提供预警信息以便公众和地方政府做好防汛救灾和撤退准备;

(3)在发生意外事故和危急情况下,对上下游有关水利、建筑工程及影响范围内的居民采取适宜的保护措施;

(4)救援物资的准备等。

下面就以《郑州市尖岗水库防洪应急预案》(以下简称《应急预案》)为例,按照《编制大纲》的要求,说明水库防洪应急预案编制的主要内容。

3.3.1 总则

总则部分主要从水库防洪应急预案的编制目的、编制依据、编制原则和适用范围等四个方面论述。

3.3.1.1 编制目的

编制《应急预案》是为了提高尖岗水库突发事件应对能力,进一步建立统一、快速、协调、高效的预警和应急处置机制,力保水库工程安全,最大限度地保障人民群众生命安全,减少损失。

3.3.1.2 编制依据

要简述预案编制所依据的国家有关法律、行政法规,各省、自治区、直辖市相应的地方性法规和规章,综合考虑有关技术规范、规程的要求以及各水库经批准的汛期防洪调度方案。

《应急预案》编制的主要依据有:《中华人民共和国水法》、《中华人民共和国防洪法》、《中华人民共和国防汛条例》、《水库大坝安全管理条例》,同时,还参照了《综合利用水库调度通则》、《水库大坝安全评价导则》、《水库管理通则》、《水库防汛抢险应急预案编制大纲》以及河南省防汛抗旱指挥部下达的汛期调度运用计划等资料。

3.3.1.3 编制原则

预案编制总的原则是:以"三个代表"重要思想为指导,以人为本,以科学发展观统领防洪应急抢险工作;坚持"安全第一、常抓不懈、以防为主、全力抢险"的工作方针,严格执行行政首长负责制,统一指挥,调动全社会力量投入防洪、抗洪工作,做到防洪有组织、预防有措施、抢险有能力。采用工程措施和非工程措施相结合的原则,采取紧急抢护措施,全力确保水库大坝安全,确保人民群众生命财产安全,最大限度地将灾害损失减轻到最低点。

3.3.1.4　适用范围

本预案适用于尖岗水库遭受大洪水、超标洪水等特大自然灾害及突发性事件的预防和应急处置。当发生以下情况时,考虑申请启动本预案:

(1)大坝、溢洪道、泄洪洞、输水管等水工建筑物发生裂缝、滑坡、管涌、垮塌、决口等,危及大坝安全的重大险情。

(2)地震、地质灾害、战争、恐怖事件、危险物品等其他不可预见原因,可能危及到大坝安全的险情。

(3)超标准洪水(根据水位监测及审定的洪水预报、调度方案、预测水库所在流域内可能发生超过校核水位的情况)。

(4)水库下游防洪工程发生重大险情,需要水库紧急调整当年调度方案。

(5)经水库防洪应急预案的审批部门批准的需要启动应急预案的其他紧急情况。

3.3.2　工程概况

工程概况要求全面反映水库工程的流域概况、工程基本情况、水文、工程安全监测、汛期调度运用计划、历史灾害及抢险情况。

3.3.2.1　流域概况

尖岗水库位于淮河水系颍河支流贾鲁河干流上游郑州市二七区侯寨乡尖岗村西,地理位置为东经 113°34′,北纬 34°12′。贾鲁河发源于郑州市新密圣水峪,上游干流长 26.3 km,河底坡降为 1/300 ~ 1/400;坝址上游约 1 km 处有支流九娘娘庙河从东侧汇入干流。该支流发源于新郑梅山,干流长度 10 km,河底坡降为 1/300;河线基本成 "Y" 字形,属双干型河流。水库控制流域面积 113 km²,地处嵩山山前丘陵地带,自然地势由西南向东北倾斜,高程在海拔 150 ~ 500 m,地面坡度为 1/300 ~ 1/400。流域内地形属 "切割堆积地形",库岸壁陡峭,一般高程均在 160 m,高出河床 20 ~ 35 m。沿河分布有两级阶地,沿途为轻壤土、砂壤土、细中砂、砂砾石。库区两岸地层,上部为第四纪黄土及轻粉质壤土,下层为黄红色粉质壤土。由于强烈冲蚀,山坡、山头岩石裸露,植被稀少,水土流失严重。1991年经国家地震局烈度评定委员会批准,地震烈度采用Ⅶ度。

该流域靠近黄河流域,属我国暖温带半湿润季风气候边缘,其特征为:四季分明,冬夏长,春秋短,光照条件好,夏季高温多雨,冬季多风干旱。流域多年平均气温为14.3 ℃,最低气温出现在1月为-15.3 ℃,最高气温在7月为41.4 ℃。多年平均风速2.8~3.2 m/s,最大平均风速为18~22 m/s,冬季盛行偏西北风,夏季偏南风,春秋季则交替出现,一般4月份风最大,8、9月份最小。多年平均水面蒸发为1 300 mm,陆地蒸发量为550 mm;流域多年平均降水量为650 mm,其中70%集中在7~9月份。降水量的年际变化大,据统计,最大年降水量为1 113 mm(1958),最小年降水量为230 mm(1969)。流域特征:降雨多以暴雨形式出现,并且强度大、历时短,形成的洪水洪峰高、洪量大、来势猛、峰现历时短。郑州市尖岗水库流域图见图3-1。

尖岗水库是贾鲁河干流上的第一座大型的水利工程,上游有各式塘坝、小型拦河坝,它们大部分是均质碾压土坝,且无排水设施。一旦流域内发生超标准洪水,这些塘坝溃坝的可能性极大,形成突发性洪水,对尖岗水库的威胁极大。坝址下游1.5 km处有一座溢流坝,主要作用是收集渗漏尾水和抬高坝后河道侵蚀基准面。

河道下游2.5 km与常庄水库下游河道汇合(常庄水库是一座大型管理的中型水库,离交汇处仅1.0 km)。尖岗水库下游河道安全流量100 m³/s。

3.3.2.2 工程基本情况

1)基本情况

尖岗水库于1959年开始兴建,1960年因种种原因停工,1965年河南省水利勘测设计院再次对水库进行勘测、重新规划设计,1969年开始续建,1970年10月完成拦河坝及泄洪洞工程,开始蓄水。1975~1988年间先后完成了坝后导渗降压廊道、主溢洪道、非常溢洪道、坝体劈裂灌浆和水库大坝抗震加固等工程。水库主体工程主要包括大坝、泄洪洞、溢洪道、输水管、非常溢洪道(见图3-2)。

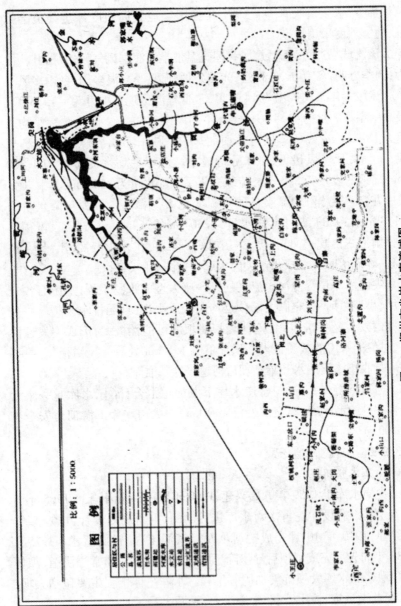

图 3-1　郑州市尖岗水库流域图

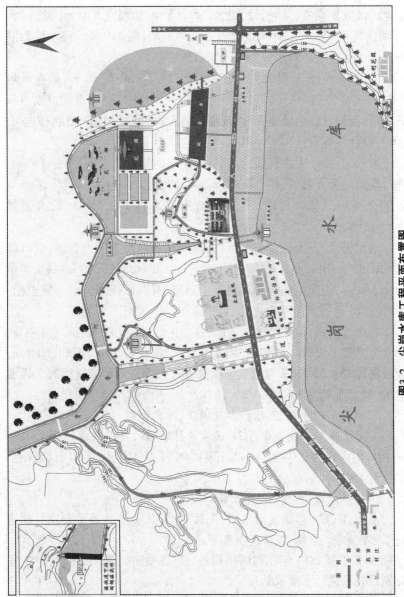

图3-2　尖岗水库工程平面布置图

大坝:均质土坝,土料以轻粉质壤土为主,加少量砂壤土和中粉质壤土。最大坝高 34.1 m,最大底宽 212.5 m,坝顶宽 8.0 m,坝长 460 m,坝顶高程 158.60 m;坝顶设有一道防浪墙,高 1.0 m。迎水坡为混凝土六棱体护坡。背水坡为干砌块石护坡。

溢洪道:位于大坝西头,底部高程 154.75 m,宽 30 m,最大泄量 350 m³/s,无控制闸门(属自溢型),至今尚未出水,溢洪道大桥原为双曲拱桥,因设计标准低而重建,现溢洪道大桥为 2 - 20.0 m 预应力空心板桥,设计荷载汽 - 30 挂 - 100。

泄洪洞:位于大坝西头台地下,属无压钢筋混凝土洞,洞长 150 m。进口段断面为方形,孔径 2 m×2 m,洞身及出口段为城门洞形,高 3.2 m、宽 2.4 m。进口高程 131.55 m,出口高程 130.55 m,最大泄量为 75 m³/s。

输水管:位于大坝东头坝下,为圆形钢筋混凝土压力管道,进口高程 130.55 m,出口高程 125.95 m,内径为 1.1 m,洞长 210 m,最大泄量为 9.5 m³/s;控制闸门为钢筋混凝土球形闸门,原规划为水力发电用,1982 年 10 月改为引黄入库、向郑州市水厂供水用。

非常溢洪道:位于溢洪道西侧,底部进口高程 152.55 m,宽 140 m,非常溢洪道上设有一道堵坝,坝高 6.0 m,顶宽 6.0 m,坝顶长 180 m,坝顶高程 158.55 m,非常溢洪道泄洪方式由原来的爆破泄洪改为漫溢泄洪,最大泄量为 3 030 m³/s。

2)水库汛期分期、汛限水位及泄流、库容曲线

尖岗水库主汛期为 6 月 21 日至 8 月 20 日,其汛限水位为 150.55 m,相应的库容为 0.34 亿 m³;后汛期为 8 月 21 日至 9 月 30 日,其汛限水位为 154.75 m,相应的库容为 0.50 亿 m³。

3)水库改建、扩建、加固基本情况

水库自 1970 年建成蓄水后,先后对大坝、溢洪道等主要建筑物进行了多次加固、维修,具体情况如下:

1972 年和 1981 年东西两坝端先后出现横向裂缝,于 1982、1984 年分别对裂缝进行了灌浆处理。

1987 年对大坝进行了抗震加固,先对下游坝脚内外坝基 50 m×

108 m范围内抗冲加固,在此基础上修筑长132 m、宽10 m的抗震平台,台面高程138.55 m,下游坡面改为干砌石护坡,砌石厚度30 cm,下层为各15 cm厚的碎石、砂垫层。原放水管加长45 m左右,采用钢管。

2000年5月经有关专家鉴定:溢洪道拱桥部分主拱已经断裂,子拱基本全部断裂,故此桥实为危桥,急需拆除重建。7~9月,拆除重建为双跨预应力平板桥,设计荷载为汽-30挂-100。

2000年9月,大坝抗震台出现一个塌坑,坑内向外冒水。当时小放水管正向柿园水厂供水。关掉小放水管闸门后,冒水即刻停止。经专家分析断定,塌坑系小放水管发电支管断裂所致。

2001年进行了水库除险加固工程,内容主要包括:①下游坝坡险情处理,根据坝坡开挖后现状及破坏情况,将叉管以下放水管裂缝封堵;②开挖部位褥垫排水修复;③上游坝坡干砌石护坡局部维修;④泄洪洞工作闸门维修、检修闸门更换;⑤放水管尾水渠加长、清淤;⑥更换放水管出口处两闸阀。

2004年12月开始对大坝迎水坡及两裹头进行翻修,将迎水坡干砌石换为混凝土六棱体,此项工程一直持续到2006年底。

2007年6月开工对副坝及两裹头进行翻修加固。

4)工程存在的主要防洪问题

一是由于水库大坝下游曾先后出现过涌泉、轻微管涌翻沙、局部岸坡流土和抗震台坍塌等现象。虽经过处理但未经大洪水、高水位的考验,如遇大暴雨和高水位时,坝基渗流破坏的可能性依然存在。

二是由于郑州市水库尚未出现过溃坝事故,缺乏抢险救灾的经验,存在着防洪抢险救灾物资准备不到位的可能。

3.3.2.3 水文

1)流域暴雨、洪水特征

尖岗水库所属的贾鲁河流域属暖温带大陆性气候。降雨受大气环流季节变化影响,70%集中在7~9月份,多以暴雨形式出现,并且强度大、历时短,形成的洪水洪峰高、洪量大、来势猛、峰现历时短。流域洪水的偏差性较大。1954~1980年实测洪峰流量最大达411 m^3/s,最小仅为4.78 m^3/s,最大24 h洪量为829万 m^3,最小仅为23万 m^3。在历史洪水方面,经调查落实有 1915 年和 1927 年两次洪水,其峰值各为 1 050、860 m³/s。

尖岗水库设计洪水作过多次计算与复核,较全面的一次设计洪水复核是 1983 年河南省水利勘测设计院作的设计洪水复核。此次设计洪水采用根据流量资料、降雨资料及水文图及有关参数三种途径计算。设计洪水成果见表 3-1。

表 3-1　尖岗水库设计洪水成果

项目		洪峰 (m³/s)	时段洪量(万 m³)			
			W_{6h}	W_{12h}	W_{24h}	W_{3d}
均值		184	108	144	186	248
C_v		1.8	1.8	1.8	1.6	1.6
C_s/C_v		2.5	2.5	2.5	2.5	2.5
重现期	5 年	168	136	180	253	337
	20 年	582	470	624	757	1 009
	100 年	1 220	982	1 302	1 484	1 979
	1 000 年	2 250	1 815	2 407	2 641	3 522
	万年	3 340	2 708	3 584	3 865	5 154
	万年 +20%	4 008	3 244	4 301	4 638	6 185

2)流域水文测站分布、观测项目

尖岗水库共设 3 个雨量站、2 个水位流量站和 1 个水文站。汛期中各雨量站、水位流量站和水文站能正常准确测报,及时上报雨情、水情和汛情,各站设施齐全,通信畅通。

水情雨情观测项目有:时段雨量、日雨量、入库流量、入库处水位。

报讯方式有:有线电话和无线车载电台。

3)洪水预报方案,预见期、预报精度

目前,尖岗水库所用的洪水预报方法是单元汇流法。该法是采用上游雨情信息,通过人工计算,利用人工图表能在 2 h 内完成洪峰流量、坝前库水位、洪水来量等预报工作,但是由于流域小,峰现历时短,峰现时间还不能准确预报,洪水预报的精度不高。

随着现代通信技术和计算机遥感技术的应用,洪水预报的技术也在发生很大的变化。由华北水利水电学院和郑州市水利局、郑州市尖岗水库管理局共同开发的《郑州市尖岗水库洪水演算及预报系统》,借用北京灵图 VRMAP 三维仿真平台,以 3DMAX 作为开发工具,针对水库水情、流域上游雨情进行洪水预报,实现了水库的洪水预报与水库调度智能化,大大提高了洪水预报的精度(该系统将在后续章节详细介绍)。

3.3.2.4　工程安全监测

1)工程安全监测项目、测点分布及监测设施、工况

水库大坝目前常规的监测项目有:坝体浸润线、坝基扬压力、坝后渗流量、水平位移、沉陷位移,其中前三项正常情况下每周观测一次,异常情况下随时加测、复测、补测,后两项每年 10 ~ 11 月份观测一次,每四年校测一次,若大坝出现异常变形情况,另行组织观测。

尖岗水库管理局于 1988 年在主坝顶、坝坡 148.55 m 高程平台上及坝后坡抗震台上埋设水平位移兼沉陷观测标点 4 排 25 个。主坝浸润线管和承压管于 1981 年设置,共计浸润线 3 排 12 根、承压管 2 排 6 根。位移观测采用 T_3 型经纬仪。三角量水堰设在降压廊道末端,降雨后,廊道内容易积水,致使渗流量急剧升高。除此,渗流量随库水位变化正常。

2)水库安全监测情况

大坝监测情况正常,从监测数据上看,大部分属于正常范围,也有异常现象。水平位移在初测值左右震荡,但有部分值偏大,超出测量影响的范围,经分析得知主要原因是外界因素(人员技术、自然气候)和测量仪器质量情况。坝体浸润线随库水位变化规律正常,浸润线的滞后性不明显,在反压水期间,浸润线上升剧烈,有个别测压管对水位变化不敏感,经分析其原因可能是小防水管破裂漏水。2000 年 11 月测压管 C1 - 1、C1 - 2 出现骤然下落达 2.1 m 的异常现象,经多次复测、加测,分析得知:①测量方法、测量结果无误;②骤然下落由当时库水位

陡然下落所致,当月库水位快速下落到十几米;③骤然下落后依然正常。

3) 建立并规范了大坝的监测制度

(1) 大坝观测的任务和要求是观测工程的变化状况和工程情况,掌握工程的变化规律,为正确运用提供科学根据,及时发现不正常迹象,分析原因,采取措施,防止事故发生,保证工程安全运行。

(2) 观测人员必须按照规定的时间和上级主管部门下达的任务要求,进行全面、系统和连续的观测,无特殊情况不准提前或延期观测时间,更不得漏测。

(3) 每次观测之前必须认真检查、校正仪器设备,观测要做到随观测、随记录、随检查、随分析,发现问题及时复测,并将复测结果及时报告工程师,保证观测精度,确保设备完好率在95%以上。

(4) 加强各种观测设备的维修保养工作,保护好各种观测设备的安全和稳定,维修保养工作由观测员负责进行,无特殊原因而损坏观测仪器及设备,影响观测或不能保证观测精度的,观测员应负责任。

(5) 各种观测资料应及时整理,原始资料不准涂改,当月观测报告必须在下月8日前报出,当年成果资料必须在次年3月底整理完毕,保证四年刊印一次。

(6) 各测压管、浸润线管管口高程每四年校测一次,电测水位计测导线每季度用钢尺校测一次。

(7) 当库水位超过汛限水位时,应加测浸润线、测压管水位及渗流量等观测项目,要求每天观测一次,并做到随时观测、随时整理、随时分析,判断大坝的运行情况。

3.3.2.5　汛期调度计划

依据河南省防汛指挥部下达的《河南省大型水库汛期调度运用计划》进行调度。对于入库洪水具有明显的季节变化规律,可实行分期防洪调度。若具备实行预报预泄条件的,可根据预报手段、精度和预见,在不影响对下游防护区防洪标准的前提下,适当提高汛期限制水位,但必须报请上级主管部门审批核定,严格掌握执行(见表3-2)。

表 3-2　尖岗水库洪水调度

流域面积（km²）	坝顶高程 设计（m）	坝顶高程 现有（m）	防浪墙顶高程（m）	溢洪道底高程（m）	下游河道安全泄量（m³/s）	全赔高程（m）	移民高程（m）	兴利水位（m）	历史最高水位（m）
113	158.55	158.65	159.75	154.75	100	160.55	156.95	154.75	150.39

防洪标准		频率（%）	洪峰流量（m³/s）	最高水位（m）	相应库容（亿m³）	最大泄量（m³/s）	洪量（亿m³）			雨量（mm）		
							1 d	3 d	7 d	1 d	3 d	7 d
规划	设计	1	1 220	153.75	0.45	66.7	0.148	0.198	0.26	279	343	427
规划	校核	0.01	4 008	158.60	0.68	425	0.464	0.619		612	753	902
现有		0.01	4 008	158.60	0.68	425	0.464	0.619		612	753	902

运用方式	汛限水位	6 月 21 日～8 月 15 日		8 月 16 日～9 月 15 日	
		水位（m）	库容（亿m³）	水位（m）	库容（亿m³）
		150.55	0.34	154.75	0.50
	泄流方式	（1）库水位超过 150.55 m 时，输水洞闸门全开泄洪 （2）库水位超过 154.75 m 时，输水洞闸门全开泄洪，溢洪道自由泄洪			
	防御超标准洪水措施	库水位超过 158.55 m 时，副溢洪道（堰顶高程 158.55 m）漫溢泄洪，并及时通知下游转移			

注：1985 年开始采用黄海标高，较原市政标高（水文报汛仍沿用）数值大 10.55 m。

3.3.2.6　历史灾害及抢险措施

　　1972 年 10 月当水库蓄水位达 140.55 m，首次发现下游坝脚后 50 m 的老河槽处（地面高程 116 m）出现涌水中带有泥沙，当时用砂砾石压盖，进行反滤处理，浑水变成了清水。1973 年当库水位升高到 148.55 m 时，在坝后高程 126.55～127.55 m 范围内先后出现了管涌、流土、局部下陷和滑坡。1974 年经河南省水利厅批准，采取以下措施处理：①在距坝脚 50～60 m 处设置 15 眼降压井降压；②降压井至坝脚区域 3 500 m² 铺设反滤料;③左岸台地北侧开挖 200 m 导渗沟。

1974 年以后,大坝两岸坝头曾出现几处横向裂缝,坝顶浆砌石和防浪墙被拉断,与防浪墙裂缝相应的上、下游坝坡也发现裂缝。对坝体裂缝采取灌浆处理:第一次在 1983 年初步进行黏土重力灌浆,第二次在 1984 年 7~9 月进一步进行低压灌浆。经钻探取样试验得知,裂缝充填密实,浆脉与坝体结合紧密,灌浆效果较好。

由于坝体抗震标准低,坝基土壤为轻粉壤土,存在液化的可能,1984 年经河南省勘测设计院勘测设计,1987 年对坝体进行了抗震加固,现大坝抗震能力标准达七级。

2000 年 5 月经有关专家鉴定,溢洪道拱桥部分主拱已经断裂,子拱基本上全部断裂,故此桥实为危桥,急需拆除重建。7~9 月,拆除重建为双跨预应力平板桥,设计荷载为汽－30 挂－100。

2000 年 9 月 18 日、20 日,分别在大坝下游抗震台及抗震台坡肩处出现塌坑,坑内有涌水现象。经河南省水利厅领导、专家研究决定立即采取应急措施:①启用大坝泄洪洞放水,降低大坝上游水位至 138.55 m;②制定抢险施工方案,尽快查明原因,予以修复。当时最大泄流量为 32.6 m³/s;同时对塌坑处进行监护,加大大坝监测密度(2 h、8 h、24 h、3 d)。采取开挖、修补、回填措施修复。经开挖验证,塌坑为原发电支管破裂所致。

以上险情均未形成大的灾情。

3.3.3　突发事件危害性分析

突发事件主要包括两个方面,即水库工程本身出现重大险情和洪水造成的水库大坝意外溃决,对其进行分析计算是水库防洪调度的重要依据。

3.3.3.1　重大工程险情

1)导致尖岗水库险情的主要原因

导致水库发生险情的因素有多种,包括自然因素和人为因素,根据对同类水库的险情总结归纳,并结合尖岗水库实际情况,分析导致尖岗水库重大工程险情发生的主要因素有以下几个方面。

（1）超标准洪水。超标准洪水是指水库超过设计校核标准的洪水。尖岗水库设计坝顶高程为 158.55 m，现有高程 158.60 m。水库设计洪水标准为百年一遇，校核洪水标准为万年一遇加 20% 安全保证值。设计洪水位 153.75 m，校核洪水位 158.60 m。当水位超过 158.60 m 时，库区水面抬高，通过水库自身调节能够安全泄洪，对下游不会造成危害性影响。但如果水位继续抬高翻坝，则可能会导致水库大坝出现重大险情，有可能造成溃坝。

（2）工程隐患。尖岗水库从 1970 年运行至今已有 30 多年，存在一些安全隐患：大坝下游曾先后出现过涌泉、沸土、轻微管涌翻砂、局部岸坡流土和抗震台坍塌等现象。虽经过处理但未经大洪水、高水位的考验，一旦遇暴雨或高水位，坝基渗流破坏、大坝背水坡坍塌的可能性依然存在。

（3）地震。根据河南省地震局鉴定，尖岗水库坝址区的地震基本烈度为Ⅵ度区。由于坝体抗震标准低，坝基土壤为轻粉壤土，存在液化的可能，1984 年经河南省勘测设计院勘测设计，1987 年对坝体进行了抗震加固，现大坝抗震能力标准达七级，地震烈度达到Ⅶ度。一般情况下地震对水库的危害在可控范围内，但不排除出现较大烈度地震，如出现则可能危及水库安全。

（4）地质灾害。所谓地质灾害是指各种（天然的和人为的）地质作用对人民生命财产和国家建设事业（人类的生存与发展）造成的危害。尖岗水库地处嵩山山前丘陵地带，流域内地形属"切割堆积地形"，由于强烈冲蚀，山坡、山头岩石裸露，植被稀少，水土流失严重。当遇降雨量较大时，有可能发生山体滑坡、泥石流等地质灾害，可能导致库水位严重壅高或溢洪道堵塞，进而危及大坝安全。

（5）上游水库溃坝。上游水库溃坝会造成下游水库的水位升高，严重威胁到下游水库的安全。尖岗水库是贾鲁河干流上的第一座大型的水利工程，上游有各式塘坝、小型拦河坝，它们大部分是均质碾压土坝，且无排水设施。一旦流域内发生超标准洪水，这些塘坝溃坝的可能性极大，形成突发性洪水，对尖岗水库的威胁极大。

（6）战争及恐怖事件。我国当今处于和平年代，发生战争及恐怖事件的可能性较小,但是也不能排除发生的可能。战争及恐怖事件一旦发生,破坏了水库建筑物,将会对下游人民的财产、生命安全造成极大的危害。

(7)其他。其他不可预见的突发事件可能危及大坝安全。

2)水库重大险情种类、发生部位和程度分析

根据尖岗水库的类型和实际运行情况,分析由于超标准洪水、工程隐患、战争或恐怖事件、地震灾害等因素可能造成的重大险情的种类有:坝堤大面积散浸、漏洞、管涌、泄洪洞闸门启闭失灵和大坝溃决。

坝堤大面积散浸险情:在库水位达到150.55 m以上时,坝堤坝坡、坝脚可能发生散浸。在水库高水位长时间运行时可能导致险情扩大。

漏洞或管涌险情:因是均质土坝,坝堤没有防渗措施,可能出现管涌险情。

泄洪洞闸门启闭失灵险情:泄洪洞遭恐怖袭击,或因电气、机械故障及强烈地震以致泄洪洞结构改变,都可能导致闸门启闭失灵险情。

大坝溃决险情:战争中,大坝可能遭受敌方攻击而溃决,或可能因漏洞和管涌险情而溃决。

3)险情对水库安全的危害程度

大坝出现大面积散浸、漏洞、管涌、泄洪洞启闭设备失灵等险情将危及大坝安全,甚至可能发展为溃坝。大坝溃决后,水库蓄水和上游入库洪水经溃口下泄可造成骤发性洪水,给下游人民的生命财产带来严重危害。因此,国内外许多学者都对溃坝洪水进行了专门探讨,并对其模拟方法进行了广泛研究。并且许多国家制定了相关的法律、规程,规定在工程设计阶段必须预估大坝一旦失事后,溃坝洪水对下游造成的危害,以便作出防范措施和编制水库防汛应急预案。

3.3.3.2　水库大坝溃决

1)水库溃坝的主要因素

水库溃决的原因是多方面的,常见的有超标准洪水、工程质量差、运行管理不当、工程险情、地质灾害和不明原因等。

根据尖岗水库的实际情况分析,导致水库大坝溃决的主要因素有

超标准洪水、工程险情和地震等。

2）溃坝可能形式

大坝溃决通常分为逐渐溃和瞬间溃。而溃坝的方式主要取决于坝型、坝体材料和溃坝原因。尖岗水库大坝为均质土坝，土料以轻粉质壤土为主，夹少量砂壤土和中粉质壤土，总体看来，压实度较低。参考《水利工程水利计算规范》，考虑坝体较长，且为均质土坝，可能在长时间高水位情况下因漏洞或管涌险情无法遏制，导致坝体被洪水逐渐冲溃，即逐渐溃坝。只有当流域发生超标准洪水时，水库上游各种塘坝、小型拦河坝溃坝的可能性极大，形成突发性洪水，使尖岗水库直接承受上游来水，造成整个坝体瞬间溃决。

3）溃坝计算

水库溃坝计算包括溃口流量过程及其向下游影响区域的传播过程两个方面。根据选定的溃坝形式，溃坝计算模型也分为逐渐溃坝模型和瞬间溃坝模型。

逐渐溃坝模型通常称为基于物理过程的模型，是通过综合水力学、泥沙、土力学等学科知识构建一个时变过程以模拟实际溃坝过程和溃坝洪水过程线。逐渐溃坝模型模拟真实，计算准确度高，其结果能够为防洪减灾、水情自动测报系统及水库防洪优化调度系统等提供科学依据，但计算过程复杂，所需资料多，且所遵循的前提条件在实际工程中很难遇到，因此在实际工程中并不常用。

瞬间溃坝模型也称为基于参数的模型，主要是利用一些关键参数（如溃口最终宽度，溃口历时等），通过简单的时变过程（如溃口尺寸的线性发展理论）模拟溃口的发展，或通过建立库容和坝高等关键参数与溃口发展速度、最大溃坝洪水流量之间的回归方程来模拟溃坝。该类模型简单，对数据输入要求较少，使用较方便，可在水库突发溃坝时进行应急计算，在水库防汛应急计算中最为常用。在尖岗水库防汛应急预案编制计算中采用了瞬间溃坝模型。

a. 瞬间溃坝模型

溃坝水流属于非恒定流，模型采用适合于局部坝宽瞬时全溃的坝址处溃坝计算公式。我国在《关于核报全国重点中型水库评价成果的通知》填表说明中列出了土石坝的瞬间溃坝的多种计算公式,其中常用的有黄河水利委员会公式、铁道科学研究院公式及谢任之统一公式等三种,赵以琴等利用三个公式对新疆某水库 1961 年 4 月 10 日溃口宽度进行了验算,其对比结果见表 3-3。

表 3-3　溃口宽度计算结果

公式出处	计算公式	计算值(m)	实际值(m)
黄河水利委员会	$b_m = K(W^{1/2}B^{1/2}H_o)^{1/2}$	178	170
铁道科学研究院	$b_m = KW^{1/4}B^{1/7}H_o^{1/2}$	110	170
谢任之	$b_m = WKH_o/(3E)$	182	170

计算表明,黄河水利委员会公式的计算结果与实际较接近,故本次计算采用黄河水利委员会的溃坝计算公式。

b. 校核水位(10 000 + 20% 年一遇)时水库溃坝

(1)溃口宽度。采用黄河水利委员会经验公式计算,公式如下:

$$b_m = K(W^{1/2}B^{1/2}H_o)^{1/2} \tag{3-1}$$

式中:b_m 为溃口宽度,m;W 为溃坝时水库蓄水量,万 m³;B 为主坝坝顶长度,m;H_o 为溃坝前上游水深,等于校核水位对应水深与坝前淤深之差,m;K 为与坝体土质有关的系数,对黏土 $K = 0.65$,壤土 $K = 1.3$。

(2)坝址处溃坝最大流量。土石坝为非刚性坝,坝址处溃坝最大流量采用肖克列奇经验公式计算:

$$Q_{\max} = \frac{8}{27}\sqrt{g}\left(\frac{B}{b_m}\right)^{1/4} b_m H_o^{2/3} \tag{3-2}$$

式中:$Q_{\max}$ 为坝址最大流量,m³/s;g 为重力加速度,m/s²;其余符号意义同前。

通过计算,大坝坝址处的溃坝最大流量为 66 056 m³/s。

(3)溃决流量过程推求。瞬时溃坝流量比一般泄洪流量要大很多,阻力影响相应要小很多,因此瞬时溃坝坝址流量向下游演进至坝址 $L(m)$ 的过程线的求解是忽略阻力影响,不考虑动量方程,仅用水量平衡方程来求解。

根据水量平衡原理,参照《水文水利计算》,无入流时,水库泄空时间应满足:

$$T = \frac{5W}{Q_m - Q_0} \tag{3-3}$$

式中:Q_0 为溃坝时入库流量,m^3/s;Q_m 为溃坝最大流量,m^3/s。经计算,尖岗水库水库放空时间为 1.51 h。

溃坝流量过程线与溃坝最大流量 Q_m、溃坝时入库流量 Q_0、下游水位及溃坝可泄库容有关,其线型近似于四次抛物线,即:

$$\frac{t}{T} = \left(1 - \frac{Q_t - Q_0}{Q_m - Q_0}\right)^4 \tag{3-4}$$

式中:Q_t 为 t 时刻的流量,m^3/s;T 为过程线的总历时,h。

根据以上公式,经计算得到尖岗水库校核水位溃决流量过程见表 3-4。

表 3-4 尖岗水库校核水位溃决流量过程

t/T	0	0.05	0.1	0.2	0.3	0.4
$t(\min)$	0	4.53	9.06	18.12	27.18	36.24
$(Q_t - Q_0)/(Q_m - Q_0)$	1	0.62	0.48	0.34	0.26	0.207
$Q_t(m^3/s)$	66 056	42 224	33 444	24 663	19 646	16 322
t/T	0.5	0.6	0.7	0.8	0.9	1
$t(\min)$	45.3	54.36	63.42	72.48	81.54	90.6
$(Q_t - Q_0)/(Q_m - Q_0)$	0.168	0.13	0.094	0.061	0.03	0
$Q_t(m^3/s)$	13 876	11 493	9 235	7 166	5 221	3 340

(4)水库溃坝最大流量沿程演进估算。

溃坝洪水向下游演进的最大流量,一种方法是采用黄河水利委员会的经验公式法进行估算:

$$Q_L = \frac{W}{\dfrac{W}{Q_{max}} + \dfrac{L}{V_{max} \cdot K}}$$ (3-5)

式中:L 为控制断面距水库坝址的距离,m;Q_L 为距坝址 $L(m)$ 控制断面最大溃坝演进流量,m^3/s;Q_{max} 为溃坝最大流量,m^3/s;V_{max} 为特大洪水的最大流速,在有资料地区可采用历史上的最大值,无资料一般山区可采用 $3.0 \sim 5.0$ m/s,半山区可用 $2.0 \sim 3.0$ m/s,平原区可采用 $1.0 \sim 2.0$ m/s;K 为经验系数,山区 $K = 1.1 \sim 1.5$,半山区 $K = 1.0$,平原区 $K = 0.8 \sim 0.9$。

另一种计算方法是利用计算机模拟技术进行洪水演算。采用英国水利研究院先进的 InfoWorks RS 河流网络模拟系统进行洪水演算。InfoWorks RS 是英国著名的 Wallingford 公司开发的水力学模型 InfoWorks 软件系列之一,主要用于河网水力学模型建模和计算。该模型利用明渠中的潜水波流公式即圣维南方程计算下游河道断面的水深和流量等信息,以解决泄洪及溃坝过程中的恒定流及非恒定流问题。由水流质量守恒可推导出连续性方程,该方程是建立在水位变化和楔形或菱形渠道内水量变化的平衡关系上的。由动量守恒可以推导出动力方程,该方程是建立在惯性、扩散、重力和摩擦等相互作用的平衡关系上。

两个控制方程如下:

质量连续性方程为:

$$\frac{\partial Q}{\partial x} + \frac{\partial A}{\partial t} = q$$ (3-6)

式中:Q 为流量,m^3/s;A 为进水断面面积,m^2;t 为时间,s;q 为侧向单位长度注入流量,m^3/s。

动力方程为:

$$\frac{\partial Q}{\partial t} + \frac{\partial}{\partial x}\left(\frac{\beta Q^2}{A}\right) + gA\frac{\partial H}{\partial x} - gAS_f = 0$$ (3-7)

式中:β 为动能修正系数;g 为重力加速度,m/s^2;H 为坝前上游水深,m;S_f 是摩擦坡度。

$$S_f = \frac{Q|Q|}{K^2}$$ (3-8)

式中:K 是河道的流量系数,可用曼宁公式求出:

$$K^2 = \frac{A^2 R^{\frac{4}{3}}}{n^2} \tag{3-9}$$

$$R = \frac{A}{P} \tag{3-10}$$

式中:R 为断面水力半径,m;P 为湿周,m;n 为曼宁系数。

以上两个方程都是一维非线性的偏微分方程,采用 Pressimann 四点隐式有限差分法对以上方程进行求解。

具体操作过程如下:①提取网络数据。网络数据库定义了所有网络中的模拟不随时间变化的自然属性,包括桥梁、渠道断面等的参数。其中断面数据提取时应注意提取控制性断面,在弯道处应加密提取。具体而言,采用 GPS 定位系统实地测定尖岗水库流域下游典型河道断面及河道漫滩地形数据。②结合郑州市 1:5 万地形图信息,提取完整的漫滩地形信息,并录入 InfoWorks RS 系统。③结合河道观测资料,每隔 300 m 插值一河道断面,建立尖岗水库下游河流网络,并录入相关水力学参数,如弗劳德数、河底及河道两侧糙率等。④编辑事件数据。事件数据库定义了网络模拟随时间变化的方面和一些网络开始模拟的初始数据。输入首断面流量时间关系曲线、末断面水位流量关系曲线等,以某一适宜流量条件下模拟达到稳定时的河流水力学参数作为初始状态,如溃坝分析时,假定水库溃坝前河道首断面已出现某一大流量泄洪,且近似认为达到稳定状态,在此基础上作溃坝计算。⑤模型模拟分析。分两种情况(考虑与不考虑常庄水库泄洪)模拟分析尖岗水库以 425、3 455 m³/s 稳定泄洪时下游洪水演进风险;同时,模拟分析尖岗水库在设计与校核两种工况下水库溃坝时下游洪水演进风险,并绘制洪水风险图。

(5)计算结果。进行溃坝洪水计算的目的是确定下游各不同断面的最大流量、洪水到达时间、淹没范围及深度,以便采取预防及转移等措施。所得计算结果见表 3-5。

表 3-5　尖岗水库校核水位溃坝沿程演进计算结果

控制断面距坝址的距离（km）	2.3	5.0	8.0	9.6	11.2	12.4	15.1	17.8	18.6
校核水位溃坝演进流量（m³/s）	31 862	27 741	16 426	16 331	15 288	14 606	13 986	13 550	13 507
洪水起涨时间 t_1（min）	1.2	7	12	15	19	23	29	38	47
最大洪峰到达时间 t_2（min）	8	18	47	49	57	66	80	97	100

尖岗水库的校核洪水标准是按照 10 000 年一遇（＋20％）的洪水设计。根据历史资料记载，在中原地区的郑州市出现 1 000 年一遇的洪水几乎是不可能的，更不要说是 10 000 年一遇甚至更高的标准洪水。因此，对尖岗水库来讲，讨论中小型洪水引起的溃坝更有实际意义，本书以百年一遇洪水引起的溃坝为例进行分析。

c.正常设计水位（百年一遇）时水库溃坝

肖克列奇经验公式只要坝前水深，即可求出相应的溃坝流量。根据尖岗水库库容—水位曲线（见图 3-3），可以方便地计算出不同调度水位（不同入库流量）下的溃坝流量。

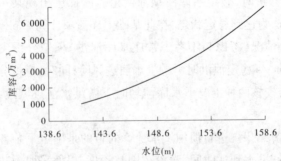

图 3-3　尖岗水库库水位与库容关系图

经计算,百年一遇设计洪水时,尖岗水库的水位是 153.75 m,相应库容为 4 520 万 m^3,坝址处溃坝最大流量为 45 092 m^3/s。

根据水量平衡原理,泄空时间应满足 $T = 5W/(Q_m - Q_0) = 1.43$ h(在设计水位溃坝初期,尖岗水库的入库流量 $Q_0 = 1 220$ m^3/s),根据 T 和 Q_m,即可概化出流量过程线。计算结果见表 3-6、表 3-7。

表 3-6 尖岗水库设计水位溃决流量过程

t/T	0	0.05	0.1	0.2	0.3	0.4
$t(\min)$	0	4.29	8.58	17.16	25.74	34.32
$(Q_t - Q_0)/(Q_m - Q_0)$	1	0.53	0.44	0.33	0.26	0.207
$Q_t(m^3/s)$	45 092	28 421	22 279	16 136	12 627	10 302
t/T	0.5	0.6	0.7	0.8	0.9	1
$t(\min)$	42.9	51.48	60.06	68.64	77.22	85.8
$(Q_t - Q_0)/(Q_m - Q_0)$	0.16	0.12	0.085	0.054	0.026	0
$Q_t(m^3/s)$	8 590	6 923	5 344	3 896	2 536	1 220

表 3-7 尖岗水库设计水位溃坝沿程演进计算结果

控制断面距坝址的距离(km)	2.3	5.0	8.0	9.6	11.2	12.4	15.1	17.8	19.0
设计水位溃坝演进流量(m^3/s)	24 941	21 865	12 029	11 952	11 479	11 029	10 473	10 046	9 743
洪水起涨时间 $t_1(\min)$	1.2	19	25	28	33	35	43	55	63
最大洪峰到达时间 $t_2(\min)$	21	31	62	66	75	85	101	119	127

4)溃坝对下游的破坏及影响

溃坝使水库上、下游水力学因素发生巨大变化,特别对坝下而言,溃坝形成涌波,瞬时巨大流量对下游承溃区将造成极大灾害。根据溃坝淹没风险图查得,水库大流量泄洪,淹没情况严重,淹没面积 14.63 km²;溃坝洪水将淹没 13 个行政村,25 个自然村,人口 13 559 人。不同工况溃坝时尖岗水库下游洪水演进情况见表 3-8,溃坝洪水淹没风险图参见图 3-4、图 3-5。

表 3-8　不同工况溃坝时尖岗水库下游洪水演进情况

溃坝工况	坝前距离（km）	演进时间（min）	流量（m³/s）	水位（m）	流速（m/s）	淹没面积（km²）
设计水位溃坝	2.3	18	22 755.6	142.6	3.94	14.34
	5.0	50	12 176.6	133.4	1.07	
	8.0	58	11 987.1	127.0	5.87	
	9.6	59	11 943.1	124.4	2.52	
	11.2	75	11 126.7	120.6	1.63	
	12.4	81	10 801.1	119.1	1.95	
	15.1	93	10 357.4	115.0	2.24	
	17.8	120	9 843.9	108.5	1.98	
	19.0	126	9 728.5	106.5	1.4	
校核水位溃坝	2.3	16	30 063.2	144.4	4.08	17.56
	5.0	47	16 674.1	135.6	1.20	
	8.0	48	16 568.5	128.6	6.39	
	9.6	54	16 405.3	125.6	2.86	
	11.2	70	15 188.6	122.0	1.81	
	12.4	75	14 863.7	120.5	2.13	
	15.1	85	14 417.4	116.4	2.51	
	17.8	105	13 768.4	109.6	2.18	
	19.0	108	13 636.2	107.3	1.66	

注:洪水淹没面积仅估算到南阳坝处。

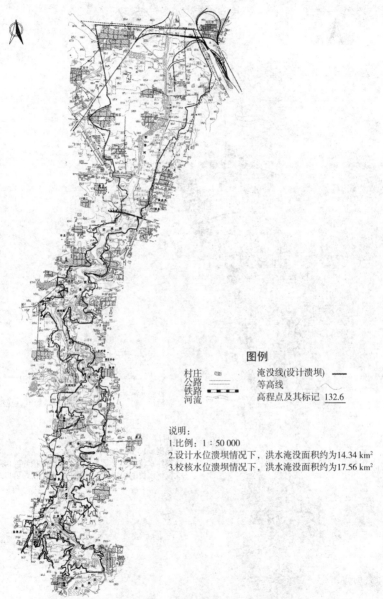

图例

村庄		淹没线(设计溃坝)
公路		等高线
铁路		高程点及其标记　132.6
河流		

说明：
1.比例：1：50 000
2.设计水位溃坝情况下，洪水淹没面积约为14.34 km²
3.校核水位溃坝情况下，洪水淹没面积约为17.56 km²

图 3-4　设计溃坝时尖岗水库下游洪水淹没风险示意图

图例

村庄		淹没线(设计溃坝) -------
公路		等高线
铁路		
河流		高程点及其标记　132.6

说明:
1.比例: 1∶50 000
2.设计水位溃坝情况下,洪水淹没面积约为14.34 km²
3.校核水位溃坝情况下,洪水淹没面积约为17.56 km²

图 3-5　校核水位溃坝时尖岗水库下游洪水淹没风险示意图

5)溃坝对上游可能引发滑坡崩塌的危害

尖岗水库位于淮河流域颍河水系贾鲁河干流上游郑州市二七区侯寨乡尖岗村西。贾鲁河发源于郑州市新密圣水峪,上游干流长 26.3 km,河底坡降为 1/300 ~ 1/400;坝址上游约 1 km 处有九娘娘庙河汇入,该支流发源于新郑梅山,干流长度 10 km,河底坡降为 1/300,坡度略为平缓。贾鲁河及其支流流量常出现剧涨剧落,并未发生滑坡、崩塌现象。但在水库溃坝时,可能引起水库沿岸山体出现崩塌现象,少量岩石进入水库,不会危及水库安全。

3.3.4　险情监测与报告

3.3.4.1　险情监测和巡查

1)险情监测和巡查具体细则

监测和巡查具体项目及内容如下:

(1)大坝及河道。水库在正常水位运行时,水库管理人员坚持每天对工程重点部位,包括大坝、输水洞、溢洪道进行巡视、检查,每周对闸门机电设备进行试车维护,确保闸门时刻处于灵活运行状态。水库在超汛限水位、设计洪水位及校核洪水位运行时,要对大坝、输水洞、溢洪道派专人时刻监视。巡坝查险时,必须做到"四到"(手到、脚到、眼到、耳到):用手探摸和检查,赤脚走路,借脚的感触发现水温是否异常,土壤是否松软等险情;用眼发现水的清浊程度、裂缝、滑坡、漏洞、渗水及水面是否有浪窝等现象,并细听水声,看与平时是否相同,用以捕捉漏洞流水的途径等。做到"四到"后,发现险情要及时报告、及时处理,任何人员不得私自离岗。在洪水退水时,仍要按上述要求认真巡视、监视,切不可掉以轻心,直到解除警报为止。具体内容包括:

①坝体。相邻坝段之间是否错动;伸缩缝和止水有无损坏;上下游坝面及宽缝内有无裂缝;裂缝中漏水情况;混凝土有无破损;混凝土有无溶蚀或水流侵蚀现象;坝体排水孔的工作状态,渗漏水的水量和水质有无显著变化。

②坝基和坝区。基础岩体有无挤压、错动、松动;坝体与基岩(或

岸坡)接合处有无错动、开裂、脱离及渗水等情况;两岸坝肩区有无裂缝、滑坡、溶蚀及绕渗等情况;基础排水设施是否完好、渗漏水的水量及浑浊度有无变化。

③泄水建筑物及闸门的振动情况,坝基其他建筑物基础、下游河床及岸坡、尾水渠以及其他建筑物的冲刷或淤积情况。

④溢洪道。进水段:有无坍塌、崩岸、淤堵或其他阻水现象,流态是否正常;堰顶、边墙、溢流面、底板:有无裂缝、渗水、剥落、冲刷、磨损、空蚀等现象;伸缩缝、排水孔是否完好;下游消能设施是否完好,河床及岸坡是否运行正常。

⑤河道。对在辖区内河道水事违法案件易发、多发地段和防洪工程重点部位进行认真排查,重点打击破坏水利工程设施、放牧、取土、违章种植、破坏树木等违法行为。

(2)降雨及气象。定时观测降雨量,记录降雨历时,计算降雨强度,分析降雨在时程上和空间分布变化特性。观测大气温度、湿度等情况。

(3)水库水位变化情况。观测水库水位随时间的变化情况,掌握最高、最低水位及洪水变化过程。水位观测的时间和次数应根据观测任务和水位变化情况而定。水位变化平稳时,每日8时观测1次;稳定封冻期且水位平稳时,可每2~5日观测1次,月初月末两天应予观测。水位变化缓慢时,每日8时、20时观测2次。水位变化较大或出现缓慢的峰谷时,每日2时、8时、14时、20时观测4次。洪水期或水位变化急剧时期,每1~6 h观测1次;暴涨暴落时期应视需要再增加测次。

2)监测巡查的人员组成及处理程序

监测人员由枢纽工程管理处平时负责监测的人员组成,在面临险情时可增调其他人员。对降雨量、水位、测压管、渗流量设定专人监测,根据《枢纽工程观测工作制度》进行测报;对险情发生部位指定专班监测。并记录上报工程运行情况,为防汛抢险和科学决策提供可靠依据。

巡查人员由分管工程领导、工程技术人员、管养人员组成,情况需要时可增加人手。监测、巡查结果用专用表格记录,详细记录监测、巡查的时间、内容、部位、方式及人员,并有初步分析结论和处理意见、巡查人员及负责人签名。一旦发现异常情况,立即组织技术人员实地核查,填报险情及抢险情况报告表(见表3-9),及时上报,同时进行果断的险情处理。

表 3-9　水库险情及抢险情况报告

项目	工情		险情			灾情		抢险措施				备注
	设计标准	现行标准	出险部位	出险时间	处理情况	险情可能造成的影响	可能造成损失	技术措施	抢险物资	抢险队伍部队	地方	
水库大坝												
泄水建筑物												
输水建筑物												
下游堤防												
其他												

水情	水库水位(m)	蓄水量(亿 m^3)	入库流量(m^3/s)	出库流量(m^3/s)	其他	备注
出险时水情						
最新水情						

填报时间:　　　　　　填报单位:(盖章)　　　　　　填报人:

填报单位负责人:　　　　联系电话:

3.3.4.2　险情上报与通报

尖岗水库已完成了大坝自动化监视系统、防汛决策异地会商系统和办公自动化系统的建设,实现了互联互通、网络交流,实现了信息共享、信息发布、公文流转。故此,尖岗水库险情上报和通报途径有:有线电话和手机、互联网、电台、电视台和有线广播。

　　各工程管理单位上报险情实行以电话和书面形式逐级上报,紧急情况下可采用电话、手机、电台等形式越级上报。险情报告分为首次报告和续报,首次报告确认险情已经发生,在第一时间,以最快的速度、最准确的语言表述上报,其后根据险情发展变化情况续报,续报时将险情情况和险情进展进行详细说明,续报持续到险情结束。

　　郑州市尖岗水库防汛指挥部接到出险报告后,根据险情大小及危害程度分别向郑州市防汛抗旱指挥部及河南省防汛抗旱指挥部报告,并提出相应处理意见。

　　险情报告内容包括出险时间、发生位置、险情类别、险情现状、严重程度、发展趋势、水库水位及上涨幅度、雨水情、当前的处置措施、现场指挥和抢险救灾人数、抢险物料及险情可能造成的影响。

3.3.5　险情抢护

　　尖岗水库为均质土坝。为避免水库发生溃坝事故,除在日常做好大坝等各类建筑物的监测、维护外,特别是在汛期洪水威胁水库安全情况下,本着预防为主、防重于抢的原则,对水库重点工程部位拟定应急抢护措施,尽最大可能减小灾害损失。

3.3.5.1　抢险调度

　　水库的险情,根据工程类别分为大坝工程险情、主要附属建筑物险情(溢洪道、输水洞等)、近坝山体险情。按照形成原因和现象特征分为渗水、漏洞、塌坑、管涌、流土、裂缝、滑坡、风浪、漫溢等。此外,考虑人为的恐怖活动等其他因素。

　　根据水库工程险情严重程度、规模大小、抢护难易及紧急程度,把险情分为一般(Ⅳ级)、较大(Ⅲ级)、重大(Ⅱ级)和特大(Ⅰ级)四个级别,见表3-10。

　　水库一旦出现险情,尖岗水库防汛指挥部与郑州市人民政府应立即带领技术人员对险情进行分析鉴别,根据水库发生的险情,确定水库允许最高水位及最大下泄流量,制定抢险措施,及时抢护。同时对险情分级提出建议并逐级上报。

表3-10 尖岗水库险情分类分级表

工程类别	险情类别	险情级别及表现特征			
		Ⅳ级	Ⅲ级	Ⅱ级	Ⅰ级
大坝及副坝工程险情	渗水	坝坡散浸且渗浑水	渗水出逸点部位高,背水坡较大面积散浸且出浑水,坡面呈湿润发软状态	渗水出逸点部位很高,背水坡大面积出浑水,坡面严重软化	各种情况下所致的溃坝或可能即将溃坝
	塌坑	塌坑孔径较小,坝身无明显变形,背水坡无管涌渗水	塌坑孔径较大,坝身有较明显变形,背坡伴有管涌渗水,渗水量有增大趋势,且水质浑浊	塌坑直径很大,坝身明显变形,背坡管涌渗水,漏水量大,水质浑浊	
	管涌	单孔直径小于10 cm,水质时清时浊	单孔直径大于10 cm或管涌群,水质浑浊	孔径很大,水质浑浊	
	裂缝		滑动性裂缝,具有发展趋势,裂缝顶点在坝肩1/3高度以下	贯穿性横缝;可能引起坝体深层滑动的裂缝,且发展明显	
	滑坡	坝坡局部弧形滑动,滑床浅,范围不大	深层滑动,滑动范围较大,滑坡顶点在坝肩以下	整体深层滑动,滑动顶点已至坝肩,滑舌已至坝脚	
	漫溢		预报来水较大,可能漫溢	漫溢	
溢洪道	渗水			建筑物与坝体结合部位严重渗出浑水,渗漏水挟带坝体填土颗粒;建筑物基础产生严重管涌	
	结构		溢洪道泄槽底板掀起;消力池设施冲毁,但未危及大坝安全	溢洪道闸室失稳;与坝体结合处侧墙失稳;泄洪洞垮塌,坝内涵管断裂,严重漏水	
	设备			水库需溢洪时,闸门因故障难以开启	
近坝山体险情			滑坡规模较小,造成的涌浪不致翻越大坝;坝头山体滑坡,不会对坝体产生结构性破坏;溢洪道附近山体滑坡,但不致堵塞溢洪道	滑坡规模大,涌浪可能越坝;滑坡可能对坝体产生结构性破坏;滑坡堵塞溢洪道影响泄洪	
洪水	水位	150.55 m	154.75 m	158.55 m	

1)洪水抢险调度

水库防洪调度要服从河南省防汛指挥机构的统一指挥,严格按照下达的汛期控制运行水位科学调度。

尖岗水库防汛调度执行河南省防汛抗旱指挥部下达的汛期调度运用计划:主汛期(6月20日至8月20日)汛限水位为150.55 m,后汛期(8月21日至9月31日)汛限水位为154.75 m。水库防御标准为万年一遇(+20%),相应库水位为158.55 m,相应库容为6 820万 m³,最大泄量425 m³/s(非常溢洪道未启用)。具体运用方式如下:

(1)库水位超过150.55 m时,泄洪洞闸门全开泄洪,最大泄量为75 m³/s(下游河道安全流量为100 m³/s)。

(2)库水位超过154.75 m时,泄洪洞闸门全开泄洪,溢洪道自由泄洪,最大泄量为425 m³/s。

(3)库水位达到158.55 m时,立即通知下游撤离,非常溢洪道漫溢泄洪,全力确保大坝安全。

(4)如果尖岗水库与常庄水库需错峰或削减贾鲁河洪峰,尖岗水库的洪水调度按郑州市防汛抗旱指挥部指令执行。

2)抢险调度方案操作规程及水库调度权限、执行部门

尖岗水库抢险调度由尖岗水库防汛指挥部提出方案,报经河南省防汛抗旱指挥部,待批准后,负责组织实施。

尖岗水库抢险调度权限在河南省防汛抗旱指挥部,执行部门为尖岗水库防汛指挥部,并抄报郑州市防汛抗旱指挥部备案。

3.3.5.2　抢险措施

1)洪水抢险措施

洪水抢险应根据雨情和库水位变化情况,在尖岗水库防汛指挥部统一领导下,采取不同的应急抢险措施:

(1)库水位超过150.55 m时,输水洞闸门全开泄洪,由于最大泄量(75 m³/s)没有超过下游河道安全流量(100 m³/s),无需采取应急抢险措施。若雨情仍然严峻,库水位持续上升,应向下游可能受到洪水威胁的村民发出洪水警报,使他们提高警惕,密切关注库区洪水位变化情况,注意接收进一步的洪水警报。

（2）库水位超过 154.75 m 时，输水洞闸门全开泄洪，溢洪道自由泄洪，最大泄量为 425 m³/s，超过下游河道的安全泄量 100 m³/s 时，洪水将从河道中漫出，淹没一定范围的村庄和农田。尖岗水库防汛指挥部应在下游河道不超过安全泄量的时候，把流量在 425 m³/s 时要淹没地区的村民和财产按应急转移方案转移到事先设定好的安置点，并派出保安巡逻队在河道两侧巡逻，防止村民回流和其他意外情况发生。

（3）库水位达到 158.55 m 时，非常溢洪道漫溢泄洪，首先要把下游淹没地区的村民和财产按应急转移方案转移到事先设定好的安置点，并派出保安巡逻队在河道两侧巡逻，防止村民返回和其他意外情况发生。为确保大坝安全应采取的应急措施有：①增加水库泄洪能力。扩大溢洪道和非常溢洪道断面，新开临时溢洪道，利用输水道非常泄水等。②削减入库洪水流量。利用上游水库和水塘调节，在水库上游采取分洪、分流措施等。③增大水库蓄水能力。利用大坝超高蓄洪，坝顶抢筑子埝等。④抢护险情。针对各类工程险情制定相应的抢险措施。

2）工程抢险措施

当大坝突然出现洪水漫溢、裂缝、滑坡、渗漏、管涌等险情时，由尖岗水库防汛指挥部查明险情，并负责组织工程抢险。水库常见的险情及抢护方法如下：

（1）洪水漫坝。当上游洪水超过校核水位仍继续上涨，应立即在坝顶上抢筑子埝，按"水涨堤高"的要求，逐层上筑，确保洪水不漫埝顶。

（2）渗漏。

①土工膜截渗。当缺少黏性土料，在水深较浅时，可采用土工膜加保护层的方法，达到截渗的目的。其具体做法是：在铺设前，应清理铺设范围内的边坡和坡脚附近地面，以免造成土工膜的损坏，根据坡面渗水的具体尺寸，确定土工膜沿边坡的宽度，预先黏结或焊接好。要求铺满渗水段边坡并深入临水坡脚外 1 m 以上为止，顺边坡长度不足时可搭接，搭接长度应大于 0.5 m，铺设前把土工膜的下边折叠粘牢形成卷筒，并插入直径 4 ~ 5 cm 的钢管加重，使土工膜能沿坡紧贴展铺；土工膜铺好后，应在其上面压满 1 ~ 2 层装有土或沙石的土工膜袋，由坡脚

下端起逐层错缝向上压,不留空隙,作为土工膜的保护层,同时起到防风浪的作用。

②黏土截渗。当库水位不太深,风浪不大,附近有黏性土料,库水又不能放空的情况下可采用此法,具体做法是:根据坝身临水坡渗水范围和渗水严重程度确定抛筑尺寸,一般顶宽 2~3 m,顺坝轴线长度至少超过渗水段两端各 3 m,戗顶高出渗水面以上约 1 m,抛土前应将边坡上杂草、树木尽量清理,以免抛填不实,影响戗体效果;在临水坝肩准备好黏性土料,然后集中力量沿临水坡由上而下、由里而外,向水中慢慢推下,由于土料入水崩解、沉积和固结作用,即成截渗戗体,如临水较深或土坝有防浪墙,可使用船只或油桶搭排抛土。

(3)塌坑。塌坑抢险原则是根据不同部位,查明原因,针对不同情况,采取相应的措施,防止险情扩大。

①翻填夯实,先将塌坑内的松土翻出,然后按原坝体部位要求的土料回填,如有护坡,必须按垫层和块石护砌的要求,恢复原坝状为止。均质土坝翻筑所用土料要求:如塌坑位于坝顶或临水坡时,宜用渗透性能小于原坝身的土料,以利截渗;如位于背水坡,宜用透水性能大于原坝身的土料,以利排渗。

②使用草袋、麻袋或编织袋装黏土直接在水下填实塌坑。必要时可再抛黏性土,加以封堵和帮宽,以免从陷坑处形成渗水通道。

(4)管涌。管涌、流土等抢险应以"反滤导渗、控制涌水、留有渗水出路"为原则。

①在管涌面积较大时,用土工织物反滤压盖,在清理地基时,应把一切带有尖、棱石块和杂物清除干净,并加以平整,先铺一层土工织物,其上铺砂石透水料,最后压块石沙袋一层。

②选用砂石反滤压盖,在抢险前先清理铺设范围内杂物和软泥,对其中涌水涌沙较严重的出口用块石或砌块抛填,以消杀水势,同时在已清理好的大片有管涌或流土群的面积上,普遍盖压粗沙一层,厚约 20 cm,其上先后铺设小石子和大石子各一层,厚度均约 20 cm,最后压盖块石一层,予以保护。

(5)裂缝。首先要判明产生裂缝的原因。

①开挖回填。这个方法抢护比较彻底,适用于横向裂缝或没有滑坡可能性的纵向裂缝,并经检查观测,裂缝发展已经稳定的情况。一般采用梯形断面,深度挖至裂缝以下 0.3~0.5 m,底宽至少 0.5 m,边坡以满足稳定及新旧结合的要求并便于处理为度,开挖沟槽两端应超过 2 m。回填土料与原坝身土料相同,并掌握在适宜含水量范围内。

②如果是横向裂缝抢护,除沿裂缝开挖沟槽外,并与裂缝垂直方向隔 3~5 m 增挖沟槽,槽底长度一般为 2.5~3.0 m,其余开挖和回填要求,均与前述开挖相同。

③封堵缝口。当裂缝宽度小于 1 cm,深度浅于 1 m 的纵向裂缝或龟纹裂缝,经检查观测已稳定,可用此法,用干而细的砂壤土由缝口灌入,再用板条或竹片捣实,灌塞后,沿裂缝做宽 5~10 cm、高 3~5 cm 的拱形小土埂,压住缝口,以防雨水浸入。

(6)滑坡。滑坡抢险的原则是"上部削坡减载,下部固脚压重"法。

①固脚阻滑。在保证坝身有足够的挡水断面的前提下,将滑坡的主裂缝上部进行削坡,以减少下滑荷载,同时在滑动体坡脚外缘抛块石或沙袋等,作为临时压重固脚,以阻止继续滑动。

②滤水后戗。在背水坡滑坡,险情严重,可在其范围内全面抢护导渗后戗,既能导出渗水,降低浸润线,又能加大坝的断面,可使险情趋于稳定。

③临水截渗。在迎水坡滑坡,采用抢筑黏性土戗截流,当遇到背水坡严重滑坡,范围较广,在抢筑滤水土撑、滤水后戗及滤水边坡等工程,同时临水坡又有条件抢筑截渗措施时,可采用此法。其具体做法与抢护渗水采用的黏土截渗相同。

3)泄洪闸抢险

泄洪闸门发生故障有两种:启闭电源中断;闸门机电设施发生故障。分别采取应急处理措施如下:①启动备用发电机组,或用手摇启闭装置手摇启动;②检查启闭机和机电设施,查清故障,换上备用机件,保证紧急情况下的安全运行。

以上抢险调度权限为郑州市防汛应急指挥部,并由尖岗水库防汛指挥部统一调度。险情抢护完成后,要派专人监视、监测;险情过后,及时拆除临时抢护物并按原设计要求迅速修复。

3.3.5.3 应急转移

当尖岗水库遭遇洪水,出现溃坝险情,达到启动预案的条件时,要报请尖岗水库防汛指挥部批准启动《应急预案》,并立即向下游发布准确的洪水预报和紧急警报,通知下游淹没区各级政府和防汛部门,按预定转移方案采取紧急转移措施。

(1)根据受威胁区域现有交通状况、社区分布和安置点的分布情况,制定应急转移方案。

下游凡属受灾的村庄,都要成立负责人民群众安全转移的临时工作小组,由各村村长任组长,接受尖岗水库防汛指挥部的统一领导。村长应指派专人负责和尖岗水库防汛指挥部保持全天 24 h 联系畅通,随时把水库险情传达给村民。凡属淹没范围内的村庄,均应按照"安全、快速、就近"的原则,有步骤地转移至安全地带。具体转移地点、转移所需工具及人员安置由各乡镇、村委进行协调。群众财物能及时转移走的,各村应登记造册,由村委会成员包括出纳、会计等,现场清点记录,当事人签字后转走并统一保管。事后,各村委会负责原封不动地返还。

在整个转移过程中,人民政府应全程监督,各乡、镇政府负责指挥,各村委会等负责实施、落实。以上部门的行政一把手为组织转移的第一负责人,负责按照转移方案进行转移,确保洪水来临之前,群众生命及财产安全转移。撤离指令由各级政府逐级下达,通过有线或无线信息传递转移警报,雷闪特殊天气采用发射红色信号弹或播放空袭警报通知预定区域灾民转移,撤离方式、工具由当地政府负责。

根据洪水淹没图,尖岗水库下游受灾区民众应根据水库水位情况,在规定的时间内,沿着规定好的路线撤离到安置区。其中,校核洪水位泄洪情况下尖岗水库下游应急转移计划见表 3-11。

(2)规定人员转移警报发布条件、形式、权限及送达方式。

①人员转移警报发布条件:

水库遭遇超标准洪水,预报将发生洪水漫坝时;

水库高水位运行发生坝体集中渗流等重大险情,抢护失败且漏水量不断加大时;

表 3-11 校核洪水位泄洪情况下尖岗水库下游应急转移计划表

乡镇	迁安村庄	迁安人口（人）	转移路线	安置点
侯寨乡	上田河		沿乡间道路到湾刘道路后向南转移至绕城公路	由市防办统一安排
	下田河		沿乡间道路到湾刘道路后向南转移至绕城公路	
	湾刘村	90	沿湾刘公路向南转移至绕城公路	
	周垌村	20	沿周垌村乡间道路向东撤离到安全地带	
	西冯湾村	53	沿乡间道路向西到道李至湾刘公路	
	东冯湾村		沿乡间道路向东转移至西环路	
	郑湾村	1 100	沿郑湾公路向东转移至西环路	
须水镇	张湾	230	沿乡间道路至郑湾公路（环城高速路至西环路段）	由市防办统一安排
	赵坡西村	47	沿西赵坡至常庄的乡间道路迅速向西,折向中原西路撤退	
	赵坡东村	50	沿赵坡乡间道路转移至中原西路	
	南寨	35	沿乡间道路转移至中原西路	
	湖光苑	75	沿小区道路向东转移至西环路	
	宋庄五队	110	沿宋庄乡间道路向东转移至西环路	
	小京水	350	沿乡间道路向北转移至郑上公路	
	后河＋河东湾	350	沿乡间道路向东北转移至郑上路	
	南仗	110	沿南仗至中原老年病医院间乡间道路转移至中原西路	
石佛乡	老俩河	900	沿老俩河至南流间公路向西转移至瑞丰路	由市防办统一安排
	孙庄		沿乡间道路向西转移至瑞丰路	
	欢河	1 248	沿欢河至石佛变电站前道路向西撤退	
单位	柿园水厂	5	沿厂区道路向东转移至西环路	由市防办统一安排
	市外贸畜产品加工场	300	沿厂区道路向西南转移至瑞丰路	
	社会福利院		沿福利院路转移至北环路	
	火力发电厂		沿电厂南路向西转移至西环路	

当发生超标准洪水,下泄流量超过下游河道行洪能力时;

当水库溃坝时。

②人员转移警报发布形式:为使库区和下游淹没区群众尽快得知洪水信息,争取时间,早做准备,快速转移,在充分发挥预警设备作用的同时,可采取有线、无线、微波、明传电报、口传、电视、广播、发信号弹等多种形式。

③人员转移警报发布权限:人员转移警报由尖岗水库防汛指挥部负责发布,并及时上报郑州市防汛抗旱指挥部和河南省防汛抗旱指挥部。

④人员转移警报发布送达方式:采取一切手段,以最快的速度将转移警报逐级发送至有关责任人,确保撤离警报信息及时传达到每个撤离对象。

(3)确定组织和实施受威胁区域人员和财产转移、安置的责任部门和责任人。组织和实施受威胁区域人员和财产转移、安置的责任部门一般是下游淹没区域的地方政府,责任人是政府行政首长。

(4)制定人员和财产转移后的警戒措施,明确责任部门。警戒措施由各级防汛指挥机构和地方政府组织人民警察、军队、民兵等完成,责任部门为水库所在地的公安部门。

3.3.6　应急保障

应急保障措施主要包括组织保障、队伍保障、物资保障、通信保障以及卫生、安全等其他保障措施。

3.3.6.1　组织保障

依据《中华人民共和国防洪法》规定,防汛抗洪工作实行行政首长负责制和分级分部门责任制的原则。成立尖岗水库防汛指挥部,由郑州市政府分管水利的副市长担任指挥长,指挥部成员由郑州市相关职能部门和尖岗水库管理处组成,具体负责水库防洪抢险、防灾减灾及灾后恢复工作的统一领导和指挥,在保障工作全面、有序开展的同时,各领导成员按照职责要求负责具体的工作。

(1)应急指挥机构及职责分工。尖岗水库应急指挥机构及职责详见表 3-12。当水库发生紧急情况时,由郑州市尖岗水库防汛指挥部担任水库应急指挥,负责组织水库《应急预案》的实施。

表 3-12　应急指挥机构主要成员及职责

防洪成员单位	责任人	职责
指挥长	郑州市副市长	负责统一指挥防汛工作,督促建立防汛机构,主持防汛会议,组织救灾善后工作
副指挥长	相关部门	协助指挥长做好各项防汛抢险工作
市政府	副秘书长	负责协调组织和监督各防汛机构的执行情况
市水利局	局长	负责防汛指挥部人员调配;负责防汛经费、物资的申报和安排
市公安局	副局长	负责抗洪抢险治安保卫和维护社会秩序,保证防洪工程设施正常运用
市电业局	副局长	负责水库防汛抢险的电力供应
市财政局	副局长	负责防洪经费的安排、下拨和管理与监督、审计工作
市气象局	副局长	负责暴雨、异常天气的监测,按时向防汛部门提供短、中、长期气象预报和有关天气公报
市网通公司	副总经理	负责防汛通信线路的畅通
市广电局	副局长	负责利用广播、电视等新闻媒体进行防汛宣传员及紧急时期灾区群众迁安的警报工作
市物资局	副局长	负责抗洪抢险物资的储备、调拨和及时供应
市交通局	副局长	优先运送防汛抢险人员和料物,为紧急抢险和撤离人员及时提供所需的车辆等运输工具,确保抢险人员、物料运输的交通道路安全、畅通
市民政局	副局长	负责洪灾群众迁安和灾后救济工作
市卫生局	副局长	负责组织灾区卫生防疫和医疗救护工作
各镇政府	副镇长	负责组织本辖区内洪灾区人员迁安,负责组织防汛抢险队伍和群众防汛物资集结

（2）应急抢险机构设置。尖岗水库防汛指挥部办公室设在尖岗水库管理处，由尖岗水库管理处主任兼任办公室主任。尖岗水库防汛应急抢险机构设置及其职责分工详见表 3-13。

表 3-13　应急抢险机构职能部门一览表

职能部门		负责部门	职责
办公室	文秘小组	尖岗水库管理处办公室	负责与市有关部门的联系及防汛队伍的接待工作；做好有关文件、材料转发和整理以及领导视察讲话的录音等工作，并负责做好前线指挥人员车辆、食宿安排等后勤工作
	雨、水、灾情收集小组	尖岗水库管理处工管科	负责雨、水、灾情的收集和上报工作，保证信息的上通下达，并用图文相结合形式，标明各灾区的灾情抢险队伍驻地位置、负责人姓名、队伍人数等
	宣传报道小组	郑州市委宣传部、郑州市广播电视局	负责防汛抢险先进模范事迹的收集、宣传报道工作
抢险救灾组	专业抢险队	由尖岗水库管理处负责，人员由水库管理处技术人员组成	工程抢险
	群众抢险队	由水库库区和下游淹没区行政村或企事业单位抽调基层民兵组成	配合专业抢险队共同做好出险部位的抢险工作和负责通知水库下游人员、财产撤离
	人民解放军抢险队	武警官兵	在水库防洪预案启动时，报请上级调遣一定数量的武警官兵协助做好迁移抢救工作，以确保库区群众遇险时能及时抢救，迅速脱离险境
专家组	水文气象小组	由郑州市气象局、郑州市水利局、尖岗水库管理处	随时掌握天气、雨情和水情，分析其态势，及时提出抗洪抢险意见，供领导决策
	工程抢险技术小组	由郑州市水利局等单位抽调工程技术人员组成	水库大坝出现险情时提出分析意见，并对发生的重大问题制定出抢险实施方案。负责抢险工作的技术指导，并监督抢险实施方案的完成

续表3-13

职能部门		负责部门	职责
治安保卫组	治安保卫、交通保障小组	郑州市公安局	主要任务是负责维护抢险工地及区域的治安保卫工作,保障抢险队伍的交通畅通无阻
	交通运输小组	郑州市交通局	解决抢险所需的交通运输车辆;组织维修、养护抢险队伍所通过的道路;用图纸和文字相结合的形式标明车辆、船只待命的地点和数量;组织车辆维修组到抢险工地抢修车辆
	群众转移安置、抗洪抢险小组	由二七区、中原区、乡政府组织抗洪抢险救灾突击队负责	撤离或转移被洪水围困的群众;转移国家或群众的财产、物资;工程房屋抢险
后勤组	抢险物资供应小组	由财政局、民政局、粮食局、石油批发站组成	负责调运供给抗洪抢险物资和必要的生活用品
	供电小组	郑州市供电局	在抗洪前线组成一支供电抢修队伍,及时排除故障,确保抗洪抢险所需电力供应
	通信小组	郑州市电信局	确保抗洪抢险期间的通信畅通无阻(包括有线、无线通信)
	卫生救护小组	郑州市卫生局	设立若干个抗洪抢险队伍医疗救护点;组织好卫生防疫工作,防止传染病的传播

3.3.6.2　队伍保障

抢险队伍主要有专业抢险队、群众抢险队、人民解放军和武警部队等。

(1)专业抢险队。专业抢险队主要负责水库防洪工程查险、抢险技术指导和一般险情的抢护。负责人由水库管理处主要领导担任。

(2)群众抢险队。群众抢险队主要担负着重点工程部位的防守、查险、抢险及料物运送等任务。一般由各村镇的村民组成,由各村镇的村长负责。尖岗水库管理处根据需要,成立了由二七区、中原区有关乡镇共 900 人的群众抢险队,当水库水位达到 150.55 m 的设防水位时上岗抢险。

(3)人民解放军、武警部队。人民解放军、武警部队是抗洪抢险的中坚力量,担负着急、重、险、难任务,当出现重大险情时上报省市防汛抗旱指挥部,经批准后按部队调动程序出动。由中国人民解放军信息工程大学测绘学院组成了 200 人的防汛应急队伍,主要负责高水位的情况下大坝安全和泄洪洞正常运行,尤其是在暴雨且水位继续上涨的情况下,对大坝的监护工作和大坝险情的抢护工作;确保大坝不垮坝;负责泄洪洞出口的疏通工作,保证泄洪洞正常泄洪,上岗水位是 154.75 m。

3.3.6.3　物资保障

水库应储备必要的抢险物资、救生器材、抢险机具设备等防汛物资,用于突发事件的应急之需。

防汛物资的储备以水库为单位,按照"集中储备,集约管理,统一调度"的原则,按照《防汛物资储备定额编制规程》(SL 298—2004)规定储备必要的防汛抢险物资。准备好的防汛物资不得随意调用。

当水库抢险物资储备不足,需动用社会储备的防汛物资时,事前需征得郑州市防汛抗旱指挥部同意,紧急情况下可边用边请示,并逐级上报。

防汛抢险物资的调运,本着就近省时的原则,采用陆地运输和船只运输相结合的方法进行。

3.3.6.4　通信保障

1)水情险情的传递方式

水库应有专用防汛电话两部以上(微波通信或有线电话)。在正常运行情况下,水库监测人员通过大坝有线电话进行水情的报告工作。如遇非常时期,可增加移动电话及无线电对讲机来应急通信,保证水库工程的汛情及时、准确传递。在紧急情况下,用无线通信设施向上级防指发送水情和传达各级防指命令。

防汛电话汛期内不得私自拨打外线,24 小时专人值守,如遇汛期险情或与汛情有关问题时才能向上级拨打,做到上情下达,下情上报。

2)抢险指挥通信

抢险指挥通信,采用现代加原始通信方式,即综合利用现代有线、移动通信设施,保障抢险指挥上下畅通,在雷闪天气和特殊水情、工情条件下,采用通信员通信和特殊信号通信,确保防汛指挥部命令及时进入抢险第一线,体现防汛指挥的意图。

在防汛抢险时,水库防汛指挥部可采用对讲机来指挥抢险工作,根据抢险通信需要,可以启用储备的通信设备。

3) 应急状态下人员值班制度

应急通信值班人员必须坚守岗位,尽职尽责,实行 24 小时轮班制度,特别是晚上不准空岗,要加强巡逻,切实负起责任。值班人员要把涉及到的通信电话号码准备好,并准确熟练记忆,做到及时、准确、快速地传递汛情信息,指挥调度指令及时下达,随时做好向有关领导的汇报,为领导对水库的调度提供决策和依据。

3.3.6.5　其他保障

1) 宣传报道

加大宣传力度,彻底消除防汛工作中的麻痹侥幸思想,增强水患意识。尖岗水库严格按照"四确保、六落实"的重要精神,认真贯彻"安全第一,常抓不懈;以防为主,全力抢险"的原则,认真组织群众职工学习《防洪法》、《水法》、《大坝安全管理条例》等法律法规,进一步加大宣传力度,深入教育职工群众,激发防汛热情,做好防大汛抗大洪的思想准备,牢固树立有备无患的思想,为防汛工作奠定扎实的思想基础和群众基础。

对下游风险区群众,要从思想上真正增强防洪避洪意识,理解分洪避洪政策,树立"服从大局,舍小家顾大家,甘愿牺牲和奉献精神"。在此基础上,各级迁安组织要将登记表送交迁安双方,安置单位根据迁出单位的户数、人数落实好房屋。迁安双方都要把对口安置名单以村为单位张榜公布,达到人人皆知,一旦水库出现大洪水,上级一声令下,能够有条不紊地迅速安全转移。

宣传报道工作由宣传部、广播电视局负责。组织落实灾害发生、抗洪抢险救灾现场录像和新闻采访,及时收集抗洪抢险先进事迹,大力宣传报道先进模范;鼓舞军民,共同抗击洪魔。

2）交通保障

防汛交通主要涉及到防汛抢险物资的运输和水库库区以及下游风险区群众移民迁安工作,由郑州市交通局负责组织。

汛期前,郑州市交通局有关职能部门应该对尖岗水库所有防汛道路、下游撤退道路的情况进行统计,组织维修、养护抢险队伍所通过的道路,以做到汛期道路畅通无阻。

防汛物资运输车辆用于防汛物资的征调运输和工程抢险,主要由郑州市交通局负责组织解决,并用图纸和文字相结合的形式标明车辆、船只待命的地点和数量;组织车辆维修组到抢险工地抢修车辆。

其他防汛车辆主要用于移民迁安,库区下游群众自有的一切交通工具(三轮车、拖拉机、农用汽车等)是移民迁安的主要交通工具,不足部分需从社会组织部分车辆参加。

汛期内,由尖岗水库防汛指挥部对所有防汛车辆进行统一登记,发生大洪水、进入紧急汛期,需要调用社会储备车辆用于移民迁安、运送防汛抢险料物时,由尖岗水库防汛指挥部按照登记记载和实际调用范围发放防汛车辆临时证照。公安交警和交通管理部门应加强车辆管理,遵循"一般车辆让防汛车辆,防汛运料车和移民迁安车让防汛指挥车"的原则,必要时,对特殊路段实行封闭式交通管制,以满足防汛抢险的需要。

3）卫生防疫保障

由郑州市卫生局负责调派相关人员制定防疫方案,组织抗洪抢险伤病员的医疗、救护和险情发生地及其区域的卫生防疫和防护。医疗卫生部门根据防汛抢险需要,采取定点和巡视医疗相结合的办法,确定巡回医疗队数量,达到每个迁安点设 2 名卫生员,每个乡镇设 1 个医疗小分队,由防汛指挥部统一部署到一线服务,并将医疗队组织情况、人员情况、医药数量、医疗器械、服务区域网点等登记造册。

4）生活保障

落实水库防汛指挥人员的办公、休息场所及其所需的用品、工具、设备和设施等;提供各级防汛指挥机构抗洪抢险正常运转所需必备物品,保证防汛指令上传下达畅通;做好赴一线人员的有关物资保障等。

组织落实防汛指挥人员和各类防汛队伍的饮食、住宿和日用生活必需品的供应,确保防汛人员以充沛的精力参加抗洪抢险。

5)安全保障

由郑州市公安局负责,维护好道路交通秩序,尤其在交叉路口、狭窄路段以及险点、险段等车辆人员较拥挤处,增设临时指挥调度警点,并重点防范,防止社会上的不法分子趁机捣乱,影响抗洪抢险。

3.3.7　《应急预案》启动与结束

3.3.7.1　启动条件

根据水库工程的情况以及不可估计可能发生的自然灾害,需要启动本方案的条件如下。

1)工程本身突发的重大险情

(1)挡水建筑物:如发生严重的大坝裂缝、滑坡、管涌以及漏水、大面积散浸、集中渗流、决口等危及大坝安全的可能导致垮坝的险情。

(2)泄水建筑物:侧墙倒塌,底部严重冲刷等危及大坝安全的险情;输水洞严重断裂或堵塞,大量漏水浑浊等可能危及大坝安全的险情;起闭设备失灵等可能危及大坝安全的险情。

2)大坝安全受到重大威胁

如地震、地质灾害、战争、恐怖事件、危险物品等可能危及大坝安全的险情。

(1)上级宣布进入紧急备战状态。

(2)地震导致大坝严重裂缝、基础破坏等危及大坝安全的险情。

(3)山体滑坡、泥石流及地质灾害导致水库水位严重壅高等危及大坝安全的险情。

(4)恐怖事件等人为破坏危及大坝安全的险情。

(5)其他不可预见的突发事件可能危及大坝安全的险情。

3)超标准洪水

根据水位监测及审定的洪水预报、调度方案、预测水库所在流域内可能发生超过校核水位的情况。

4)其他紧急情况

经水库防洪应急方案审批部门批准需要启动应急方案的其他紧急情况。

3.3.7.2　结束条件

当洪水过程过去,水位下降至安全水位,工程隐患或险情排除后,可宣布结束《应急预案》。

3.3.7.3　决策机构与程序

启动和结束《应急预案》的决策机构:尖岗水库防汛指挥部。

启动或结束《应急预案》的程序为:由尖岗水库管理处根据《应急预案》启动和结束条件报尖岗水库防汛指挥部批准,并抄报上级防汛抗旱指挥部和水利部门备案后执行。

3.4　水库防洪应急预案编制的关键技术

从《水库防汛抢险应急预案编制大纲》规定的应急预案内容来看,水库防洪应急预案编制是一项综合性很强的工作,需要不少关键技术作支撑,主要包括以下几个方面。

3.4.1　防洪应急调度技术研究

应急调度包括应急泄洪程序的启动、确保大坝安全的水位控制方案的确定与实施、泄洪过程中的具体调度措施和确保工程周边地区综合安全等各个方面,整个过程中存在许多不确定性因素和技术问题,涉及水文学、水力学、工程结构、工程管理等多学科的理论和知识,是一个高度集成的技术过程,是水库大坝失事时减少人员伤亡和财产损失,以及保障社会、人民安全的补救手段。水库应急调度技术涉及到水库应急调度模式及优化技术、水库群联合调度、水库大坝突发事件应急调度决策支持技术等方面的研究,本书在后续章节进一步探讨。

3.4.2　水库突发事件预测和预警技术研究

实践证明,对水库突发事件进行预测并及时发出警报,以便有足够的时间组织下游公众进行转移,是降低损失、避免人员伤亡的控制性条件。突发事件预测研究主要包括:①大坝安全预测预报基本技术条件研究;②大坝监测数据可靠性识别技术研究;③大坝运行性态判断、预测技术研究;④突发事件判断和预测预报技术研究;⑤大坝安全预测预报软件的开发。突发事件预警技术研究主要包括:①水库大坝突发事件预警决策支持技术研究;②预警因子及确定方法研究;③预警阈值与等级划分标准研究;④预警模式对生命损失的影响研究。

3.4.3　溃坝洪水风险图技术研究

溃坝洪水风险图技术研究应包括溃坝洪水数值模拟技术与溃坝风险图软件开发。从溃坝机理的研究出发,深入研究溃坝洪水淹没范围和风险,开发一套界面友好的溃坝洪水模拟和溃坝风险图制作软件,以便制定出具有科学预见性、有效性和可操作性的应急预案,是溃坝洪水风险技术研究的关键。

3.4.4　应急预案的可行性、有效性研究

编制水库防洪应急预案的目的是为了避免洪涝灾害事件(特别是溃坝事件)造成严重的后果,能保证将事件所造成的损失特别是生命损失降低到最低程度。但应急预案编制中存在大量不确定性因素,应急预案如何有效运作需要深入研究。以溃坝为例,溃坝模式直接决定了溃坝洪水的危害性和严重性,而不同原因导致的溃坝模式则有很大差异,需要进一步的实验分析研究。另外,大坝溃决如何发生发展,溃坝洪水如何演进,灾害报警何时发布、如何发布,如何撤离逃生和救援,应急预案的可行性、有效性受到众多影响因素的制约。检验这些因素的影响程度将非常困难,特别是对于溃坝事件,更加不可能用实际溃坝事件发生情况来加以检验。因此,应研究在实验室条件下、通过计算机仿真模拟、通过现场一些重要节点(环节)的实际演习来检验应急预案的可行性、有效性,在真正遭遇突发事件时,确保应急预案的有效运作,将突发事件的损失特别是生命损失降低到最低程度,实现提高溃坝灾害防控能力的目标。

3.4.5　应急预案的组织与协调

水库防洪预案大多是由防汛部门编制的,而水库的防洪抢险需要防汛部门、地方、部队等多方面全力配合才能够取得成功。如何实现防洪预案与地方政府、军队的"精准对接"是防洪预案落实到底的又一必须解决的关键性技术。所以,要想让防洪预案切实落实到底,使抢险工作取得成功,防汛部门必须主动与地方政府搞好关系,加强协调与交流。在防洪预案的编制上对迁安救护、物资保障、通信保障、后勤保障等凡是涉及地方部门的预案,不但要多与有关部门交流沟通、交换意见,必要时可由相关部门进行制订,然后由防汛指挥部统一进行审定、把关、汇编。这样可以使防洪预案更具有操作性,还可以通过交流增进防汛部门与其他有关部门的关系,有利于防汛工作的顺利进行,并且可以使各个成员部门对自己的职责更加明确,便于防洪预案的彻底落实和顺利实施。

地方行政首长是防汛的第一责任人,是做好防洪抢险工作的核心。而防洪抢险因其工作的特殊性,涉及很多部门和人员,这些部门和人员多隶属于地方,因此水库防洪应急预案落实,关键在地方行政首长。只有地方行政首长切实履行职责、加大对各级防汛指挥部及相关责任人的督察力度,防洪预案才会真正落到实处,防汛工作才不会出现脱节。

水库防洪应急预案涉及的防汛物资多、抢险设备多、各类抢险人员多,而这些物资和设备很多是属于地方群众备料。其备料是否充分、设备是否性能良好且到位,在防洪预案中很难准确显示。这不仅需要各级防汛指挥部按照应急预案进行多抽查、多检查、多演练,还要检查各级抢险人员的应急能力和整体配合能力是否与预案一致。只有有关各部门通力协作,才能够使水库防洪应急预案真正落到实处。

第4章　串联水库防洪应急关键技术研究

在流域防洪体系中,通过串联水库联合调度,利用梯级之间水力联系,充分发挥其联合调蓄能力,减少下游洪灾损失是常用的防洪手段。串联水库群,是在河流上、下游布置,相互之间有水力联系的水库群。串联水库防洪应急问题涉及面广,难度大,既要考虑洪水到来时水库自身安全蓄泄,又要考虑与区间入流错峰,保护下游水库安全,最终库群联合运用保护下游防护目标的安全。因此,进行串联水库防洪应急技术研究对减轻和避免洪水灾害作用重要。

4.1　串联水库洪水调度理论与方法

在河流的治理开发中,兴建了一群水库,一方面为了根治洪涝灾害,另一方面是为了开发水利资源,进行灌溉发电。这一群水库的水利计算和水库调度与单一水库比较有什么特点呢? 为此,我们对水库群(简称库群)必须有个正确的理解。为了从全流域的角度研究防灾和兴利双重目的,需要在干支上布置一系列水库,形成一定程度上能互相协作,共同调节径流,满足流域整体中各用水部门的多种需要,这样一群共同工作的水库整体称为水库群。

4.1.1　水库群防洪调度理论

水库群与单一水库比较有两个特征:一是共同性,即共同调节径流,共同为一些开发目标(如防洪、灌溉、发电)服务。二是联系性,即水库群中各库之间常常存在着一定的水文、水力、水利上的相互联系。由于库与库之间有联系性的存在,才产生了“群”的概念,并发挥“群体”的作用。例如,通过水库群的联合调度与水库单独调度相比较,在防洪方面,可以提高总的防洪效益,减少水害;在灌溉方面,可以提高总的设计灌溉供水量,扩大灌溉效益;在发电方面,可以提高总的保证出力,增加发电量。

4.1.1.1　水库群调度基本知识

1)水库群的分类

水库群的类型按照各水库在流域中相互位置和水力有无联系,可以分成下列三种类型,即并联水库群、串联水库群和混联水库群。

(1)并联水库群。是位于几条相邻的干、支河流上的并排水库,它们有各自的集雨面积,并无水力联系,仅当为同一目标共同工作时,才有水利联系,如图4-1中的 A、B、C 水库。

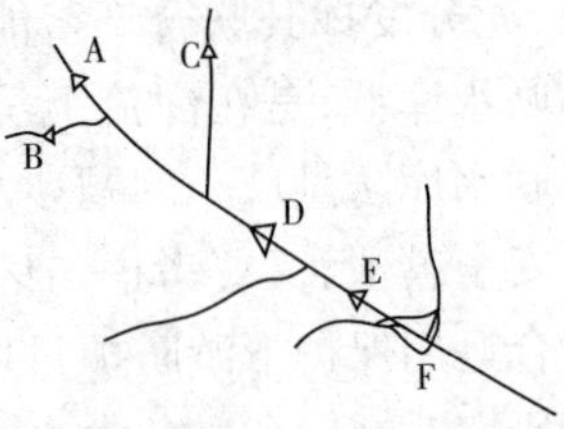

图4-1　水库群示意图

(2)串联水库群(又称梯级水库)。是布置在同一条河流上,各库的径流之间有着直接联系,又因在同一河流上有着水利联系,共同为某一目标工作,如图4-1中 D、E、F 水库。

(3)混联水库群。为串联水库群与并联水库群混合联结的较为复杂的水库群,水库群所控制的流域面积、涉及范围、发挥的作用更加广大,如图4-1中的 A、B、C、D、E、F 水库。

2)水库群调节计算的途径

由于组成水库群的各个水库的特点和相互联系性不同,水库群的水利计算和调度也不相同,问题较为复杂,主要表现在下面几个方面:

(1)调节性能上的联系。各水库库容有大有小,库容大调节性能强的水库可以帮助库容小调节性能差的水库,发挥所谓"库容补偿"的作用,提高总的开发效益。

(2)利用水文情势上的差别。由于各库的地理位置不同,各库的来水量、年内分配也可能不同,有所谓水文同步和不同步的情况,作为库群联系考虑,将发挥"水文补偿"的作用,也可以提高效益。

(3)径流和水力上的联系。在梯级电站开发中,下库的入库径流过程与上库的放水有关,下库的正常蓄水位常受到上库的尾水位的制约,这使得各库在选择参数和联合调度方面有着密切的相互联系。

（4）水利和经济上的联系。流域上总的开发治理，往往不是单一水库所能完成的。例如，洪涝的根治、大面积的灌溉、电网电力的供应，常常是全流域内（甚至跨流域）由各水库共同来承担的，或共同解决效益会更好，这就使得库群中各水库之间有一定水利和经济上的相互联系。

由于河流特性、气候特征、水文情况的差异，各水库入库径流的时间和数量都不相同，各水库的库容大小也不一样，因此进行库群之间的径流调节，主要途径是联合工作、取长补短、互相补偿，使全流域的治理开发总效益最大。

4.1.1.2　并联水库群的防洪调节与调度方式

用水库群来防御下游防洪保护地区某一频率的洪水，是河流防洪规划中经常采用的方法，水库群的防洪调度，原则上与单库一样。但由于区间洪水比重大，各部分洪水组成多变，或各库入库洪水不同步，使水库群防洪调度的计算较为复杂，在并联和串联两种情况下应分别研究。本节主要说明并联水库群的洪水调节与调度方式，对于串联水库群的情况将在下一节细述。

如图 4-2 所示，甲、乙两水库共同承担丙处的防洪任务，要求两库密切配合对区间洪水互相进行补偿调节，其目的为：在设计防洪标准的情况下，一方面使丙处下泄流量小于其安全泄量 $q_安$，另一方面要满足各水库本身的防洪要求。

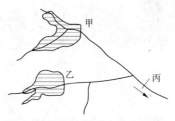

图 4-2　某河流并联水库示意图

1）分析洪水组成，确定各库的必需防洪库容

在防洪调度计算之前，经水文计算求出丙处设计洪水过程线及其各组成部分。丙处洪水由哪些地区组成，其比例和规律怎样，在时间、空间、数量上可能遭遇的情况，对水库群防洪来说是很重要的，也是复杂的。

不同的组合情况各水库所需的防洪库容不同，但最不利的组合情况有两种：一种情况是甲库、区间与丙库处发生同频率设计洪水，而乙库发生相应洪水,这对甲库最为严重,即使乙库不泄洪,为满足下游丙库处防洪安全,甲库推求的防洪库容,是它最小的防洪库容,也是其他水库不能替代承担的库容,上述甲水库推求的最小防洪库容称为必需防洪库容 $V_{防甲}$。另一种情况是乙库、区间与丙库处发生同频率设计洪水,而甲库发生相应洪水,这对乙库最为严重,如同上述,可推求得乙库的必需防洪库容 $V_{防乙}$。

2)确定总防洪库容

如果甲、乙到丙相应于防洪标准的区间设计洪峰流量,不大于丙处的安全泄量,则可根据丙处的设计洪水过程线,按 $q_安$ 控制,求出在丙处所需要的总防洪库容 $V_{防丙}$。在实际调度中,由于补偿调节的差误,防洪库容不可能得到充分利用,故总的防洪库容应加大 10% ~ 30% 以策安全,即 $V_{防总} = (1.1 \sim 1.3) \ V_{防丙}$,见图4-3。

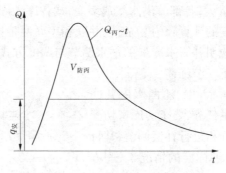

图4-3　总防洪库容估算示意图

3)防洪库容的分配

将总防洪库容 $V_{防总}$ 减去各水库必需防洪库容之和 $V_{防甲} + V_{防乙}$,所剩即为共同承担的防洪库容,至于如何分配,一般原则为:①干流水库较支流水库,距防护点近的较防护点远的水库,洪水比重大的水库较洪水比重小的水库,应多分担一些共同承担的防洪库容。②按各水库总兴利损失最小原则分配。在初步方案拟定时,尽量利用防洪与兴利可能结合的共同库容。如不够再向调节性能较高、本身防洪要求较高、发电水头较低的水库多分配一些。③按总计算支出最小分配。在满足下游防洪要求的前提下,各分配方案的计算支出最小,以确定最优方案。各方案兴利效益的差值,用替代方案的投资和运行费折算。

在某些洪水组合情况变化剧烈的河流,有时求出的总必需防洪库容可能超过所需要的总防洪库容,这时就不存在共同承担的防洪库容了。将各水库必需防洪库容之和作为它们的总防洪库容。

4)防洪调度方式

(1)固定下泄流量的方式。若各水库属于同一暴雨区,洪水基本上同步,且区间流域面积很小,防护点的洪水主要来自各水库,可采用固定下泄流量的方式进行洪水调节。它与单库固定下泄流量的防洪调度方式类似,即根据防洪等级标准的不同,可分为一级或多级固定下泄流量。不同之处,应按前述方法拟定的各库防洪库容,分别规定各库的分级判别条件和下泄流量。

(2)补偿调度方式。由于各水库洪水的多变性,以及区间洪水的影响,为了有效地发挥库群的防洪作用,需要对区间洪水及水库之间进行补偿调节。下面以两库共同防洪的补偿调度为例做一说明:

①先后补偿法。如图 4-2 所示,甲、乙两水库上游洪水,具有一定程度的同步性。它们共同承担丙处的防洪任务。首先,选择防洪能力强的、控制洪水比重大的水库(如乙库)作为防洪补偿调节水库,另一水库(如甲库)为被补偿水库。然后,将被补偿水库(即甲库)按其本身的防洪及综合利用要求进行洪水调节,求出下泄流量过程线 $q_甲 \sim t$,将此过程线沿河道进行洪水演进计算,确定洪水流量传播时间,在河槽调蓄作用演变后再和区间(甲丙、乙丙)洪水过程线 $Q_区 \sim t$ 同时间叠加,得到 $(q_甲 + Q_区) \sim t$ 曲线。

在乙库处,相应于防洪标准的洪水过程线 $Q_乙 \sim t$ 上,绘一条丙处的安全泄流量 $q_{安丙} \sim t$ 线,然后将 $(q_甲 + Q_区) \sim t$ 线倒置于 $q_{安丙} \sim t$ 线下面,如图 4-4 所示,此线与乙库洪水过程线 $Q_乙 \sim t$ 所包围的面积,即为乙库为了丙处防洪,又考虑了甲库调洪和区间洪水作用后,所应有的防洪库容值 $V_{防乙}$,如图 4-4 中的斜线阴影部分。乙库下泄流量过程如图中的竖线阴影部分。

②随机补偿法。此法应用于甲、乙两并联水库的洪水比重相差不

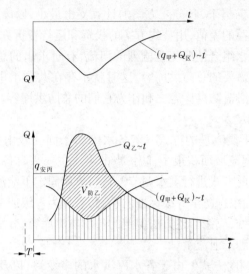

图 4-4　确定补偿调节水库的防洪库容

大,且同步性较差的情况。它不先决定两库的补偿调节次序,而是根据洪水发生的情况及预报值,再决定两库蓄水泄水次序和补偿调节关系。

如图 4-2 所示,当丙处发生设计洪水时,乙库发生同频率洪水,甲库发生相应洪水,则乙库按满足自身防洪要求的方式进行调洪,甲库根据区间和乙库泄洪情况对丙处进行补偿调节。又如,甲、乙两库根据预报发生的洪水相近,但乙库来洪比甲库早,则应先调蓄乙库,使甲库尽量腾出库容,以迎接迟到的洪峰,这种情况即乙库先作补偿调节蓄满防洪库容,然后甲库进行补偿调节后,蓄满防洪库容。

4.1.2　串联水库洪水调度基本方法

4.1.2.1　串联水库的工作特点

串联形式的梯级水库,其水利计算的目的与单一水库基本上是相同的,主要在于通过径流调节计算和必要的经济比较,来选择各水库最有利的参变数、防洪兴利效益及最有利的水库操作程序。不过此时所谓"最有利",不是对个别水库而言,而是以串联水库总的效益为标准。在研究串联水库的水利计算问题时,首先需了解与并联水库不同的下列一些特点：

（1）由于位于上游的水库对天然来水已起了调节作用，因而改变了下游水库入库流量（包括洪水与枯水）在时间上的变化过程，即改变了年内分配，甚至年际分配的过程。

（2）由于上游水库的兴建，增大了水库的水量蒸发损失和某些耗水部门，如灌溉、给水等的引用损失，因而使下游水库的入库径流也有一定的减少。

（3）在串联水库的工作过程中，枯水期由于上游水库调节而提高了的下泄流量，多数情况下对减轻下游水库的调节任务是有利的（在径流基本同步时，更是如此）；对于水电站梯极，则这部分提高了的枯水季流量，更可通过下游各级电站进行发电，从而对增加梯极的总保证出力和总电能就更为有利。对于洪水的调节，情况亦大致相同。

（4）如果串联水库为同一用水部门服务，例如，梯极水电站参加同一电力系统工作，或串联水库共同为下游的灌溉、航运或防洪服务时，则它们的工作情况便有更密切的联系，例如，为了满足电力系统某时刻的负荷，如果一水电站的出力增大，则其他电站的出力就可相应地减少。

上述（1）至（3）点，主要说明上游水库调节时对下游水库入库流量的影响问题。串联水库中下一级水库的入库流量，通常是由两部分组成的，即上一级水库的调节下泄流量和区间流量。上库调节下泄流量的大小，主要决定于水库调节性能，而其与区间径流的关系，又决定于径流的同步性程度。因此，分析上下级水库在调节流量上的相互影响时，必须考虑下列的三个因素：①上下游水库的调节性能及其差异；②上下游库址与区间径流的同步性程度；③上下游各用水部门及其保证率情况。

从调节程度的影响来看，对年调节库群而言，由于不影响径流多年特性，故只须把调节流量和损失的影响计入下一水库即可，换言之，为了估计上游年调节水库的影响，主要在于扣除上游水库设计保证率相应的调节流量中的耗用部分（如灌溉、供水等），并求得下泄流量过程。但是，当上游为多年调节水库时，情况则较复杂，因为上游水库的调节，一方面可能使设计枯水年流量减少(有灌溉等耗用水量时),另一方面使径流年间的变化亦改变,当上游水库拦蓄耗用的水量较多时,还可能使下游入流之 C_v 增加,从而使所需的多年库容也可能增大。

综上所述,可知在进行串联水库的径流调节或参数选择的水利计算时,必须考虑到串联水库间所特有的上述这些水文、水力、水利三方面的相互联系和各种区别,这也就是所谓串联水库联合运转的水利计算问题。下面针对串联水库的径流调节计算和水利计算的有关问题,分别说明。

4.1.2.2　串联水库的时历法年调节计算和库容分配

1)从上游水库开始向下游逐级调节

当串联水库各有其自己一定的服务部门,且须分别保证各自综合用水的要求时,则各库的工作具有一定的独立性,虽然上、下梯级间的水利联系不很密切,但上一级水库经过径流调节后,改变了河川天然径流情况,必将影响下一级水库。这种情况,拟采取自上而下逐级调节的方式。

(1)各串联水库供水保证率相同。在上下游径流完全同步且各库用水部门的保证率均相同的情况下,列表法调节计算的步骤如下(以已知库容求调节流量为例):

①对上游第一级水库,根据兴利库容和设计枯水年的来水、供水过程线,进行兴利调节计算,其方法与单库相同。

②求第二级水库的入库流量过程线。从第一级水库调节后的出库流量过程线,减去所消耗的水量,再加上一至二级的区间同频率流量过程线,即为所求。

③对第二级水库的入库流量过程线和供水过程线,进行兴利调节计算,方法仍与单库相同,得第二级的调节流量过程线。

④依次逐级计算。

上述计算也可以图解法来进行。此时先给出上库坝址断面设计保证率的天然来水的差积曲线,如图 4-5(a)中 Oab 线所示。如果串联水库系为航运或发电服务,根据供水期和蓄水期调节流量尽量均匀的原则,则可由已知库容 W'_0,从图上求得最大匀调的调节流量值,枯期为

Q'_P、汛期为 Q'_T。调节流量线 Ocb 与来水差积线间的纵距即为水库蓄水量的变化图。

在计算下库时，同样先给出下库坝址断面同期的天然来水量差积曲线 OMN，即未受上库调节影响时的入流情况。为了考虑上库调节影响，只要将图 4-5（b）中 OMN 差积线各点向下移动上库同时刻的蓄水量 W'，所得的 OHN 曲线即为考虑上库调节后的下库入流过程。然后根据此 OHN 线和下库的库容 W'' 作调节计算，可求得均匀调节流量 Q''_T 和 Q''_P。如果下游还有串联水库，可依次类推，求出相应的调节流量和水库蓄泄过程。

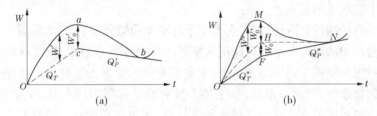

图 4-5　调节计算图解法

（2）各串联水库供水保证率不同。在径流不完全同步，甚至无相关的情况下，可以简单地按下述方法处理，即上下游各库均按所需的设计保证率，例如 $P = 80\%$，求出设计年水量，然后取同一实测枯水年作为典型，分别进行缩放，得出设计来水过程线，上下库的两设计过程线相减，即得相应的区间径流过程线。此区间径流过程线就是应与上游调节下泄流量相加而作为下库之入流者。

当对上下游主要用水部门的设计保证率要求不同时，则须分两种情况来设计下游水库。第一种情况，当上游保证率高于下游时，例如上游发电之 $P = 95\%$，下游灌溉之 $P = 80\%$，则上游水库按本身 $P = 95\%$ 来水设计，而对下游水库则上下游均按 80% 的来水计算。此时上库工作可按照调度图要求进行。第二种情况，当上游灌溉的保证率低于下游发电所需时，则可按在较高保证率的特枯水年中，上游灌溉用水按允许缩减的成数进行工作，以推求下游水库在 $P = 95\%$ 时的设计枯水年的入库流量过程。

　　以上系指各库均独立地进行工作的情况,另一种为串联水库共同担负下游用水需要的情况,此时各库库容的决定便需统一考虑,合理分配。例如,设某下游水库直接负担满足综合用水任务,但由于库容不足,须在上游再修一水库以对下游水库进行补偿调节,而上游水库无本身之独立用水部门,或只满足该处某些用水要求为附加任务。此时所要解决的问题是:如何选定上下游两库库容,使共同提供最大的效益,为此需要拟定若干库容分配方案,针对每一方案进行计算,最后选定两水库总库容最小而总效益最大的方案。至于联合运行原则是尽量先取用下游水库的蓄水。

　　具体的计算方法如下:先确定下游水库的综合用水量,然后假定一下游水库的库容和求满足此用水量之入库来水流量过程,以此入库流量减去未经调节的区间来水量,求出亏缺的水量即为上游水库应加保证的供水量,以这一水量(如上游水库有自己的附带用水时,亦加上)与上游水库的来水量进行径流调节计算,求出所需库容。同理可求另一组上下游库容值,而最后进行经济比较。

　　在已知用水及库容反求入库流量时,一般有无数入流过程的方案或解;但若按上游放水尽量均匀的原则,则有唯一解,其求法如下:先画二平行之综合用水累计线,使其相距为 $V_{下}$,另作 $Q_{区}$ 之累积线,假定几个上游放水流量 $Q_{上}$ 值,亦作累积线(为几条直线),分别与 $\sum Q_{区}$ 累积线相叠加,并绘于透明纸上,把此透明纸上之曲线群,覆于前已作出之二平行综合用水累积线上,并上下移动,找出恰好与平行之二用水累积线相切的一条($\sum Q_{区} + \sum Q_{上}$)累积线,即为所求。

　　所介绍的串联水库调节计算的两种方法,即自上而下的方法和自下而上的方法,各有其特点,一般说来,自上而下的方法较多用于发电、航运为主的串联水库,或灌溉集中在上游的情况;自下而上的计算方法,则用于灌溉为主,灌区遍布上下游的串联水库较多,因为可以根据上下游各灌区的用水要求,在充分利用下游各级水库的调节能力和区间流量的条件下,发挥上游水库补偿调节作用,并由此逐级分配灌溉库容,这样做对处理灌溉与航运、发电在用水时间上的矛盾也较有利。

总结以上所述,对于以灌溉为主,且灌区遍布上下游各处的串联水库,其水利计算的一般途径如下:即根据水量平衡原则,自下而上逐级计算盈亏水量,逐级进行径流调节,求出各自的库容,并对几种库容分配方案的计算结果,从综合效益与投资的多少来加以比较,就可最后选定。在具体的计算中,应根据各下游水库所能控制和灌溉的耕地面积而求出的需水量,加上必要的综合利用水量,与区间径流比较,看是否需要上一级水库进行补充放水,如区间来水小于用水量,则此缺水量可考虑由上一级水库均匀放水来补足,均匀放水是为了同时满足上一级水库的发电、航运要求。根据不同的上游均匀放水,就可定出相应的所需调节库容,以便比较。

4.1.2.3　用数理统计法进行串联水库多年调节计算的基本原理

串联多年调节计算的问题,主要在于如何考虑上库调节对下库入库流量的影响问题,也就是如何推求下游各级水库的入库流量频率曲线问题。求得入库流量后,就不难用单一水库多年调节计算的同样方法来进行计算。

下库的入库流量 $Q_下$ 为上库经过水库调节后的泄放流量 $q_上$,与区间天然流量 $Q_区$ 之和,但是由于多年调节改变了径流年际的分配和天然径流原有频率分配的特性,因此为求下库的入库流量频率曲线,已不能简单地把 $q_上$、$Q_区$ 两频率线直接相加,而必须应用频率组合的方法。下面对上库天然径流与区间径流间的三种相关情况分别加以说明。

1)当上库天然径流与区间径流完全独立无相关关系($\gamma=0$)时

此时情况最简单,由于上库天然径流与区间径流完全无关,因此可以想象,经上游水库调节后的下泄流量,亦将与区间径流无相关关系,这样便可把上游水库多年调节后的下泄流量频率线与区间径流频率线用无相关的频率组合图解法推求下库入库流量的频率曲线。

2)当上游天然径流与区间径流完全同步或同频率出现($\gamma=1$)时

当假定上游水库每年有同一固定之初蓄时,则不难想象按各年下泄量所作的频率线,将与原天然径流频率线保持同频率的对应关系,换言之,在固定初蓄情况下,上游水库的泄水频率线仍保持着原有的频率特性,因此可与有同步性的下游区间径流频率线直接叠加,而得到下游水库的入流频率线。具体计算步骤如下:

(1)先用单库的库位频率法求得上游水库的稳定库位频率线,如图 4-6(a)中的 KNO 线。

(2)把此库位频率线划分为几个阶梯,代表不同的初蓄情况,用库位频率法作图的相同方法,把天然径流频率线横向压缩,分置于各种初蓄水位的阶梯上,并在 $\alpha_\perp$ 及 $\alpha_\perp + \beta_\perp$ 两纵标处引两条水平线,如图 4-6(a)中所示,则 $\alpha_\perp + \beta_\perp$ 线以上之部分频率线,表示不同初蓄下的余水情况,而 $\alpha_\perp$ 线以下表示不足水情况。

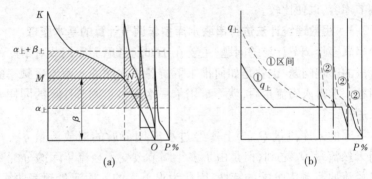

图 4-6　流量频率线叠加方法

(3)将此图中 $\alpha_\perp$ 与 $\alpha_\perp + \beta_\perp$ 之间的阴影面积(水库的存蓄水量)移去,把上面的余水量线下移到保证供水量 $\alpha_\perp$ 的水平线上,并把纵标化为流量表示,即得上库在不同初蓄下的下泄流量的部分频率曲线,如图 4-6(b)中实线①所示。

(4)根据固定初蓄时下泄量频率特性不变的特点,就可将区间来水频率线按不同比例横向压缩后分别直接加于图 4-6(b)之各分部频率线①上,如各虚线②所示,然后将各条②线沿横向合并,即得所求的下库入库流量频率线。

3)当上游与区间径流特性具有一定的相关关系(0 < γ < 1)时

设 x 为上游水库的天然来水量,y 为区间径流量,两者之相关系数

为 γ。根据有相关关系时的频率组合法，当上游为某一 x 值时，区间就有相应的一条 y 频率线，此频率线之纵坐标，可按雷布金表，由下列公式求得

$$y_p^x = \left[\Phi_p (C_v)_y^x + 1 \right] \cdot \overline{y}_x \tag{4-1}$$

式中：$\overline{y}_x$ 为其条件均值；$(C_v)_y^x$ 为 y_x 频率线之偏差系数，其值为

$$(C_v)_y^x = \frac{\sigma_y}{\overline{y}_x} \sqrt{1 - \gamma^2} \tag{4-2}$$

以此 $(C_v)_y^x$ 代入式(4-1)可得

$$y_p^x = \Phi_p \sigma_y \sqrt{1 - \gamma^2} + \overline{y}_x \tag{4-3}$$

分析式(4-3)可知，相应于每一 x 值的 y 频率线之纵坐标 y_p^x 值，是由两部分组成：一部分是与 x 成函数关系的 $\overline{y}_x$，可从回归方程由不同的 x 值求得；而另一部分是与 x 值无关的 $\Phi_p \sigma_y \sqrt{1 - \gamma^2}$，其中 σ_y、γ 为区间径流的特征值，且为常数，Φ_p 由雷布金表根据不同的 P 值查得，故 $\Phi_p \sigma_y \sqrt{1 - \gamma^2}$ 为与 x 无关的某独立变量的频率曲线。

这样，就可把区间径流量看做由两部分组成，一部分与上游水库处的径流特性完全一致，另一部分则与上游水库的径流特性完全无关。因而可先按前述水文特征完全相关的方法，把上游水库的调节流量频率线与 $\overline{y}_x$ 的频率线进行组合，推求其和的组合频率线，然后再将所得的组合频率线与 $\Phi_p \sigma_y \sqrt{1 - \gamma^2}$ 的频率线，用无相关的频率组合法进行组合，即可求出最后所需的下游水库入库流量的频率曲线。

4.1.2.4　不同调节性能时串联水库总调节流量的简化计算(库容系数法)

当水库数目较多时，用前述的逐级调节法相当复杂，此时可按各库调节性能的大小划定其调节对象(即水库所能调节的来水区间)，用简单的库容系数 β 来求调节流量。这种方法的前提，是上下游库址的天然来水具有同步性，因此只在流域面积不很大的情况下才较合适。

串联水库联合运用时，各水库可能调节径流的能力决定于库容系数 β 的相对大小。设 $V_{上}$、$V_{下}$、$W_{上}$ 和 $W_{下}$ 分别代表上下游水库的调节

库容和坝址处建库前的多年平均径流量,则两库联合工作时的相对库容可表示如下:

$$\beta_{上} = \frac{V_{上}}{W_{上}} \tag{4-4}$$

$$\beta_{下} = \frac{V_{下}}{W_{下} - W_{上}} \tag{4-5}$$

根据 $\beta_{上}$、$\beta_{下}$ 值的不同,两库间的工作情况与调节流量的求法也就不同。

1)当 $\beta_{上} > \beta_{下}$ 时

在径流同步情况下,相对库容较小的下游水库必然较上游水库早蓄满、早弃水,因此可认为下游水库完全无能力调节上游水库集水面积内的径流变化,而只能调节区间来水。这样两库可视为独立地分别调节其所控制面积的径流,而串联水库总调节流量为两库分别求得的调节流量之和,即

$$Q_H = \alpha_{上} \overline{Q}_{上} + \alpha_{下} \overline{Q}_{区} \tag{4-6}$$

式中:$\overline{Q}_{区}$ 为区间多年平均流量。

2)当 $\beta_{上} < \beta_{下}$ 时

因上游水库相对库容较小,必然较下游水库早蓄满和早放空,故上游水库的弃水,有可能在下游水库加以调节利用,即下游水库的部分库容可用做帮助上游水库对其调节的不彻底的径流进行再调节。在这样的情况下,显然上游水库全部有效库容的水量更可为下库所全部利用。因此,在求串联总调节流量时,就可设想将上库的库容集中到下库来计算,而把多级水库联合运用问题简化为假想的单一水库的调节计算,即根据 $V_{上} + V_{下}$ 的总有效库容和下游处的天然来水,来求得总调节流量 Q_H。

如果下边还有第三个水库 V_3 时(见图 4-7),则其相对库容为

$$\beta_3 = \frac{V_3}{W_3 - W_2} \tag{4-7}$$

为了知道第三个水库是否有能力调节第 1 水库以下至 2、3 两库的区间径流,还需要计算 2、3 两库之和的库容系数 β'_3 值:

$$\beta'_3 = \frac{V_2 + V_3}{W_3 - W_1} \tag{4-8}$$

(1) 当 $\beta_3 > \beta_2$，且 $\beta_3' > \beta_1$ 时：此时说明三库能调节其上的全部径流，故三库可合并计算，总调节流量可按 $(V_1 + V_2 + V_3)$ 集中到最下一级来求。

(2) 当 $\beta_3 > \beta_2$，且 $\beta_3' < \beta_1$ 时：此时说明三库能调节 1~3 库间的区间径流而不能调节水库 1 上游集水面积的径流变化，这样总调节流量等于1 库单独的调节流量与 $(V_2 + V_3)$ 对1~3 之间区间的调节流量之和。

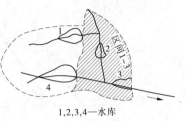

1,2,3,4—水库

图 4-7　多库联合调节情况

图 4-7 中阴影部分，表示出了此种情况下各库调节面积划分图。图中第 4 水库为混联式，此处假定其库容甚大，故亦需单独计算，而后同样加之得串联梯极水库之总调节流量。

有更多水库联合运用时，包括混联形式下求总调节流量的问题，均可仿上述 β 值判别法进行简化计算。

应当指出，一般说来，第一类上大下小要比第二类上小下大的梯极的总调节流量小，因为第一类上游库容虽大，但由于没有控制区间的集水面积，对区间径流无法进行直接调节，而第二类可以调节全部径流。两类情况的总库容与调节流量的关系比较，如图 4-8 所示。图中曲线①代表上下库分别调节的情况，曲线②则代表两库库容集中到下库的情况。当上库所控制的集水面积占下库所控制的区间面积的比重逐渐减小时，即上下游水库愈远时，则①②线的差距愈大，效益愈差。在此情况下，为发挥上游水库的作用，若上库进行补偿调节，则总平均调节流量可稍增加，如图中间虚线③所示。

串联水库上下游径流非同步性变化时，一般对提高枯水径流调节效果总是有利的，因它已起到自然水文补偿的作用，这样可减少所需的调节库容，由于这样，用上述以径流同步为前提的库容系数法，对非同步情况下所得成果，多半是偏于安全的。

利用上述库容系数法的概念，也有可能把串联各库的防洪库容和

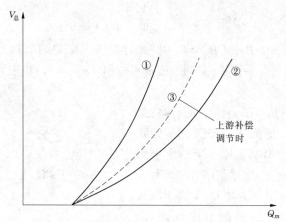

图 4-8　不同情况库容与调节流量关系比较

各集水面积的洪水量相比而得防洪库容系数,利用此防洪库容系数只对串联防洪库容作初步分配,或求串联水库洪水变形计算时,也足以使计算简化。

4.2　串联水库防洪应急关键问题

串联水库的防洪应急体系研究是梯级水库遭遇突发事件时的防洪应急调度和抢险工作的重要基础,水库防洪应急体系的建立可有效提高上级政府及有关部门应对水库发生突发事件的能力,保护水库大坝安全,最大程度保障人民群众生命安全,减少损失。上一章已经全面介绍了单一水库防洪应急体系的相关内容,本节主要介绍串联水库与单一水库防洪应急体系中不同之处的关键问题。

在串联水库防洪应急体系中,其应急预案编制的大纲和内容基本一致,区别在于串联水库的防洪库容与防洪调度方式应考虑到库群之间的联系和影响;洪水淹没风险分析中的设计洪水和溃坝洪水对下游影响的分析计算应当考虑上下游水库的洪水组合;在库群的防洪调度中常采用优化调度理论与模型进行分析计算。以下将对这三个方面的问题分别进行详细说明。

4.2.1　串联水库的防洪库容和防洪调度方式

4.2.1.1　串联水库的防洪库容

串联水库与并联水库一样,在进行防洪调节之前,需要分析设计洪水的组合,求出总防洪库容 $V_{防总}$,再分配到各水库去承担。

如图 4-9 所示,甲、乙两串联水库共同承担丙处的防洪任务,如果乙库到防洪控制点丙处,相应于防洪标准的区间设计洪峰流量,小于丙处的安全泄量 $q_{安丙}$,则可根据丙处的设计洪水过程线,按 $q_{安丙}$ 控制用单库方法求出所需要的总防洪库容 $V_{防总}$,再以$(1.1\sim1.3)$ $V_{防总}$分配到各水库。

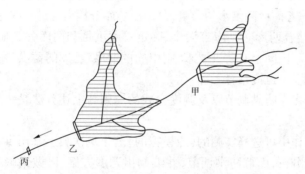

图 4-9　串联水库布置示意图

为满足丙处设计防洪要求,当甲乙之间的河段本身无防洪要求,则乙库必须承担的防洪库容,由甲乙及乙丙两区间的同频率设计洪水按 $q_{安丙}$ 控制,经调洪计算得出。假如乙库的实际防洪库容小于这个必须防洪库容,当甲丙区间出现设计洪水时,即使甲库不放水,也不能满足丙处的防洪要求,由于甲库的泄水可由乙库控制,故甲库并无必须承担的防洪库容。

$V_{防总}$减去必须防洪库容,得两库应共同承担的防洪库容。根据实践经验,串联水库分配防洪库容时,使库容较大、本身防洪要求不高、水头较低、梯级的下一级、距防洪区较近的水库,多承担些防洪库容比较有利。

4.2.1.2　串联水库的防洪调度方式

防洪调度方式主要是怎样进行各水库之间的防洪补偿调节,以及对各水库的蓄洪泄洪次序作出决策。如图4-9所示,如果甲乙两水库调洪性能相差较大,应以调洪性能较高的水库作补偿水库,调洪性能较低的水库,按单独运行方式调节洪水。如果甲乙两水库的调洪性能相差不多,当丙处发生设计洪水时,需根据甲库的入库洪水和甲乙区间洪水的组合情况来决定蓄泄次序。一般来说,在丙处发生大洪水时,需要甲乙两水库拦洪错峰,若甲库的拦蓄洪量对减轻丙处的水灾确有作用,则先蓄甲库比较有利。当甲库泄量减少到不能再小时,才适当应用乙库拦洪,若甲库和甲乙区间同时遭遇较大洪水,需根据较准确的洪水预报,并考虑乙丙区间洪水的影响,可采取两库分担丙处洪水的补偿调节方式,再结合两库防洪库容大小,确定总蓄洪量和两库各分配的蓄洪量。若甲乙区间也有防洪要求,则甲库的泄洪、乙库的蓄洪,在上述防洪调洪调度中也应结合考虑。

对于多库防洪调节以及调度方式的原则与上述方法是一致的,可参照执行。

在工作中可选择实测的(或模拟的)若干场次典型暴雨洪水,分别进行水文分析,库群防洪调节,并编制出调度方案,以做到胸有成竹。当实际一旦发生洪水时,可参照所编的一些方案进行库群防洪调度。

4.2.2　洪水调节及溃坝洪水应急分析

水库的调洪作用,是采用滞洪和蓄洪的方法,利用水库的防洪库容来存蓄洪水,削减洪峰,改变天然洪水过程,使其适应下游河道允许泄量的要求,以保证水库本身及上、下游的防洪安全。调洪计算是将水库库容曲线、入库洪水过程线、调度规则以及泄洪建筑物类型、尺寸作为已知的基本资料和条件,对水库进行逐时段的水量平衡和动量平衡运算,从而推求水库水位过程和下泄流量过程。对于串联水库,应按照水库相应频率,分溃坝和不溃坝两种情况进行洪水计算与调洪演算。因此,以下针对不溃坝和溃坝两种情况分别进行说明。

4.2.2.1 不溃坝情况下洪水调节计算

1) 洪水调节计算原理与方法

洪水进入水库后形成洪水波运动,其水力学性质属于明渠渐变非恒定流,其运动规律可用圣维南方程组来描述:

连续方程
$$\frac{\partial A}{\partial t} + \frac{\partial Q}{\partial x} = 0 \tag{4-9}$$

运动方程
$$-\frac{\partial Z}{\partial x} = \frac{1}{g}\frac{\partial u}{\partial t} + \frac{u}{g}\frac{\partial u}{\partial x} + \frac{\partial h_f}{\partial X} \tag{4-10}$$

式中:x、t 分别为距离和时间;A、Q、Z、u 分别为过水断面的面积、流量、水位和平均流速;g 为重力加速度;h_f 为克服摩擦阻力所损耗的能量水头。

式(4-9)和式(4-10)是偏微分方程组,通常难以得出精确的解析解。因此,在一般的水库调洪计算中,都采用简化的近似解法,忽略动力平衡对调洪的影响,近似地作为稳定流来处理,只考虑连续方程式。即水库调洪演算就是求解下列方程组:

$$V_t = V_{t-1} + \left(\frac{Q_t - Q_{t-1}}{2} - \frac{q_t - q_{t-1}}{2}\right) \times \Delta t \tag{4-11}$$

$$q_t = f(V_t) \tag{4-12}$$

式中:V_{t-1}、V_t 为第 t 时段始、末水库的蓄水量;Q_{t-1}、Q_t 为第 t 时段始、末入库流量;q_{t-1}、q_t 为第 t 时段始、末出库流量;$f(V_t)$ 为相应蓄水量 V_t 的泄流设备的溢流能力。

计算机普及之前,图解法成为最适合人工操作的方法。它首先根据式(4-11)制作调洪演算工作曲线,通过查工作曲线代替试算,但图解法不便于程序化。随着计算机的普及,图解法在实际调洪演算中已渐少使用了。

大连理工大学陈守煜教授于 1980 年提出了水库调洪演算四阶龙格－库塔解法与改进尤拉算法。

当假定水库水位水平起落时,水库调洪计算的实质,乃是求解微分方程:

$$F(Z)dZ/dt = Q(t) - S(Z) \tag{4-13}$$

式中:$Q(t)$为t时刻入库洪水流量;Z为水库水位;$F(Z)$为水库水面面积关系;$S(Z)$为通过泄水建筑物的流量。函数的表达式,视泄水建筑物的类型而不同。

调洪数值解法的四阶龙格－库塔公式:

$$Z_n = Z_{n-1} + [k_1 + 2(k_2 + k_3) + k_4]/6 \tag{4-14}$$

$$\begin{cases} k_1 = h_n[Q(t_{n-1}) - S(Z_{n-1})]/F(Z_{n-1}) \\ k_2 = h_n[Q(t_{n-1} + h_n/2) - S(Z_{n-1} + k_1/2)]/F(Z_{n-1} + k_1/2) \\ k_3 = h_n[Q(t_{n-1} + h_n/2) - S(Z_{n-1} + k_2/2)]/F(Z_{n-1} + k_2/2) \\ k_4 = h_n[Q(t_{n-1} + h_n) - S(Z_{n-1} + k_3)]/F(Z_{n-1} + k_3) \end{cases} \tag{4-15}$$

式中:Z_n、Z_{n-1}分别为时刻t_n、t_{n-1}的水库水位;$h_n = t_n - t_{n-1}$;$Q(t_{n-1} + h_n/2)$为时刻$t_{n-1} + h_n/2$的入库流量;$S(Z_{n-1} + k_1/2)$、$S(Z_{n-1} + k_2/2)$、$S(Z_{n-1} + k_3)$分别为水库水位$Z_{n-1} + k_1/2$、$Z_{n-1} + k_2/2$、$Z_{n-1} + k_3$的泄洪流量;$F(Z_{n-1} + k_1/2)$、$F(Z_{n-1} + k_2/2)$、$F(Z_{n-1} + k_3)$分别为水位$Z_{n-1} + k_1/2$、$Z_{n-1} + k_2/2$、$Z_{n-1} + k_3$的水库水面面积。

龙格－库塔数值解法无需作图与试算,适用于多泄流设备、变泄流方式、变时段计算等复杂情况下的调洪计算。定步长四阶龙格－库塔数值解法计算速度快,计算精度较高,但它存在一定的截断误差,所求的计算结果有时不能严格满足水量平衡方程和水库蓄泄方程的要求。

除上述常用方法外,近年来不断有学者提出新的计算方法。如牛顿迭代法、人工神经网络法、双斜率法等,在此不再详述。由于人工神经网络方法需要训练样本、模型的输出精度控制困难以及数百万次耗时数小时的模型训练的缺点,使其在水库调洪演算中不具有实际应用价值。牛顿迭代法和双斜率法是可用方法,但使用不是十分方便,因为在计算过程中,都要用到库容曲线和泄流能力曲线的一阶导数,无论采用解析法还是差分值计算方法,都会增加许多额外的工作量。

在实际应用中,由于图解法求解精度与绘图精度有关,人工操作时一般误差较大,因此一般不采用靠人工操作的图解法进行调洪计算。试算法概念清楚,计算精度高,很适合编制电算程序。用计算机求解时计算快捷、准确,但因其迭代收敛速度取决于给定的精度指标,有时会出现迭代时间长,无法满足精度的情况。因此,可采用龙格－库塔数值解析法与试算法相结合的方法,即以龙格-库塔数值解析法的计算结果作为试算的初值,然后以试算法的计算结果作为本时段的终值,并在试算法中设置最大迭代次数,以控制迭代的进程。

2）串联水库洪水调节技术

以上方法应用于串联水库的洪水调节计算时与单个水库的不同之处主要在于:串联水库的防洪调度方式主要是进行各水库之间的防洪调节,对各水库的蓄洪泄洪次序作出决策。若串联水库之间存在较大区间面积,两者之间的区间来水不可忽略,在这种情况下,应考虑未控区间洪水的变化对水库泄流方式的影响,需要对区间洪水或水库之间进行防洪补偿调节,以便错开洪峰。防洪补偿调节是指当发生洪水未超过下游防洪标准相应的洪水时,上游水库应根据区间流量的大小控泄,使水库泄量与区间洪水流量的合成流量不超过下游河道安全泄量。

对于串联水库,由于上游水库距防洪控制点较远,且其下泄流量可由下级水库再调节。因此,若串联水库各库洪水基本同步时应先蓄上游水库,后蓄下游水库,以达到防洪库容最充分利用的效果。而泄洪次序一般与蓄洪运用次序相反,并以最下一级水库的泄量加区间流量不大于防洪控制点安全泄量为原则,尽快腾空各水库防洪库容。

承担下游防洪任务的串联水库防洪调度应采取分级控制方式,首先按下游防洪要求采取相应的控泄方式;一旦根据已发生的水情信息判明当前洪水已属于超下游防洪标准的大洪水时才能采用尽量加大泄量(或敞泄)以保证大坝安全的调洪方式。

在实际运用中,有许许多多不可预测的因素影响调度结果,调度的灵活性应建立在科学预测的基础上,可以在比较可靠的预报前提下实施预泄,使库水位在洪水到来之前降低到汛限水位,或在调度运用原则规定范围内逐步加大泄量,避免给下游造成不应有的损失。

3）影响串联水库调度的关键性问题

在串联水库中,上游洪水汇流到下游河道有一个较长的过程,这一过程提供了足够的决策时间,但是如果利用不好,就会使水库的泄流与下游的地面汇流同时出现在下游河道,这是调度大忌。由于下游河道长时间干涸,即便是较大流量通过也有一个自然滞蓄过程,在泄洪中应充分利用这一条件,及时预泄,不会给下游造成损失。另外,预泄时间宜早不宜晚,对于大洪水来讲,时间就是生命,就是经济损失。科学利用汇流时间,利用下游干涸河道的滞蓄作用,对于优化洪水调度将发挥关键作用。

串联水库涉及上下两库、区间和下游保护目标,所以科学灵活的决策离不开准确的水文信息的支持。准确的水文信息是决策的依据,尤其是上、下游水库的洪水信息、区间洪水信息及下游河道的洪水信息,都要及时掌握,才能权衡利弊,科学决策。如在串联水库流域安装卫星云图系统以随时掌握天气情况;安装水文自动测报系统,布设卫星、超短波水位及雨量站以控制主要干流及支流的雨水情况,满足水库洪水预报及洪水分析的需要。此外,还可以结合开发洪水预报调度系统,为准确、及时预报调度提供可靠保障。有关洪水预报以及防洪应急信息系统的相关内容将在后续章节中有详细的介绍。

4.2.2.2　溃坝洪水分析计算

猝然性溃坝的发生和溃坝洪水的形成通常历时短,往往难以预测。洪水波常以立浪或涌波形式向下游急速推进,下游临近地区,难以从容防护。溃坝洪水的破坏力远远大于一般洪水。若上游水库发生溃决,下游大部分乡镇将被淹没或冲毁,严重危害人民生命财产安全。在目前的水库安全应急预案中,溃坝分析是应急内容之一,溃坝洪水计算是其重要的组成部分。溃坝洪水计算成果将指出水库溃坝时下游受威胁地区范围,对人员及财产转移提供重要依据。

当上游有水库,其防洪标准低于下游水库时,下游水库必须考虑上游水库溃坝洪水的影响。否则,会造成计算结果的差异。溃坝洪水对下游水库的影响大小与很多因素有关,如:溃坝类型,是瞬时溃坝还是逐渐溃坝,是全部溃坝还是局部溃坝;溃坝前水深;决口大小;溃坝库容;两库之间的距离;河道洪水期断面最大平均流速;河道糙率,等等。坝体溃决后,水库上下游水流变化显著。对上游,由于库水位骤降,库岸孔隙水压力来不及消散,极易引起滑坡;对下游,形成溃坝涌波,破坏能力极大,能造成极为严重的灾害。坝型与库容的不同,失事比例也不同。据国际大坝委员会失事委员会的统计,按坝型分,土坝失事最多,约占 1/2。按库容分则中小型失事比例最大,达 80%。我国溃坝情况也类似,以中小型土坝为最,且多在运行期出现。

在串联水库溃坝洪水分析计算中,关键在于探讨上游溃坝洪水对下游水库调洪演算的影响,并考虑上游存在多个防洪标准各不相同的水库时的处理方法,其计算过程如下。

1)上游水库溃坝洪水计算

为满足下游水库调洪演算的需要,对上游溃坝洪水进行如下计算:溃坝最大流量、坝址流量过程线、溃坝洪水向下游演进过程。

(1)分析水库溃坝原因、溃坝形式(溃口形状、宽度等),计算坝址断面溃坝最大流量。溃坝最大流量多采用铁道部科学研究院经验公式或黄河水利委员会经验计算公式,其具体计算方法参见本书 3.3.3。

(2)推求坝址断面溃坝流量过程。水库溃坝最大流量过程多采用概化四次抛物线式(3-4)进行计算。

2)溃坝洪水向下游的演进

根据前面求得的坝址流量过程线作为第一边界条件,可采用洪水演进中的水量平衡等较简化的方法求得下游水库坝址处的流量过程线及水位过程线,但这些方法仍较为繁杂。参考黄河水利委员会水科所等的试验研究成果,对于计算上游溃坝洪水演进到下游水库坝址处的最大流量,可采用经验公式(3-5)进行计算。

上游溃坝洪水传播时间及流量过程线,溃坝洪水传播时间取决于诸多影响因素,其近似解法有多种。这里仅给出黄河水利委员会水利科学研究院根据试验求得的计算公式。

洪水起涨时间的计算:

$$t_1 = K_1 \frac{L^{1.75}(10 - h_0)^{1.3}}{W^{0.2} H_0^{0.35}} \tag{4-16}$$

式中:t_1 为下游各处洪水起涨时间,s;L 为距坝址的距离,m;H_0 为坝上游水深,m;W 为可泄水量,m^3;h_0 为下游溃坝前稳定流平均水深,m;K_1 为与两库间河流特征有关的系数,山区、半山区、平原河道分别取 $(0.7, 1.0, 1.5) \times 10^{-3}$。

假定到达下库的溃坝洪水流量过程线的形状为三角形,则洪水总历时 T 为

$$T = 2W/Q_L \tag{4-17}$$

下游各处最大洪峰流量到达时间:

$$t_2 = k_\tau \frac{L^{7/5}}{W^{1/5} H^{1/2} h_m^{1/4}} \tag{4-18}$$

式中: t_2 为溃坝最大流量从坝址到下游 L 处的传播时间,s; h_m 为下游断面处最大流量时的平均水深,m,可根据计算的 Q_L ,查该断面的水位流量关系曲线和水位平均水深关系曲线求得; k_τ 为与河槽形状有关的系数,山区、半山区、平原河道分别取 0.8、1.0、1.2; H 为溃坝时的坝前水深,m; L 为断面距坝址的距离,m; W 为溃坝时的水库有效蓄水容积,m^3 。

3) 下游水库洪水过程

对于下游水库的入库洪水而言,应考虑上游水库的溃坝洪水。上游水库来水与下游水库自身集雨面积设计洪水叠加时,下游水库来水应包括溃坝前调洪下泄流量、溃坝洪水和溃坝后天然洪水三部分。应采用上游水库天然洪水过程线,进行调洪演算后,算出可能溃坝的时间,得出溃坝前调洪下泄流量。最后将三部分流量按相应时序和下库洪水叠加得出下游水库的入库洪水过程。

推而广之,当上游存在较多防洪标准不同的水库时,可按各水库不同情况分别计算其溃坝洪水过程线,然后按照不同洪水频率逐一叠加到下游水库中去,最后可得下游水库的计算洪水过程线。

需要说明的是,在上游水库的集雨面积、库容较小情况下,一般难以显著体现出是否计入上游溃坝洪水的影响。当上游库容较大时,二者的差异将较为明显。若不考虑上游水库溃坝洪水的影响,一旦出现溃坝,必将威胁下游水库的安全。我国溃坝大多数是中小型水库(绝大部分是土坝),集雨面积较小,常为局部高强度暴雨所笼罩,能够形成很大的洪峰、洪量。另外,中小型水库库容有限,设计洪水标准只有100 年一遇或 1 000 年一遇,一般难以承受超标准洪水,容易造成洪水漫顶或基础管涌而溃坝。因此,当上游存在较低标准的水库时,必须考

虑溃坝洪水对下游水库的影响。

4)溃坝洪水组合淹没影响分析

串联水库发生溃坝情况时,上下游水库相互影响,尤其是上游水库一旦溃坝,将对下游水库及河道周围产生极大的影响。在这种情况下,溃坝洪水与区间洪水的叠加组合,造成的洪水淹没影响范围和损失必然很大。因而对于溃坝洪水组合淹没影响计算和分析,需要在水文预报的基础上,分析不同洪水组合,实施人为干预措施和洪水优化调度,以最大限度地减轻溃坝洪水造成的危害。该部分内容将在下一节中以贾鲁河流域三库串联为例进行分析,此处不再细述。

4.2.3　水库防洪优化调度

水库常规调度以调度规则为依据,利用径流调节理论和水能计算方法来确定满足水库既定任务的蓄泄过程。常规调度虽然简单、直观,但调度结果不一定最优,而且不便于处理复杂的水库调度问题。优化调度则是以运筹学(或称系统工程学)为理论基础,建立以水库为中心的水利水电系统的目标函数,拟定其应满足的约束条件,然后用现代计算技术和最优化方法求解由目标函数和约束条件组成的系统方程组,寻求满足调度原则的最优调度方式或方案,它是近 50 年来得到较快发展的一种水库调度方法,是在常规调度和系统工程的一些优化理论及其技术基础上发展起来的。优化调度可在保护水库安全可靠的条件下,解决各用水部门之间的矛盾,满足其基本要求,利用水库调度技术,经济合理地利用水资源及水能资源,以获得最大的综合利用效益。

4.2.3.1　水库防洪优化调度目标与防洪优化准则

水库防洪优化调度是根据水库的入流过程,按照水库防洪最优准则,通过最优化方法,对水库防洪调度的数学模型进行求解,生成比较理想的水库防洪调度方案,使水库按照最优调度方式进行调度蓄水和泄水,从而获得最大防洪效益。

水库的防洪目标可笼统地以一句话表达,就是使防洪效益最大。一方面,防洪效益与发电效益有很大的不同,它是以洪水灾害的减轻的形式体现出来的;另一方面,洪水灾害的后果不仅有可量化的经济损失,而且还有难量化的社会损失及环境损失。因此,防洪效益的估算实际上是一件十分复杂的事情。此外,对于具体一场洪水而言,既可能有库区防洪效益,又可能有下游防洪效益,二者由于发生地点不同,受益者不同,即使都以货币计量,也是不能等价衡量的。还必须指出的是,下游防洪效益的获得是以工程可能受到洪水破坏的风险性上升为代价的。由于上述原因,通常用一组指标(优化准则)来表达防洪目标。

一般而言,水库防洪优化准则有以下几种类型:

(1)发电效益最大准则:即在大坝、库区、下游防洪要求均得到满足的条件下,使水电站发电量最大。这种情况水库实际上以兴利为主调度。

(2)最大防洪安全保证准则(即防洪库容最小模型):即在满足下游防洪控制断面安全泄量的条件下,尽可能多下泄,使留出的防洪库容最大,以备调蓄后续可能发生的大洪水。这种情况属于大坝(及库区)、下游防洪要求都能满足的情形。

(3)最大削峰准则:即在满足大坝(或库区)防洪安全条件下,尽量满足下游防洪要求,使洪峰流量得到尽可能大程度的削减。这种情况下下游防洪安全可能得到保证,也可能下游会受灾。

(4)最小成灾历时准则:即在满足大坝(或库区)防洪安全条件,但下游防洪安全不能得到保证时,使防洪控制断面流量超过其安全泄量历时越短越好,即尽量减轻下游洪水灾害损失。

(5)敞泄:即在发生大洪水时,为保证大坝安全,不考虑下游防洪要求,敞泄。这时并不存在优化问题。

4.2.3.2　水库防洪优化调度模型

1)常用模型介绍

根据水库防洪优化调度的目标和准则不同,常见的水库调度模型有以下四种:

(1)发电量最大模型。当入库洪水较小时,防洪不是主要问题,应争取多发弃水电量,可用一次洪水发电量最大为最优准则建立洪水调度模型。

目标函数 $$\max N = \sum_{t=1}^{n} N_t \qquad (4\text{-}19)$$

对于以发电量最大为目标的水库,其约束条件一般包括水库水量平衡约束、水库蓄水水位约束、出库流量约束、电站出力约束等,具体如下:

约束条件:库容约束 $\overline{V} \geq V_t \geq \underline{V}$ $(4\text{-}20)$

出力约束 $\overline{N_t} \geq N_t \geq \underline{N_t}$ $(4\text{-}21)$

泄量约束 $\overline{q_t} \geq q_t \geq \underline{q_t}$ $(4\text{-}22)$

水量平衡约束 $V_t = V_{t-1} + (Q_t - q_t)\Delta t$ $(4\text{-}23)$

式中:t 为时段序号,$t = 0, 1, \cdots, n$;N 为一次洪水所发的总出力;N_t 为第 t 时段所发的出力;V_{t-1}、V_t 分别为第 t 时段水库的初、末库容;$\overline{V}$、$\underline{V}$ 分别为 t 时段水库允许的最大、最小库容;$\overline{q_t}$、$\underline{q_t}$ 分别为 t 时段水库允许的最大、最小泄流量;$\overline{N_t}$ 为 t 时段的预想出力或装机容量;$\underline{N_t}$ 为 t 时段系统要求的最小出力;Q_t 为时段 Δt 内的平均入库流量;q_t 为时段 Δt 内的平均下泄流量。

(2)最短成灾历时模型。目标函数分为两种情况:

无区间洪水时 $$\min T = \int_{t_0}^{t_d} (q_t - q_安)^2 \mathrm{d}t \qquad (4\text{-}24)$$

有区间洪水时 $$\min T = \int_{t_0}^{t_d} (q_t + Q_{区t} - q_安)^2 \mathrm{d}t \qquad (4\text{-}25)$$

式中:T 为成灾历时;$Q_{区t}$ 为 t 时段的区间洪水;$q_安$ 为水库下游允许的安全泄量。

其约束条件主要有三类:一是与水量平衡有关的约束;二是建筑物设备能力或允许使用范围的约束;三是综合利用各部门对放水决策的限制要求和防洪决策本身的限制要求,包括变量的非负要求等。

(3)最小洪灾损失模型。

目标函数 $$\min K = \int_{t_0}^{t_d} c q_t \mathrm{d}t \qquad (4\text{-}26)$$

式中:K 为总的洪灾损失,可以货币或实物表示;c 为洪灾损失系数,应由分析洪灾调查统计资料得出。当洪灾损失为成灾流量的线性函数时

c 为常数,上述模型为一线性模型,否则为非线性模型。

约束条件同最短成灾历时模型。

(4)最大削峰准则模型。目标函数分为两种情况:

无区间洪水时
$$\min Q_m = \int_{t_0}^{t_d} q_t^2 \, \mathrm{d}t \tag{4-27}$$

有区间洪水时
$$\min Q_m = \int_{t_0}^{t_d} (q_t + Q_{区t})^2 \, \mathrm{d}t \tag{4-28}$$

式中:Q_m 为下游洪峰流量。

约束条件同最短成灾历时模型。

2)模型的选择

确定合适的目标函数是用数学规划方法进行水库防洪优化调度的关键之一。理想的方法是能够确知水库水位与上游淹没损失的关系及最大泄量与下游防护区淹没损失的关系,将问题转化为防洪系统(包括上游、水库大坝、下游)总洪灾经济损失最小的单目标优化调度问题。但从现状看,准确获取洪灾损失信息有很大困难,以致该法难以在实际中应用。

有些水库虽具有一定的防洪能力,但是防洪能力有限。或者在洪水季节,洪水较小,能满足防洪安全要求时,水库防洪不是问题,则可以考虑以发电效益最大为目标,利用洪水多发季节性电能,追求发电效益最大化。在进行水库防洪优化调度时,最大削峰准则和最小成灾历时准则应用较为广泛。二者物理意义明确,易于被人们接受。从应用上看,最大削峰准则具有更广泛的实用性。当洪水为常遇洪水时,最大削峰准则得出的均匀放水策略对减轻下游防洪压力显然是有利的;而最小成灾历时准则,虽然可以得到零成灾历时,但采用的目标函数使得放水策略不均匀(若干时段维持安全泄量),这对防洪显然不利。

水库防洪和兴利是一对固有的矛盾,在汛期如何在确保防洪安全的前提下充分利用洪水资源,尤其对缓解北方地区水资源短缺问题具有十分重要的现实意义。若将单一模型用于整个汛期的洪水调度往往带有一定的局限性。因此,应根据入库洪水频率的大小及水库目前的状态,选择适宜的调度模型。

4.2.3.3　优化调度模型求解的粒子群优化算法

水库防洪优化调度是一个多约束、非线性、多阶段的优化问题。传统的求解方法有动态规划法(DP)、离散微分动态规划方法(DDDP)和逐步优化算法(POA)等。但动态规划由于存在时间效率、计算机存储能力等不足,在求解复杂大规模水库优化调度问题时常会遇到困难,因此适合求解一些精度要求不很高的水库优化调度问题。作为动态规划的延伸算法,DDDP、POA等一定程度上节省了计算机内存,提高了计算速度,但这些方法的共同缺点是很难保证收敛到全局最优解。近年来,遗传算法、模拟退火算法等智能算法由于其对求解问题的限制较少且不要求函数连续、可微而被用于水库优化调度中。但是遗传算法局部寻优能力差,容易出现早熟现象,且交叉概率和变异概率的选择对问题的解有较大的影响。模拟退火算法对整个搜索空间的状况了解不多,不便于使搜索过程进入最有希望的搜索区域,从而使得算法的运算效率不高。

粒子群优化算法(Particle Swarm Optimization, PSO)是一种基于群智能方法的演化计算技术,它通过粒子间的相互作用发现复杂搜索空间中的最优区域。相比其他进化算法,PSO保留了基于种群的全局搜索策略,采用简单的速度-位移模型,避免了复杂的遗传操作,同时它特有的记忆使其可以动态跟踪当前的搜索情况以调整其搜索策略,具有较强的全局收敛能力和鲁棒性,且不需要借助问题的特征信息。算法的优势在于简单、容易实现且功能强大,因而短短几年的时间便获得了很大发展,已成为国际演化计算界的研究热点。因此,本节主要针对该算法进行介绍。

1)粒子群算法原理

目前,对于PSO算法的研究大多以带有惯性权重的PSO为对象进行分析、扩展和修正,因此大多数文献中将带有惯性权重的PSO算法称为PSO算法的标准版本,或者称为标准PSO算法;而不含惯性权重的PSO算法称为初始PSO算法/基本PSO算法,或者称为PSO算法的初始版本。

假设在一个D维目标搜索空间有m个粒子。其中,第i个粒子位置表示为向量$X_i = (x_{i1}, x_{i2}, \cdots, x_{iD})$,由适应度函数可计算粒子在该位置上的适应值,表示该位置的优劣程度。将粒子自身飞行过程中所得

到的最佳位置记为 $P_i = (p_{i1}, p_{i2}, \cdots, p_{iD})$;整个粒子群飞行所经历过的最佳位置记为 $G_i = (g_{i1}, g_{i2}, \cdots, g_{iD})$。$X_i$ 的第 k 次迭代的速度表示为向量 $v_i^k = (v_{i1}^k, v_{i2}^k, \cdots, v_{iD}^k)$。对于每一次迭代,粒子根据以下公式来更新其速度和位置:

$$v_{id}^{k+1} = w v_{id}^k + c_1 r_1 (p_{id}^k - x_{id}^k) + c_2 r_2 (g_d^k - x_{id}^k) \tag{4-29}$$

$$x_{id}^{k+1} = x_{id}^k + v_{id}^{k+1} \tag{4-30}$$

式中:$i = 1, 2, \cdots, m; d = 1, 2, \cdots, D; c_1$、$c_2$ 分别为两个非负常数,称为学习因子,通常取为 2.0;r_1、r_2 分别为两个独立的、介于 $[0,1]$ 之间的随机数;w 是惯性权值。为使粒子速度不致过大,可由用户设定速度上限 $v_{\max}$,当 $|v_{id}| > v_{\max}$ 时,取 $v_{id} = v_{\max}$。

惯性权重系数 w 对算法的优化性能有很大的影响,较大的值有利于提高算法的收敛速度,而较小的值则有利于提高算法的收敛精度。因此,通常采用线性递减权策略确定惯性权值,即

$$w = w_{\max} - \frac{w_{\max} - w_{\min}}{iter_{\max}} \times iter \tag{4-31}$$

式中:$w_{\max}$、$w_{\min}$ 分别为 w 的最大值和最小值;$iter$、$iter_{\max}$ 分别为当前迭代次数和最大迭代次数。通常将式(4-29)~式(4-31)称为 PSO 标准算法模型。

从运动方程(4-29)可以发现,粒子飞行的速度由三项组成。其中第一项表示微粒维持先前速度的程度,它维持算法拓展搜索空间的能力,惯性权重 w 可起到调整算法全局和局部搜索能力的作用;第二项表示算法的"认知"部分,表示微粒对自身成功经验的肯定和倾向,同时存在适当的随机变动反映学习的不确定因素;第三项代表"社会"部分,表示微粒间的信息共享和互相合作,这正是 PSO 算法的关键所在,即通过群体间的交互及合作追求整体的最优状态,若没有第三项,算法将等价于各个微粒单独运行,得到最优解的概率就很小。

算法迭代终止条件一般为最大迭代次数或粒子群迄今为止搜索到的最优位置的适应值满足预定的最小适应度阈值。

粒子群优化算法中的参数直接影响着算法的性能以及收敛问题。从式(4-29)看,如果没有第一部分,即 $w = 0$ 则粒子的速度只取决于粒

子当前位置 pbest 和其历史最好位置 gbest,速度本身没有记忆性。那么如果一个粒子位于全局最好位置,它将永远保持静止。而其他粒子则飞向它本身最好位置 pbest 和全局最好位置 gbest 的加权中心。在这种条件下,粒子群将收缩到当前的全局最好位置 gbest,那么使得粒子群算法更像一个局部算法。而加上第一部分后,粒子就具有扩展搜索空间的趋势,即第一部分有全局搜索能力。因此可以说,w 的作用是针对不同的搜索问题,调整算法全局和局部搜索能力的平衡。如果没有第二部分,即 $c_1 = 0$,则粒子没有认知能力,也就是"只有社会"的模型。在粒子的相互作用下,可以进行新的搜索,但是容易陷入局部最优值。如果没有第三部分,即 $c_2 = 0$,则粒子之间没有社会信息共享,也就是"只有认知"的模型。这样,个体间没有交互,一个规模为 m 的群体等价于运行了 m 个单个粒子的运行,因而得到最优解的概率非常小。如果没有后两部分,即 $c_1 = c_2 = 0$,粒子将一直以当前的速度飞行,直到到达边界。由于它只能搜索有限的区域,所以很难找到最好的解。

　　PSO 算法由于概念简单、易于实现、参数少且无需梯度信息的优点,在连续非线性优化问题和组合优化问题中都表现出良好的效果。但大量的实验证明,标准粒子群算法存在搜索精度不高和易陷入局部最优解的缺点,而且参数的选择对算法的优劣影响很大。因此,很多学者都进行了这方面的研究,提出了一系列的改进算法。这些改进主要可以概括为两类:一类是对速度更新公式中惯性权重 w 的变化加以限制,从而影响算法的搜索能力,使算法在前期具有较强的全局搜索能力,让搜索空间快速收敛于某一区域;而在后期则加强其局部搜索能力,以获得高精度的解,满足实际应用的需要。另一类是从整体框架上改变 PSO 或者将 PSO 同其他优化算法结合起来,使其达到更好的收敛效果。

　　2)PSO 算法在水库防洪优化调度中的应用

　　(1)粒子变量的选择。在水库优化调度中,水库的运行策略一般采用下泄流量序列来表示。而在水库优化调度的计算中,通常把下泄流量序列转换为水位或库容变化序列,并以水位或库容变化序列作为 PSO 算法的寻优因子。

（2）适应度函数的确定。适应度函数是评价粒子质量，指导寻优方向的关键，因此必须保证适应度函数与模型目标的方向一致性。由于粒子群算法不需进行遗传操作，所以可直接把目标函数作为适应度函数应用到模型中。通过评价产生个体极值（pbest）和全局极值（gbest），并记录位置，作为位置和速度更新的依据。

（3）约束条件的处理机制。智能算法常用的约束处理方法中，罚函数法由于原理简单且容易实现而成为最常用的方法。罚函数法的基本思路是将约束条件引入原来的目标函数而形成一个新的函数，将原来有约束的最优化问题转化成无约束最优化问题的求解。PSO 算法求解水库优化调度问题时，对于直接对应求解目标的状态变量，可以直接通过对粒子位置的取值范围进行限定来实现约束。其他约束条件则通过罚函数的形式进行处理。即如果不满足约束条件，让目标函数值乘以一个很大的数，作为这个粒子的适应值。

带有约束条件的极值问题的一般形式为：

$$\min f(X)$$

$$\text{s. t.} \begin{cases} g_j(X) \geqslant 0 & (j = 1, 2, \cdots, p) \\ h_k(X) = 0 & (k = 1, 2, \cdots, q) \\ x_i^u \leqslant x_i \leqslant x_i^w & (i = 1, 2, \cdots, n) \end{cases} \qquad (4\text{-}32)$$

式中：X 为 n 维实向量，$X(x_1, x_2, \cdots, x_n) \in R^n$；$f(X)$ 为目标函数；$g_j(X)$ 为第 j 个不等式约束；$h_k(X)$ 第 k 个等式约束；变量 x_i 在 $[x_i^u, x_i^w]$ 中取值。

引入罚函数，新的粒子适应值函数为：

$$\min F(X, c) = f(x) + c\left[\sum_{j=1}^{p} \left| \min(0, g_j(X)) \right| + \sum_{k=1}^{q} \left| h_k(X) \right|\right]$$

$$(4\text{-}33)$$

式中：c 为惩罚因子，$c \gg 0$；$F(X, c)$ 为适应值函数。

PSO 算法在实际串联水库防洪优化调度模型应用时，对应与直接求解目标的状态变量（水位），通过在算法的编程过程中设定水位的上下限来实现约束，而对于其他等式约束与非等式约束采用罚函数来处

理。引入罚函数后,新的粒子适应值函数为

$$\min F(X,c) = f(X) + c\left[\sum_{j=1}^{p}\left|\ \min(0,g_1(X)) + \min(0,g_2(X)) + \right.\right.$$

$$\left.\left. \min(0,g_3(X))\ \right| + \sum_{k=1}^{q}\left|\ h(X)\ \right|\right] \tag{4-34}$$

$$f(X) = \sum_{t=1}^{T}(q_t + Q_{区t})^2 \tag{4-35}$$

$$g_1(X) = V_{防} - \sum_{t=1}^{T}(Q_t - q_t)\Delta t \tag{4-36}$$

$$g_2(X) = Q_t - q_t \tag{4-37}$$

$$g_3(X) = q_{安} - q_t \tag{4-38}$$

$$h(X) = \sum_{t=1}^{T}V_t - \left[V_{t-1} + (Q_t - q_t)\Delta t\right] \tag{4-39}$$

式中:$f(X)$为模型的目标函数;$g_1(X)$为第一个不等式约束,代表防洪库容约束;$g_2(X)$为第二个不等式约束,代表防洪策略约束;$g_3(X)$为第三个不等式约束,代表泄量约束;$h(X)$为等式约束,代表水量平衡约束。

(4)多阶段连续计算的实现。应用 PSO 算法关键要实现多阶段的连续寻优计算,由于粒子群是在多维解空间中寻优飞行的,所以,相应地将水库优化调度的时间维作为粒子的空间维。如果把任一粒子 i 各空间维的坐标在平面上展开并顺次连接,即可得到一个"带状"的粒子,显然,这条轨迹等同于动态规划的一条求解轨迹。

4.3　贾鲁河流域串联水库防洪应急实例

前面介绍了串联水库防洪应急关键问题的基本理论和相关计算方法,下面将以贾鲁河流域的丁店、楚楼、河王三个串联水库为例进行应用分析。

4.3.1　流域及水库基本情况

丁店、楚楼、河王三个串联水库位于淮河流域贾鲁河水系索河支流上游。其位置分布见图4-10。索河源于新密市袁庄乡龙泉寺,流经荥阳市崔庙镇竹园村石岭寨,经三仙庙、丁店、楚楼、河王等中小型水库,在中原区的大榆林村与须水河汇流。新中国成立前,河道无人管理,年久失修,经常泛滥成灾。新中国成立后,索须河上先后修建丁店、楚楼、河王等中小型水库10余座,洪水得到拦蓄,洪涝灾害减少,并发展农田灌溉3万余亩。流域属暖温带季风型大陆性气候,多年平均气温14.3℃,多年平均降水量638.4 mm,多年平均径流量为464万 m³,降水时空分配不均匀,年内汛期降水占全年降水的70%以上。

图4-10　三串联水库位置分布图

丁店水库位于三个串联水库的最上游,控制流域面积150 km²,主河道长 20.2 km,河道比降 0.009 3。楚楼水库位于中游,控制流域面积 44.5 km^2,区间主河道长 8.8 km,河道比降 0.002 7。河王水库位于三个串联水库的最下游,控制流域面积 57.1 km^2,区间河道干流长度 12.28 km,河道比降 0.002 2。三个水库的水文特征见表 4-1。

表 4-1 贾鲁河流域串联水库水文特征

水库名称	洪水特征				防洪标准					
	100 年一遇		2 000 年一遇		起调水位 (m)	100 年一遇设计洪水			2 000 年一遇校核洪水		
	洪峰流量 (m³/s)	24 h 洪水总量 (万 m³)	洪峰流量 (m³/s)	24 h 洪水总量 (万 m³)		设计洪水位 (m)	相应库容 (万 m³)	最大泄量 (m³/s)	校核洪水位 (m)	相应库容 (万 m³)	最大泄量 (m³/s)
丁店	2 889	3 212	5 030	5 043	179.5	182.80	5 213	1 030	184.30	6 065	1 930
楚楼	1 120	1 046	1 960	1 655	149.5	154.75	1 733	980	155.50	1 885	1 960
河王	1 141	1 359	2 006	2 158	124.9	129.15	2 002	1 060	130.35	2 257	2 160

4.3.2 三库串联洪水分析计算

对于串联水库防洪应急体系中的其他部分,如险情监测与报告、险情抢护、应急保障等内容与前述单一水库防洪应急预案中并无大的差异。在此主要针对三串联水库洪水在溃坝和不溃坝两种情况下进行计算分析。

4.3.2.1 洪水调节及其影响分析

丁店、楚楼和河王三个水库属于串联水库,在调洪演算时要考虑地区组成和梯级叠加。针对丁店水库可以直接对其本身的入流过程进行调节,而楚楼水库,由于其上游有丁店水库,在调洪演算时应考虑水库的梯级叠加,调洪演算时加入丁店水库相应频率下的下泄洪水。丁店至楚楼水库设计情况下传播时间按 1.5 h 计,校核情况下传播时间按 1.0 h 计。同理,河王水库在调洪演算时也应考虑水库的梯级叠加,调洪演算时应加入楚楼水库相应频率下的下泄洪水。楚楼至河王设计情况下传播时间按 1.0 h 计。

1)水库下泄流量过程线的推求

由 4.2.2 介绍的调洪演进计算原理及方法,本次洪水调节计算采用列表试算法来联立求解水库水量平衡方程和水库蓄泄方程,以求得水库的下泄流量过程线,其具体计算如下:

(1)根据库区地形资料,绘制水库水位容积关系曲线 $H \sim V$,并根据既定的泄洪建筑物的形式和尺寸,由相应的水力学出流计算公式求得 $q \sim V$ 曲线。

(2)从第一时段开始调洪,由起调水位(即汛前水位)查 $H \sim V$ 及 $q \sim V$ 关系曲线得到水量平衡方程式中的 V_1 和 q_1;由入库洪水过程线 $Q(t)$ 查得 Q_1、Q_2;然后假设一个 q_2 值,根据水量平衡方程算得相应的 V_2 值,由 V_2 在 $q \sim V$ 曲线上查得 q_2,若二者相等,q_2 即为所求。否则,应重设 q_2,重复上述计算过程,直到二者相等为止。

(3)将上时段末的 q_2、V_2 值作为下一时段的起始条件,重复上述试算过程,最后即得出水库下泄流量过程线 $q(t)$。

(4)将入库洪水 $Q(t)$ 和计算的 $q(t)$ 两条曲线绘制在一张图上,若计算的最大下泄流量 q_m 正好是两者的交点,说明计算的 q_m 是正确的。否则,计算的 q_m 有误差,应改变时段 Δt 重新进行试算,直至计算的 q_m 正好是二线的交点为止。

(5)由 q_m 查 $q \sim V$ 曲线,得最高洪水位时的总库容 V_m,从中减去堰顶以下的库容,得到防洪库容 $V_{防}$。由 V_m 查 $H \sim V$ 曲线,得最高洪水位。

2)调洪演算

结合本研究地区实际,分别对丁店、楚楼和河王三个水库 100 年一遇的设计洪水过程采用列表试算法进行调洪计算,其求解步骤简述如下:

(1)根据已知的水位(H)~库容(V)关系曲线 $V = f(H)$ 和水位(H)~泄量(q)关系曲线 $q = f(H)$,求出下泄流量与库容的关系曲线 $q = f(V)$;

(2)选取合适的计算时段 Δt,$\Delta t = 1\,800\,\text{s}$;

(3)决定开始计算的时刻和此时的 V_1、q_1 值,然后列表计算,计算过程中,每一计算时段的 V_2、q_2 值都要进行试算;

(4)将计算结果绘成曲线。

在计算过程中,每一时段中的 Q_1、Q_2、q_1、q_2 均为已知。先假设一个 q_2 值,代入式(4-11)求出 V_2。然后按此 V_2 值在曲线 $q = f(V)$ 上查出 q_2 值,将其与假定的 q_2 值相比较,若两 q_2 值不相等,则要重新假设一个 q_2 值,重复上述试算过程,直至两者相等或很接近为止。这样多次演算求得的 q_2、V_2 值就是下一个时段的 q_1、V_1 值,可依据此值进行下一时段的试算。逐时段依次试算的结果即为调洪演算的成果。

采用列表计算法对各水库 100 年一遇洪水进行调洪计算,结果见图 4-11 ~ 图 4-13。

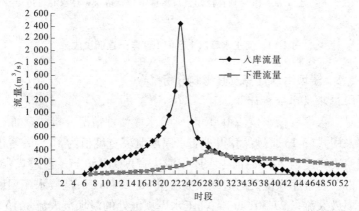

图 4-11　丁店水库以上区间 100 年一遇调洪成果

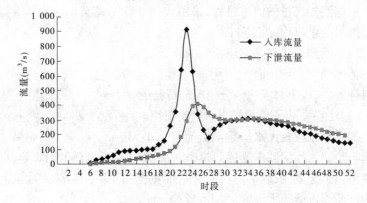

图 4-12　楚楼水库以上区间 100 年一遇调洪成果

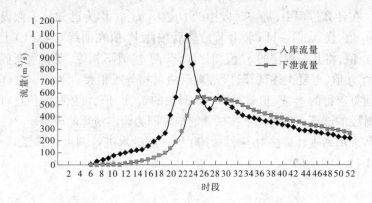

图 4-13　河王水库以上区间 100 年一遇调洪成果

4.3.2.2　溃坝洪水计算及其影响分析

1)溃坝洪水分析计算

对三水库校核水位(2 000 年一遇)水库溃坝情况分析计算如下。

采用式(3-1)通过计算得丁店水库坝溃决宽度值为 162 m;楚楼水库坝溃决宽度为 207 m;河王水库坝溃决宽度为 156 m。通过式(3-2)计算得丁店水库坝址处的溃坝最大流量 36 496 m³/s;楚楼水库坝址处的溃坝最大流量 27 301 m³/s;河王水库坝址处的溃坝最大流量 15 154 m³/s。

根据溃坝流量的演进过程,采用式(4-16)～式(4-18)计算后得到溃坝洪水演进过程,见表 4-2。

2)不同组合溃坝洪水淹没影响分析

考虑到发生溃坝时,三个串联水库的互相影响,情况相对复杂,洪水组合较多,以下对洪水组合情况进行分析。

(1)上游丁店水库校核洪水恒定泄流。

丁店水库校核洪水恒定泄流流量为 1 930 m³/s。此时,如果丁店水库与楚楼水库区间未遭遇同频率洪水,楚楼水库提前腾出库容,保持校核水位恒定泄流,到下游河王水库如果遭遇同频率洪水,因泄流能力较小则溃坝可能较大。

表 4-2　溃坝洪水演进过程

丁店—楚楼区间	控制断面距丁店坝址的距离(km)	0	1.336	3.199	4.500	5.896	7.388
	校核水位溃坝演进流量(m³/s)	39 769	29 038	22 598	19 568	17 106	15 079
	t_1(min)	0	0.22	1.28	2.02	3.49	3.65
	t_2(min)	0	0.84	3.14	5.47	7.55	9.72
楚楼—河王区间	控制断面距楚楼坝址的距离(km)	1.345	2.373	4.066	7.093	9.056	10.447
	校核水位溃坝演进流量(m³/s)	16 828	12 840	9 475	6 376	5 260	4 680
	t_1(min)	0.41	1.30	2.57	6.18	12.47	13.42
	t_2(min)	1.44	3.14	7.21	16.37	25.87	30.54
河王下游	控制断面距河王坝址的距离(km)	1.381	4.034	6.396	9.883	12.282	16.444
	校核水位溃坝演进流量(m³/s)	11 691	8 124	6 389	4 857	4 169	3 347
	t_1(min)	0.11	1.20	3.60	4.36	9.15	18.95
	t_2(min)	1.53	7.11	13.03	25.60	37.87	58.20

如果楚楼水库达到校核水位时发生溃坝,溃坝流量为 27 301 m³/s,经过约 35 min 到达河王水库,到达流量为 4 086 m³/s。考虑到同频率洪水,河王水库区间来水 2 006 m³/s,再加上此时楚楼水库的溃坝洪水,河王水库的入库流量为 6 092 m³/s,如果不采取措施的话,河王水库下泄流量仅 2 160 m³/s,泄洪能力较小,而来水量较大,而且坝前水位会有所抬高,所以河王水库要么是自然溃坝,要么提前副坝炸口泄流。若自然溃坝,则溃坝流量较大,造成的淹没范围也较大;若采取炸副坝泄流,可根据洪水从楚楼水库到达河王水库这段时间,择机选择合适的位置对副坝进行炸口泄洪。人工炸口是为了提前泄洪,以便在楚

楼水库的溃坝洪水到达之前,腾出库容,以较小的流量向下宣泄,减小对下游造成的淹没。此时,拟采用在校核水位时对河王水库进行炸副坝,炸口宽度 50 m,此时下泄流量为 6 448 m³/s。

(2)丁店水库在校核洪水位溃坝。依据前述原理推算溃坝洪水演进过程,洪峰流量大约经过 5 min 到达楚楼水库,到达时流量为 13 558 m³/s,时间较短,再加上区间来水 1 960 m³/s,所以楚楼水库的入库流量为 15 518 m³/s,此洪水演进时间短,且流量较大,如果不采取干扰措施,楚楼水库必然要溃坝,一旦溃坝,对下游造成的损失巨大。为了减小淹没损失,加大泄洪能力,采取措施提前对楚楼水库进行炸坝,拟采用炸口宽度为 100 m,此时水库下泄流量为 15 800 m³/s,能以较小的下泄流量来宣泄来自丁店水库的溃坝洪水。按照洪水演进过程推算,大约经过 40 min,楚楼水库的溃坝洪水到达河王水库,流量为 3 615 m³/s,此时如果不采取措施则叠加后溃坝流量很大,下游损失严重。如果采取人为干扰,选择合适副坝段炸坝,将大大减少溃坝淹没损失,炸口宽度 50 m 时下泄流量为 6 448 m³/s。

(3)不同调节方式洪水淹没风险图。根据以上分析,本次应急预案提出三水库五种不同洪水组合情况,见图 4-14。各种组合的洪水淹没情况,详见图 4-15 ~ 图 4-19 的溃坝洪水淹没风险图。

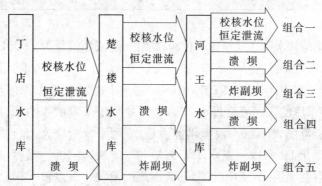

图4-14　溃坝洪水组合分析

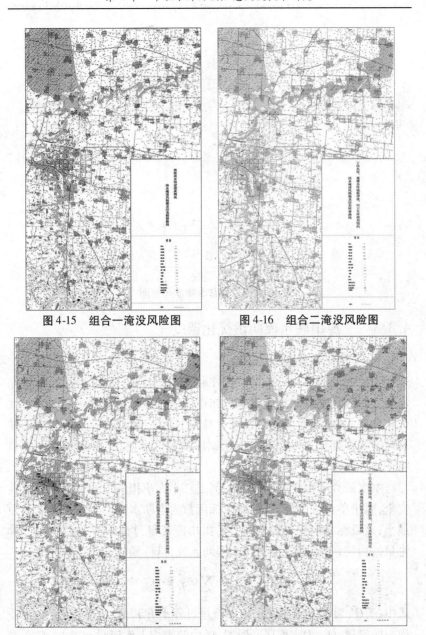

图 4-15　组合一淹没风险图　　图 4-16　组合二淹没风险图

图 4-17　组合三淹没风险图　　图 4-18　组合四淹没风险图

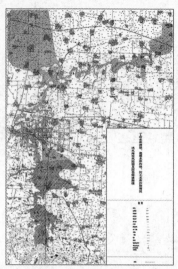

图 4-19　组合五淹没风险图

4.3.3　三库串联水库防洪优化调度

4.3.3.1　优化调度模型的建立

在研究已建成水库的防洪操作时,为了达到最优的防洪效益,首先需要考虑最优准则问题。针对郑州市丁店、楚楼、河王三水库联合防洪优化调度案例,综合考虑各水库自身和下游防洪目标安全情况下,选择最大削峰准则作为本次防洪优化调度的最优准则,充分发挥水库的错峰作用。

本次研究中由于丁店、楚楼、河王三水库承担的主要任务均为防洪安全,属于单目标问题,选取的目标函数为串联水库的洪灾损失之和为最小,该目标相当于各级水库的防洪出库流量过程平方和最小即下泄流量最均匀,考虑到各级水库的区间入流,目标函数为

$$\min \sum Q^2 = \sum_{t=1}^{T} (q_t + Q_{\boxtimes t})^2 \tag{4-40}$$

式中:$\sum Q^2$ 为各级水库防洪出库流量过程平方和;q_t 为时段 Δt 内的平均出库流量;$Q_{\boxtimes t}$ 为水库区间时段 Δt 内的平均入库流量。

模型的约束条件包括:

防洪库容约束　　$\sum_{t_0}^{t_d}(Q_t - q_t)\Delta t \leq V_防$　　　　(4-41)

防洪策略约束　　　$q_t \leq Q_t$　　　　　(4-42)

泄量约束　　　　　$q_t \leq q_安$　　　　　(4-43)

水库水量平衡约束　$V_t = V_{t-1} + (Q_t - q_t)\Delta t$　(4-44)

式中:Q_t 为各水库时段 Δt 内的平均入库流量;q_t 为时段 Δt 内的平均出库流量;$q_安$ 为水库下游河道最大允许流量(或安全泄量);$V_防$ 为各相应水库的防洪库容;V_{t-1}、V_t 分别为第 t 时段水库的初、末库容。

4.3.3.2　模型求解与结果分析

模型求解采用前述粒子群优化算法。

1)参数分析与选取

针对该串联水库具体情况,粒子群的具体参数设置如下:

(1)学习因子 c_1、c_2:是使粒子向最优位置 pbest 和 gbest 飞行的权重因子,是系统的张力因子。较小的 c_1、c_2 会使粒子以较小的速率向目标区域游动,而较大则可能会使粒子很快飞越目标。一般限定它们相等,取值为 2,或取值范围在 0 到 4。

(2)粒子数目 m:一般取 20~40。试验表明,对于大多数问题来说,20 个粒子就可以取得很好的结果,不过对于比较难的问题或者特殊类别的问题,粒子数目可以取到 100 或 200。粒子数目越多,算法搜索的空间范围就越大,也就更容易发现全局最优解。当然,算法运行的时间也较长。

(3)粒子长度:粒子长度就是问题的维数,根据具体的优化问题确定。

(4)粒子范围:由具体优化问题确定,通常设定为粒子的范围宽度。粒子每一维也可以设置不同的范围。

(5)粒子最大的速率:粒子最大的速率决定粒子在一次飞行中可以移动的最大距离,决定了粒子的搜索空间。较大的 v_{max} 可以保证粒子种群的全局搜索能力,较小的 v_{max} 则可以加强局部搜索能力。但是若 v_{max} 太大,则粒子可能很快就飞出最优点,若其太小,则粒子很可能无法越过局部最优点,从而陷入局部最优。粒子最大速率通常设为粒子位置范围的宽度。

由上述对 PSO 算法的参数分析,结合本实例研究内容,具体参数选择如下:

本文选用丁店水库及丁店、楚楼区间 100 年一遇的完整洪水过程为例,分别采用 PSO 算法和 CPSO 算法进行水库优化调度求解,PSO 算法参数取值为:粒子群规模设定为 100;取学习因子 c_1、c_2 为 2.0;最大速度 v_{max} 为 ±1.82;最大迭代次数 intermax 为 1 000;惯性因子最大值 v_{max} 为 0.9,最小值 v_{min} 为 0.4。CPSO 算法参数取值:粒子群规模设定为 50,取学习因子 c_1、c_2 为 2.05,φ 取值 4.1,则收缩因子 k 为 0.729,最大速度 v_{max} 为 ±1.82,intermax 取 300;惯性因子最大值 v_{max} 取 0.9,最小值 v_{min} 取 0.4。

2)算法实现步骤

应用 PSO 求解模型时,一个粒子就是水库的一种运行策略,粒子位置向量 x 的元素为水库各时段末水位,速度向量 v 的元素为水库各时段末水位的涨落速度,水库各时段末水位的变化必须满足模型中的各种约束条件。

算法具体实现步骤如下:

(1)设定粒子群各参数值。在各时段允许的水位变化范围内,随机生成 m 组时段末水位变化序列,随机生成各时段末水位涨落速度序列,并给 pbest 和 gbest 粒子赋初值。

(2)计算各粒子的目标函数值,并采用罚函数法处理约束条件。

(3)依据各粒子的适应度值,比较每个粒子的适应值与个体极值 pbest,如果较优,则 pbest 更新为该粒子的适应值;比较每个粒子的适应值与全局极值 gbest,如果较优,则 gbest 更新为该粒子的适应值。

(4)按式(4-25)和式(4-26)更新每个粒子的飞行速度和空间位置。

(5)检验是否满足迭代终止条件。如果当前迭代次数达到了预先设定的最大迭代次数,或达到最小误差要求,则迭代终止,所找到的水位即为水库防洪优化调度的水位策略,否则转到(2),继续迭代。

3)结果分析

为验证该 PSO 算法和 CPSO 算法在水库防洪优化调度运用中的可行性与有效性,分别采用 PSO 算法、CPSO 算法与常规调洪结果进行比较。其计算结果见表 4-3、表 4-4,各时段优化的水位、泄量详细结果略。

表 4-3　计算结果对比

项目	丁店水库			楚楼水库			河王水库		
采用方法	CPSO	PSO	常规	CPSO	PSO	常规	CPSO	PSO	常规
目标函数值 ($\times 10^9 (\mathrm{m^3/s})^2$)	16.120 12	16.159 64	19.629	19.544 27	20.629 35	25.325 3	39.287 97	43.888 64	57.734 4

表 4-4　三库联调计算结果对比

采用方法	CPSO 算法	标准 PSO 算法	常规(FR)
目标函数值 ($\times 10^9 (\mathrm{m^3/s})^2$)	28.914 16	31.708 16	57.754 40

通过表 4-4 的比较可见,当采用 CPSO 算法时目标函数值为 28.914 16 $\times 10^9 (\mathrm{m^3/s})^2$,标准 PSO 算法时目标函数值为 31.708 16 $\times 10^9 (\mathrm{m^3/s})^2$,常规调洪计算结果目标函数值为 57.754 40 $\times 10^9 (\mathrm{m^3/s})^2$。因此,CPSO 算法计算所得的目标函数值优于标准 PSO 算法和常规方法所得的目标值,使得水库下泄洪水更加均匀。CPSO 算法与标准 PSO 算法比较,提高了搜索能力和收敛速度;与常规算法比较,采用 PSO 算法求解的计算时间明显小于常规方法。因为常规的试算法需要经多次的试算,大量耗费了时间和精力,而这是以牺牲人的时间和精力为代价的。而 PSO 算法仅需要输入相应的算法参数即可得到相应的结果,且经过与常规算法比较,其结果明显优于常规计算结果。可见 PSO 算法在解决多水库联合优化调度问题时将发挥更大的优势。

4.4 水库防洪调度风险分析

4.4.1 水库防洪调度风险分析的含义与研究意义

4.4.1.1 水库防洪调度风险分析的含义

风险包括两方面的含义：一是指风险意味着出现了损失，或者是未实现预期的目标值。二是指这种损失出现与否是一种不确定性现象，它可用概率表示出现的可能程度，而不能对出现与否作出确定性判断。

有关水库防洪调度风险的定义较多，概括起来，泛指在特定时空环境条件下，水库防洪调度运用过程中所发生的非期望事件。水库防洪调度的风险主要来源于面临洪水、泄流能力及调度实施等方面的不确定性。

（1）面临洪水的随机性。在设计阶段，无论是为水库本身安全的水库调洪计算还是为下游防洪的调洪计算，所依据的设计洪水，都是作为已知条件给定的；而实际防洪调度所面临的洪水是未知的，或是预见期极短、预报精度不太高的预报洪水，在当前气象预报水平条件下，其雨情预报仅能作为参考。对面临洪水未知或知之不确是实际洪水调度面临的最主要的不确定因素。

（2）泄流能力的不确定性。由于水库泄洪设施设计参数的选取和计算过程中存在一定程度的不确定性泄水建筑物施工误差和控泄设备的制造、操作等方面的不确定性，也会导致泄水建筑物的泄流能力偏离设计值。这些不确定性的存在都将导致水库防洪调度中产生风险。

（3）防洪调度实施的不确定性。在设计阶段，对调洪演算的蓄泄过程一般是不计算决策用时和操作用时的，但在实时调度时，从收集水情、做出方案、上报领导决策，下达操作命令和执行及通知下游做好防汛准备等一系列过程，占时较多，常使泄洪不及时，壅高了调洪水位，如后续洪水很大，会造成防洪目标破坏；设计阶段的调洪演算，当某一时段或最终结果不符合要求时，可以调整蓄泄过程，重新演算，但实时洪水调度是不可返回操作的，对上一时段的操作结果不论正确与否，都必须作为本时段操作的初始条件。为改正上一时段的失当,只能在本时段及以后时段调整,这就可能造成不应有的损失。

水库防洪调度风险分析是指对水库防洪调度中存在的各种风险进行识别、估计、评价,并在此基础上优化组合各种风险管理技术,作出风险决策。

鉴于以上诸多的不确定性,水库防洪调度风险分析应主要考虑两个分析目标。一是水库安全调度目标:水库自身的安全是水库发挥兴利效益和防洪目标的前提和保障,因此在水库调度运用过程中,水库自身应首先得到保证,即遇大洪水或特大洪水时最高库水位不超过校核洪水位(或坝顶高程)。二是水库下游防洪安全目标,即在保证大坝安全的前提下,按下游防洪需要对洪水进行调蓄。

4.4.1.2　水库防洪调度风险分析的研究意义

在水库规划设计阶段,防洪限制水位的确定是以下游防洪标准对应的洪水和设计洪水为基础进行的。而在水库运行阶段,为了防御出现防洪标准相应的洪水不致造成防护区的洪灾损失,或遇设计洪水时保证大坝安全,在汛期运行时库水位不能超过防洪限制水位。事实上,按此库水位运行只有出现设计洪水频率时才可能蓄到防洪高水位或设计洪水位,大多数年份,由于汛期来水不大,为了满足防洪限制水位要求,汛期不得不强制性放水,很可能导致在汛末难以达到正常高水位,水库不能得到充分利用,影响了综合利用效益。因此,水库防洪风险分析的研究具有重要意义,主要体现在以下几方面:

(1)同时考虑洪灾损失和兴利效益。水库防洪调度风险分析是在水库现有的工程设备和来水条件下,提高水库的蓄水量来增大兴利效益的同时充分考虑风险损失,从正反两方面论证提高水库蓄水量的可能性,科学客观地挖掘水库兴利的潜力,最终达到水资源充分有效利用。

(2)探讨多因素、多目标的风险分析方法。水库防洪调度,不仅受到自然规律影响,而且还受到人为的影响。因此,是一个复杂的多目标决策系统。所以,对多因素、多目标的风险分析方法的研究更具有现实意义,同时为拓展水库防洪调度的思路提供了新的研究手段,对水库运行的科学管理具有十分重要的意义。

（3）对其他资源风险问题具有一定的参考价值。水资源是自然资源之一，任何自然资源都与水资源一样，具有一定的使用价值和价值，却又受到一定量的限制，同样在合理有效利用方面存在着风险问题。资源利用风险问题有一定的相似性和差异性，水库防洪调度风险分析，对解决其他风险问题具有一定的参考价值。

4.4.2 水库防洪调度风险分析的主要内容

风险分析的一般过程如图 4-20 所示。下面将针对水库防洪调度分项具体介绍风险分析的主要内容。

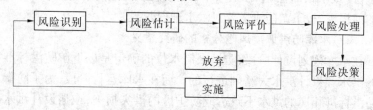

图 4-20 风险分析的一般程序

4.4.2.1 风险识别

风险识别就是要找出风险之所在和引起风险的主要因素，并对其后果做出定性的估计。在水库防洪预报调度中，不确定性因素众多，如洪水预报的不确定性以及调度决策和操作中的不确定性等。这些不确定性的存在将给水库防洪预报调度带来程度不同、形式各异的风险。然而，在水库防洪预报调度风险分析中，力求考虑所有不确定因素产生的风险是相当困难的。为使水库防洪预报调度风险分析工作得以顺利进行，并使风险分析结果能反映水库调度运用实际，分析中要根据不同水库的实际情况和研究目标，抓住主要矛盾，通过风险识别过程，选择那些对防洪目标影响较大的不确定性因素作为水库防洪预报调度风险分析的主要风险因素，在此基础上，对主要风险因素及其导致防洪目标的变化特征做出定性描述。

（1）洪水典型选择的风险。设计洪水计算中采用的是一个或少数几个典型过程,但实际来水过程与所选典型过程并不一致,各种可能的过程都可能出现。虽然洪水过程组成具有随机性,不易从理论上统一描述,但是实测洪水系列可视为洪水总体的一个样本。因此,设计洪水计算的不确定性可用实测洪水系列中不同的典型来反映。

(2)降雨预报、洪水预报的误差风险。洪水预报是水库防洪调度的主要依据之一,显然洪水预报的不确定性也是导致风险的主要因素。洪水预报的不确定性来源于量测设备和技术、信息传递、模型参数及计算等方面的不确定性,但最终都体现在洪水预报误差上。据此可用预报精度综合描述洪水预报的不确定性。洪水预报导致的防洪调度风险,主要表现在预报洪水偏小时,实际来水为超过预报等级的洪水,按预报洪水等级调度可能导致防洪目标遭到破坏(即所谓的"洪水预报误差");也可能预报洪水偏大,用高等级调度结果可能导致水库弃水增加影响兴利效益,同时对下游的防洪安全不利,同样造成经济损失。

(3)洪水调度的风险。防洪调度的不确定性,主要来源于根据预报结果制定的调度方案、会商、上报决策和实际操作的过程中,表现为实施调度方案时间的延误,故调度不确定性用实施调度方案的滞时来综合描述反映(即所谓的"调度滞时")。

(4)决策者的调度经验风险。由于自然规律的复杂多变,决策者对面临流域的暴雨规律、产汇流状况变化缺乏直观全面地了解,加之决策者对实时调度信息认识和处理的局限性,使得在决策过程中决策者必然要依赖自己的经验判断,决策者的决策偏好可能会给水库调度带来额外的风险(即所谓的"经验风险")。

4.4.2.2　风险估计

风险估计就是在风险识别的基础上,对风险发生的概率及其后果做出定量的估计,包括主要不确定因素的概率估计和不确定因素导致防洪目标的风险估计。因此,用何种方法来估计各种不确定因素产生何种程度的风险,是防洪调度风险分析必须研究的内容。风险估计通过确定不确定因素和风险目标的概率分布来实现。但是,确定不确定因素和风险目标的概率分布并非一件容易的事。

风险估计的方法有主观估计和客观估计两种方法。主观估计是专家根据长期积累的各方面的经验及当时搜索到的信息所作的估计;客观估计是依据现有的各种数据和资料对未来事件发生的可能性进行预测。水库防洪调度风险分析是多目标问题,每个目标的风险是诸多不确定性因素联合作用所致,而且总体风险是由各单目标风险组合而成,因此在风险估计中须研究诸多不确定性因素联合作用所产生的各目标的风险。

4.4.2.3　风险评价

风险评价是根据风险估计得出的风险发生概率和损失后果,把这两个因素结合起来考虑,用某一指标决定其大小,如期望值、标准差、风险度等。防洪调度的风险评价应在风险估计的基础上将各防洪调度方案风险损失与其增加的额外收益(风险效益)进行对比分析,并给出相应的结果。

4.4.2.4　风险处理

风险处理就是根据风险评价的结果,选择风险管理技术,以实现风险分析的目标。

4.4.2.5　风险决策

风险决策是水库防洪调度风险分析中的一个重要阶段。在对风险进行了识别、作了风险估计及评价,提出了若干种可行的风险处理方案后,需要由决策者充分考虑各方面影响,对各种处理方案可能导致的风险后果进行更全面的权衡分析,在此基础上,选择付诸实施的防洪调度方案,并提出应对和降低风险的措施。风险决策依据的原则主要有乐观原则、悲观原则、折中原则、等可能性原则、总期望值最大原则、最大概率前景原则、满意原则等。

4.4.3　水库防洪调度风险分析方法

风险分析有三种途径:一是静态与动态相结合的调查方法;二是微观与宏观相结合的系统方法;三是定性和定量相结合的分析方法。

调查方法是通过对风险主体进行实际调查并掌握风险的有关信息。所谓动态与静态结合是指调查既要了解主体的现状,又要了解过去,还要归纳总结,预测它的未来。因为事物的发展既有相对稳定性的一面,又有绝对变化性的另一面。但就水资源系统而言采用调查法对有些问题是不适宜的,如水库调度的风险问题就难于用调查法。

系统方法是现代科学研究的重要方法。系统方法是从系统整体性出发,把风险看做是由风险主体和风险环境中的诸要素构成。通过研究风险主体内部各方面的关系,以及风险主体同风险环境的关系和风险环境诸要素之间的关系等,确定风险系统的目标,建立系统整体数学模型,求解最优风险决策,建立风险利益机制、进行严格的风险控制和妥善的风险处理。该方法适用于一切自然和社会系统,从理论上讲是科学、先进、理想的,但应用难度较大。

定性分析是通过归纳、演绎、分析、综合等逻辑方法,研究事物的性质及其属性。定量分析则是运用数量方法和计算工具,研究事物的数量特征、数量关系和变化等。一切事物都是质与量的统一体,因此只有把定性与定量分析相结合,才能科学地测度风险主体。由于风险的不确定性,分析法中常用概率数理统计、模糊数学和灰色控制等方法。分析法适用于水资源系统,是一种最常用的方法。其中定性与定量相结合的风险分析方法对水库调度风险问题是较适宜的,这是因为水库调度中的风险是一种自然的、微观的和可测度的风险。

定性分析法主要用于风险可测度很小的风险主体。常用的方法有调查法、矩阵分析法和德尔菲法。德尔菲法是美国咨询机构兰德公司首先提出的,该法主要是借助于有关专家的知识、经验和判断来对风险加以估计和分析。在水资源系统中有些不确定性因素难以分析、计算,因此该法在水库调度风险决策中具有实用价值。

定量风险分析方法是借助数学工具研究风险主体中的数量特征关系和变化,确定其风险率(或度)的方法。定量风险分析方法有许多,但归纳起来可分为概率论与数理统计方法、随机模拟方法、马尔可夫过程方法、模糊数学方法等。下面对定量分析方法进行简要介绍。

4.4.3.1　基于概率论与数理统计的风险分析方法

概率论与数理统计是研究水库调度中可靠性与风险率的最为有力的工具,如过去对水库运行的发电保证率和灌溉保证率等的计算均是建立在该基础上的。由于风险与可靠的概念互补,因此该基础理论和方法也适宜于解决风险率的计算。

在风险分析中,对风险出现的可能性及大小有两种度量方法:一种是基于风险出现的概率,采用"风险率"度量;一种是基于风险的变异性测度,采用"风险度"度量。

1)依据贝叶斯原理进行风险率计算

设 $B_1, B_2, \cdots, B_n$ 是一组互斥的完备事件集,即 B_i 互不相容,如果事件 A 的发生每次必与事件 $B_1, B_2, \cdots, B_n$ 之一同时发生,则在事件 A 发生的条件下,事件 B_i 发生的概率 $P(B_i \mid A)$ 为

$$P(B_i \mid A) = \frac{P(B_i)P(A \mid B_i)}{\sum\limits_{i=1}^{n} P(B_i)P(A \mid B_i)} \quad (i = 1, 2, 3, \cdots, n) \quad (4\text{-}45)$$

式中:已知条件 B_i 发生的概率 $P(B_i)$ 为先验概率(已知)或事前概率;将条件概率 $P(A \mid B_i)$ 与先验概率 $P(B_i)$ 之积称为联合概率;事件 A 发生条件下事件 B_i 发生的概率 $P(B_i \mid A)$ 称为后验概率(未知)。

在水库调度中当 B_i 为水库放水,A 为影响水库放水的入库水量和库水位,则 $P(B_i \mid A)$ 为水库在已知入库水量和库水位的条件下,水库放水的概率。

2)风险度分析方法

期望值计算式:

$$E(x) = \sum_{x_i \in A} x_i p(x_i) \tag{4-46}$$

或

$$E(x) = \int_A x f(x) \, \mathrm{d}x \tag{4-47}$$

式中:x_i、$p(x_i)$ 分别为离散型风险变量及相应的概率;$f(x)$ 为连续型风险变量的密度函数。

标准差计算式:

$$\sigma = \sqrt{D(x)} = \sqrt{E(x - \bar{x})^2} \tag{4-48}$$

则,风险度(即变异系数)计算模型方程式:

$$FD = \frac{\sigma}{E(x)} \quad (4\text{-}49)$$

侯召成等给出了水库防洪风险度 $\mu_z(z)$ 和水库下游防洪风险度 $\mu_q(Q)$ 的定义和计算方法:水库调洪最高水位超过相应特征水位的程度称为水库防洪风险度,见式(4-50);水库防洪时下游防护点的最大组合流量超过下游河道安全泄量的程度称为下游防洪的风险度,见式(4-51)。

$$\mu_z(z) = \begin{cases} 0, z \leqslant z_j \\ \dfrac{z - z_j}{z_f - z_j}, z_f \geqslant z \geqslant z_j \\ 1, z \geqslant z_f \end{cases} \quad (4\text{-}50)$$

式中: z_j 为水库相应的特征水位(水库的设计水位、校核洪水位或防洪高水位); z_f 为水库的坝顶高程。

$$\mu_q(Q) = \begin{cases} 0, q \leqslant q_s \\ \dfrac{q - q_s}{q_{\max} - q_s}, q_{\max} \geqslant q \geqslant q_s \\ 1, q \geqslant q_{\max} \end{cases} \quad (4\text{-}51)$$

式中: q 为调洪时下游防护点的最大组合流量; q_s 为下游防护点的安全泄量; $q_{\max}$ 为下游防护点的堤顶高程对应的流量。

4.4.3.2　基于模拟的风险分析方法——蒙特卡罗模拟

蒙特卡罗法又称统计试验法或随机模拟法。该法是一种通过对随机变量的统计试验、随机模拟求解数学和工程技术问题近似解的数学方法,其特点是用数学方法在计算机上模拟实际概率过程,然后加以统计处理。实践证明,蒙特卡罗模拟技术是进行随机模拟行之有效的工具,也是水库防洪调度风险分析的有效方法之一。

设防洪风险分析目标 Y 与主要风险因素之间函数关系为

$$Y = f(x_1, x_2, \cdots, x_n) \quad (4\text{-}52)$$

式中:变量 $(x_1, x_2, \cdots, x_n)$ 为概率分布已知的主要风险因素。但在防洪调度等实际问题中, $f(x_1, x_2, \cdots, x_n)$ 往往是未知的,或者是非常复杂的函数关系式,一般难以用解析法求解有关 Y 的概率分布和数字特征。

蒙特卡罗法利用一个随机数发生器通过直接或间接抽样取出每一组随机变量$(x_1, x_2, \cdots, x_n)$的值$(x_{1i}, x_{2i}, \cdots, x_{ni})$，然后按$Y$对$(x_1, x_2, \cdots, x_n)$的关系式确定函数$Y$的值$y_i$

$$y_i = f(x_{1i}, x_{2i}, \cdots, x_{ni}) \tag{4-53}$$

反复独立抽样（模拟）多次$i = (1, 2, \cdots, n)$，便可得到函数Y的一批抽样数据$y_1, y_2, \cdots$，当模拟次数足够多时，便可给出与实际情况相近的函数Y的概率分布及其数字特征，亦即完成了防洪调度风险分析目标的风险估计。实践证明，经过$50 \sim 300$次模拟，输出Y的分布函数就基本上可以收敛。

依据上述风险分析的内容和蒙特卡罗模拟的原理，结合防洪调度的实际过程，拟定水库防洪调度风险模拟的过程为：

（1）由试验数据或经验判断确定防洪调度主要不确定性因素的概率分布；

（2）由蒙特卡罗模拟技术随机生成符合相应分布的各主要不确定性因素的数值；

（3）从典型洪水过程样本中随机选定一个洪水过程，考虑不确定因素的影响得到指定频率的模拟洪水过程；

（4）用模拟洪水过程按照水库的调洪规则，进行水库调洪运用模拟得防洪目标（水位或泄量）的数值。

经过上述过程的n次重复，可得到容量为n的目标样本，在此基础上，用统计学方法分析得到在指定条件下防洪目标破坏的频率，作为风险计算的基本数据。

近年来，蒙特卡罗法广泛应用于水文和水资源系统的研究中。它通过大量重复模拟运算的结果来估算风险的期望值，令其等于失事数和模拟数之比。蒙特卡罗法对于那些由于非线性作用或复杂系统相关而不能用解析方法求解的水文问题，可能是较好的求解方法。

4.4.3.3　其他风险分析方法

水库调度中的不确定变量——入库径流过程一般服从于马尔可夫过程（马氏过程）。马氏过程是一类变量之间和相互关联影响的非平稳随机过程，其基本特性是无后效性。因此，可用马氏过程状态转移概率来推求水库调度中风险变量相互影响的风险率计算问题。

水库调度中的不确定性因素很多,如径流、用水、库水位变化等,这些不确定性量常是模糊不清的,具有明显的模糊现象和特征,因而用模糊数学进行风险分析也是非常适宜的。该方法与常规的数理统计法计算不同之处在于,对事件本身考虑了模糊特征。

第5章　洪水预报模型研究与应用

洪水作为一种常见的自然现象,对人类的生产和生活产生了重大的影响:一方面,它为河流两岸的工农业生产带来丰沛的水源和肥沃的土壤;另一方面,当洪水水量超过河道排泄能力时,又会给两岸居民造成巨大的经济损失。纵观世界各国,几乎每年都有大型洪灾发生,如何对洪水进行科学而准确的预报,一直是人类长期面临的历史课题。

水利部海河水利委员会主任任宪韶在 2007 年工作会议上作了题为《全面推进四大体系建设,保障流域经济社会又好又快发展》报告,重点指出:防洪减灾保障体系和水管理能力保障体系建设是推进海河水利改革与发展的重要举措。从全局工作讲,亟需抓好以下几项工作:以防汛指挥系统建设为重点,大力强化防洪非工程体系建设,全面提升防洪减灾指挥能力和决策水平,保障工程体系作用的发挥。强化洪水调控和风险管理,推进洪水资源利用,实现由控制洪水向洪水管理转变。

洪水预报预警是预测江河未来洪水要素及其特征值的一门应用技术科学,是根据洪水形成和运动的规律,利用过去和实时的水文气象资料,对未来一定时段内的洪水发展情况进行预测预报分析,是防洪减灾决策的重要依据,是一项重要的防洪非工程措施。因此,建立计算机网络环境下,以水文数据库为基础,完成水情雨情信息的接收、处理、存储和查询汇总,通过人机交互对话、计算机的高速运算和判断比较,提供预报和调度方案,提高信息服务和防汛管理的效率,从而改善决策环境,为防洪调度的决策指挥提供科学化和现代化的支持手段,是非常必要的。

5.1　洪水预报模型研究进展

水文预报模型是随着计算机技术应用和发展而产生的一种对流域上发生的水文过程进行预报的技术,是通过一系列数学方程来模拟水文自然过程。

5.1.1　流域水文模型研究

20 世纪 50 年代后期,随着电子计算机和系统理论应用的迅速发展,水文学中提出了水文模拟的概念和方法。水文模拟方法是对上述各种方法取长补短并结合起来而形成的。它一方面有别于数学物理方法的严密性,另一方面又有别于概化推理方法的设计性。它吸取了经验相关法中合理的物理概念,并把这些概念系统化成一个推理计算的模式。因此,它可以采用比较严密的结构,也可以采用比较粗糙的结构或黑箱子模型作为部分结构。对水文现象进行模拟而建立的一种数学结构称为水文数学模型。水文数学模型可分为确定性模型和随机性模型两大类,描述水文现象必然性规律的数学结构称为确定性模型;而描述水文现象随机性规律的数学结构称为随机性模型。其中确定性模型可分为集总式和分散式模型两种,前者忽略水文现象空间分布的差异,后者则相反。水文数学模型又可分为线性与非线性,时变与时不变,等等。

现有的水文模型多是集总式的概念性模型和具有经验函数的关系模型。模型在结构上主要借助于概念性元素和经验函数对水文过程进行模拟。这种模拟只涉及现象的表面而不能反映现象的本质和物理机制,难以揭示水文过程的内在机制。目前,国内外典型的概念性降雨径流模型有:斯坦福(Stanford)模型、萨克拉门托(Sacrament)模型、坦克(Tank)模型和新安江模型。

斯坦福流域水文模型由美国斯坦福大学 N. H. 克劳福特和 R. K. 林斯雷从 1959 年开始研制,到 1966 年完成第Ⅳ号模型,是世界上最著名的流域水文模型之一。该模型的建立是以流域水量平衡为基础,模型中设计了 4 个蓄水层以控制土壤水分剖面和地下水状态,逐时段连续演算。其特点是物理概念明确,模型结构环环相扣,层次清楚。

萨克拉门托流域水文模型是美国天气局于 20 世纪 70 年代初期在第Ⅳ号斯坦福模型基础上改进和发展起来的,是集总参数型的连续运算的确定性流域水文模型,是用一系列具有一定物理概念的数学表达式来描述的概念性模型,以土壤含水量储存、渗透、排水和蒸散发特性为基础来模拟水文循环的综合的河川径流流域模型。该模型功能较完善,能适用于大中流域,又能适应湿润地区和干旱地区。

坦克模型又叫水箱模型,是 20 世纪 60 年代初由日本国立防灾研究中心所长、理学博士营原正已提出的,后来不断发展成为一种被各国广泛采用的流域水文模型。水箱模型将雨洪转化过程的各个环节用若干个彼此相联系的水箱进行模拟,每一个水箱有边孔与底孔,以水箱中的蓄水深度为控制,计算流域的产流、汇流及下渗过程。水箱模型虽是一种间接的模拟,模型中并无直接的物理量,但此模型的弹性甚好,对各种大小流域、各种气候与地形条件都可以适用。

20 世纪 60 年代初,我国水文学者赵人俊等开始研究蓄满产流模型,并于 1973 年正式提出一个适用于湿润与半湿润地区的降雨径流流域模型——新安江模型。最初的新安江模型为两水源——地表径流和地下径流;20 世纪 80 年代初期,模型研制者将萨克模型与水箱模型中的用线性水库函数划分水源的概念引入新安江模型,提出了三水源新安江模型;1984~1986 年,又提出了四水源新安江模型——地面径流、壤中流、快速地下径流和慢速地下径流。

与概念性模型相比,分布式模型采用数学物理方程来描述水文过程的各个子过程,考虑降雨和水文过程的分散性和空间变异性,因而能更全面地描述水文过程,成为水文模型研究的热点。自从 1969 年 Freeze 和 Harlan 第一次提出了关于分布式物理模型的概念以来,分布式水文模型得到了越来越快的发展。三个欧洲机构提出的 SHE 模型是最早的分布式水文模型的代表,它充分考虑了截留、下渗、土壤蓄水量、蒸散发、地表径流、壤中流、地下径流、融雪径流等水文过程。另外,还有一些考虑流域空间特性、输入、输出空间变化的分布式物理模型如

CEQUEAU 模型和 Susa 模型等。国内在这一方面起步较晚,但也取得了一定的成绩,其中包括苏凤阁等(2000)建立了参数网格化分布式月径流模型,郭生练等(2000)提出的基于 DEM 的分布式流域水文物理模型、俞鑫颖等(2002)提出的冰雪融水雨水混合水文模型等。这些分布式水文模型用严格的数学物理方程表述水文循环的各子过程,参数和变量中充分考虑空间的变异性,并考虑不同单元间的水平联系,对水量和能量过程均采用偏微分方程模拟。因此,在模拟土地利用、土地覆盖、水土流失变化的水文响应等方面显出优势。参数一般不需要通过实测水文资料来率定,解决了参数间的不独立性和不确定性问题,便于在无实测水文资料的地区推广使用。

5.1.2　GIS 在洪水预报中的应用

分布式水文模型的数据与 GIS 中的矢量或栅格式数据模式有类似性,都以一定的空间分辨率划分研究区,以减少数据量、简化计算。GIS 对空间数据的获取、存取、分析和显示,正迎合了分布式水文模型的空间变异性的技术要求。GIS 有处理和计算不同类型数据的能力,给分布式水文模型的三维数据计算带来了很大便利。另外,GIS 有图形显示的功能,它能在原有信息的基础上通过对空间数据和属性数据的分析计算得到新的信息,并以图形的形式直观显现,从而加深水文工作者对产汇流等水文物理过程的认识,促进水文模型及其模拟、预报技术的发展。因而,在 GIS 等新技术的支持下,建立 GIS 与水文模型的耦合模型成为水文模型研究的发展趋势。

GIS 是在计算机软件和硬件的支持下,运用系统工程和信息科学的理论,科学管理和综合分析具有空间内涵的地理数据,以提供对规划、管理、决策和研究所需信息的技术系统。洪水预报的实质就是要对洪水在特定时空条件下的运动规律进行预报、预测,空间信息量大,而对空间信息的管理与分析正是 GIS 的优势,而与遥感技术(RS)和全球卫星定位系统技术(GPS)结合的 GIS 合称 3S 技术功能更加强大。研究表明,GIS 在地面雨量计算、流域蒸发量和土壤湿度计算、交互式实时联机预报、暴雨产流模型等方面都有广泛应用。当然,除了 GIS 以外,还有其他一些类似的、基于计算机技术上的预报系统,如 SMAR (Soil Moisture Accounting and Routing) 模型及在此基础上改进而成的分布式任意时段模型。

利用地理信息系统软件将离散的点雨量数据经过网格插值计算转换为雨量分布的图像数据;用数字化仪输入的相应区域的图形数据也转换为图像数据;并对这两幅图进行一系列处理和计算,就可以得到雨量分布图和雨情分析数据,并探讨了据此计算区域面平均雨量、不同等级降雨量笼罩面积的方法。在分析平原地区产、汇流特点的基础上,把下垫面因素和暴雨因素列为随时空变化而变化的因子,并用遥感技术实时获取雨前土壤含水量等可变的区域下垫面数据,从物理成因出发,建立了反映暴雨产流内在机理、适合实际应用的基于遥感和 GIS 技术下的平原河网区暴雨产流模型。

在洪水演进和调度仿真模型研究方面,GIS 在洪水演进模型中的应用,可以在很大程度上提高洪水演进模型在数据处理、可视化表达方面的能力。现有的应用系统,已经做出了很多有益的尝试,但是,模型通常都是独立于 GIS 在各自领域内发展起来的,其规模和程度可能和 GIS 一样复杂和庞大。主要存在着以下两方面的不足:一是集成方式的不足——多数模型并未提供诸如 COM 之类的通用接口,在集成 GIS 工具时存在技术障碍;二是数据处理的不足——空间数据的复杂性也加大了 GIS 与专业模型集成的难度,目前大多数系统中,GIS 的数据模型仍与洪水模型的时空数据结构不匹配。

5.1.3 实时洪水预报模型

水文模型将复杂的水文过程概化成数学物理方程并在计算机上实现,这样整个流域的产汇流问题就归结为模型结构与模型参数问题。当流域的结构和参数确定后,系统就完全确定了,就能把任何输入过程确定地转化成输出过程。从这点来看,水文模型有它独特的优点。但预报模型在实际的应用中却很难达到传统预报方法的精度。这是因为现有的流域水文模型为概念性模型,主要借助于概念性元素模拟或经验函数关系来模拟水文过程,这样的模拟往往只涉及现象的表面而不涉及现象的本质和物理机制,因而模型的许多参数缺乏明确的物理意义,只反映有关影响因素对流域径流形成过程的平均作用。而且现有水文模型有很多参数靠优选获得,这种方法对实测资料的依赖性很大,当所选用洪水资料的代表性有问题时,就很难获得满意的结果。在这种情况下,"实时"概念引入了水文预报当中。

"实时"是计算机用语,控制理论上的实时预报的核心技术是利用"新息"(当前时刻预报值与实测值之差)导向,对于系统模型或者对预报作出现时校正。造成模型预报值与实测值之间误差的因素很多,如果针对某一个单一的因素,它们是难于描述和预见的。实时校正是指在每次预报做出之前,根据当时的实时信息,对预报模型的结构、参数、状态变量、输入向量或预报值进行某种修正,使其更符合客观实际,以提高预报精度。实时洪水预报技术系统是将实时水情信息采集系统、计算机系统和洪水预报调度软件有机地结合起来。其工作方式是:实时(遥测)水情信息采集系统不断地采集水库集雨面积内的雨量水位数据,为洪水预报提供实时准确的基础资料;计算机系统为软件运行提供一个良好的工作环境;洪水预报调度软件根据实时水情数据和历史计算结果自动运行,并输出计算结果。系统动态识别(也称参数自适应估计)及卡尔曼滤波就是这类方法的典型代表。

实时洪水预报包括水文资料的实时传输、水文资料的实时检索、水文资料的实时插补、模型的预报以及实时校正。实时洪水预报方法大体上可以分为三类:

(1)黑箱模型,即直接利用最小二乘递推法或卡尔曼滤波法在黑箱模型中;

(2)把滤波理论直接用于概念性模型中,对模型的参数和输出进行实时校正;

(3)概念性模型加上误差自回归的实时校正模型。

实时校正方法主要与所选用的预报模型有关。更确切地说,主要与预报模型的"数学表达形式"及"算法"有关。对线性系统模型已有许多卓有成效的实时校正模型,如卡尔曼滤波、递推最小二乘法、误差自回归模型等。

最早将卡尔曼滤波应用于水文预报研究的是日本学者 Hino,1970年在论文《使用线性预报滤波器的径流预报》中提出,并在他 1973 年论文《水文系统的在线预报》中加以发展。1980 年以来,美国开展了关于萨克拉门托流域模型(美国天气局 IVWS)用于实时预报的研究。1980 年,凯特尼迪和伯拉斯发表题为《用概念性水文模型进行实时预报》论文,报告了对 NWS 模型进行实时化处理。1982 年,由波沙达(Posada)和伯拉斯在论文《一个大概念性降雨 – 径流模型的自动参数估计:一种极大似然法》中将这一方法推广到萨克拉门托原模型中。此后,许多学者在 NWS 模型参数自动识别时对滤波器使用中参数矩阵的确定问题进行了一系列研究。

5.1.4　洪水预报发展趋势

同其他现代科学技术一样,洪水预报的现代化进展紧密伴随着新技术,如核技术、微电子技术、空间科学技术等;伴随着新理论,如信息论、系统论、控制论等的应用,这些新技术、新理论的发展和应用已大大改变了水文情报预报的技术面貌。同时,暴雨洪水理论的深入开展,计算机硬件、软件的不断进步,雨量、流量测验水平的提高等,推动了洪水预报工作向联机自动测报系统网络方向发展。因此,多学科交叉渗透所形成的现代化洪水预报技术是洪水预报发展的总趋势。具体表现在如下几个方面:

(1)水文系统的复杂性及水文要素变化的不确定性,决定了用单一方法,或把希望寄托于数理统计中方法的改进,根本无法全面提高中长期水文预报中计算、预测和决策的可靠性。将各种方法结合起来,即采用所谓的耦合途径,特别是确定性的人工神经网络方法结合不确定性的随机、模糊、灰色、混沌等方法及其各种耦合,将在中长期水文预报中发挥越来越重要的作用。

(2)要加强雷达测雨、卫星遥感、地面观测等多源信息的同化分析和应用,提高流域(或计算单元)面降水量的估算精度,进而提高洪水预报的精度;进一步加强水文气象的学科结合,加大定量降水预报的研究应用,进一步延长洪水预报的预见期,提高洪水预报的效益和作用。

（3）随着人类活动的影响，致使长期观测的水文序列发生了变化，以及西部开发等对水文预报业务需求的增加，无资料地区或资料缺乏地区的水文模拟问题已是我们面临的一个突出问题。因此，要加大 RS、GIS、DEM 等新技术的应用，研究开发基于地理信息的分布式水文模型。

（4）通信技术、网络技术、计算机技术和信息处理技术应用于洪水预报，将水情信息的采集处理和传送、洪水预报模型的计算分析、预报结果的发布以及调度方案的自动生成等若干过程集成于强大的洪水预报调度系统之中。

（5）采用先进的图形交互、多媒体、地理信息系统、雷达测雨技术、遥感技术、大型数据库管理系统等技术，将专家知识、经验知识和决策知识融于一体的智能型决策支持系统是未来发展的重要方向。

5.2　洪水预报过程分析

洪水预报是根据洪水形成和运动的规律，利用过去和实时的水文天气资料对未来一定时段内的洪水情况进行预测分析的过程。洪水预报是水文预报中最重要的组成部分，主要预报项目有最高洪峰水位（或流量）、洪峰出现时间、洪水涨落过程、洪水总量等。

洪水预报的准确性主要取决于两个因素：一是水文气象等基础数据源的正确性与全面性（本书只讨论基础数据的如何获取，而不讨论如何保证其准确性），另一个就是要建立合适的洪水预报模型。

5.2.1　洪水预报模型分析

水文气候类型分为四类，即湿润型、干旱型、半湿润型和半干旱型。对应不同类型的地区，所用的产流理论不同，所用的洪水预报模型也不同。由于洪水更多地发生在湿润、半湿润地区，所以研究和适用于湿润、半湿润地区的洪水预报理论及模型较多，但是由于干旱、半干旱地区的暴雨洪水也能带来较大的危害，也要重视其洪水预报理论及模型。

洪水预报模型主要有系统模型和概念性模型，系统模型把降雨视为输入,把洪水量视为输出,中间的计算过程认为是系统的功能,这些计算过程并没有明确的物理含义,系统功能是与系统所处的地理位置、流域或河系的地貌、植被特性以及人类活动作用相联系。而概念性模型的计算过程都有明确的物理含义,过程中的主要概念有蒸发、土壤蓄水、地表径流、壤中径流、地下径流、汇流等。

概念性模型都是理论模型,有其明确的理论意义,一个模型的模拟计算可以用一种通式来表示。对于不同的流域而言,这种模型只是通式中的部分待定参数在变化。模型的参数主要分为两大类:一类是地理参数,即表示地理特征或量度的一些参数,例如面积、高程、地形类别、土地利用、地面坡度、河槽坡度及长度、不透水面积等。这些参数大都由自然地理资料或地形图测定。另一类是过程参数,如土壤蓄水容量、蒸散发能力、渗水率、壤中流及地下水蓄泄系数、河槽汇流系数等。这些参数大都有明确的物理意义,大多可由水文、气象、地理、地质资料分析初定,有的必须优选,这项工作主要由专家来完成。

5.2.2　洪水预报模型建立的主要任务

由上述分析可知,洪水预报模型建立的主要任务有两项:

(1)确定所用预报模型的结构;

(2)取得所用预报模型的参数。

对于上述任务来说,选择模型的种类一般要由专家来完成或根据专家经验选择,在确定参数时,部分参数也可以由专家根据知识和经验确定,但是影响模型精度的少数重要参数必须要由优化程序来进行优选。因此,系统要为专家提供方便的界面,便于专家建立新模型,同时,必须要提供有效的优化程序优选模型参数。另外,为适应不断变化的各种地理、气候状况,还应提供便于专家对模型进行修改和维护的各种功能。

5.2.3　洪水预报的主要步骤

洪水预报工作大体分为以下四个步骤:

(1)洪水趋势预报:依据定量降雨预报进行洪水趋势预报,作出洪水警报预报。该预报具有较长的预见期,对预报控制站主要提供洪峰和洪水的量级。该预报成果的精度要求不高。

（2）洪水参考性预报:依据实测降雨,进行降水径流预报,作出洪水参考性预报。该预报具有较好的精度和一定的预见期,对预报控制站预报出洪水过程,为防洪部门的工作安排提供依据。

（3）洪水正式预报:依据上游河道的实时水情,进行河道演算,对下游预报控制站进行预见期较短、精度达防洪调度要求的洪水预报。对预报控制站要作出流量过程和水位过程的预报。

（4）洪水模拟计算:根据防洪部门的调度意见进行仿真模拟计算,帮助决策人员确定最终调度方案。

在上述步骤中,第一步通常由预报人员根据历史险情作出,无需计算机演算。第二、三步则是洪水预报系统的重要工作内容。通常又可合在一起完成。第四步则是在防洪调度系统根据洪水预报系统提供的预报结果选择预报方案,为验证方案的效果而进行仿真模拟计算。其计算原理与第二、三步一致,只是由于采用了防洪措施,使得计算的始条件发生了变化,在此基础上对下游进行洪水预报。

5.3　新安江模型

目前,国内外发展了很多实用的洪水预报模型。较流行的有水箱模型、萨克拉门托模型和新安江模型。其中,新安江模型是我国提出的一个适于湿润地区和半湿润地区的阵雨径流预报模型。

新安江流域洪水预报模型是河海大学赵人俊等于 1973 年对新安江水库作入库流量预报工作中提出来的降雨径流流域模型,简称三水源新安江模型。该模型的特点是认为湿润地区主要产流方式为蓄满产流,所提出的流域蓄水容量曲线是模型的核心。近几年来,新安江模型不断改进,已成为有我国特色且应用较广泛的一个流域洪水预报模型。该模型是一套比较科学、完整、适用性较强的流域洪水预报模型。

该模型强调从降雨到形成径流的时间和空间上的变化过程,预报过程比较复杂并且可以被分割为多个子系统:三层蒸发子系统、蓄满产流子系统、三水源划分子系统、流域汇流子系统和洪水演进子系统。该模型首先接受外界的输入,主要是流域内多个时段的降雨量,首先把一个时段的降雨量作为参数传给三层蒸发子系统的计算,该子系统计算出流域内降雨的蒸发量;把降雨量和蒸发量作为参数传给蓄满产流子系统,该子系统经过内部计算,得出径流总量;接着,把径流总量作为参数传给三水源划分子系统,该子系统再根据内部计算,得出地表径流、壤中流和地下径流;最后根据这三种径流,洪水演进子系统就可以计算出该时段的洪水预报量。同理,可以计算出其余时段的洪水预报量。

三水源新安江模型流程如图 5-1 所示。

三水源新安江模型的输入为降雨 P 和水面蒸发 EM,输出为流域出口断面流量和流域蒸散发量 E。模型主要由四部分组成,即蒸散发计算、产流量计算、水源划分和汇流计算。

5.3.1　蒸散发计算

新安江(三水源)模型中的蒸散发计算采用三层蒸发计算模式,输入是蒸发器实测水面蒸发,参数是流域上、下、深三层的蓄水容量 WUM、WLM、WDM($WM = WUM + WLM + WDM$,WM 为流域蓄水容量),流域蒸散发折减系数 K 和深层蒸散发系数 C。输出是上、下、深各层时变的流域蓄水量 WU、WL、WD($W = WU + WL + WD$)。以上 E、W 分别表示时变的流域蒸散发量和流域蓄水量。各层蒸散发的计算原则是,上层按蒸散发能力蒸发,上层含水量蒸发量不够蒸发时,剩余蒸散发能力从下层蒸发,下层蒸发与蒸散发能力及下层蓄水量成正比,并要求计算的下层蒸发量与剩余蒸散发能力之比不小于深层蒸散发系数 C。否则,不足部分由下层蓄水量补给,当下层蓄水量不够补给时,用深层蓄水量补给。

所用公式如下:

当 $PE + WU \geqslant EP$ 时

$$EU = EP, EL = 0, ED = 0 \tag{5-1}$$

当 $PE + WU \leqslant EP$ 时

$$EU = PE + WU \tag{5-2}$$

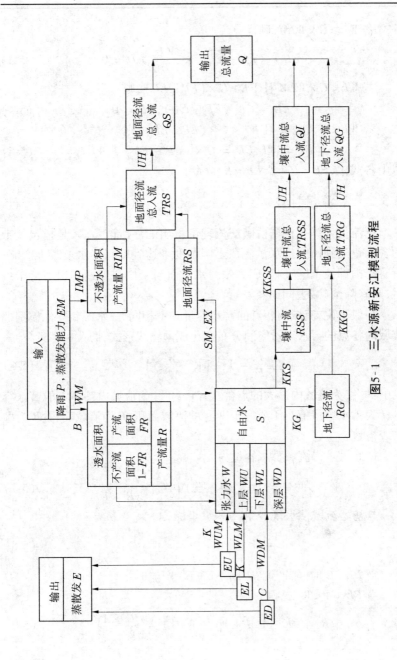

图5-1　三水源新安江模型流程

若 $WL \geqslant C \times WLM$, 则

$$EL = (EP - EU) \times \frac{WL}{WLM}, ED = 0 \qquad (5\text{-}3)$$

若 $WL < C \times WLM$ 且 $WL \geqslant C \times (EP - EU)$, 则

$$EL = C \times (EP - EU), ED = 0 \qquad (5\text{-}4)$$

若 $WL < C \times WLM$ 且 $WL < C \times (EP - EU)$, 则

$$EL = WL, ED = C \times (EP - EU) - WL \qquad (5\text{-}5)$$

以上各式中, $PE = P - E, EP = K \times EM$。

5.3.2　产流量计算

产流量计算系根据蓄满产流理论得出的。所谓蓄满,是指包气带的含水量达到田间持水量。在土壤湿度未达到田间持水量时不产流,所有降雨都被土壤吸收,成为张力水。而当土壤湿度达到田间持水量后,所有降雨(减去同期蒸发)都产流。

一般来说,流域内各点的蓄水容量并不相同,三水源新安江模型把流域内各点的蓄水容量空间分布概化成抛物线形式,即

$$\frac{f}{F} = 1 - \left(1 - \frac{W'_m}{W'_{mm}}\right)^B \qquad (5\text{-}6)$$

式中: W'_{mm} 为流域内最大的点蓄水容量; W'_m 为流域内某一点的蓄水容量; f 为蓄水容量值小于或等于 W'_m 的流域面积; F 为流域面积; B 为抛物线指数。

据此可求得流域蓄水容量为

$$WM = \int_0^{W'_{mm}} \left(1 - \frac{f}{F}\right) dW'_m = \frac{W'_{mm}}{B + 1} \qquad (5\text{-}7)$$

与初始流域蓄水量 W 相应的纵坐标 (A) 为

$$A = W'_{mm} \left[1 - (1 - \frac{W_0}{WM})^{\frac{1}{B+1}}\right] \qquad (5\text{-}8)$$

当 $PE > 0$ 时,则产流;否则不产流。产流时:

当 $PE + A < W'_{nm}$, 则

$$R = PE - WM + W_0 + WM\left(1 - \frac{PE + A}{W'_{mm}}\right)^{1+B} \qquad (5\text{-}9)$$

当 $PE + A \geqslant W'_{nm}$，则

$$R = PE - (WM - W_0) \tag{5-10}$$

作产流计算时，模型的输入为 PE，参数包括流域蓄水量 WM 和抛物线指数 B；输出为流域产流量 R 及流域时段末蓄水量 W。

5.3.3　水源划分

三水源新安江模型用自由水蓄水库的结构代替原先 FC 的结构，以解决水源划分问题。按蓄满产流模型求出的产流量 R。先进入自由水蓄量 S，再划分水源。此水库有两个出口，一个底孔形成地下径流 RG，一个边孔形成壤中流 RSS，其出流规律均按线性水库出流。由于新安江模型考虑了产流面积 FR 问题，所以这个自由蓄水水库只发生产流面积上，其底宽 FR 是变化的，产流量 R 进入水库即在产流面积上，使得自由水蓄水库增加蓄水深，当自由水蓄水深 S 超过其最大值 SM 时，超过部分成为地面径流 RS。模型认为蒸散发在张力水中消耗，自由水蓄水库的水量全部为径流。

底孔出流量 RG 和边孔出流量 RSS 分别进入各自的水库，并按线性水库的退水规律流出，分别成为地下径流总入流 TRG 和壤中流总入流 $TRSS$。并认为地面径流的坡地汇流时间可以忽略不计。所以，地面径流 RS 可认为与地面径流总入流 TRS 相同。

由于产流面积 FR 上自由水的蓄水量还不能认为是均匀分布的，即 SM 为常数不太合适，要考虑 SM 的面积分布。这实际上就是饱和坡面流的产流面积不断变化的问题。

模仿张力水分布不均匀的处理方式，把自由水蓄水能力在产流面积上的分布也用一条抛物线来表示，即

$$\frac{FS}{FR} = 1 - \left(1 - \frac{SMF'}{SMMF}\right)^{EX} \tag{5-11}$$

式中：SMF' 为产流面积 FR 上某一点的自由水容量；$SMMF$ 为产流面积 FR 上最大一点的自由水蓄水容量；FS 为自由水蓄水能力 $\leqslant SMF'$ 值的流域面积；EX 为流域自由水蓄水容量曲线的指数。

产流面积上的平均蓄水容量深 SMF 为

$$SMF = \frac{SMMF}{1 + EX} \tag{5-12}$$

在自由水蓄水容量曲线上 S 相应的纵坐标 AU 为

$$AU = SMMF\left[1 - \left(1 - \frac{S}{SMF}\right)^{\frac{1}{1+EX}}\right] \tag{5-13}$$

式中:S 为流域自由水蓄水容量曲线上的自由水在产流面积上的平均蓄水深;AU 为 S 对应的纵坐标。

显然,$SMMF$ 和 SMF 都是产流面积 FR 的函数,是无法确定的变量。这里假定 $SMMF$ 与产流面积 FR 及全流域上最大一点的自由水蓄水容量 SMM 的关系仍为抛物线分布:

$$FR = 1 - \left(1 - \frac{SMMF}{SMM}\right)^{EX} \tag{5-14}$$

则

$$SMMF = SMM \times \left[1 - (1 - FR)^{\frac{1}{EX}}\right] \tag{5-15}$$

$$SMM = SM \times (1 + EX) \tag{5-16}$$

流域的平均自由水容量 SM 和抛物线指数 EX 对于一个流域来说是固定的,属于模型率定的参数。已知 SM 和 EX,就可以得到 $SMMF$。

已知上时段的产流面积 FRO 和产流面积上的平均自由水深 SO,根据时段产流量 R,计算时段地面径流、壤中流、地下径流及本时段产流面积 FR 和 FR 上的平均自由水深 S 的步骤:

$$FR = R/PE$$

$$S = SO \times FRO/FR$$

$$SMM = SM \times (1 + EX)$$

$$SMMF = SMM \times \left[1 - (1 - FR)^{\frac{1}{EX}}\right]$$

$$AU = SMMF \times \left[1 - (1 - \frac{S}{SMF})^{\frac{1}{1+EX}}\right]$$

当 $PE + AU \geqslant SMMF$ 时,则

$$RS = FR(PE + S - SMF)$$

$$RSS = SMF \times KI \times FR$$

$$RG = SMF \times KG \times FR$$

$$S = SMF - (RSS + RG)/FR$$

当 $0 < PE + AU < SMMF$ 时,则

$$RS = FR \times \left[PE - SMF + S + SMF(1 - \frac{PE + AU}{SMMF})^{EX+1} \right]$$

$$RSS = KI \times FR(PE + S - RS/FR)$$

$$RG = KG \times FR(PE + S - RS/FR)$$

$$S = PE - (RS + RSS + RG)/FR$$

式中:KI 和 KG 分别为壤中流与地下水的出流系数。

5.3.4　汇流计算

流域汇流计算包括河网汇流和河道汇流两个阶段。

地下径流用线性水库模拟,其消退系数为 KKG,出流进入河网。壤中流的深层自由水也用线性水库模拟,其消退系数为 $KKSS$。地面径流的坡地汇流不计,直接进入河网。计算公式为

$$QG(I) = QG(I-1) \times KKG + RG(I) \times (1 - KKG) \times U \tag{5-17}$$

$$QI(I) = QI(I-1) \times KKSS + RSS(I) \times (1 - KKSS) \times U \tag{5-18}$$

$$QS(I) = RS(I) \times U \tag{5-19}$$

式中:U 为单位转换系数,$U = F/3.6t$(F 为流域面积,t 为时段长)。

单元面积的河网汇流用单位线法进行计算。

单元面积以下的河道汇流用马斯京根分段演算法。

5.4　洪水预报的误差分析

5.4.1　洪水预报误差来源

洪水预报误差来自下列几个方面。

1)资料误差

资料误差至少有四个方面的问题:

(1)资料的测验误差,如雨量、水位观测误差,正常情况下观测误差是很小的,不会引起预报较大的误差。

(2)从观测的水位通过水位 – 流量关系转换引起的误差,这种误差与水位 – 流量关系精度和代表性有关。对于河道特性复杂的流域,当水位 – 流量关系变化较大时,如果不能及时反映这种变化,误差可能会很大。

(3)资料的空间代表性,特别是雨量观测资料,对于北方半干旱地区,尤其明显。

(4)资料的代表性。资料的代表性意味着为了率定水文模型,必须有能够反映各种流域特性的水文资料。

2)模型的结构

不管多么复杂的水文模型或水力学模型,都是实际水文流域的概化。既然是概化,就需要简化,在简化的过程中必然带来一些误差。

3)模型参数

对于一个流域,当采用水文模型进行模拟时,需要用水文资料率定水文模型的参数,不适当的率定方法可能会带来预报误差。

4)人类活动与水利工程的影响

近几十年来,由于人类活动与水利工程的影响,大大改变了流域下垫面与河道的天然情况,严重偏离了水文模型建立的前提条件。这些影响不单是改变水文模型参数而能够反映的,在一些影响较大的地方可能要改变模型的结构。

5)预见期内的降雨预报

在实时洪水预报中,通常不考虑未来预见期内的降雨。这样所做的预报,对于在预见期内的流量预报是准确的,但预报时间超过预见期的流量预报精度就差了,特别地对于暴雨中心降落在中下游。为此,需要考虑天气预报,考虑未来定量降水预报并结合到水文模型中进行洪水预报。由于未来降水预报总是带有不确定性,这就引起了洪水预报误差和不确定性。

5.4.2　模型参数率定

模型参数率定是通过对历史实测水文资料的模拟分析,确定预报方案输入所采用的模型的参数,以用于实时预报。参数率定的目标是寻求模拟客观系统的最佳参数,参数率定是模型识别的主要环节。

模型参数的率定依赖于水文资料。一般水文资料系列越长,供参数率定的信息就越多,估计出的参数就越能反映流域实际情况。但由于许多水库流域,在系统软件起动时能用于模型参数率定的水文资料系列很短,或根本就没有水文资料。模型参数修正模块,就是在系统软件运行过程中,随着水文资料的累积,可以不断修正模型参数。使得系统软件应用时间越长,越能反映流域实际情况,使用效果越好。

参数率定方法可分为人工试错法和自动优选法两种方法,人工试错法是根据人的分析和经验来修改参数,最后使目标函数为最小。自动优选法是利用计算机采用优化技术一次解出参数的最优值。由于洪水预报受实际流域影响较大,特别是实时山区性小流域,洪水陡涨陡落,再加上实时系统众多误差信息的影响,为提高洪水预报精度,有时需要进行实时修正。一般修正方法都是以实时计算误差系列为基本信息,方法如模型误差修正、模型参数修正、模型输入修正和综合修正等。模型误差修正,是根据误差系列建立自回归模型,再由实时误差,预报未来误差;模型参数修正,如卡尔门滤波修正等;模型输入修正,主要有滤波方法;综合修正法即为前三者的结合。

三水源新安江模型的参数一般具有明确的物理意义,可以分为如下四类:

(1)蒸散发参数:K、WUM、WLM、WDM、C。

K 为蒸散发能力折算系数,是指流域蒸散发能力与实测水面蒸发值之比。此参数控制着总水量平衡,因此,对水量计算是重要的。

WUM 为上层蓄水容量,它包括植物截留量。在植被与土壤很好的流域,约为 20 mm;在植被与土壤颇差的流域,一般为 5～6 mm,根据尖岗水库流域特点,选值为 15 mm。

WLM 为下层蓄水容量,可取 60～90 mm。

WDM 为深层蓄水容量,可取 20 ~ 40 mm。

C 为深层蒸散发系数。它决定于深根植物占流域面积的比数,同时也与 $WUM + WLM$ 值有关,此值越大,深层蒸散发越困难。一般经验,在江南湿润地区 C 值一般为 0.15 ~ 0.20,而在华北半湿润地区则在 0.09 ~ 0.12,尖岗水库地处半湿润地区,该参数率定为 0.10。

(2)产流量参数:WM、B、IMP。

WM 为流域蓄水容量,是流域干湿程度的指标。一般分为上层 WUM、下层 WLM 和深层 WDM,一般为 120 ~ 180 mm。

B 为蓄水容量曲线的方次。它反映流域上蓄水容量分布的不均匀性。一般经验,流域越大,各种地质地形配置越多样,B 值越大。在山丘区,很小面积(几平方公里)的 B 值为 0.3 ~ 0.4。

IMP 为不透水面积占全流域面积之比,一般较小,取为 0.05。

(3)水源划分参数:SM、EX、KSS、KG。

SM 为流域平均自由水蓄水容量,本参数受降雨资料时段均化的影响,当用日为时段长时,一般流域的 SM 值为 10 ~ 15 mm。当索取时段长较少时,SM 要加大,这个参数对地面径流的多少起着决定性作用,因此很重要。

EX 为自由水蓄水容量曲线指数,它表示自由水容量分布不均匀性。通常 EX 取值在 1 ~ 1.5。

KSS 为自由水蓄水库对壤中流的出流系数,KG 为自由水蓄水库对地下径流出流系数,这两个出流系数是并联的,其和代表自由水出流的快慢。一般来说,$KSS + KG = 0.7$,相当于从雨止到壤中流止的时间为 3 d。

(4)汇流系数:$KKSS$、KKG、CS、L。

$KKSS$ 为壤中流水库的消退系数。如无深层壤中流时,$KKSS$ 趋于零。当深层壤中流很丰富时,$KKSS$ 趋于 0.9。相当于汇流时间为 10 d。

KKG 为地下水库的消退系数。如以日为时段长,此值一般为 0.98 ~ 0.998,相当于汇流时间为 50 ~ 500 d。

CS 为河网蓄水消退系数,L 为滞时,它们决定于河网地貌。

5.5　历史洪水模拟结果分析

利用当前使用的预报模型和模型参数,对郑州市尖岗水库历史上洪水特点与当前洪水相近的洪水进行模拟,分析当前模型模拟历史洪水的效果,进而评估当前模型预报未来将发生洪水的可能性和误差情况,以给决策者和洪水调度提供更多的参考信息。

选择历史上有记录的 3 场洪水进行预报结果检验,分别是 1983 年 8 月 10 日、1988 年 8 月 15 日和 1984 年 8 月 9 日,与实测结果的对比见图 5-2 ~ 图 5-4。

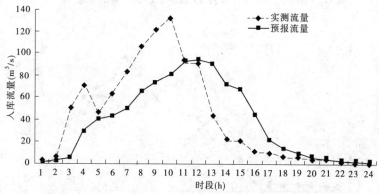

图 5-2　1983 年 8 月 10 日洪水预报结果对比图

由预报结果可见,对不同强度的来水预报的洪峰趋势基本和实测值相一致,洪水过程也较为理想,参数初步确定后还需在以后的实际使用过程中逐步求精。

以 1984 年 8 月 9 日洪水过程为例进行误差分析,其结果见表 5-1。

由表 5-1 可见,预报结果最大误差 8.97 m³/s,平均误差 2.5 m³/s,平均误差较大,主要是由于预报峰现时刻有偏差造成的,对降雨量较大的来水过程会出现平均误差较大的情况。

根据《水文情报预报规范》(SL 250—2000),实测变幅的 20% 作为许可误差,24 个时段有 15 个时段的预报结果在许可误差范围内,预报

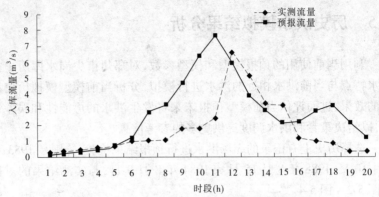

图 5-3 1988 年 8 月 15 日洪水预报结果对比图

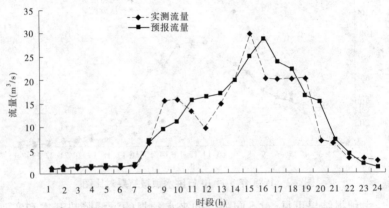

图 5-4 1984 年 8 月 9 日洪水预报结果对比图

合格率为 62.5% ,达到丙等级别(70% >合格率≥60%)。

表 5-1 1984 年 8 月 9 日洪水预报结果误差统计

时段	实测入库流量 (m³/s)	预报入库流量 (m³/s)	绝对误差 (m³/s)	相对误差 (%)
1:00 ~ 2:00	1.25	0.92	-0.33	-26
2:00 ~ 3:00	1.25	1.12	-0.13	-11

续表 5-1

时段	实测入库流量 （m³/s）	预报入库流量 （m³/s）	绝对误差 （m³/s）	相对误差 （%）
03:00~04:00	1.25	1.43	0.18	15
04:00~05:00	1.25	1.44	0.19	15
05:00~06:00	1.25	1.49	0.24	19
06:00~07:00	1.25	1.49	0.24	19
07:00~08:00	1.75	2.01	0.26	15
08:00~09:00	6.75	6.96	0.21	3
09:00~10:00	15.5	9.67	-5.83	-38
10:00~11:00	15.5	11.01	-4.49	-29
11:00~12:00	13.4	15.73	2.33	17
12:00~13:00	9.5	16.47	6.97	73
13:00~14:00	14.6	17.09	2.49	17
14:00~15:00	20	19.93	-0.07	0
15:00~16:00	30	25.05	-4.95	-16
16:00~17:00	20	28.83	8.83	44
17:00~18:00	20	23.92	3.92	20
18:00~19:00	20	22.47	2.47	12
19:00~20:00	20	16.67	-3.33	-17
20:00~21:00	6.5	15.47	8.97	138
21:00~22:00	6.5	6.92	0.42	6
22:00~23:00	3.2	4.11	0.91	28
23:00~00:00	3.2	2.10	-1.10	-34
00:00~01:00	2.56	1.40	-1.16	-45

5.6　洪水预报功能设计

5.6.1　预报方式

洪水预报主要通过监测流域内的降雨情况,预报未来入库流量,也可以根据频率洪水量预报来水过程。因此,采用两种预报方式,即降雨量预报和频率洪水预报。

降雨量预报划分为日预报和时段预报,日预报是根据前日降雨量进行预报,时段预报划分为 4 个时段:08:00~14:00、14:00~20:00、20:00~02:00、02:00~08:00,如果采用时段预报,则用预报当日该时段内的降雨量进行洪水预报。

根据降雨量预报的特点,又可区分为定时洪水预报和人工干预洪水估报两种方式。定时洪水预报是根据定时遥测的水文数据,预报出未来一定时期内入库洪水总量、洪峰、峰现时间、入库洪水过程等。系统实现这功能,不需要任何的人为操作,是全自动的。定时洪水预报的结果自动存入数据库,不作任何人工修改,其预见期范围内的结果作为预报方案优劣的考核依据。

由于定时洪水预报不知道未来时期降雨的变化,只据已经测到的降雨量作预报,所以大大限制了定时洪水预报的预见期(其预见期为流域平均汇流时间)。对许多流域面积小的水库,其平均汇流时间很短,常不能满足防洪的要求。要延长预见期,须预报未来时期的降雨,但降雨量预报的精度目前尚不能满足要求。为更好地解决预见期和雨量预报精度间的矛盾,特设人工干预估报模块。人工干预洪水估报是根据实测的雨量和估计的未来降雨预报入库洪水。未来时期降雨估计可以是模型预报,也可以根据气象卫星云图或使用者的经验判断估计。人工干预洪水估报引入预估的未来雨,延长了洪水预报的预见期,但由于引入了降雨量预报误差,增大了系统的不确定性,在一定程度上降低了洪水估计的精度。因此,一般洪水估报的精度低于定时洪水预报,估报结果仅供用户参考。

频率洪水预报可以进行十年一遇、二十年一遇、百年一遇、千年一遇和万年一遇洪水过程预报。

5.6.2　预报结果

洪水预报结果包括日入库水量、日水位库容变化和日内入库流量过程,并根据日内水库水位变化情况给出调度建议。

根据尖岗水库洪水历时较短的特点,预报未来 24 h 的入库洪水过程,包括洪峰流量和峰现时间的预报。

第6章　基于3S技术的防洪应急信息系统

　　防洪是一个非常复杂的系统工程,防洪决策是在洪水到来之前对水利工程的调度运用和一系列的防护措施做出部署,属于事先决策的范畴。要实现科学的防洪决策全过程,从目前的科学技术和发展趋势来看,现实可行的途径是在防汛信息采集系统、通信系统和计算机网络系统的基础上,按照系统工程的方法,应用管理科学、系统科学、计算机科学及防汛领域的科学技术,建立面向过程的决策支持系统。

　　决策支持系统 DSS(Decision Supporting System)是计算机决策支持系统的简称,其基本概念是 1970 年至 1971 年间,由美国的 Gerrity、ScottMorton 和 Keen 等提出。文献认为:个人计算机、计算机网络、大型数据库、彩色图形显示及以计算机为基础的模型在技术开发中激励人们使用计算机作为决策支持工具,类似这样的应用系统被称为决策支持系统。从 DSS 的内涵于基础来看 DSS 是一门交叉学科,包括计算机技术、认知科学、运筹学、行为科学、决策学等等,如果应用到某个专业领域就包括专业领域及其相关学科。

　　近几年来,决策支持系统在国内外发展迅速且在水资源系统规划、设计和管理中得到成功的应用,防洪决策支持系统(Flood Control Decision Support System, FCDSS) 就是决策支持系统在防洪工程中的应用。防洪决策支持系统属于非工程措施范畴,它是以系统工程为基础,利用计算机技术、人工智能等现代化科学手段,帮助防洪管理人员做出科学防洪决策的软件工程系统。它可以帮助决策者减少或避免防洪决策的失误,但它只是防洪决策者有效的辅助工具,防洪决策者处于主导地位。

6.1　防洪决策信息支持系统研究进展

6.1.1　国内外研究现状

决策支持系统自 20 世纪 70 年代诞生以来在国内外发展迅速,已在军事、气象、水资源领域中得到应用。欧美发达国家竞相开展防洪决策支持系统的研究和开发工作,目前仍处于针对系统开发中的关键技术进行探索,并在中小河流域试验开发的阶段,尚未见到大型复杂河流的防洪决策支持系统投入实用。

6.1.1.1　国外研究现状

随着计算机的发展应用,对人工智能(AI)技术的态度改变,以及在决策系统(DSS)中的决策者的突出作用,到 20 世纪 80 年代中期 DSS 开始广泛应用。

1985 年 5 月,美国土木工程师协会(ASCE)水资源规划与管理专业委员会,召开了 DSS 专门会议并组织出版了论文集,随后又出版了一系列有关专著和论文。

加拿大萨·普·西蒙奥维克(S. P. Simonovic)等开发的水库分析智能 DSS – REIES 的模型库在原来 5 个模型的基础上增加到现在的 10 个模型,主要是辅助水库的设计和控制运用决策,系统的交互性能好,决策者可以充分利用交互式建模技术构造模型。

6.1.1.2　国内研究现状

我国对决策支持系统的研究始于 20 世纪 80 年代中期,决策支持系统在防洪方面的应用,起源于 80 年代末期,随着国家安排的"八五"重点科技攻关项目的开展,长江、黄河、淮河防洪决策支持系统的研究工作,出现了一批显著的成果,对防洪决策系统进行了有益的探索,特别是在模型库的建立和使用方面取得了一些阶段性成果。

(1)黄河防洪防凌决策支持系统研究和开发,应用决策支持系统(DSS)和专家系统(ES)开发技术,为黄河防洪防凌决策提供支持。

(2)长江防洪决策支持系统开发了基于文本和图片信息查询的防

洪知识库,研制了可量化的防洪决策风险分析模型,运用 GIS 技术建立了为长江中游防洪调度提供决策支持的系统模型。

(3)中日合作项目"国家防汛总指挥部自动化系统",该系统以漳卫南运河为示范区,基本实现了实时水情信息接收处理入库的自动化,为改善水利部的信息处理系统、提高国家防汛抗旱总指挥部的防洪决策能力作出了贡献。

这些系统的原型均已初步建成,目前陆续开展系统的后续开发(实体建设和具体实施),在应用过程中不断提高系统的成熟度,最终形成完整的可以在防洪决策中实际使用的决策支持系统。

6.1.2　防洪决策支持系统的发展趋势

防洪决策支持系统研究是一个正在发展、十分活跃的领域,日益重视信息查询与模型仿真的有机结合,广泛应用地理信息系统技术,其结构正朝着可视、交互、智能、集成化方向发展,主要趋势概括如下:

(1)重视防洪决策过程的信息需求分析,强调信息查询与模型仿真相结合,尤其注重复杂庞大水系洪水演进和调度仿真模型的开发。

(2)重视图形、图像技术及多媒体技术的应用开发,主要包括图形用户界面、多窗口技术、信息的图形、图像表示及快速查询,与 GIS 结合的地理空间数据处理技术,配合模型的信息处理机器反馈信息的图形、图像表达等。

(3)采用先进的信息集成处理技术,将信息的收集、传送、处理、结果表达等集成在统一的计算机网络环境中,以加快信息运用的速度,满足实时防洪决策快速响应的要求。

(4)在库管理技术方面,通过方案管理技术来改善模型库管理系统的功能;采用面向对象的数据库管理技术及 SQL 查询方式,增加数据更新的灵活性,提高信息的查询速度,减少数据冗余,提高数据的安全性。

(5)决策支持系统(DSS)与专家系统(ES)有机结合是防洪决策支持系统研究的趋势之一。

6.2　三维仿真虚拟技术研究进展与 VRMAP 系统简介

6.2.1　三维仿真虚拟技术的研究进展

从 20 世纪 80 年代开始,计算机技术在我们水利水电行业广泛开展应用,范围涉及到 OA、MIS、CAD、VRMAP 等,这些技术应用提高了工作效率,减轻了工作人员的劳动强度。但是,相对于整个水利工程项目来说,所起作用还只是局部的,还没有为整个水利工程项目提供一个集成的信息平台,在一定程度上抵消了我们的整体工作效率和管理水平。

仿真的目的就是通过对系统仿真模型的运行过程进行观察和统计,来掌握系统模型的基本特征,找出仿真系统的最佳设计参数,实现对真实系统设计的改善或优化,以获得更多的知识、认识复杂系统深层次的运行机理和规律性。计算机仿真作为研究动态系统的方法越来越多地为产品开发服务,节省成本,提高效率。在这方面国外起步较早,主要应用于城市规划、工业生产、航空航天、科学研究等领域。计算机仿真技术应用于水利工程中,始于 20 世纪 70 年代初,修建奥地利施立格坝时采用了确定性数字仿真技术对缆机浇筑混凝土方案进行优选。1973 年 11 届国际大坝会议上,Bassgen 首先结合混凝土重力坝施工提出了混凝土浇筑过程模拟。其后,计算机仿真技术逐步在水利水电工程和建筑工程施工中进行应用。我国水利水电行业应用计算机仿真技术始于 20 世纪 80 年代初,而应用多目标、多任务的虚拟仿真系统目前才刚刚起步。一般情况下,大型水利工程建设周期长、投资大、结构复杂、涉及问题多,因此在决策阶段需要预测工程项目实施存在的问题并能够及时纠正,虚拟仿真技术将我们的视野带入三维主体工程空间,采用已获取的基础数据,针对工程项目建立三维的、动态的、可视的虚拟仿真环境。

虚拟现实技术(简称 VR 技术),又称为幻境或灵境技术,是由美国

VPL 公司创建人拉尼尔在 20 世纪 80 年代初提出的,是利用计算机生产一种模拟环境,通过多种传感设备使用户可以沉浸到该环境中,实现用户与该环境直接进行自然交互技术。虚拟现实系统一般应使用在虚拟空间中对所研究的系统进行看、听、触、闻、嗅等感知活动,并将所得到的感受反馈给系统,以达到控制系统运行的效果,这样用户就会产生身临其境的感觉。实物虚化、虚物实化和高性能的计算机处理技术是虚拟现实技术的三个主要方面。

实物虚化是现实世界空间向多维信息化空间的一种映射,主要包括基本模型构建、空间跟踪、声音定位、视觉跟踪等关键技术,这些技术使得真实感虚拟世界的生成、虚拟环境对用户操作的检测和操作数据的获取成为可能。虚物实化是指确保用户从虚拟环境中获取同真实环境中一样或相似的视觉、听觉等感官认知的关键技术。高性能的计算机处理技术主要包括数据转换和数据预处理技术;实时、逼真图形图像生成与显示技术;数据压缩以及数据库的生成等技术。

虚拟现实技术的应用影响我们生产和生活的方方面面。在航天领域,因为失重情况下对物体的运动难以预测,需要对宇航员进行长时间失重仿真训练;在军事领域主要应用于虚拟战场环境和诸军兵种联合演习;在医疗领域,可用于解剖教学、复杂手术过程的规划;在教育领域,该技术能够为学生提供生动逼真的学习环境;在建筑领域,设计师可以不受条件的制约,在虚拟的世界里去创作、观察和修改;在商业领域,该技术可以使用户更好地了解产品,达到更好的宣传效果。

目前,虚拟现实技术还有很多不完善的地方,我们对它更多的是进行探索和研究,虚拟现实系统的应用还不是非常广泛,并且目前大多数的应用限于高科技的前沿领域,在娱乐和生活方面的应用还比较少。在当前实用虚拟现实技术的研究与开发中日本是居于领先位置的国家之一,主要致力于建立大规模 VR 知识库的研究。我国军方对虚拟显示技术的发展关注较早,而且支持研究发展的力度也越来越大。参演人员(即用户)可以通过不同的交互方式控制真实的或虚拟的武器仿真平台在虚拟战场环境中进行异地协同对抗战术演练。基于虚拟现实系统已经在很多领域有了应用,比如建筑物的虚拟漫游,虚拟校园等等。毫无疑问,虚拟现实技术有着广泛的应用前景,并且随着传感器技术、仿真技术、多媒体技术、信息处理技术等相关技术的发展,虚拟现实技术将不断取得进步,它必将为我们开辟一片崭新的天地。

6.2.2　VRMAP 系统简介

6.2.2.1　VRMAP 产品简介

VRMAP 是北京灵图软件技术有限公司(以下称灵图软件)自主开发的三维地理信息系统软件平台。灵图软件多年来从事地理信息系统领域的研究,在三维地理信息系统技术上有自己的领先的核心技术,这使得 VRMAP 在高档个人微机上就可以真实地再现三维地形地貌景观,其场景实地漫游速度、地形数据规模、仿真效果等技术指标均领先国内外其他同类产品。虚拟场景中的交互是使用 VRML 实现虚拟场景的一个非常重要的部分,它是显示虚拟现实技术优越性的一个重要方面,使场景看起来更加的逼真和形象,VRML 主要通过 Script 脚本节点和 Java 语言接口与外部联系,利用内联节点来解决各个子场景文件的自动链接。虚拟现实技术目前的应用领域范围已经非常广泛,它已经涉及到远程控制、商业、教育、娱乐、虚拟社区、训练、设计、演示文稿、军事、太空、艺术、监控、科学可视化、听觉评估、刑事调查、网络应用等很多领域。

6.2.2.2　VRMAP 功能简介

(1)场景数据的交互式浏览;

(2)实现基本的信息查询、基本的空间分析;

(3)普通数据量三维数据转换、编辑功能,海量数据源集成功能,提供 VR 要素的编辑功能,提供完整的场景数据制作工具;

(4)提供专业的空间分析功能和信息统计分析功能,并提供 VBA

二次开发功能,帮助用户实现特定的功能需求。

6.2.2.3　VRMAP 平台特点

(1)基于 COM 的系统构架技术。在 VRMAP 中,COM 技术无处不在,从核心到应用开发界面。不同于某些主流 GIS 平台,只是在应用开发界面上采用了 Activex 技术,VRMAP 采用 COM 作为系统构架技术,这使得系统拥有了意想不到的开放性和延展性。也正是由于采用了先进的系统构架技术,使得 VRMAP 在拥有日趋庞大的功能集的同时,系统仍然保持了高度的稳定性。

(2)虚拟仿真技术。三维 GIS 与传统二维 GIS 最大的一个不同就在于它们的表现形式截然不同,三维 GIS 以多种更贴近真实的方法表现粗象的数据。VRMAP 采用了多种最新的图形技术来进行三维表现,包括基于辐射度的光影表现效果、阴影效果、环境映射、镜面效果和仿真效果。提供粒子系统,用于表现火焰效果、爆炸效果、喷泉效果、烟雾效果、尾迹效果。这些效果可应用在很多不同的领域,如军事上的导弹对抗演习、水利上的泄洪演示、数字小区中的喷泉环境模拟等。

(3)科学计算可视化。平台自定义节点开发,针对地质、气象、水利等数据构造特殊的体节点数据,可以开发结合行业高度表现力的数学模型。

(4)海量数据支持。面对复杂的海量三维数据,VRMAP 综合应用多种优化技术,根据各种数据类型分别处理,基本实现了常规数据类型的海量支持。

(5)GIS 数据的三维景观自动构造。只要有任何二维或三维矢量数据,再从模型库中选择所需匹配模型,即可实时看到近乎真实的三维景观,同时还能对矢量粗象数据进行实时编辑,景观也随之变换。

(6)基于关系型数据库的海量数据组织管理。VRMAP4.0 平台系统解决了三维数据的入库管理功能,支持三维模型、矢量数据的入库管理,支持属性数据的入库管理。提供相关的查询检索功能。充分提高了数据维护效率和保障了数据的安全性。为构造各行业业务系统打下了坚实的基础。

6.3　郑州市尖岗水库洪水演算及预报系统研制

6.3.1　系统构建思路

6.3.1.1　软件系统设计原则

为了实现国家防总关于水库防洪调度系统软件开发的规则要求，水库防洪调度系统应遵循如下原则进行设计：

(1)本着"实用、可靠、先进、经济"和"统一规划、分步实施"的原则，结合具体情况和实际调度需求进行设计，充分结合水库特色、需求和基础条件进行设计，体现系统的科学性、适用性和继承性。

(2)在技术和系统设计上与国内外技术发展趋势紧密结合，采用先进思想与技术，使系统体现一定的前瞻性，保持一定的先进性，保护用户投资。

(3)从技术上和管理体制上确保水情测报系统、闸门控制系统以及洪水预报系统之间实现信息高度共享，实现系统间的互联互通，支持功能移植与整合，保障系统建设的整体性、实用性、开放性和连续性。实现系统的计算机化处理及信息共享，达到综合调度。

6.3.1.2　系统特点

1) 实用性

构建水库防洪应急信息系统的目的是：快速、准确地实现入库洪水预报和调度方案的编制，快速、准确把握防洪应急预案启动时机，指导险情监测与险情上报；根据不同水情及工情，快速生成相应的抢险措施；快速制定防汛措施，自动生成人员物资转移方案和调度指挥参考决策方案及应急保障措施。

(1)根据信息的属性不同，采用分类别、分层次的信息查询与维护方式，特别是将信息查询与维护(有操作权限的用户)功能合并，大大简化了操作。

（2）面对生产实际，开发功能完善的水文基础信息查询与维护整理功能。以多种方式查询（维护）降雨量、水位及流量；具有强大的水情报表系统，极大地减轻调度人员的劳动强度，且完善水库资料管理系统。

（3）洪水预报集降雨量检验、历史洪水模拟、实时洪水预报、假拟降雨、预报成果实时修正、预报成果显示、查询于一体，系统设计简洁，操作简单，预报模型和参数对操作人员完全透明，即系统为有经验的调度人员提供了详细的参数维护环境。

2）可靠性

（1）充分应用面向对象的编程技术，实现软件系统功能的模块化、功能模块之间接口的标准化，从而确保软件系统运行的稳定与可靠；

（2）各模块需经过大量的调试、测试，确保软件成果的可靠性。

3）先进性

（1）软件平台的先进性：系统采用 Visual basic 进行前端开发，数据库管理系统采用 Microsoft SQL Server7.0、并采用 Server/Client 局域网模式实现信息的共享。

（2）编程方法的先进性：本软件采用先进的面向对象编程方法，功能模块化，并充分应用用户对象技术实现代码的可移植性。

（3）信息服务的先进性：实现了实时紧急信息快速向防汛领导发送功能。

（4）利用 Windows API 函数开发出了实用、交互友好的图形控件，并利用 Visual basic 编程原理实现了数据窗口和图形控件之间的无缝连接（数据的一致性），从而为系统提供了图形方式的数据维护功能。

（5）系统编程风格与 Windows 系统和基于 Windows 系统的常用开发软件一致，使用户处于熟悉的工作环境；将许多功能纳入后台自动处理，简化了菜单系统和操作步骤；将信息查询与维护集成于一个环境，极大地简化了操作，节省了系统资源和软件维护工作量。

（6）从本软件系统可靠性设计的角度看，系统的维护简单、可操作性强，且极为可靠。

4)通用性与扩展性

数据库的设计和开发以《全国防汛指挥系统数据库结构》为依据，保证了数据库系统的完全通用性与扩展性。

6.3.1.3　设计开发要求

尖岗水库水情自动测报系统各构成部分采取统一的编程环境，或提供统一的接口形式，确保集成系统的数据传输畅通，运行稳定。

6.3.2　系统结构与功能

洪水演算及预报系统是郑州市尖岗水库与尖岗水文站并网建设工程的核心内容，主要实现雨情数据采集、洪水预报模型建立、洪水预报软件开发、洪水演进模拟、防洪预案管理系统优化与数字水库三维模拟等多项功能。

在对用户需求分析的基础上，为最终用户了解和使用本系统提供帮助和参考。尖岗水库洪水演算及预报系统建设完成后，需要应用系统将成果直观地展示出来并实现基本的查询分析功能，使最终用户能够快速直观地看到成果并能够通过简单易用的界面快速掌握系统的使用方法。

《郑州市尖岗水库洪水演算及预报系统》以尖岗水库三维虚拟现实场景为基础，针对水库水情、流域上游雨情进行洪水预报，以实现水库三维模拟、洪水预报与水库调度智能化。

郑州市尖岗水库洪水演算及预报系统，集水文水工、通信、计算机技术于一体，利用现代通信技术和遥感技术，对水文信息进行实时遥测，信息经计算机加工处理后，进行洪水预报和水情分析，进而实现洪水演进模拟和防洪应急三维辅助决策。该系统由数据库管理子系统、信息查询子系统、防汛应急管理子系统、洪水预报与水库三维模拟子系统构成。这些子系统既可单独运用，又可联合运行。

系统根据尖岗水库气候特点及流域特征建立洪水预报模型(新安江模型)，利用各雨量站和水库调度运行的历史资料对模型参数进行率定，预报径流发生过程，综合考虑降水、蒸发渗漏及出入库水量平衡分析，模拟水库水量及水位变化，并借用北京灵图 VRMAP 三维仿真平台,以3DMAX作为开发工具,实现了洪水三维模拟,由防洪调度辅助决策软件辅助作出防洪调度,完成闸门的自动启闭,实现水库调度智能化。

针对尖岗水库流域地理特征和水系分布特点,建立了尖岗水库洪水预报模拟模型,开发了尖岗水库洪水演算及预报系统,在对库区进行勘察测量以及对有关资料进行分析处理的基础上,建立了基础数据库和地理信息空间数据库,以北京灵图公司VRMAP4.0作为开发平台,以3DMAX作为三维模型开发工具,在库区内重点防洪区域1:10 000三维电子地图上,实现了地物模型与地形模型相融合;以VB作为开发语言,将以上数学方法与GIS无缝嵌入,实现了分析计算结果的可视化,以及库区淹没三维动态仿真,最终实现了三维地理信息系统与洪水预报系统的完美结合。

尖岗水库洪水演算及预报系统的功能框架如图6-1所示。各子系统功能分述如下。

6.3.2.1　系统结构设计

本系统采用模块化的思想,主要包括六个模块:兴趣点导航、数字水库、防汛应急管理、水雨情查询、查询与测量、定制飞行。各功能模块均采用模块化设计技术,保证系统模块的独立性、可靠性、可维护性、可扩充性、方便系统的分步实现,各功能模块的增加、修改互不影响,尽量减少因模块的增加、减少和修改对整个系统的影响,以便于整个系统功能的完善、扩充、管理和维护。

洪水预报系统由数据库管理子系统、信息查询子系统、防洪应急预案管理子系统、洪水预报与水库三维模拟子系统组成。其中水雨情信息采集子系统由水文信息采集站、通信系统、信息接收处理软件及辅助系统组成,见图6-2。

6.3.2.2　数据的采集和处理

需要进行3D描述的主要有建筑物、构筑物、地形、植被等,其工作量非常巨大。如何快速、高效地获取建立3D城市模型所需的三维空间几何数据、真实影像纹理数据等,一直是困扰人们的一个问题。其内容包括以下几个方面:

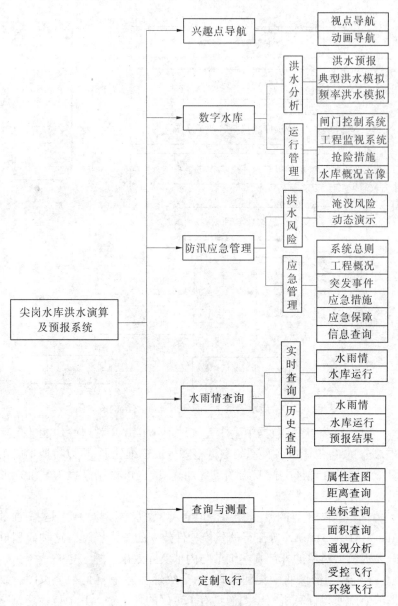

图 6-1　系统功能框架

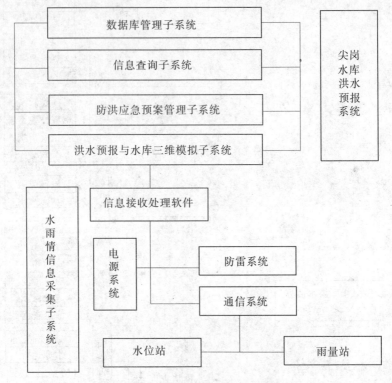

图6-2　尖岗水库洪水演算及预报系统结构设计图

（1）从各种原始数据中生成三维地形：VRMAP对这些功能的支持非常全面，可以读取各种原始数据格式生成三维地形，可以将地形的正射影像图贴在地形上使三维场景更加逼真，也可根据高程为三维地形设置高程设色。

（2）三维模型的快速建立和导入：数字模型（DM）是指通过Auto CAD与3DMAX等流行的建模软件建立的三维模型。这种模型可以表现模型对象的外部真实细节与内部实际效果。

（3）数字影像的采集和处理：一个纹理实际上就是一个位图。纹理的使用使得计算机三维图像具有了更好的真实感。其中包括建筑物及地面的影像纹理数据，也包括绿地、植被等数据。纹理的采集和处理一般是和三维模型的采集和建立同时进行的。

三维地形的数据采集:数字地面模型(DTM)三维数字城市的场景基础,要生成 DTM,首先必须生成地面的高程栅格数据。在 VRMAP 地形建立可以是数字高程模型(DEM),也可以是等高线数据。DEM 数据可以从航空立体图像或高分辨率卫星立体影像中采用影像匹配技术自动提取。

三维模型的建立和导入:三维景观模型建立的任务,是依据不同类型地物的各自特点,建立能够反映各自特征的三维模型,以尽可能真实地表现量测区域的真实景观。VRMAP 提供简单的多边形和圆形楼块的建模功能,但是比较粗糙,远不能满足要求,更加完善和精细的模型都是通过 3DMAX 建立后,导出 3DS 再导入 VRMAP 的。

建模的第一步工作是获取测区建筑物的尺寸。第二步进行测区内地面景观的野外调绘工作。目的是获取测区内地面实际景观的直观印象,以对后续的景观制作有整体的把握。其具体工作涉及两个方面:一是对测区内各种地物纹理拍摄;二是结合所拍摄的纹理图像,对测区内相关地物的结构、类型、特性、楼层高度、拍摄相片与实际地物的对应等方面进行实地记录。工程模型(3DS 文件)数据可以在场景制作环境下导入场景数据中,支持模型单独导入的同时支持批量模型的导入,如果工程模型本身有位置信息,那么被导入场景后将保持原有坐标位置,并且可以保证模型缩放比例相同。导入场景后,还可以对模型进行平移、缩放、旋转等操作,使模型之间、模型和地形间完全的匹配。

纹理的采集和处理:纹理数据影响了三维场景中的所有地物,决定了场景的整体效果与纹理细节,并最终决定场景的逼真程度。纹理的采集包括以下方面:

(1)地形纹理:地形纹理可利用数字正射影像图(DOM),即经扫描处理的数字化的航空像片和高分辨率卫星遥感图像数据,它是同时具有地图几何精度和影像特征的图像,也可在此图像的基础上通过 Photoshop 处理,使边缘清晰、美观。

(2)建筑物顶部纹理:建筑物顶部纹理,可直接从原始分辨率正射影像中采集建筑物顶部的纹理数据,保存为 JPG 格式,经 Photoshop 处理后供 3DMAX 使用。

（3）地物侧面纹理：在拍摄地物侧面纹理时一般采用数码相机和数码摄像机，需要注意的事项是：①天气比较晴朗，光线避免过曝，或曝光不足；②尽量拍摄物体的正立面；③为完整地采集侧面影像，对同一侧面可能需要在不同角度、不同距离拍摄 1 幅以上的影像，然后再进行拼接处理；④为保证后续纹理处理时对地物整体结构的把握，对每一地物必须在不同方向上拍摄一定数量的全貌相片。

（4）纹理数据制作：当纹理拍摄完毕，需要采用 Photoshop 等工具对其进行基本的图像处理并正确裁剪，在 3DMAX 中完成三维模型的实际纹理映射工作。需要注意的事项是：①如果是在构建一模拟真实的场景，那么就应将贴图处理的真实一点，加入光影与蒙尘作旧的处理；②贴图大小最好不要超过 1024 × 768，除非比较重要的图，一般不要超过此上限；③场景中所有的贴图不能重名。

6.3.2.3　场景的优化

由于 3DGIS 的数据量远远大于 2DGIS，如果对建模和场景不做优化处理，那将产生灾难性的结果，导致场景实时显示停顿，每秒帧数（fps）太低，乃至系统崩溃死机。因此，在建模和场景的处理上必须遵循如下规范：

（1）选择合适的 DEM：DEM 格网的行数和列数要根据实际的对场景精细程度的需要以及计算机配置的高低来选择。虽然 VRMAP 可以支持精细程度非常高的 DEM 格网，但格网越密，场景的导入和浏览速度就会越慢，你可以权衡考虑具体情况决定设置多大的格网行数和列数。

（2）3DMAX 建模符合规范：场景的整体大小主要影响调入速度和编辑速度，而影响浏览速度的因素之一是窗体视野内的三角面密度。而三角面数是由 3DMAX 建模的时候确定的，因此在 3DMAX 建模时，必须在最节省或比较省三角面的基础上作出与实际物体很接近的模型，包括它的形体和外观：①场景中的复杂度应该平均分配，不要出现大量三角面集中在某一个局部区域的情况；②建模时尽量减少分段数；③较复杂的结构用纹理代替，可将复杂的结构渲染成位图；④不同模型之间的纹理最好能重复使用,因为场景中纹理的个数和容量也是速度的限制因素之一。应该尽可能地用小纹理,除非是一些需要表现高真实度的部位。

(3)使用带透明通道贴图:对于花草、树木、栅栏等,如果采用建模方式表现真实三维,会带来灾难性的数据量。针对这种情况 VRMAP 提供了带透明通道贴图方法,只用一个面表现复杂物体,具有照片级的仿真效果。这样可以非常有效地降低数据量,提高场景浏览效果。

(4)使用结点替换:这个模型替换功能的目的主要是针对个别比较复杂的模型或者场景范围,使其在远距离显示另一个简化后的模型或者场景,在近距离显示一个精细的模型,从而大大提高了系统在大范围浏览场景的速度。

6.3.2.4　洪水淹没三维仿真

在降雨发生后及降雨预报产品生成后,依据洪水预报结果得到最高洪峰水位(或流量)、洪峰出现时间、洪水涨落过程、洪水总量等信息,并标定洪水警示等级和洪水安全临界泄量。在此基础上,对库区洪水淹没情况进行模拟。本研究采用水文学方法进行分析。水文学方法可分为水面线法与容积曲线法两类基本方法。根据水库库区实际地形地貌,可把风险区域设想为形状各异的水池,来洪流量设想为水龙头的出水量,退洪过程设想为水漏的排水量,按水量守恒的原理推算风险区域的水位过程,并按最高水位勾画出风险区域的洪水淹没范围。洪水风险范围采用大比例尺地形图勾绘而成,比例尺大小可根据流域大小、洪水频率、淹没范围、资料条件以及精度要求而定。对分析计算的可能淹没区域,标明彩色编码区,其颜色及深浅可以表示淹没深度的变化。

以三维 GIS 作为开发平台,将以上数学方法与 GIS 无缝嵌入,实现分析计算结果的可视化,实现库区淹没三维动态仿真。

6.3.2.5　三维模拟模块的开发

对已有矢量图、影像图和地形图等进行分析处理,建立包括基础数据库和地理信息空间数据库,选择可实现三维水库模拟系统开发要求的三维 GIS 开发平台,对库区进行勘察测量,主要包括尖岗水库流域自然地理数据与环境要素数据,地物模型与地形模型相融合,具体过程见

图6-3。开发三维模拟系统,具体步骤见图6-4。

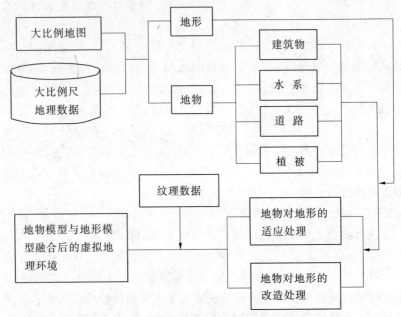

图 6-3　地物模型与地形模型融合流程

6.3.3　综合数据库结构设计

防汛决策支持系统的数据库系统按照国家指挥系统的统一方案,包括表结构设计、数据字典等均采用相同的定义。

6.3.3.1　综合数据库设计原则

(1)一致性。数据库的逻辑设计尽量与国家防汛指挥系统保持一致,遵循国家防汛指挥系统对数据库设计的规定。

(2)标准化。数据库的设计尽量符合数据库设计规范。代码和标识符的设计遵循国家标准、部颁标准和行业习惯性的实施标准。

(3)实用性。数据库设计,遵照数据库结构设计的一般原则,结合洪水预报工作的实际情况和实际应用特点,在采用技术方案上充分考虑技术的成熟程度,并结合系统现状,遵循"先进性与实用性并重"的原则。

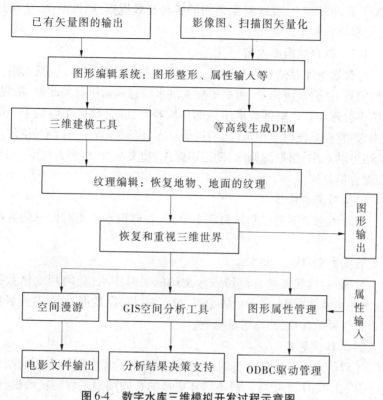

图6-4 数字水库三维模拟开发过程示意图

(4)继承性。在各级水利部门中,已经建立了多个数据库系统,但是这些数据库系统仅仅适合原有的信息处理系统,不能满足设计中的洪水预报系统应用需求。因此,必须对原有的数据库系统进行修改、升级,调整库内表的结构,以国家防汛信息标准为基础,对信息进行合理地规划存储,使数据库系统作为整个系统的核心发挥出应有的作用。

(5)可扩充原则。数据库可根据发展的需要进行扩充。在数据库扩充时,对数据库的层次和结构关系不需要进行大的修改,或者根本不用修改,直接可以在已建成的数据库的基础上进行扩充。

(6)面向对象的数据模型。结合洪水预报工作的一些特点,对系统原有的基本模型进行扩展,使其成为适合洪水预报工作应用的数据模型。在此基础上,完成对象之间的各种有效规则:属性范围,连接规则,关联规则和定制规则。

6.3.3.2 综合数据库内容

综合数据库存储和管理决策支持系统一切公共信息,包括水雨工灾情信息、社会经济信息、典型历史大洪水信息和防汛有关政策、法规、文档等管理信息。根据数据信息的不同特点,综合数据库包括十一类数据库,它们是实时水雨情库、工程信息库、流域参数库、社会经济信息库、历史洪水库、图形图像库、动态影像库、超文本库、模型方法库、知识库、综合信息库。

1) 实时雨水情库

实时雨水情库是以测站为基本单元,存储雨水情实时信息的数据库。

数据类别:数字、文本。

数据内容:气象站、雨量站、水文站的实时雨水情、闸坝水情数据表、水库水情数据表、含沙量数据表、城市雨洪信息数据表、日蒸发量数据表及各种统计值,测站考证资料。

2) 工程信息库

工程信息库所管理的资料,主要包括防洪工程中资料更新周期在几个月、几年、十几年或一般不需要更新的长周期型工程特征数据,及部分反映工程特征的静态图像、图形和声音、影像等多媒体数据,是系统运行的基础数据库。主要内容有河道、湖泊基本情况、堤防断面、主要险工险段、闸坝工程、水库概况和行蓄洪区概况等。

数据类别:数字、文本和图像。

工程信息可分为两类。静态工程信息:主要描述工程的各种特征值、平面图、剖面图、照片和文字说明等。实时工情信息:主要描述工程运行状况的实时信息。

3) 社会经济信息库

社会经济信息库指的是为减灾和子系统服务,有可靠数据来源的社会经济数据等信息的集合。主要包括统计日期、行政分区代码、行政分区名称、总人口、耕地面积、房屋、公共设施、固定资产和工农业产值等。

数据类别:数字、文本。

4)历史洪水库

历史大洪水原则上是以一次连续性降雨所产生的洪水(场次洪水)作为挑选的对象。在暴雨所笼罩的区域内通过对天气形势、雨情、水情、水利工程调度运用及灾情的综合分析,用文字、图表、声像阐明形成洪水的条件、洪水的规模和量级以及成灾的程度等,并对洪水作总结评论。

数据类别:数字、影像、矢量图形、文本、视频、音频。

数据内容:流域典型历史洪水。

5)流域参数库

数据类别:数字、影像、矢量图形、文本。

数据内容:流域参数主要分为两大类:一类是地理参数,即表示地理特征或量度的一些参数,如面积、高度、地质、地形类别、土地利用、地面坡度、河槽坡度及长度、不透水面积等;另一类是过程参数,如土壤蓄水容量、蒸散发量、稳渗率、地下水蓄泄系数、河槽汇流系数等,所以有一个实时性的问题。

6)图形数据库

图形数据库主要存储着基础地理数据和水利要素数据,包括具有基础性和分布特征的矢量图及栅格专题图组成的图形数据库。

数据类别:矢量图、栅格图、文字、数字。

数据内容:①基础电子地图(包括流域图、流域行政区划图、交通、地质、地形、地貌、土壤类型及分布、土地利用、水系、湖泊等);②水利要素分布图(水文、工程、站网等);③经过分类处理的遥感专题图(如灾情评估使用的底图);④实时矢量边界信息(如洪水风险图、洪水淹没范围结果);⑤重点防洪对象分布图(如铁路干线、钢铁基地、重大工程等);⑥其他防洪专用图(如通信网络图、险工险段、洪水传播时间、河道行洪能力等)。

7)动态影像库

不同种类的静态影像、遥感图像、数字视频、数字音频数据按一定的数据模型组成一个有机整体,称为动态影像库。

数据类别:图像、视频、文字。

数据内容:①气象卫星影像(GMS 卫星影像、NOAA 卫星影像和风云一号卫星影像);②资源卫星影像(TM 影像、MSS 影像、HRV 影像);③视频信息;④音频信息;⑤MPEG Video CD 数据;⑥静态影像。其主要包括雷达测雨图、卫星云图、重点工程监视图像和其他的视频、音频、静态图像和 Video CD(如反映工程、灾情实况的图片、摄像等)。

8)超文本库

超文本库是以超文本页面为最小单元,内容涵盖各类公用静态文档、实时工情页面信息和各子系统输出的正式文档结果的信息综合库。

在洪水预报指挥过程中,经常需要查询防洪工程调度规则、国家关于防汛工作的法律法规等文本类信息。建立超文本库的目的是为了更好地处理这些信息,并使用户能实现方便快速的信息查询和检索。

数据类别:文字、图像、图形、视频、音频。

数据内容:①防汛有关的法律、规章制度汇编;②工程调度规则、方案;③洪水预报结果描述;④信息查询子系统提供的预警、告警信息;⑤描述性知识说明(包括历史大洪水调度预报经验、专家知识等)。

9)模型方法库

决策支持系统的方法定义为:具有特定功能的可重用的基本程序单元、构件(组件、控件)、目标文件或可执行文件。方法库是这些方法的集合。

用户对方法(方法库)的需求涉及较广的业务面。因此,方法模型库的方法从业务和学科角度可分为下述 6 类,即数学类、图形类、水文水力学类、气象类、防洪调度类和综合类。

数据类别:数字、文本、图形。

数据内容:各种水文预报、洪水演进、水库调度、蓄洪泄洪模型等等,还有随着人们实际经验的增多而增加新的模型。

10)知识库

知识库是各类专家知识的集合,它在一定程度上左右着结果输出以及决策策略的形成。

建立知识库子系统,就可实现对这些文本、图片信息的有效处理和方便快速查询。

数据类别:数据型信息、文本信息、图片信息。

数据内容:各流域概况、流域暴雨洪水特性、防洪形势、洪水治理方针、总体安排、要求和目标、防洪规划方案、典型历史大洪水总结、防洪的重要文献、预报成果。

11)综合信息库

数据类别:文字、图形、图像。

综合信息库涉及如下内容:天气预报和实况信息、各类防汛抢险、防汛物资、防汛文档、网络平台、防汛知识、防洪预案、防汛经费、防汛部门和防汛责任、防汛工程项目、用户及权限管理等。

6.3.4　数据库安全设计

数据资源是任何实际运行的大系统的核心和基础,因而数据的安全是整个系统安全的核心和重点。概括来讲,涉及综合数据库的信息安全技术应该包括保密性、完整性、可用性、真实性、有效性 5 方面的含义。确保数据库系统安全性的具体设计内容包括物理安全、逻辑安全、管理措施。数据库管理的目的是保证系统信息支撑层的正常、安全运行,从而保证整个系统的安全性、完整性、可用性、真实性和有效性。数据库管理主要包括安全管理、运行管理和数据维护三种。

6.3.4.1　物理管理

(1)镜像技术是保证计算机系统安全、可靠的有效方式。数据库服务器的镜像技术是指为存放数据的 chunk(数据库服务器中最小的存储分配单元)建立一个与之配对的 chunk,分别成为主 chunk 和镜像 chunk,使得每一个对主 chunk 的写操作都同时对镜像 chunk 做同样的写操作。这样在主 chunk 出现故障时,系统可以从镜像 chunk 读取数据,直到主 chunk 被恢复为止,而不需要中断用户的访问。

(2)数据备份。容灾设计是一种保证任何对资源的破坏都不至于导致数据完全不可恢复的预防措施,容灾设计完全是针对偶然事故的预防计划,常采用备份制度,包括本地备份和异地备份。对数据库进行本地备份时,应采取定期备份和实时备份相结合的手段。

(3)数据恢复。容灾恢复措施在整个数据库安全中占有相当重要的地位,因为它关系到系统在经历灾难后能否迅速恢复。容灾恢复操作通常可分为全盘恢复和个别文件恢复两类。

6.3.4.2　逻辑安全

一个安全的数据库应当允许用户只访问其授权了的数据。数据库通过不同安全级别的权限管理,对用户的访问权限进行限制,保证系统的安全。同时,为了权限管理的方便,系统允许设定不同的角色,通过角色管理,灵活管理权限的授予与回收。除了用传统的数据库安全设计对数据库的各类用户进行访问授权以外,还应当考虑到不同的用户对不同的数据库、同一数据库中的不同数据的访问权限。

6.3.4.3　管理措施

中心综合数据库的运行管理主要职责是负责中心运行的数据库硬件及软件设备的管理,负责中心数据的及时更新,负责向各部门提供及时有效的信息支持。

数据维护是保证系统稳定性、实时性、可用性的关键所在。数据维护包括数据的录入、更新、删除和数据的导入导出。同时,为了保证系统数据库的正常运行,必须设置合适的数据备份、恢复机制,从而能方便地设置系统数据库的备份策略。

6.3.5　系统界面设计

系统主界面(分辨率为 1 024 × 768)见图 6-5,界面主要包括场景窗口、功能栏、控制栏和鹰眼四部分。

☆　场景窗口:整个界面的最大窗口,显示场景画面;

☆　功能栏:位于屏幕的左侧,集中了系统的各项主要功能,通过选择不同按钮展开不同面板,面板中显示当前功能的各个功能按钮;

☆　控制栏:主要是控制场景的浏览操作;

☆　鹰眼:显示场景的平面图,点击平面图的某一位置,应用窗口观察位置自动随着切换到相应位置。

图 6-6 是控制栏窗口各按钮的功能介绍。

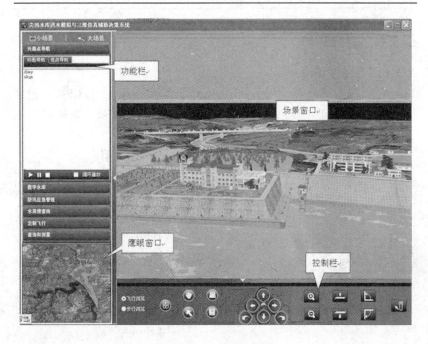

图 6-5　系统主界面

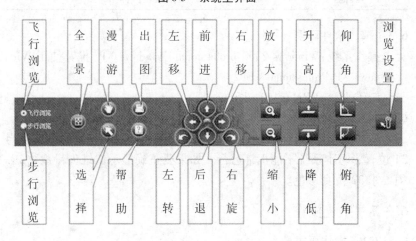

图 6-6　控制栏界面

6.3.6　运行环境

6.3.6.1　硬件环境

在服务器端最好应用系统、数据库服务器分开,要求 CPU 一般大于 2 G、内存大于 1 G。客户端最好用普通 PC 机,要求 512 M 以上内存、1.8 GHz 以上主频。服务器硬件环境要求见表6-1。

表 6-1　硬件配置表

硬件	配置
CPU	P4 2.8 GHz
内存	1 024 MB
硬盘	80 G(推荐 7 200 转以上)
显示卡	GeForce 6800 256M 独立显存(推荐)
网卡	100 M
显示器	17″Flat Monitor
其他	带滚轮鼠标

6.3.6.2　软件环境

☆　操作系统:Windows 2000 professional、Windows XP(推荐使用 Windows XP Professional + SP2)

☆　三维平台:VRMap4.0 runtime

6.3.6.3　注意事项

本产品正常运行的颜色设置为 16 位增强色和 32 位真彩色。设为 24 位真彩时本系统不能正常运行。如果要正确显示二维矢量地物,必须要求 32 位真彩色。

6.3.7　系统操作

6.3.7.1　操作要求

☆　飞行浏览

飞行浏览就是模仿空中飞行的浏览模式。可以通过选择控制栏中的"飞行浏览"实现。

☆ 步行浏览

步行浏览顾名思义是模仿人行走的一种仿真浏览模式,通过步行模式可以实现如爬楼梯、上山、翻越障碍等一系列仿真动作。可以通过选择控制栏中的"步行浏览"实现。

☆ 出图

用户通过"出图"![icon]功能,生成并输出高分辨率的图像,将用户看到的场景中的部分区域,以标准的 Windows 位图格式输出到磁盘文件中。

首先,根据您的需求调整窗口大小、摄像机的位置和角度、缩放比例,使得所有需要输出的对象都包含在输出的图像中。然后选择"出图"功能,进行位图输出设置(见图6-7)。

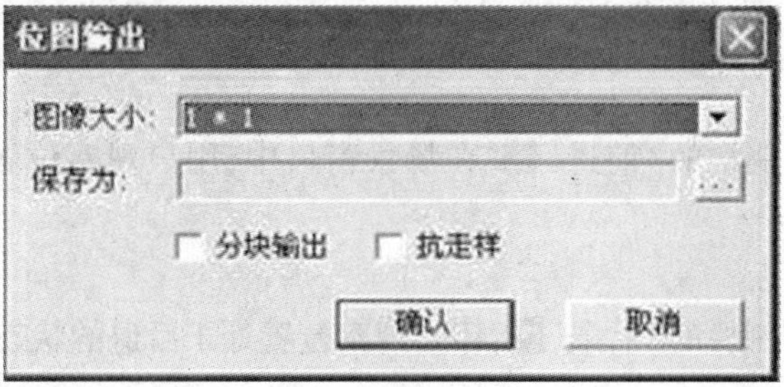

图6-7 位图输出

图像大小:将当前激活视窗的动画输出成指定的大小。这里的图像大小是指输出的图像与当前窗口的图像大小的倍率,该倍率从 1×1 倍到最大 9×9 倍。如果您要输出到制作视频 VCD,请按照 VCD 的标准大小进行指定输出。

保存为:由用户指定图片存放的路径。

分块输出:如果该设置被置为核检状态,则输出的结果为"图像大小"中设置的 N×N(倍率)个位图块,每一块都为一个窗口大小;否则,输出的结果为一个合并后的位图。

分块输出图块文件的命名格式为:DATA[行号][列号]. BMP

整图输出时,用户只需选取一个文件名作为保存名称(建议用户所选文件的路径下不含其他文件）。

抗走样：场景中有时会出现不正常的白点，这在图形学中称为走样。这种现象将影响出图的精细度，设定［抗走样］这个选项可以克服这种现象，提高图像的显示效果。如果选中"抗走样"模式，将按照抗走样输出，输出的效果将会比较好。输出视频的质量分为三级，数字越大，质量越高。

注意：抗走样设置是否生效与显卡的性能相关，所以您应根据自身设备情况而设定。

设置好各变量后，就可以进行成图输出了。输出的位图为24位的真彩色。

☆　帮助

选择控制栏的"帮助"![icon]，系统自动打开帮助文档，用户可以查询场景操作方法。

☆　前进

选择控制栏的"前进"![icon]，在场景窗口中，用户观察位置处于前进的状态。

☆　后退

选择控制栏的"后退"![icon]，用户观察位置处于后退的状态。

☆　左移

选择控制栏的"左移"![icon]，用户观察位置处于左移的状态。

☆　右移

选择控制栏的"右移"![icon]，用户观察位置处于右移的状态。

☆　左转

选择控制栏的"左转"![icon]，用户观察位置围绕中心位置向左旋转。

☆　右转

选择控制栏的"右转"![icon]，用户观察位置围绕中心位置向右旋转。

☆　漫游

点击控制栏移动场景按钮![icon]使之成为选中状态，将鼠标移至场景窗口中，按下左键拖动，可以手动拖移场景画面。另外，在任意一种操作状态下按下鼠标中键并拖动，都可以移动场景。

☆　选择

鼠标单击█,然后在场景视图中单击某个物体便可以将其选中。按住 Ctrl + 选择,可实现多选功能。

☆　放大

选择控制栏的"放大"█,对场景中的对象进行放大。

☆　缩小

选择控制栏的"缩小"█,对场景中的对象进行缩小。

☆　升高

选择控制栏的"升高"█,用户观察位置将会被升高。

☆　降低

选择控制栏的"降低"█,用户观察位置将会被降低。

☆　仰角

选择控制栏的"仰角"█,用户观察角度将会抬高。

☆　俯角

选择控制栏的"俯角"█,用户观察角度将会降低。

☆　浏览设置

选择控制栏的"浏览设置"█,用户可以通过修改浏览设置和步行设置的相应属性来调整浏览场景,如图 6-8 所示,用户根据需求选择浏览设置此功能,可以对飞行模式摄像机的前进速度、升降速度、转向速度进行参数设置。完成设置后,用户在场景中的飞行浏览速度将由这些参数来决定。

选择步行设置此功能,可以设置步行模式下,摄像机的前进速度、转向速度、步行高度等参数设置。完成设置后,用户在场景中的步行浏览速度将由这些参数来决定,在浏览时是否进行碰撞检测,如果选"否"就可以穿过物体。

☆　右键菜单

用户可以通过在场景窗口中单击鼠标右键调出右键菜单,如图 6-9 所示。

右键菜单包括:

顶视图:顶视图提供从场景上方对地形的俯视效果,可以方便地查

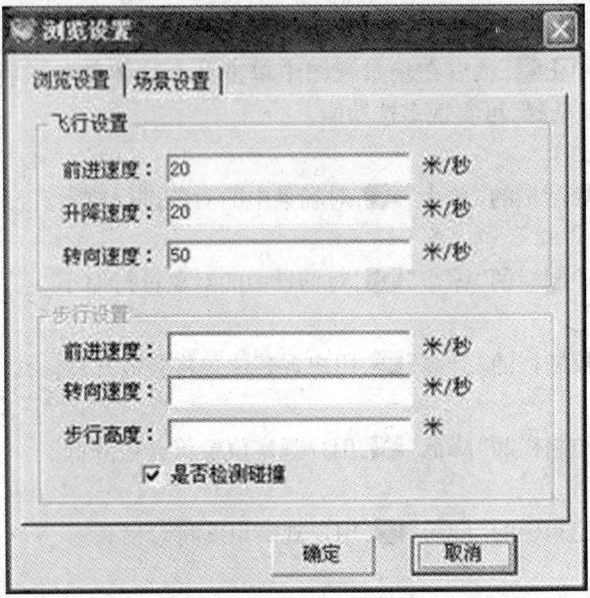

图 6-8　"浏览设置"对话框

看各地物的相对空间位置。

　　透视图:透视图可以通过鼠标、键盘等的控制,完成在场景中的行走、飞行等效果,提供一个身临其境的切身感受。视图切换时将尽可能保持两种视图的可见范围,便于对视图的切换。

　　清除选择:清除当前已选择的对象集合。

　　居中:缩放场景使得被选中物体居中显示。

| 顶视图 |
| 透视图 |
| 清除选择 |
| 居中 |

图 6-9　右键菜单

☆　鹰眼

　　系统具有鹰眼功能,在鹰眼中显示当前三维视点的位置和方向(见图 6-10)。

6.3.7.2　兴趣点导航

　　"兴趣点导航"包括两个模块,分别为"动画导航"和"视点导航"。

　　1)动画导航

　　为了能够方便地展示三维场景成果,可以在 VRMAP 平台中预先

图 6-10　鹰眼

录制指定路线的动画(如步行街浏览等),"动画导航"的动画列表中列出了所有预先定义的动画,如图 6-11 所示。

用户可以指定任意动画进行播放,播放过程中也可以选择暂停播放或停止播放。同时动画还可以设置循环播放。

播放动画:双击列表中某个动画或点播放按钮 ▶ ,则播放动画;

暂停动画:点暂停播放按钮 ▮▮ ,则暂停动画,点播放按钮可继续播放;

停止动画:点停止播放按钮 ■ ,则停止动画;

循环播放动画:选择循环播放前的复选框,则循环播放动画;

2)视点导航

系统可以对于某些标志性的热点位置(如市政府等)进行快速定位。选择"视点导航",如图 6-12 所示:

在场景窗口调整到视点位置,点击图 6-12 下方的 ▤ 按钮,系统弹出图 6-13 视点保存对话框。

用户指定视点名称后,就可以将视点位置保存下来,视点名称也会添加到预制视点列表中了。

用户可以通过 ▤ 按钮左侧的 ▶ 按钮,快速定位到指定视点的位置;也可以通过右侧 ▤ 按钮将指定视点从列表中删除。

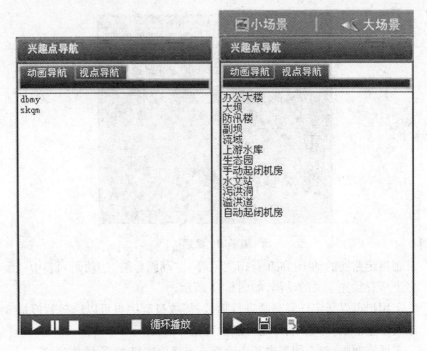

图 6-11　动画导航　　　　　　图 6-12　视点导航

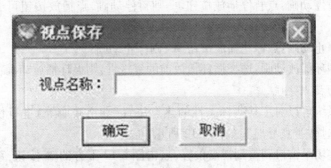

图 6-13　视点保存

6.3.7.3　场景切换

　　点击"<small>小场景 ｜ 大场景</small>"中大场景,可切换至尖岗水库上游及下游整个区域场景;点击小场景,可切换至尖岗水库上游流域场景。

6.3.8　系统主要功能模块

6.3.8.1　数字水库

"数字水库"菜单栏包括"洪水预报"、"典型洪水模拟"、"频率洪水模拟"、"闸门控制系统"和"工程监视系统"、"抢险措施"和"水库概况音像"等七个部分的内容,如图 6-14 所示。

图 6-14　数字水库

1)洪水预报

点击菜单栏中"洪水预报"按钮,弹出如图 6-15 所示的对话框。

进入图 6-15 的界面显示当前日期和时间,可以根据需要选择查询日期和起始预报时间。退出提示是否写入预报结果库,模拟预报结果可以不写入库,如图 6-16 所示。

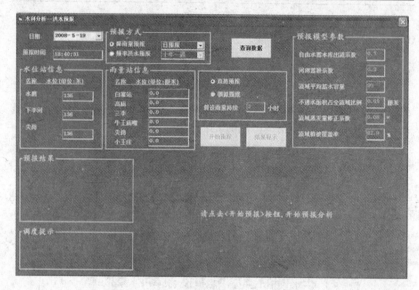

图 6-15 洪水预报查询的日期和起始时间

预报方式选择有两种方式,"降雨量预报"和"频率洪水预报"。

"降雨量预报"中可以选择日预报和分时段预报,如图 6-17 所示。

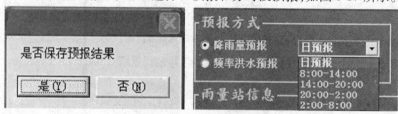

图 6-16 预报结果保存提示 　　　　图 6-17 降雨量预报时段

"日预报"是根据自今日 08:00 至预报时间段的降雨量进行预报,"时段预报"是按四个时段进行预报,选择预报方式后进行数据查询,查询得到的是 6 个雨量站和 3 个水位站实测雨量数据,该数据可根据用户需要进行修改,模拟预报,查询到数据后开始预报,提示预报结束后,显示预报结果,包括日预报结果和洪水过程,洪峰流量和峰现时间,并根据日预报结果给出调度建议,如图 6-18 所示。

洪水预报还可以根据降雨进行模拟预报(交互式预报),用户输入

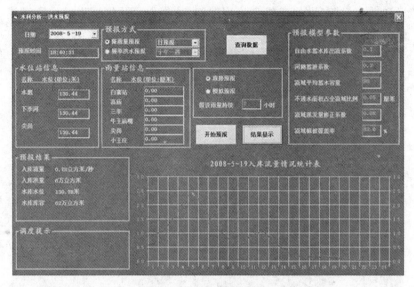

图 6-18　降雨量预报结果

降雨延续小时时间,后模拟预报出当前降雨延续一段时间后的预报结果,如图 6-19 所示。

　　"频率洪水预报"中可以选择"十年一遇"、"二十年一遇"、"百年一遇"、"千年一遇"、"万年一遇",如图 6-20 所示。

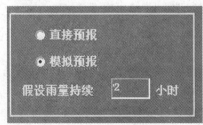

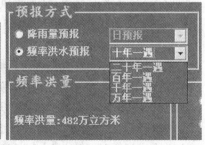

图 6-19　模拟预报时段　　　　　　　**图 6-20　洪水频率预报标准**

　　选择预报方式后进行数据查询,查询得到的是 5 个雨量站和频率洪量数据,5 个雨量站的数据可根据用户需要进行修改,模拟预报,查询到数据后开始预报,提示预报结束后,显示预报结果,包括日预报结果和洪水过程、洪峰流量和峰现时间，并根据日预报结果给出调度建议，如图6-21所示。

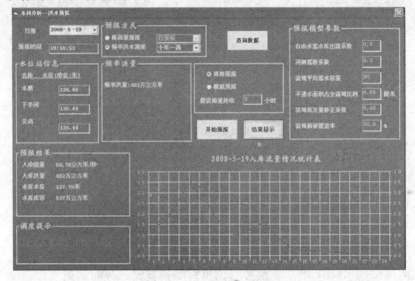

图6-21　洪水频率预报结果

洪水预报还可以根据降雨进行模拟预报，同降雨量预报。

2）典型洪水模拟

点击"数字水库"，选择"典型洪水模拟"，可以进行典型洪水模拟。如图6-22所示，点击"开始"进行模拟，"停止"结束模拟。

3）频率洪水模拟

选择【频率洪水模拟】，可进行频率洪水模拟。

如图6-23所示，选择频率洪水模拟后，弹出参数选择对话框，可以进行水位选择和模拟类型选择，点击"开始"进行模拟，"停止"结束模拟。

在进行模拟过程中，如果进行水位选择或模拟类型选择，则将停止频率洪水模拟。效果图如图6-24所示。

4）闸门控制系统

点击　　按钮，即可切换进入闸门控制登陆界面。

图 6-22　典型洪水模拟效果图

5）工程监视系统

点击  按钮，即可切换进入工程监视登陆界面。

6）抢险措施

当大坝等工程出现险情时，点击 按钮，工程抢险车沿着防汛道路运输物料、抢修受损工程，如图 6-25 所示。

7）水库概况音像

点击 按钮，弹出水库概况音像介绍资料。

6.3.8.2　防汛应急管理

"防汛应急管理"菜单栏包括"洪水风险"和"应急管理"两个子菜单栏。其中，"洪水风险"子菜单栏包括"淹没风险"和"动态演示"等

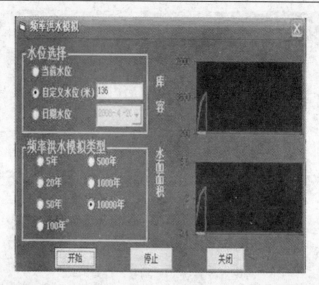

图 6-23　频率洪水模拟参数选择

图 6-24　频率洪水模拟效果

图 6-25　抢险措施模拟

两部分的内容;"应急管理"子菜单栏包括"系统总则"、"工程概况"、"突发事件"、"应急措施"、"应急保障"和"信息查询"等六个部分的内容。其菜单如图 6-26 所示,点击不同的菜单项实现相应的功能。

1)淹没风险

点击"▭小场景　◂大场景"中大场景,可切换至尖岗水库上游及下游整个区域场景,如图 6-27 所示。

此时,通过点击"淹没风险"按钮,即可展现"设计泄洪"、"校核泄洪"、"设计溃坝"、"校核溃坝"四种情景时水库下游淹没风险。

2)动态演示

点击"动态演示"按钮,即可展示"设计溃坝"42 min、"设计溃坝"102 min、"校核溃坝"42 min、"校核溃坝"102 min 时洪水淹没动态变化。

3)系统总则

点击"系统总则",弹出图 6-28 所示的对话框。

图 6-26　防汛应急管理

点击窗体左侧不同的查询项,窗体右侧显示对应的信息资料。

在窗体右侧的信息资料显示区中点击鼠标右键,弹出右键菜单栏,如图 6-28 所示。右键菜单栏包括"系统管理员登录"和相关的文本资料操作菜单。为了系统的安全性和数据资料的完整性,本系统设定只有系统管理员可以对相关的信息资料进行编辑。一般人员点击右键时,只有"系统管理员登录"可以操作,其余菜单项不可操作(显示为灰色);管理员登录需要对数据资料进行编辑修改时,需首先点击"系统管理员登录"菜单,弹出如图 6-29 所示的管理员登录界面。

系统设定三次输入用户名称和用户密码的机会,如果管理员登录成功,则右键菜单中的其余菜单项可以进行相关操作;否则,右键菜单中的其余菜单项仍不可以进行相关操作。

4)工程概况

点击"工程概况",弹出图 6-30 所示的对话框。

点击窗体左侧不同的查询项,窗体右侧显示对应的信息资料。

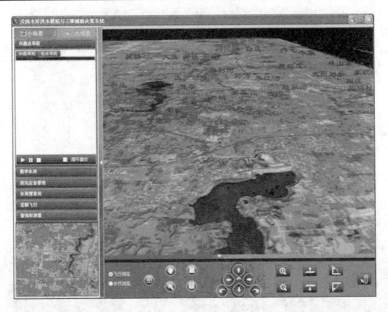

图 6-27 淹没风险模拟

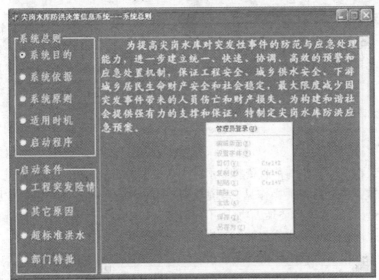

图 6-28 系统总则查询

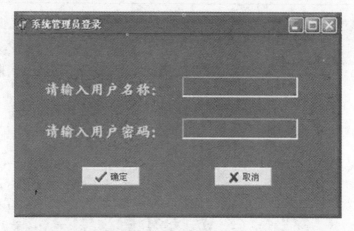

图 6-29　登录界面

图 6-30　工程概况查询

　　在窗体右侧的信息资料显示区中点击鼠标右键,弹出右键菜单栏,右键菜单栏的相关操作见"系统总则"中的相关说明。在此需要说明的是,如果管理员登录成功,则不仅右键菜单中的其余菜单项可以进行相关操作,而且"报表修改"按钮也可以进行相关操作。

　　点击窗体右侧的报表名称,弹出如图 6-31 所示的相应报表。

　　点击窗体右侧输出方式中的"直接打印",弹出如图 6-32 所示的打印界面。

图6-31　报表查询

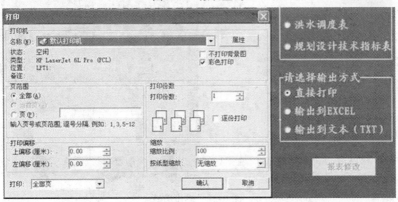

图6-32　打印设置

点击窗体右侧输出方式中的"输出到 EXCEL",弹出如图 6-33 所示的 XLS 导出界面。

点击窗体右侧输出方式中的"输出到文本",弹出如图 6-34 所示的文本导出界面。

管理员登录成功后,点击"报表修改"按钮,弹出如图 6-35 所示的界面,可以对报表进行相应的编辑。

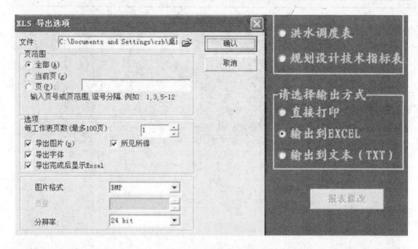

图 6-33　文件导出

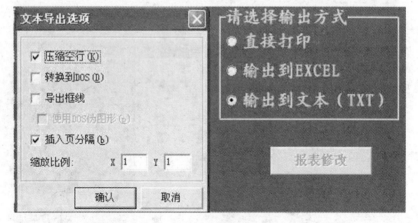

图 6-34　输出方式

5）突发事件

点击图 6-26"突发事件"，弹出如图 6-36 所示的对话框。

该窗体的相关操作说明与工程概况的相关操作一致，在此不再重复。

6）应急措施

点击"应急措施"，弹出如图 6-37 所示的对话框。

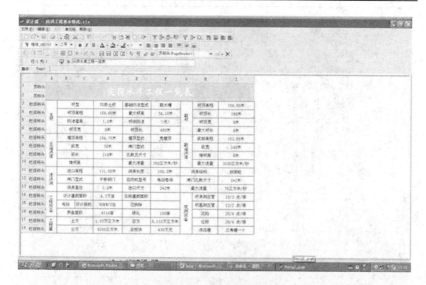

图 6-35　报表修改

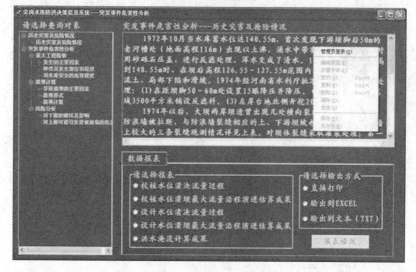

图 6-36　突发事件查询

　　该窗体的文本资料和报表数据的操作说明与工程概况相关操作一致,在此不再重复。

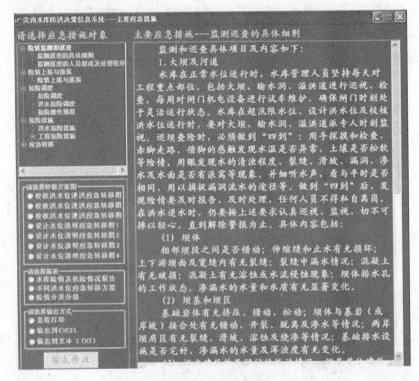

图 6-37　应急措施查询

点击窗体左侧不同的"转移方案图",弹出如图 6-38 所示类似的界面。

在转移方案图中点击有红色圆圈标记的地区,弹出该地区的转移路线,如图 6-39 所示。

7)应急保障

点击"应急保障",弹出图 6-40 所示的对话框。

该窗体的相关操作说明与工程概况的相关操作一致,在此不再重复。

8)信息查询

点击"信息查询",弹出如图 6-41 所示的对话框。

选择查询类别,输入查询的关键字,点击"确定"按钮,如果输入的

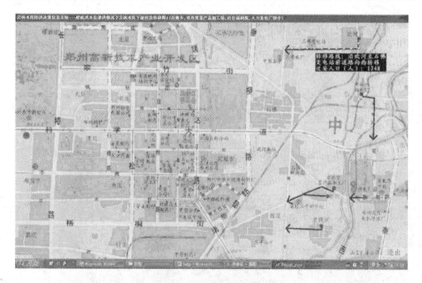

图 6-38　转移方案模拟

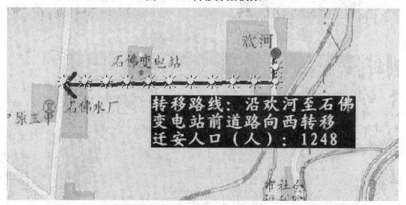

图 6-39　转移路线模拟

查询信息不存在,则显示如图 6-42 所示的对话框。如果存在,则根据选择的查询类别显示不同的内容。

　　假设用户查询的关键字为"工程",如果用户选择的查询类别为文本资料,则显示如图 6-43 所示的对话框;如果用户选择的查询类别为相关图片,则显示如图 6-44 所示的对话框;如果用户选择的查询类别

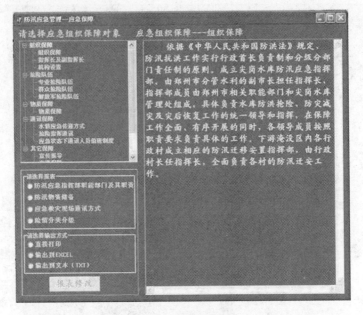

图 6-40　应急保障查询

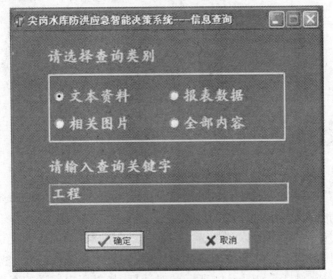

图 6-41　决策信息查询

图 6-42　查询错误提示

为报表数据,则显示类似图 6-31 所示报表;如果用户选择的查询类别为全部内容,则显示如图 6-45 所示的对话框。

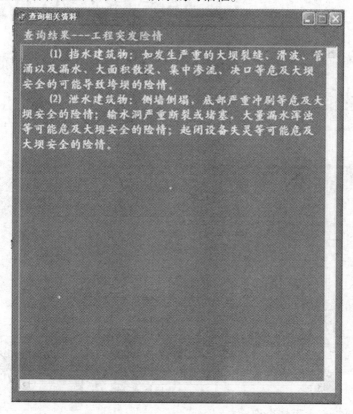

图 6-43　突发险情查询

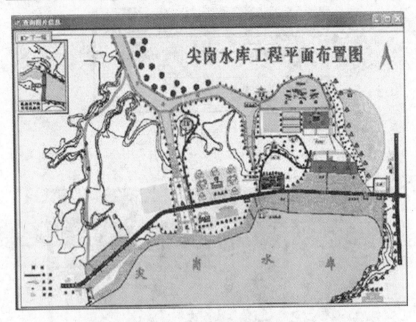

图6-44　图片查询

图6-45　工程概况查询

6.3.8.3　水雨情查询

"水雨情查询"菜单栏包括"实时查询"和"历史查询"两个子菜单

栏。其中,"实时查询"子菜单栏包括"水雨情"和"水库运行"等两部分的内容;"历史查询"子菜单栏包括"水雨情"、"水库运行"、"预报结果"等三部分的内容。

其菜单如图 6-46 所示,点击不同的菜单项实现相应的功能。

图 6-46　水雨情查询

1）实时查询

（1）水雨情。点击"实时查询"菜单栏中"水雨情"按钮,弹出如图 6-47 所示的对话框。该对话框显示实时的水位站和雨量站的信息。

（2）水库运行。点击"实时查询"菜单栏中"水库运行"按钮,弹出如图 6-48 所示的对话框。该对话框显示实时的水库相关信息。

2）历史查询

（1）水雨情。点击"历史查询"菜单栏中"水雨情"按钮,弹出如图 6-49 所示的对话框,包括雨量站查询和水位站查询。

（2）雨量站查询。选择"水雨情分类"中的"雨量站",则下拉列表

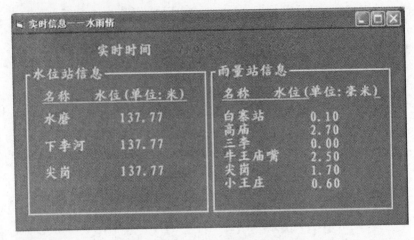

图 6-47　水位站和雨量站实时查询

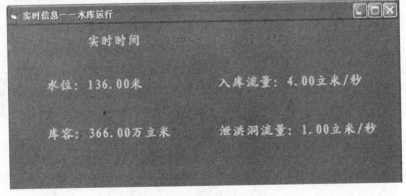

图 6-48　水库运行实时查询

中显示雨量站的名称,如图 6-50 所示。

　　查询可以分为"年查询"、"月查询"、"日查询"、"时段查询"四类。"年查询"可以查询所选择年份的 12 个月的相关信息;"月查询"可以查询所选择月份的 31 天的相关信息;"日查询"可以查询所选择日期的 24 小时的相关信息;"时段查询"可以查询所选择日期的 4 个时段的相关信息。显示的相关信息不仅以柱状图的形式对比显示,还有相关数据的列表显示,如图 6-49 所示。

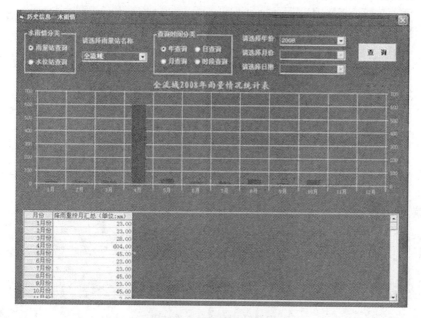

图 6-49　雨量站查询结果

图 6-50　雨量站名称列表

（3）水位站查询。选择"水雨情分类"中的"水位站"，则下拉列表
中显示水位站的名称，查询可以分为"年查询"、"月查询"、"日查询"、
"时段查询"四类。显示的相关信息不仅以折线图的形式对比显示，还
有相关数据的列表显示，如图 6-51 所示。

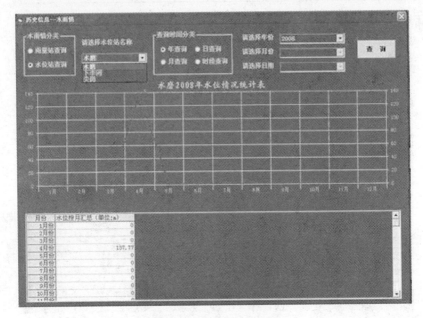

图 6-51　水位站查询结果

　　(4)历史查询—水库运行。点击"历史查询"菜单栏中"水库运行"按钮,弹出如图 6-52 所示的对话框。

　　可以查询"水库水位"、"入库流量"、"水库库容"和"出库流量"四种信息,同时查询分为"年查询"、"月查询"、"日查询"、"时段查询"四类。显示的相关信息不仅以折线图的形式对比显示,还有相关数据的列表显示。

　　(5)预报结果。点击"历史查询"菜单栏中"预报结果"按钮,弹出如图 6-53 所示的对话框。

　　可以查询"水库水位"、"入库流量"、"水库库容"和"出库流量"四种信息,同时查询分为"年查询"、"月查询"、"日查询"、"时段查询"四类。显示的相关信息不仅以折线图的形式对比显示,还有相关数据的列表显示。

6.3.8.4　查询与测量

　　查询与测量模块包含图查属性、查找建筑、距离查询、坐标查询、面

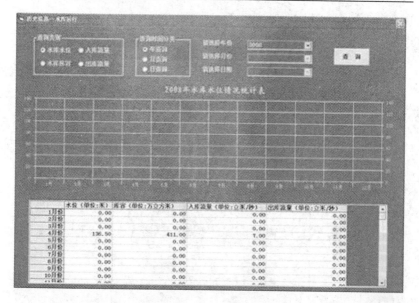

图 6-52 水库运行历史查询

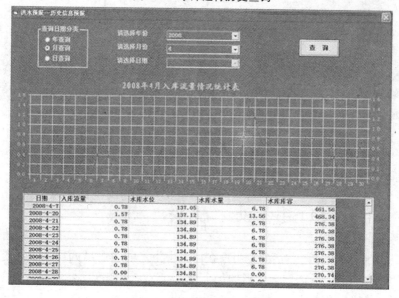

图 6-53 预报结果历史查询

积查询等功能。如图 6-54 所示。

图 6-54　查询与测量

（1）属性查图。点击"属性查图"，可以进行常见场景对象属性查看，设有大坝、副坝、溢洪道、泄洪洞等属性查图。查询大坝时如图 6-55 所示。

（2）测量距离。指测量当前场景中所选的两点间的距离，通过用户点击当前场景中的某两点，得到相应的水平投影距离结果，如图 6-56 所示。

（3）坐标查询。指测量当前场景中指定点间的坐标信息，通过用户点击当前场景中的某点，得到相应的 X、Y 和地形高程值，如图 6-57 所示。

（4）面积查询。指测量用户在场景中指定的多边形的面积。通过用户在当前场景确定多边形的每个顶点，产生一个多边形，得出所选的平面投影面积的大小，如图 6-58 所示。

图 6-55　属性查图—大坝

图 6-56　测量距离

图 6-57　坐标查询

图 6-58　面积查询

6.3.8.5　定制飞行

　　"定制飞行"模块给用户提供了场景交互浏览的功能,包括两个模块,分别为"受控飞行"和"环绕飞行",如图 6-59 所示。

　　1)受控飞行

　　定制受控飞行指在三维场景中指定一条用于浏览的飞行路线。

　　选择此功能,可以由用户在场景中连续点击鼠标左键,形成一条路线,最后双击结束飞行路线设置,通过该功能,用户可以对受控飞行的速度和高度参数进行设置(见图 6-60),以达到最佳的效果。飞行过程

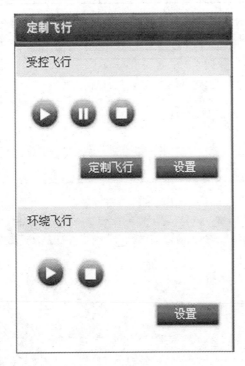

图 6-59　定制飞行

中可以自由控制视线方向。

速度：飞行时摄像机移动的速度。

高度：飞行时摄像机距离地面的高度。

点击播放按钮▶，可以按照用户指定的受控飞行路线进行飞行。点击暂停按钮‖，暂停了当前的环绕飞行状态。点击停止按钮■，则停止当前正在播放的受控飞行。

2）环绕飞行

环绕飞行指以某个指定的物体为中心进行环绕飞行，飞行过程中视线始终朝向建筑沿环绕轨迹飞行。

首先必须由用户指定一个对象作为观察点，完成环绕飞行设置后，系统可以自动环绕选中物体，按照设置的参数进行飞行。

选择设置功能，可以进行环绕飞行的参数设置，如图 6-61 所示。

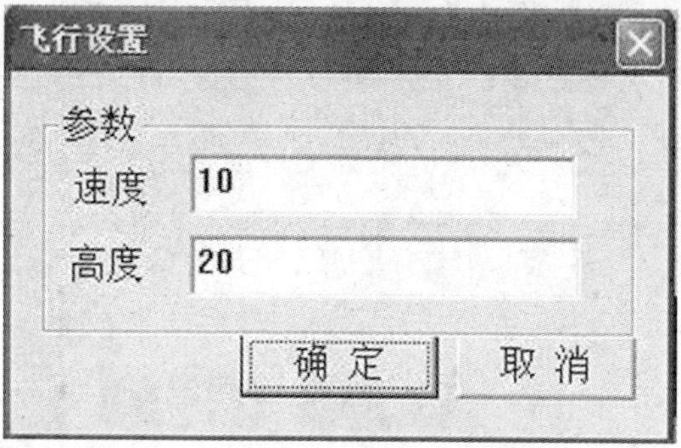

图 6-60 飞行设置

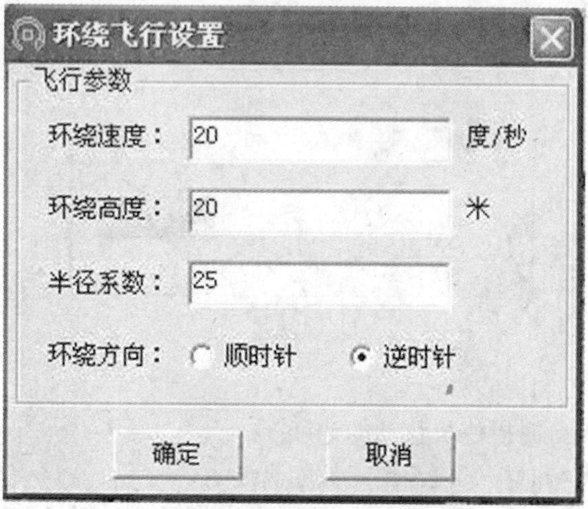

图 6-61 环绕飞行设置

环绕速度:环绕飞行时摄像机移动的速度。

环绕高度:环绕飞行时摄像机距离地面的高度。

半径系数:环绕飞行时摄像机距离环绕对象中心点的距离。

环绕方向:环绕飞行是围绕选中对象顺时针或逆时针飞行。

点击播放按钮▶,可以按照用户指定的对象进行环绕飞行。点击停止按钮■,则停止当前的环绕飞行状态。

第 7 章　　总结与展望

郑州市尖岗水库洪水演算及预报系统集水文、水工、通信、计算机技术于一身,它是利用现代通信技术和传感技术,对水文信息进行实时遥测,利用计算机进行信息加工处理后,进行洪水预报和水情分析,对洪水演进过程和防洪预案进行三维模拟辅助决策,由防洪调度辅助决策软件做出防洪调度指令,完成相关闸门的自动控制启闭,达到智能化水库调度,为尖岗水库防汛抢险、预防洪水灾害提供技术支撑,为领导防汛决策、调度提供技术支持。

针对尖岗水库流域地理特征和水系分布特点,建立了尖岗水库洪水预报模拟模型,开发了尖岗水库洪水演算及预报系统,在对库区进行勘察测量以及对有关资料进行分析处理的基础上,建立了基础数据库和地理信息空间数据库,以北京灵图公司 VRMAP4.0 作为开发平台,以 3DMAX 作为三维模型开发工具,在库区内重点防洪区域 1∶10 000 三维电子地图上,实现了地物模型与地形模型相融合;以 VB 作为开发语言,将以上数学方法与 GIS 无缝嵌入,实现了分析计算结果的可视化,以及库区淹没三维动态仿真,最终实现了三维地理信息系统与洪水预报系统的完美结合。主要内容与成果如下:

(1)洪水预报模型构建。在水库洪水预报中,入库洪水总量、洪水过程和水库最高水位的预报是决策水库防洪调度方案的依据。本研究分别制作入库站以上流域和区间降雨径流预报方案,根据当时雨量预报出上游流域及区间的来水量和流量过程,两者相加并考虑库面直接降雨,即为所预报的入库洪水总量和洪水过程。洪水预报的计算经过了产流预报、汇流预报、实时校正预报等几个子过程。尖岗水库属于典型的暖温带半湿润大陆性季风气候,故选用的产流模型为新安江模型,并以水箱模型结算作为验证。

（2）洪水演进模拟。洪水演进模拟一方面可以对入库来水过程进行模拟，另一方面可以对洪水下泄后造成的淹没情况进行三维模拟显示，进而对洪水演进的现象和规律进行观察、操作和分析，并可通过改变水量参数来观察洪水演进过程的不同效果，从而深刻地认识洪水的淹没过程，对动态监测的洪水、水文情势作出快速的核准校正。

（3）库区洪水三维仿真。在降雨发生后及降雨预报产品生成后，依据洪水预报结果得到最高洪峰水位（或流量）、洪峰出现时间、洪水涨落过程、洪水总量等信息，并标定洪水警示等级和洪水安全临界泄量。在此基础上，对库区洪水淹没情况进行模拟。

在对库区进行勘察测量（主要包括尖岗水库流域自然地理数据与环境要素数据），以及对已有矢量图、影像图和地形图等进行分析处理的基础上，建立了基础数据库和地理信息空间数据库，以北京灵图公司VRMAP4.0作为整合平台，以3DMAX作为三维模型开发工具，在库区内重点防洪区域1∶10 000三维电子地图上，实现了地物模型与地形模型相融合；以VB作为开发语言，将以上数学方法与GIS无缝嵌入，实现了分析计算结果的可视化，以及库区淹没三维动态仿真，最终实现了三维地理信息系统与洪水预报系统的完美结合。决策者利用这一平台能够全面直观实时了解流域实时雨情水情信息与防洪工程体系运行状况。可对洪水演进、灾情评估等防汛预报调度系统的一部分输出结果进行三维可视化演示。

（4）防洪应急预案优化管理。结合上游入库雨情预报和下游汛情，采用圣维南方程进行洪水演算，计算出河道断面的水深和流量等信息，以解决泄洪及溃坝过程中的恒定流及非恒定流问题。模拟泄洪条件下水库下游10 km范围内洪水流经路径及淹没情况；研究下游断面水位、水面、过水面积关系，下游支流汇流对流水速度的影响，建立多种洪水调度模型，结合上游入库雨情预报和下游汛情，给出相应的洪水调度方案。分析并提出尖岗水库可能出现的各种工程险情下的工程及非工程处理措施。为有效防止和减轻灾害损失，针对因突发事件导致水库面临重大险情,影响水库防汛安全的情况,为确保水库安全需预先制定的科学合理、可操作性强的抢险救灾应急预案。

开发的洪水分析及相关软件经河南省软件评测中心、河南省电子质量监督检验所检验合格。洪水预报精度达到了水文自动测报系统技术规范(SL61—2003)的精度要求。

参 考 文 献

[1] 中华人民共和国民政部. 灾害管理培训教材[EB/OL]. http//www. hsjzw. com. 2004;3 - 6.

[2] 廖鸿,静波,徐娜. 洪灾及其预防——中国的洪涝灾害[J]. 中国减灾,2004 (6):26 - 28.

[3] 邱瑞田. 我国洪水干旱突发事件及应急管理[EB/OL]. 2007 - 05 - 15. http://www. china. com. cn/tech/txt/2007 - 05/15/content_8255470. htm.

[4] 国家防汛抗旱总指挥部办公室,水利部南京水文水资源研究所. 中国水旱灾害[M]. 北京:中国水利水电出版社,1997.

[5] 王晓卿. 20 世纪华北地区的水旱灾害及防治措施研究[D]. 北京:中国农业大学,2005.

[6] 皮晓宇. 以非工程措施为主的防洪发展战略[J]. 北京水利,2005(1):57 - 59.

[7] 张胜红. 美国防洪调度与洪水灾害管理[J]. 海河水利,2000(4):40 - 41.

[8] 国家防总. 防洪预案编制要点(试行). 1996.

[9] 陈雷. 2009 年全国防汛抗旱工作会议上的讲话. 2009. 1

[10] 左晋中. 洪涝灾情评估方法的探讨[J]. 山西水利,2003(1):7 - 8.

[11] 高燕. 防洪决策中灾情评估系统的研究[D]. 上海:东华大学,2006:100.

[12] 李春. 区域性洪涝灾害的灾情评估[J]. 自然灾害学报,2004,13(4):75 - 81.

[13] 傅湘,纪昌明. 洪灾损失评估指标的研究[J]. 水科学进展,2000(12):433 - 435.

[14] 杜德进. 险情预计和应急处理预案的现状和要求[J]. 大坝与安全,2005 (1):29 - 31.

[15] 汪秀丽. 国外大坝安全管理[J]. 水利电力科技,2006(3):10 - 19.

[16] 姜振波,盛金保,李雷,等. 水库突发事件应急预案研究现状与关键技术初探[J]. 大坝与安全,2008(3):11 - 13.

[17] Ralston D C. Mechanics of embankment erosion during overflow [A]. Proc 1987 ASCE National Conf Hydr Eng [C]. Virginia: Williamsburg,1987.

[18] Brown C A, Graham W J. Assessing the threat to life from dam failure [J]. Water Resources Bulletin, 1988, 24(6): 1303 - 1309.

[19] 谢任之. 溃坝水力学[M]. 济南:山东科学技术出版社,1993.

[20] 伍超,郑永红. 任意形状溃口突泄坝无因次过程线计算方法[J]. 水利学报,1996(3):76-83.

[21] Loukola E, Idljokuna M. A numerical erosion modelfor embankment dams failure and its use for risk assessment [A]. Proc of the CADAM Workshop on Dam - breach formation and Development [C]. Germany:Munich,1998.

[22] Wu W M,Wang S Y, Jia Y F, et al. Numerical simulation of two - dimensional head - cut migration[A]. Proc ASCE International Water Resources Engineering Conf [C]. USA:Seattle WA,1999.

[23] 朱勇辉,廖鸿志,吴中如. 国外土坝溃坝模拟综述[J]. 长江科学院院报,2003,20(2):26-29.

[24] 郭洪巍,吴葱葱. 逐渐溃坝和瞬时溃坝的模拟研究与比较[J]. 东北水利水电,2000,18(2):1-3.

[25] 赵以琴,雷晓云,高磊,等. 土坝溃坝模型在夹河子水库中的应用[J]. 水利水电科技进展,2004,24(3):45-46,61.

[26] 姜振波,盛金保,李雷,等. 水库突发事件应急预案研究现状与关键技术初探[J]. 大坝与安全,2008(3):11-14.

[27] 彭雪辉,周克发,王晓航. 水库大坝突发事件应急预案编制关键技术[J]. 中国水利,2008(20):45-47.

[28] 管新建,张文鸽. 水库防洪调度风险分析研究进展与发展趋势[J]. 中国水利,2004(17):44-45.

[29] Kajjper H, Vrijling J. Probabilistic approach and risk analy Krystian W. Pilarczyk, Dikes and Revetonents - Design[C]. Netherlands:A. A. Blkema, Rotterdan,1998(12):22-29.

[30] 竹磊磊,郭同德,胡彩虹,等. 故县水库分期洪水防洪调度风险分析[J]. 人民黄河,2006,28(3):33-35.

[31] 陈守煜. 水库调洪计算的数值解法及其程序[J]. 水利学报,1980(2):44-49.

[32] 高仕春. 水库群防洪调度理论及应用研究[D]. 武汉:武汉大学,2002:1-44.

[33] 张闻胜. 国内外洪水风险分析概述[J]. 北京水利,2000,6(4):12-15.

[34] 左其亭,吴泽宁,赵伟. 水资源系统中的不确定性及风险分析方法[J]. 干旱地区地理,2003,26(2):116-121.

[35] 侯召成. 水库防洪预报调度模糊集与风险分析理论研究与应用[D]. 大连:大连理工大学,2004:115.

[36] Yeou – Koung Tung. Risk Analysis for Hydraulic Design [J]. Hydr . Div. ,ASCE 106, 2000(9)9: 12 – 19.

[37] 赵人俊. 流域水文模拟－新安江模型与陕北模型[M]. 北京:水利电力出版社,1984.

[38] Freeze R A, Harlan R L. Blueprint of a physically – based digitally – simulated hydrological response model [J]. Journal of Hydrology, 1969(9): 237 -258.

[39] Abbott M B, Bathurst J C, Cunge J A, et al. An introduction to the European Hydrological System. System Hydrologique European, "SHE" 1: History and Philosophy of a physically based distributed modeling system [J]. Journal of Hdyrology, 1986a, 87: 45 – 49.

[40] Charbonneau R, Fortin J P, Morin G. The CEQUEAU model: Description and Examples of its Use in Problems Related to Water Resource Management [J]. Hydrological Science Bulletin, 1977, 22(1/3): 193 – 202.

[41] Refsgard J C, Hansen E. A Distributed Groundwater/Surface Water Model for the Susa catchment, Part 1: model description [J]. Nordic Hydrology, 1982(13): 299 – 310.

[42] 苏凤阁,郝振纯. 大尺度分布式水文模型研究[M]∥张俊芝,杜发亮,何习平,等. 水利水电工程理论研究及技术应用. 武汉:武汉工业大学出版社, 2000.

[43] 郭生练,熊立华,扬井,等. 基于 DEM 的分布式流域水文物理模型[J]. 武汉水利电力大学学报,2000,33(6):1 – 6.

[44] 俞鑫颖,刘新仁. 分布式冰雪融水雨水混合水文模型[J]. 河海大学学报(自然科学版),2002, 30(5):23 – 27.

[45] 吴险峰,刘昌明. 流域水文模型研究的若干进展[J]. 地理科学进展,2002, 21(4):341 –348.

[46] 丙孝芳. 流域水文模型研究中的若干问题[M]∥中国水利学会. 全国水文预报与减灾学术讨论会论文选集. 南京:河海大学出版社,1997.

[47] 宋星原,叶守泽. 洪水实时预报系统模型时变参数识别与校正技术[M]∥夏军. 现代水科学不确定性研究与进展. 成都:成都科技大学出版社,1994.

[48] 潘灶新,实时洪水预报技术在水库防洪减灾中的应用[J]. 水利水文自动化, 2001(4):34 – 36.

[49] 钟登华,王仁超. 水文预报时间序列神经网络模型[J]. 水利学报,1995 (2):39 –42.

[50] Hino M. Runoff Forecasts by Linear Predictive Filter [M]. Proc. ASCE, J. Hyd. Div., 96 (Hy3), 1970:681 – 701.

[51] Restrepo Posada F J, Bras R L. Automatic Parameter Estimation of a Large Conceptual Rainfall – Runoff Model: A Maximum Likelihood Approach [R]. Department of Civil Engineering Massachusetts Institute of Technology Report, 1982: 267.

[52] 郭生练,刘春蓁. 大尺度水文模型及其与气候模型的联结耦合研究[J]. 水利学报,1997(7):37 – 41,65.

[53] 汪日康,袁蓉芳,徐华生,等. 计算机决策支持系统[M]. 上海:上海科学普及出版社,1993.

[54] 小斯普拉格(Sprague R H Jr),卡尔逊(Carlson Eric D). 决策支持系统的建立[M]. 陆纪兴,仲ం华,译. 重庆:科学技术文献出版社重庆分社,1990.

[55] 张洁,胡运权. 决策支持系统研究基础及发展趋势[J]. 哈尔滨工业大学学报, 1999,31(3):38 – 43.

[56] 刘建民. 水资源规划与管理决策支持系统的发展和应用[J]. 水科学进展, 1995,6(3): 255 – 260.

[57] Inmon W H. Building the data warehouse [M]. 2nd Edition. New York: John Wiley&Sons. Inc., 1996.

[58] 王宗军. 智能决策支持系统的结构模型及研究趋势[J]. 决策与决策支持系统,1997,7(2):49 – 56.

[59] 胡四一,宋德敦,吴永祥,等. 长江防洪决策支持系统总体设计[J]. 水科学进展,1996,7(4): 283 – 294.

[60] 郭建中,胡和平,翁文斌. 中小流域防洪规划决策支持系统—Ⅰ系统研究[J]. 水科学进展,2001,12(2): 222 – 226.

[61] 胡和平,郭建中,翁文斌. 中小流域防洪规划决策支持系统—Ⅱ个例分析[J]. 水科学进展,2001,12(2):227 – 231.

[62] 靳孟贵,梁杏,刘予伟. 水资源—环境管理决策支持系统及研究现状简介[J]. 人民长江,1995(6):47 – 49.

[63] 辛国荣,崔家骏. 黄河防洪防凌决策支持系统的研制与开发[J]. 人民黄河, 1997(3): 16 – 20.

[64] 崔家骏,辛国荣,张丰敏,等. 黄河防洪决策支持系统(YRFCDSS)的分析与设计[J]. 系统工程,1992,10(5):60 – 72.

[65] 杨侃,董增川,陈乐湘. 长江防洪系统洪水调度仿真模型研究[J]. 河海大学

学报,2001,29(2):15-20.

[66] 邹鹰,金管生. 长江防洪决策支持系统[J]. 水科学进展,1996,7(4):326-330.

[67] 中国农业年鉴1996[M]. 北京:中国农业出版社,1997.

[68] 胡四一. 防洪决策支持系统的开发和应用[J]. 水科学进展,1997,17(6):2-7.

[69] 冯国章,李佩成. 论水文系统混沌特征的研究方向[J]. 西北农业大学学报,1997,25(4):97-101.

[70] Morshed J, Kaluarachchi J J. Application of artificial neural network and genetic algorithm in flow and transport simulations [J]. Advanced Water Resource, 1998, 22(2): 145-158.

[71] 黄洁. 混沌神经网络的研究现状及应用[J]. 信息工程学院学报,1997,16(2):25-32.

[72] 魏文秋,孙春鹏. 灰色神经网络水质预测模型[J]. 武汉水利电力大学学报,1998,31(4):26-28,42.

[73] 陈守煜,聂相田,朱文彬,等. 模糊优选神经网络模型及其应用[J]. 水科学进展,1999,10(1):69-74.

[74] 齐兆春,马刚林. 计算机三维仿真技术在水利工程中的应用[J]. 吉林水利,2007,295(1):23-25,29.

[75] 汪成为,高文,王行仁. 灵境(虚拟现实)技术的理论、实现及应用[M]. 北京:清华大学出版社,1997.

[76] 胡小强. 虚拟现实技术与应用[M]. 北京:北京邮电大学出版社,2005.

[77] Lu J F, Pan Z G, Lin H, et al. Virtual learning environment for medical education based on VRML and VTK [J]. Computer & Graphics, 2005, 29(2): 283-288.

[78] 韦有双,杨湘龙,王飞. 虚拟现实与系统仿真[M]. 北京:国防工业出版社,2004

[79] 王旭升. 虚拟现实技术的发展及其应用探索[J]. 大众科技,2008,101(1):44-45.

[80] 姬莉霞,魏斌,张雷. 虚拟现实技术及其应用[J]. 黑龙江科技信息,2007(1):38-39.

[81] 姜学智,李忠华. 国内外虚拟现实技术的研究现状[J]. 辽宁工程技术大学学报(自然科学版),2004,23(2):238-240.

［82］曾建超,俞志和. 虚拟现实的技术及其应用［M］. 北京:清华大学出版社, 1996.

［83］肖龙,刘晓环,宁芋. 虚拟现实技术 – VRML［J］. 微型电脑应用,2001,17 (10):5 – 7.

［84］汪娟娟,康玲. 虚拟现实在数字校园中的应用［J］. 计算机仿真,2003,20 (6):79 – 81.

［85］Lim E M, Honjo T. Three – dimensional visualization forest of landscapes by VRML［J］. Landscape and Urban Planning, 2003(63): 175 – 180.

［86］陆昌辉. 使用 VRML 与 JAVA 创建网络虚拟环境［M］. 北京:北京大学出版 社,2003.

后　记

　　本书的研究成果是在华北水利水电学院和郑州市水利局共同主持领导下完成的。研究中得到了华北水利水电学院、郑州市水利局、郑州市防汛抗旱指挥部、郑州市尖岗水库管理处、郑州市常庄水库管理处的大力支持。在整个研究过程中得到了黄修桥研究员(中国农科院水利部农田灌溉研究所)、吴泽宁教授(郑州大学)、江恩惠教授级高级工程师(黄河水利科学研究院)、阎振真教授级高级工程师(河南省水利勘测设计研究有限公司)、王有振教授级高级工程师(河南水文水资源局)、韩乾坤总工程师(郑州市水利局)、单松波总工程师(河南省南水北调办公室)、王煜总工程师(黄河勘测规划设计有限公司)、武继承研究员(河南省农业科学研究院)等专家和领导的关心和支持。

　　该研究历时 3 年。主要研究人员有徐建新、雷宏军、张运凤、谷红梅、吴耀田、张中锋、孙书河、徐晨光、陈林、王永高、可友国、陈冠英、侯国顺、陈南祥、王峰、孙新娟、李勇、张亮、毋红军、常爱武、王小东、屈吉鸿、张玉新、朱国仲、张永华、刘鑫、穆磊、张亚娟、李巧鱼、张权召、兰海东、王娣、郝志彬、张志伟、张长安、栗毓敏、李中有、郭营营、李君兰、刘晓朋。几年来,研究人员夜以继日,团结协作。本书的完成和出版凝结了集体的不懈努力和智慧结晶,凝结了各方专家与同行的辛勤汗水和劳动。

　　在本书出版之际,特向给予本研究关心和支持的朋友表示由衷的敬意和感谢。